普通高等教育智能飞行器系列教材

视觉目标探测识别定位技术及航空工程应用

张　弘　杨一帆　袁　丁　编著

科学出版社
北　京

内 容 简 介

本书面向视觉目标探测识别与定位技术，结合计算机视觉前沿技术方法和航空工程应用需求，从视觉目标探测识别与定位技术的概论出发，重点讲解视觉目标探测成像分析、目标视觉特征提取、视频图像复原方法、视觉目标检测方法、视觉目标识别方法、视觉目标跟踪方法、视觉目标定位方法等相关技术，并结合具体工程应用介绍其在航空领域的实践落地与发展方向。本书旨在培养学生理论知识结合实际工程应用的能力，建立视觉目标探测识别与定位技术的系统性思维，提升对相关技术的掌握和拓展能力。

本书可作为智能航空航天交叉学科专业高年级本科生的专业核心课程教材，也可作为仪器光电、计算机技术、自动化等专业的本科生与研究生教材或参考用书，同时也适合从事光电工程、视频目标搜索、监控、跟踪与制导等研究领域的工程技术人员参考使用。

图书在版编目(CIP)数据

视觉目标探测识别定位技术及航空工程应用 / 张弘，杨一帆，袁丁编著. -- 北京 ：科学出版社，2024. 12.
（普通高等教育智能飞行器系列教材）. -- ISBN 978 - 7 - 03 - 080786 - 1

Ⅰ. V - 39

中国国家版本馆 CIP 数据核字第 2024SK5008 号

责任编辑：徐杨峰 / 责任校对：谭宏宇
责任印制：黄晓鸣 / 封面设计：迷底书装

科学出版社 出版
北京东黄城根北街 16 号
邮政编码：100717
http：//www.sciencep.com
南京展望文化发展有限公司排版
苏州市越洋印刷有限公司印刷
科学出版社发行 各地新华书店经销

*

2024 年 12 月第 一 版 开本：787×1092 1/16
2024 年 12 月第一次印刷 印张：17
字数：386 000

定价：90.00 元

（如有印装质量问题，我社负责调换）

丛 书 序

星河瑰丽，宇宙浩瀚。从辽阔的天空到广袤的宇宙，人类对飞行、对未知的探索从未停歇。一路走来，探索的路上充满了好奇、勇气和创新。航空航天技术广泛融入了人类生活，成为了推动社会发展、提升国家竞争力的关键力量。面向“航空强国”“航天强国”的战略需求，如何培养优秀的拔尖人才十分关键。

“普通高等教育智能飞行器系列教材”的编写是一项非常具有前瞻性和战略意义的工作，旨在适应新时代航空航天领域与智能技术融合发展的趋势，发挥教材在人才培养中的关键作用，牵引带动航空航天领域的核心课程、实践项目、高水平教学团队建设，与新兴智能领域接轨，革新传统航空航天专业学科，加快培养航空航天领域新时代卓越工程科技人才。

该系列教材坚持目标导向、问题导向和效果导向，按照“国防军工精神铸魂、智能飞行器领域优势高校共融、校企协同共建、高层次人才最新科研成果进教材”的思路，构建“工程单位提需求创背景、学校筑基础拔创新、协同提升质量”的教材建设新机制，联合国内航空航天领域著名高校和科研院所成体系规划和建设。系列教材建设团队成功入选了教育部“战略性新兴领域‘十四五’高等教育教材体系建设团队”。

在教材建设过程中，持续深化国防军工特色文化内涵，建立了智能航空航天专业知识和课程思政育人同向同行的教材体系；以系列教材的校企共建模式为牵引，全面带动校企课程、实践实训基地建设，加大实验实践设计内容，将实际工程案例纳入教材，指导学生解决实际工程问题、增强动手能力，打通“从专业理论知识到工程实际应用问题解决方案、再到产品落地”的卓越工程师人才培养全流程，有力推动了航空航天教育体系的革新与升级。

希望该系列教材的出版，能够全面引领和促进我国智能飞行器领域的人才培养工作，为该领域的发展注入新的动力和活力，为我国国防科技和航空航天事业发展作出重要贡献！

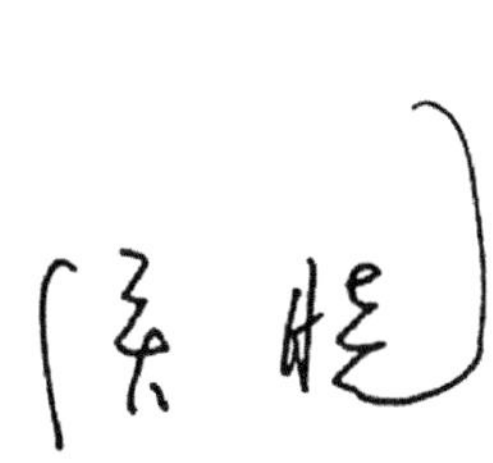

中国工程院院士　侯晓

前　言

视觉目标探测识别定位技术作为人工智能与计算机视觉领域的关键分支,正广泛且深入地影响着现代科技的发展,在多个领域发挥着重要作用并推动着技术革新。该技术通过模拟人类视觉系统对目标进行特征提取、分类识别与空间定位,在智能安防、自动驾驶、工业检测、医学影像分析、航空工程等关键领域展现出重要的应用价值与发展前景。在智能安防领域,该技术可实现全天候实时监控与异常行为预警,提升公共安全防控能力;在自动驾驶领域,该技术可赋予车辆高精度环境感知能力,实现对路况的实时分析并做出决策,推动交通出行方式发生革命性变革。在工业检测领域,利用该技术可对产品缺陷进行微米级识别,大幅提升生产效率与质量控制水平;在医学影像分析领域,该技术可辅助医生实现病灶的精准定位,为疾病早期诊断提供关键支持。特别在航空工程领域,视觉目标探测识别定位技术具有十分重要的应用价值。例如,可通过电子稳像技术精准感知图像抖动,通过算法补偿稳定画面,提升航空拍摄影像质量;可利用目标识别技术快速分辨出机场跑道上的异物、空中的其他航空器、鸟类等;目标跟踪技术可使航空器具备持续锁定移动目标的能力,为航空监测等任务提供信息支持。视觉定位技术则帮助航空器在复杂环境中确定自身的位置,辅助其精准降落、完成航线规划等,可极大提升航空工程的安全性与效率。此外,在无人机导航方面,视觉目标探测识别定位技术赋予其复杂环境下的自主避障与目标跟踪能力,拓展了低空经济的应用边界。随着深度学习算法的持续突破、计算芯片算力的指数级增长,以及多模态传感器技术的成熟,视觉目标探测识别定位技术正向着更高精度、更强鲁棒性、更低功耗的方向不断发展。未来,该技术将与5G通信、边缘计算、数字孪生等前沿技术深度融合,在智慧城市、深空探测等新兴领域催生更多创新应用场景,成为推动产业数字化转型与智能化升级的重要驱动力。

本书结合计算机视觉前沿技术方法和航空工程应用需求,系统介绍视觉目标探测识别与定位技术的理论、算法与工程应用,重点讲解了视觉目标探测成像模型、目标特征提取方法、图像复原方法、电子稳像技术、目标检测、识别和跟踪方法、视觉目标导航与定位方法等相关技术。本书在编写中注重基础知识与前沿模型相结合、理论与实践相辅相成,旨在帮助培养学生理论知识结合实际工程应用的能力,提升对相关技术的掌握和拓展能力。

本书可作为智能航空航天交叉学科专业高年级本科生的专业核心课程教材,也可作为仪器光电、计算机技术、自动化等专业的本科生与研究生专业课程参考用书,同时也适合从事光电工程、视频目标搜索、监控、跟踪与制导等研究领域的工程技术人员作为技术参考使用

编　者

2024 年 8 月

目　　录

第1章

绪　论

1.1　人类视觉系统

人类视觉系统是指人类感知自然和理解视觉信息的生物系统。它能够感知色彩、形状、运动和深度等视觉特征，并将其整合成有意义的图像和场景。因此人类视觉系统对于人类理解世界至关重要。

人类视觉系统主要由眼睛、大脑皮层及视觉相关的神经通路组成。其中，眼睛作为人类视觉系统的外部器官，主要负责捕获光线并将其转为视觉信号；大脑皮层是人类视觉系统中处理和解释视觉信息的主要部分，主要负责对接收到的视觉信息进行更高级的处理和感知；视觉通路是指从眼睛到大脑的信息传递路径，包括传入视网膜的视神经、传输到大脑的视觉皮层，以及在大脑内部不同区域之间的连接。

1.1.1　人眼结构

如图 1－1 所示，人眼主要由以下部分构成。

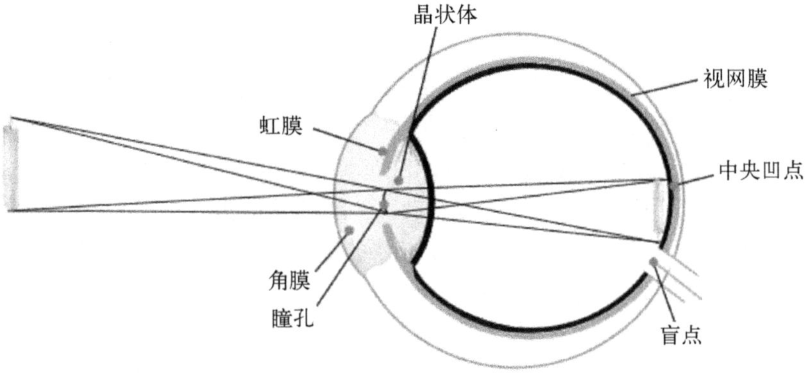

图 1－1　人眼结构示意图

（1）角膜（cornea）。角膜是眼睛的透明前表面，负责将光线聚焦到眼内，是一个弯曲的透明结构，其曲率决定了光线的折射程度。

（2）虹膜（iris）。虹膜是位于眼球前部的一种组织，位于角膜和晶状体之间，用于控制眼睛中的瞳孔大小，以调节眼睛的进光量。

（3）瞳孔（pupil）。瞳孔是位于虹膜中央的黑色圆孔，与虹膜一起控制眼睛的进光量。光线较暗的环境下瞳孔扩张，明亮条件下瞳孔收缩。

（4）晶状体（lens）。晶状体是位于瞳孔后面的透明凸透镜，通过调节其曲率使得不同远近物体的反射光线聚焦。

（5）视网膜（retina）。视网膜是眼球内的光敏细胞层，负责将光信号转换为神经信号。当光线照射到光敏细胞时会激活相应的感光色素分子，从而产生神经信号。光敏细胞主要分为两种，分别为视锥细胞（cones）和视杆细胞（rods）[1]。视锥细胞主要负责颜色视觉和高分辨率视野，在明亮光照条件下敏感。人类视网膜中的视锥细胞有三种类型，分别对应红（长波长）、绿（中波长）、蓝（短波长）三种基本颜色光[2]，通过不同组合产生对颜色的感知；视杆细胞主要负责低光照条件下的视觉和运动检测。

（6）盲点（blind spot）。盲点位于视网膜的中央，是视神经的起点。该位置无光敏细胞，因此无法感知光线。

（7）中央凹点（聚焦点，fovea）。人眼的中央凹点通常指黄斑区域，位于视网膜的中央，是视锥细胞主要分布的区域，因此也是视网膜上最敏感的区域。

1.1.2 人眼视觉系统特点

作为一个复杂且高效的感知系统，人眼视觉主要有以下几方面特点。

（1）视觉亮度范围宽。人眼的视觉系统能适应从暗阈值到强闪光约 10 个数量级的亮度范围，可以感受到十分微弱的光线，也可以适应非常强烈的光线[3]。

（2）视觉分辨率高。人眼视觉分辨率是指对图像细节的分辨和识别能力。人眼成像于视网膜，分辨率约为 1 角分，即 0.017 度。在理想条件下，人眼能够区分两个相距 1 角分的像点，使得人眼可以观察到十分细微的细节。此外，由于视网膜中央凹点的视锥细胞密度更高，因而这部分的成像分辨率较外周视野更高、成像更清晰，而周围区域的成像在细节上会较模糊。

（3）视觉适应性强。人眼视觉适应性是指人眼在不同光照条件下迅速调整自身的视觉感知能力，以适应所处环境的光强。这种适应能力可以使人眼在不同的亮度和色彩环境中仍保持相对稳定的视觉感知，有效识别和理解周围的环境。人眼视觉适应性主要包括三个部分，分别为暗适应、亮适应及色彩适应。暗适应是指从明亮环境过渡到昏暗环境时，人眼会增加视网膜上视杆细胞的敏感度，以增强低光条件下的视觉感知能力。暗适应的过渡时间依环境而定，通常需要几分钟到半小时。亮适应是指从暗光环境过渡到明亮环境，人眼会减少视网膜上的色素分子浓度，降低视杆细胞敏感度的同时增加视锥细胞的敏感度，以适应高光条件下的视觉感知。亮适应过程较快，通常在几分钟内即可完成。色彩适应可以使人眼在不同色温的光线环境中感知和识别颜色，通过调节视网膜上的色素浓度，改变视锥细胞对不同波长光线的敏感度，实现对不同色彩的适应。这一过程通常需要几分钟到几十分钟的时间。

（4）视觉对比灵敏度高。人眼的对比灵敏度是指人眼对图像中亮度差异的感知能力，也称对比感知能力，它衡量了人眼能够分辨的最小亮度差异。人眼对比灵敏度通常为

0.02～0.10，即人眼能够感知到图像中 2%～10%的亮度差异。但对比灵敏度通常会受到光线条件、个体差异、视觉疲劳等影响。通常情况下，人眼视觉对比灵敏度在明亮环境中相对较高，在昏暗环境中则相对较低。

（5）具有亮度感觉、色觉及错觉。人眼的亮度感觉、色觉和错觉指的是视觉系统在感知光线和色彩时所表现出的特性和现象。其中，亮度感觉是指人眼对光线亮度的感知能力，包括对光线强度、光源大小、光线分布的感知。色觉也叫颜色感知，是指人眼对不同波长的光线的感知能力。错觉是指人眼在感知光线和色彩时出现的误判现象。常见的错觉包括光斑错觉、色彩对比错觉、大小对比错觉等。这些错觉可能是由于光线条件、视觉系统特性及大脑处理方式造成的。

1.2　计算机视觉系统与发展

1.2.1　计算机视觉系统的组成及发展

人眼视觉系统是人类获取和感知外界信息的重要方式，能够处理各种复杂的视觉任务；而计算机视觉系统则是基于摄像机捕捉的图像信号，通过部署在计算机上的算法来实现对图像的理解。其借鉴人眼视觉系统的特性和机制，通过图像处理、模式识别、机器学习等技术设计算法和模型，实现对图像的分析与环境的感知。

计算机视觉系统是由视觉传感器、高速图像采集系统、计算硬件单元、图像处理单元、视觉算法系统等模块共同组成的，如图 1－2 所示。各组件的作用如下：

（1）视觉传感器，由一个或多个图像传感器组成，用于捕获所拍摄环境的画面，常用的图像采集传感器包括可见光相机、红外相机、激光扫描仪等；

（2）高速图像采集系统，由专用视频解码器、图像缓冲器、控制接口电路组成，负责将模拟图像信号向数字图像信号进行转化，并将转化后的数字图像上传至计算机进行显示和进一步处理[4]；

（3）计算硬件单元，主要包括中央处理器（CPU）、图形处理器（GPU）、存储器等，负责图像数据的存储和运算；

（4）图像处理单元，用于图像数据的初步处理，例如图像增强、边缘检测、图像分割等，以提高后续视觉算法系统的处理能力，或独立完成一些简单的识别任务；

（5）视觉算法系统，由实现计算机视觉各类任务的算法组成，如图像理解、三维感知、运动估计、目标识别、目标跟踪等，是计算机视觉系统的核心组成部分。

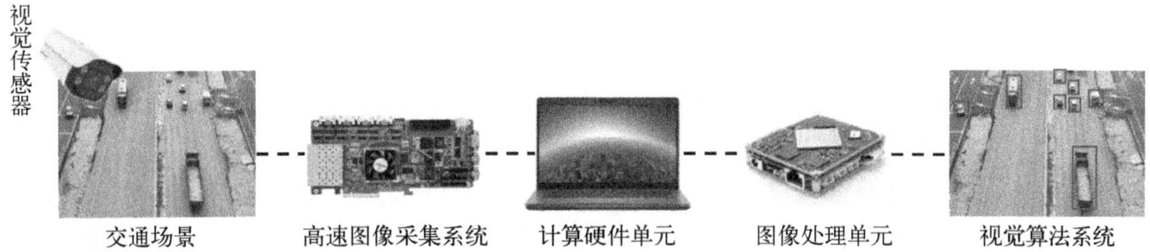

图 1－2　计算机视觉系统的基本组成

计算机视觉这一学科的发展主要经历了四个阶段：最早的计算机视觉技术可以追溯到20世纪50年代。早期的计算机视觉技术主要关注图像处理和模式识别任务，经典算法包括边缘检测、角点提取、模板匹配等，可用于解决字符识别这类较简单的检测识别任务。20世纪80年代，马尔视觉计算理论的归纳与提出，为计算机视觉这一学科的建立奠定了基础。20世纪90年代开始，越来越多的专家学者开始重点研究图像特征的提取与描述，这一时期也被称为特征工程时代。SIFT、SURF、HOG等经典的特征描述子被相继提出并得到广泛应用，在目标检测、目标跟踪等任务上取得了显著进展。同时，支持向量机、随机森林等传统的机器学习算法也在图像分类等任务上取得不错的效果。进入21世纪，深度学习技术的蓬勃发展彻底改变了传统计算机视觉系统的处理方式。卷积神经网络的应用不仅实现了图像数据的端到端学习，更大大提高了图像分类、目标检测、语义分割等任务的算法性能。此外，一些大规模数据集，如ImageNet、COCO等的构建和应用也进一步提高了模型的泛化能力。

目前，跨模态和多模态视觉处理技术成为该领域的研究热点与发展趋势。即充分利用现有硬件平台资源，通过图像信息与文本、语音、深度等其他模态数据的融合处理，以提升视觉任务的算法性能。多模态信息的综合利用不仅可以提高视觉系统的鲁棒性和泛化性，更能拓宽计算机视觉技术的应用领域。此外，GPT（generative pre-trained transformer，即基于transformer的生成式预训练语言模型）的问世充分展现了大模型的优异性能。大模型一般指深度学习模型中参数量非常大的模型，通常会包含数百万甚至数十亿的参数，需要耗费大量的计算资源和存储资源。大模型可以通过训练更多的数据，学习到更复杂的特征表示，从而具备更强的泛化能力。因此，大模型也是目前专家学者最为关注的研究热点。当然随着实际应用需求的不断增加，低功耗、轻量化、实时性也是计算机视觉系统研发面临的新挑战。

1.2.2 马尔视觉理论

英国心理学家和神经科学家、计算神经科学创始人大卫·马尔（David Marr）提出了马尔视觉理论，主要探讨了计算机视觉和人类视觉系统的基本原理和过程，使计算机视觉研究有了一个比较明确的体系，大大推动了相关研究的发展，为计算机视觉成为一门学科奠定了基础。马尔认为“看”就是人通过观察，认知有什么东西和它们在什么地方。因此，视觉首先是一个信息处理任务，将其分解为三个层次。

层次1：计算理论层次（computational level）。这一层次主要对整个视觉系统的输入、输出做宏观描述，定义视觉系统要解决的具体任务，输出描述视觉系统的信息形式。形象地说，就是解决展开计算的信息是什么、计算的目的是什么、计算的逻辑是什么这三个问题。

层次2：表示与算法层次（representational and algorithmic level）。这一层次关注视觉系统将输入转为输出的具体算法。形象地说，就是解决实现这个计算理论的方法是什么、输入和输出的表示是什么、各种表示之间的变换关系是什么这三个问题。

层次3：硬件实现层次（implementational level）。这一层次主要关注生物系统和计算机视觉系统实现的具体细节。形象地说，就是解决在物理上或硬件平台上如何实现这些表示和算法的问题。如设计硬件架构、编程语言、算法优化等。

马尔视觉理论框架的三个层次相互关联,上层的分析结果决定着下层的处理方法,是计算机视觉领域的划时代的成就,使计算机视觉成为一门真正的科学,为人工智能、计算机视觉等领域的研究奠定了理论基础。尽管经过了数十年的发展,计算机视觉研究工作仍然延续着马尔所提出的三个层次。

1.3 目标探测与目标识别

1.3.1 目标探测

目标探测是计算机视觉领域的一个重要分支,旨在自动地从图像或视频中找到感兴趣的目标或物体,并确定它们的类别和位置。由此可知,目标探测主要基于两个任务实现,即目标定位和目标分类。目标定位是指对图像或视频中的目标位置进行检测,定位结果通常以一个包含目标物体的边界框来表示;目标分类是指对定位到的目标进行分类,即判断该目标属于车辆、行人还是其他类别,分类结果以一个目标属性的标签值来表示。

目标探测技术通常需借助计算机视觉和机器学习的理论来实现。目前,其方法可以大致概括为两类:基于特征的方法和基于深度学习的方法。前者利用图像中提取到的手工特征,如边缘特征、纹理特征、颜色特征等,对感兴趣目标进行特征描述,然后通过特征匹配模板或机器学习算法等实现目标的定位和分类;后者则是利用深度神经网络,如卷积神经网络、自动编码器等学习目标的特征信息,进而完成目标的探测。相比于前者,基于深度学习的方法具有精度更高、泛化性更好的特点,在很多领域已经逐渐替代了传统的基于特征的目标探测方法。

目标探测能够自动对图像或视频中的感兴趣目标物体进行定位和分类,为自动化、机器人系统提供了重要的视觉感知能力,在智能监控、自动驾驶、医学影像分析等领域都获得了广泛的应用。

1.3.2 目标识别

目标识别也是计算机视觉领域中的一项重要任务,旨在识别图像或视频中的特定目标和对象。与目标探测不同,目标识别通常侧重于对目标类别的判断,实现对各种事物或现象的分析、描述和识别[5],并不一定需要定位目标的位置信息。

根据特征提取方式的不同,目标识别算法可以分为基于传统方法和基于深度学习方法两类,分别利用 SIFT、HOG 等手工特征和 CNN、YOLO 等深度学习网络实现目标的识别;而根据数据的不同,又可分为针对图像的常规二维目标识别算法、PointNet、VoxelNet 等针对三维目标的目标识别算法,以及 RNN、LSTM 等处理视频或其他时间序列数据的目标识别算法。近年来,随着自监督学习、小样本学习、生成对抗网络等计算机视觉任务的兴起和发展,目标识别算法的性能在准确性和鲁棒性方面持续提升。目标识别技术旨在自动识别图像或视频中重要内容或感兴趣目标,在图像检索、人脸识别、自然场景理解、工业自动化等领域具有重要的应用价值。

1.4 关键技术综述

视觉目标探测与目标识别是计算机视觉领域的重点研究方向之一。除此之外，该领域的关键技术还包括图像去模糊、目标跟踪等。

1.4.1 图像去模糊

图像退化是指在形成、处理、传输图像的过程中，由于成像系统、处理手段、传输设备不佳等原因造成的图像质量下降。引起图像退化的因素有很多，包括成像系统畸变导致的图像畸变、传感器与目标间的相对运动造成的运动模糊、传输介质受环境影响引起的图像失真等。图像去模糊则是利用图像处理算法，将受上述影响得到的退化图像，恢复成清晰图像的技术，旨在提高图像的清晰度和数据可用性。

目前，图像去模糊技术可大致分为两类：一类是盲去模糊法（blind deblurring），此类算法需对造成图像模糊的原因进行估计和建模，然后反向恢复图像，因此算法复杂度往往较高；另一类是非盲去模糊法（non-blind deblurring），此类算法通常假定模糊成因已知或可以准确估计造成模糊的模糊核，算法复杂度相对较低。常用的去模糊技术包括傅里叶变换、维纳滤波、基于深度学习的算法等。

目前，图像去模糊技术广泛应用于改善医学成像、卫星及航空影像、监控影像质量，以提高图像清晰度，便于直接的人眼观察和后续的分析处理。

1.4.2 目标跟踪

目标跟踪是指对视频序列中的一个或多个目标进行自动检测，并追踪其在整段视频序列中的运动轨迹、位置和状态的计算机视觉任务，旨在理解目标在空间和时间上的行为及其与环境的交互情况。

根据跟踪目标数量的不同，目标跟踪可分为单目标跟踪和多目标跟踪两类。前者注重对单一目标位置和运动轨迹的准确追踪，后者则注重多个目标位置和运动轨迹的同时管理和识别。根据运动目标的表达和相似性度量算法的不同，又可分为基于主动轮廓的跟踪、基于特征的跟踪、基于区域的跟踪和基于模型的跟踪。其中，主动跟踪模型又称为 Snake 模型，通过最小化图像域内的可变形曲线能量函数实现动态轮廓的逐步调整；基于特征匹配的跟踪方法依靠提取目标显著特征实现跟踪；基于区域的跟踪方法则是将目标区域作为整体进行跟踪，通过比较相邻帧之间的像素差异或特征相似度实现目标定位；基于模型的跟踪通过对目标的运动模型或外观模型进行建模，比较其与其他目标之间的相似度实现目标定位。近年来，随着相关滤波等跟踪方法的出现，目标跟踪技术又可被分为生成式模型与判别式模型。基于生成模型的目标跟踪算法通过细致刻画目标的外观特征，建立目标描述模型，在后续帧中搜索与该模型最相似的区域，实现目标的跟踪。代表性方法如 MeanShift、Kalman Filter、粒子滤波器的传统跟踪算法等。基于判别模型的目标跟踪算法则将目标跟踪视为分类问题，充分利用目标的外观特征和背景信息，通过训练分类器实现对目标和背景的区分，能够较好地解决背景复杂、目标遮挡情况下的目标跟踪问题，代表性方法包括相关滤波系列算法、目前大部分深度学习目标跟踪算法等。

目前，得益于计算机软硬件水平的快速提高，目标跟踪技术已应用到生产、生活中的方方面面。例如在自动驾驶领域，通过跟踪道路上的其他车辆或行人，确保自动驾驶车辆的安全；在人机交互领域，通过跟踪用户的动作、手势及眼睛的位置，实现人机之间更自然、更方便的互动交流；在医学领域，通过跟踪肺部病灶位置，方便医生准确进行放射性治疗。

1.5 应用概述

航空工程是现代工程领域的重要组成部分。航空工程技术的先进性和完备性直接关系到交通运输、国防安全、应急救援等国家安全领域的科技发展水平。随着人工智能技术的飞速发展，计算机视觉系统已经在航空工程领域中发挥着不可或缺的作用。

1.5.1 目标识别与跟踪技术

目前，基于光电传感器影像数据的目标识别与跟踪技术广泛应用于航空工程。在公共安全领域，利用搭载光电传感器的无人机对路面及目标进行实时跟踪，可实现对嫌疑车辆目标的实时锁定；此外，在资源勘探、地理测绘、灾后救援等应用领域，基于航空影像的目标识别与跟踪技术在其中都发挥着重要的作用。

与一般计算机视觉系统类似，航空工程领域的目标识别跟踪系统包括搭载于航空器上的光电传感器，用以获取影像数据，如可见光、红外、微光相机等；在某些任务中可能还需要同时搭载其他类型传感器，如雷达等。由于这类传感器获取的数据通常并不以图像形式传回，而且可能会受拍摄环境、拍摄设备等影响，数据中包含严重噪声。因此，在获得数据后需利用去噪声等数据预处理技术滤除噪声，为后续目标识别跟踪任务提供可靠数据保障。此外，每一类传感器都具有各自不同的优势探测波段。因此，异源、多模态图像信息的融合利用，会在一定程度上提高目标识别跟踪性能。实际应用中，可根据任务背景、目标类型、探测装备等具体情况，选择数据级融合、特征级融合、决策级融合等不同的融合策略，以获得最优的目标识别跟踪效果。

1.5.2 基于景象匹配的无人机自主导航技术

景象匹配是指通过比较和分析图像中的特征，寻找图像之间的相似或对应关系，以完成运动分析、导航定位、数据融合、变迁检测等视觉任务。

在高楼林立城市环境、大型商场室内环境、矿井隧道地下环境等场景中，GPS 信号常常会受到干扰或屏蔽，无人机的精准导航能力受限。基于景象匹配的无人机自主导航技术是一种利用图像数据、采用计算机视觉算法实现视觉导航的技术。利用无人机实地拍摄的地面标注物、周围建筑物等目标特征，与存储的图像库或地图信息进行匹配，解算所拍摄地的位置信息、方向信息等，实现无人机在拍摄图像位置处的准确定位和姿态估计，并根据匹配结果及任务目标调整飞行路径，确保无人机按照预定路线正常飞行，完成其自主导航、路径规划等任务。

基于景象匹配的无人机自主导航技术对环境要求低、适应性强，且无需外部信号提示，具有较强的鲁棒性和自主性，可实现城市环境监控、室内导航、矿产勘探、灾后搜救等任务，广泛应用于室内、地下、地形复杂等 GPS 信号易受到干扰或无法覆盖的场景中，弥补常规自主导航需要外部信号提示的不足。但该技术在进行景象匹配过程中需要消耗大量的计算资源，且对成像环境稳定性依赖较强，在气候变化、场景变化等情况下往往需要更新参考图像库。

1.5.3 难点与挑战

与在地面拍摄的光学影像相比，航空影像具有一些独有的特性。首先，航空影像的视角独特。大部分航空影像数据都是从高空俯视拍摄的，拍摄的地面区域和范围较广，但相比较而言地面的目标尺寸占比较小。其次，航空影像的分辨率高，以捕捉更多的地面影像特征和细节，完成后续的视觉感知任务。另外，航空影像具有模态的多样性。除可见外传感器外，航空器经常同时搭载不同波段的传感器，以采集其他光谱、多光谱或高光谱的地面影像数据，且多模态影像数据的融合利用不仅可提高目标探测精度，还能拓宽航空影像数据的应用领域。

除了计算机视觉领域的一些传统难点问题带来的挑战外，基于航空影像数据的视觉感知技术还面临以下困难：

（1）拍摄高质量的航空影像需要使用专业的摄影设备和雷达等，且每次拍摄都需要航空器按照既定的路线航行，但由于拍摄成本较高，多次重复拍摄难以实现；

（2）航空影像在采集时，受天气、气候条件影响较大，例如，当天气恶劣时，获得的影像可能发生严重降质问题，图像模糊不清；

（3）为满足目标探测等任务需求，航空影像空间分辨率较高、图像数据量较大，为了实时存储和处理这些大规模数据，对存储和运算资源都提出较高的要求；

（4）当航空器搭载多类传感器以采集多模态影像数据时，在同一区域采集到的不同模态的航空影像很可能需要进行图像配准和校正处理，才能融合使用。而不同模态的影像往往在特征上、拍摄视角上差异性较大，实现多模态图像的高精度配准也是极具挑战的一项任务。

目前，航空影像与处理技术已广泛应用于灾害预测、资源勘探、公共安全等诸多领域。随着深度学习算法的不断进步和硬件技术的不断突破，上述难点与挑战也有望被陆续解决。未来计算机视觉感知技术也必将在航空工程领域发挥更大作用与价值。

习　题

1－1　请简述人眼的主要结构与人眼视觉系统特点。

1－2　马尔视觉理论所描述的视觉任务的三个层次是什么？

1－3　目标探测、目标识别、目标跟踪任务的目的是什么？请简述以上技术在航空领域中的具体应用。

参考文献

[1] Acharya T, Ray A K.数字图像处理：原理与应用.田浩，葛秀慧，王顶，等译.北京：清华大学出版社，2007.
[2] Nixon M S, Aguado A S.计算机视觉特征提取与图像处理.第 2 版.李实英，杨高波，译.北京：电子工业出版社，2014.
[3] 张凯，李少毅，杨东升，等.光电探测与目标识别技术.西安：西北工业大学出版社，2021.
[4] 张广军.视觉测量.北京：科学出版社，2008.
[5] 张合，江小华.目标探测与识别技术.北京：北京理工大学出版社，2015.

第 2 章

视觉目标探测成像及特性

视觉目标探测成像系统主要依赖两种特性：① 目标对光线的反射特性，如可见光成像利用了目标表面的反射光；② 目标的辐射特性，如红外成像利用了目标的热辐射特性。这些反射和辐射特性决定了目标在成像系统中的可见程度，同时也会受检测环境的背景和噪声的影响。了解和分析这些特性对优化探测系统设计和提高目标识别、跟踪等算法的性能至关重要。本章将从光电探测成像基本模型、光与电磁波成像、目标反射与辐射特性三个方面简要介绍视觉目标探测成像及特性。

2.1 光电探测成像基本模型

光电探测成像系统综合了多类传感器与多项数据处理技术。其中，核心硬件包括各类传感器、光学元件和处理器，这些设备共同协作把捕获到的光信号转换为数字图像，并进行数据处理，提取有用的目标信息和特征。本节将从视觉成像系统硬件组成、图像数字化、计算机视觉成像模型、相机模型的标定四个方面介绍探测成像的基本模型。

2.1.1 视觉成像系统硬件组成

视觉成像硬件系统主要由照明、镜头、数字摄像机、摄像机-计算机接口四个部分组成。

1. 照明

照明的目的是显现被测物的重要特征，同时抑制不重要特征。因此，常需要考虑光源与目标表面的相互作用，其中最重要的因素是两者间的光谱组成。例如，若绿色背景下的红色物体特征需要增强，就可以采用红色光源进行照明，使成像后红色物体会更加明亮。常用的光源有白炽灯、氙灯、荧光灯、发光二极管等。

白炽灯通过电流加热灯丝产生热辐射，其辐射谱线在电磁波的可见光范围内。氙灯和荧光灯都属于气体放电光源。氙灯是在密闭的玻璃灯泡中充上氙气，氙气被电离，能够产生非常亮的白光，可以制作成闪光灯。荧光灯照明面积大，但光谱分布不均匀，且不能用作闪光灯。发光二极管（light-emitting diode，LED）是一种发光半导体，能产生窄光谱的单色光，光的颜色取决于所用半导体材料的成分，可以制作成红外、可见光及近紫外光源，也可制作成白光 LED。LED 光源功耗低，还可用作闪光灯，目前是视觉系统中应用地最多的一种光源。但 LED 易受环境温度影响，温度越高则性能越差。

2. 镜头

在视觉成像系统中相机，镜头用来会聚光线形成图像。相机镜头的构造通常较为复杂。为了便于研究，通常将镜头等效为一个凸透镜。如图 2－1 所示，水平虚线为光轴；F 和 F' 是镜头的两个焦点，f' 为镜头焦距，物体到主平面 P 的距离为 u，而像到主平面 P' 的距离为像 u'，u 称为物距，u' 称为像距。

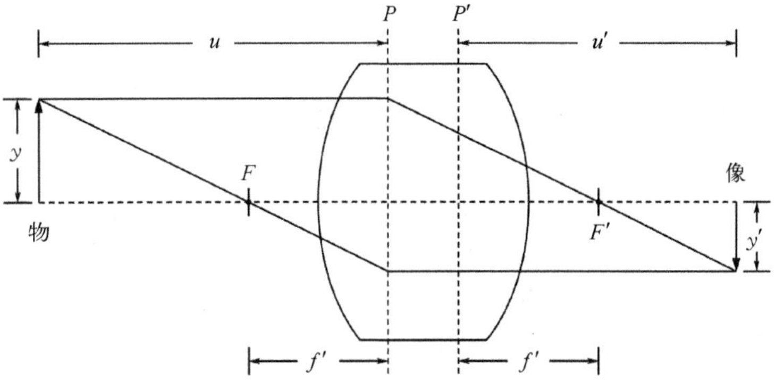

图 2－1　凸透镜成像模型

根据光学凸透镜成像模型，物距 u、像距 u' 与焦距 f' 的关系为

$$\frac{1}{u'}+\frac{1}{u}=\frac{1}{f'} \tag{2-1}$$

3. 数字摄像机

数字摄像机将通过镜头聚焦于像平面的光线转化为数字图像，其重要组成部分是光电耦合传感器。电荷耦合器件（charge-coupled device，CCD）和互补性金属氧化物半导体（complementary metal-oxide semiconductor，CMOS）是当前数字摄像机广泛采用的两种传感器。

CCD 能够对可见光的光强做出感应。最简单的一种情况是线阵形式的 CCD 传感器，它由一行光线敏感的光电探测器组成。曝光时，光电探测器会累积电荷，通过转移门电路，电荷被移至串行读出寄存器从而读出，每个光电探测器对应一个读出寄存器。读出的过程是将电荷转移到电荷转换单元，转换单元将电荷转换为电压，并将电压放大的过程。电荷转换为电压并放大后，就可以转换为模拟或数字视频信号，其中数字视频信号是由模拟信号经过模数转换器实现的。目前，应用最广泛的是以面阵形式排列的 CCD，可以直接产生二维的图像。一般来说，CCD 阵列的像素数目越多，收集到的图像就会越清晰，图像的分辨率就越高。

CMOS 是另外一种光电半导体传感器。CMOS 上集成有带负电和带正电的晶体管，这两个互补效应晶体管所产生的电流可以被处理芯片记录和解读成图像数据。该传感器结构相对简单，生产工艺与现有的大规模集成电路生产工艺相同，因此生产成本较低。CMOS 的信号是以点为单位的电荷信号，更为敏感、速度更快、也更为省电。早期 CMOS 传感器的噪声较为严重，仅用于低端光电成像设备。但随着技术水平的提高，目前其成像质量可媲美 CCD。特别在专业级单片数字照相机和集成度极高的智能手机领域,CMOS 传感器因其较好的成像质量、更小的体积与更低的功耗特性而被广泛采用。

4. 摄像机-计算机接口

摄像机捕获图像后能够输出模拟或数字视频信号,这些信号要通过摄像机-计算机接口传输到计算机中,才能进行后续的处理。

对于模拟信号,需要在计算机中安装一块通常称作图像采集卡的专用接口卡。图像采集卡包含同步分离部分,可以从视频信号中分离出同步信号来产生像素时钟信号,并用来控制采样视频信号的模数转换器。由于模拟视频标准应用时间较长,因此在机器视觉工业领域很长一段时间内都是主导技术。然而,模拟视频传输会导致图像质量变差,降低测量准确度和精度,由于数字视频传输会避免这些问题,近年来机器视觉系统通常都使用数字信号传输。

对于数字信号,也需要使用图像采集卡或者某种标准接口卡,例如,IEEE 1394 卡、USB 卡和千兆网卡。数字摄像机除了图像质量更好之外,还有很多其他好处,例如,比模拟摄像机更高的分辨率和更高的帧率。此外,模拟摄像机一般是通过设置摄像机上面的拨码开关来控制摄像机和采集卡配合工作的,而数字摄像机则可以在软件中直接控制,数字摄像机一般比模拟摄像机体积小很多,功耗也更低。

2.1.2 图像数字化

图像是对自然界景物的客观反映。数字图像信号在空间与幅度上都是离散的数据,可通过对模拟图像数据的数字化来获得。本节将介绍模拟图像数字化的过程。

模拟图像可以用一个二元函数 $f(x, y)$ 来表示,该函数反映了图像上点坐标 (x, y) 与该点获得的光的能量值之间的关系。

数字化(digitizing)就是对连续的模拟图像信号进行离散化,包括空间离散化和幅值离散化,即采样和量化。

采样(sampling)就是对图像 $f(x, y)$ 的空间位置坐标 (x, y) 进行离散化,以获取离散点的函数值的过程。该离散点称为采样点,采样点数量对应于数字图像中像素的数量。

量化(quantization)就是把图像采样点对应的连续亮度空间转化成离散值或整数值操作。量化得到的整数值就是像素的灰度值,量化所允许的整数值的总阶数称为灰度级或灰度级数。

事实上,采样和量化这两个过程是不可分割的,且两个过程同时完成。

数字图像的分辨率是图像数字化精度的衡量指标之一。图像的空间分辨率是在采样过程中选择和产生的;图像的亮度分辨率是在量化过程中选择和产生的。空间分辨率用来衡量对模拟图像空间坐标数字化的精度;而亮度分辨率是指对模拟图像的亮度分布进行量化操作所采用的不同量化级数,即用不同的灰度级数来表示同一图像的亮度分布。

理论上,数字图像的分辨率应该满足奈奎斯特采样定理,才能避免模拟图像数字化后出现明显的失真。具体地,若对一幅模拟图像 $f(x, y)$ 采样,设 x、y 方向上的采样间隔分别为 Δx、Δy,采样后的图像为 $f_s(x, y)$。设图像 $f(x, y)$ 的傅里叶变换为 $F(u, v)$,其最高频率分别为 u_c 和 v_c。此时,采样间隔若满足 $\Delta x \leqslant \frac{1}{2u_c}$ 和 $\Delta y \leqslant \frac{1}{2v_c}$,就可以由采样结

果 $f_s(x, y)$ 无失真地重建原图像 $f(x, y)$。

一般来说，采样间隔越小，图像空间分辨率越高、图像细节质量越好，但需要的成像设备、传输信道和存储容量的开销也越大。因此，工程上需要根据不同的任务背景，折中选择合理的图像数字化采样间隔。

2.1.3 计算机视觉成像模型

2.1.3.1 视觉系统的坐标系

成像是指将三维世界中的景物投影到一幅二维数字图像上。在此过程中，涉及多种坐标系的定义，主要包括世界坐标系、相机坐标系、物理图像坐标系和像素坐标系。

世界坐标系描述物体与相机在真实世界中的位置，用于表示三维点的绝对坐标位置，其原点可以根据需要任意选择。

相机坐标系的原点定义在相机光心位置处，它以观察者为中心来描述物体的位置。

物理图像坐标系定义在成像平面上，以图像中心或光轴穿过成像平面的交点作为原点。物理图像坐标系的量纲与世界坐标系或相机坐标系相同。

像素坐标系也称为图像阵列，也定义在成像平面上，用来表示图像像素点的位置，其坐标值用整数表示，单位为像素。像素坐标系的原点常定义在图像的左上角。

在以上坐标系中，世界坐标系和相机坐标系是三维坐标系，而物理图像坐标系和像素坐标系是二维坐标系。

2.1.3.2 几何变换基础

本节简要介绍几种几何变换，帮助理解计算机视觉理论中的成像模型的坐标系变换和几何变换问题。

几何变换基础

1. 齐次坐标系

齐次坐标系是在 1965 年由 Roberts 提出的，旨在用线性形式描述并运算各种视觉几何中的变换和运动。因此，广泛应用于计算机视觉、计算机图形学、和机器人领域等描述物体间关系和运动的算法中。其表示形式可以概括为：使用 $n+1$ 维空间结构来表示真实世界中 n 维中的实体空间关系。例如，一个三维空间的点 $\boldsymbol{v} = [\tilde{x} \quad \tilde{y} \quad \tilde{z}]^{\mathrm{T}}$ 可表示为一个四维向量：

$$\boldsymbol{V} = [x \quad y \quad z \quad w]^{\mathrm{T}} \tag{2-2}$$

其中，w 为一任意不为 0 的常数，且 $x = w\tilde{x}$，$y = w\tilde{y}$，$z = w\tilde{z}$。

由此可以看出，在齐次坐标系下，坐标值的自身数值没有意义，坐标值数值的比值才有意义。因此，采用符号“$\cong$”描述这种向量之间的按比值相等的关系。例如，

$$[x \quad y \quad z \quad 1]^{\mathrm{T}} \cong [wx \quad wy \quad wz \quad w]^{\mathrm{T}} \tag{2-3}$$

其中，w 为一任意不为 0 的常数。

在三维空间中，齐次坐标系的原点定义为 $[0 \quad 0 \quad 0 \quad e]^{\mathrm{T}}$，其中 e 为任意不为 0 的比例因子。特别需要注意的是，在齐次坐标系下，零向量是没有任何几何含义的。

2. 射影变换

射影变换广义上指将一个图形变换成另一个图形。在齐次坐标系下,假设变换前后向量的维度保持不变,设 n 维空间中的一点 $\boldsymbol{V}_x = [x_1 \quad x_2 \quad \cdots \quad x_{n+1}]^{\mathrm{T}}$ 经过射影变换,变换为 $\boldsymbol{V}_y = [y_1 \quad y_2 \quad \cdots \quad y_{n+1}]^{\mathrm{T}}$。则该变换过程可以表示为

$$\boldsymbol{V}_y \cong \boldsymbol{M}\boldsymbol{V}_x \tag{2-4}$$

其中, $\boldsymbol{M}$ 是一个 $(n+1)\times(n+1)$ 的变换矩阵。若 $\boldsymbol{M}$ 满秩,则该变换过程可逆。

射影变换能够保持直线的平直性,使得空间共线的点经过射影变换后依然共线、空间相交的直线变换后依然相交,但不保证平行直线在射影变换后依然保持平行。

计算机视觉的成像模型采用了针孔相机模型,其成像过程可以描述成一种射影变换。

3. 仿射变换

在齐次坐标系下,仿射变换是射影变换的一种特例,是保持平行性的一种线性变换。仿射变换不仅可以描述几何上的旋转、平移、镜像、缩放和剪切变换。数学上,如果能将无穷远点 $\boldsymbol{x} = \infty$ 映射成另一个无穷远 $\boldsymbol{y} = \infty$,则该变换称为仿射变换。因此,通过平行性保持这一特性,可以由射影变换推导出仿射变换的表达形式。假设变换前后向量维度保持不变,设 n 维空间中的一点 $\boldsymbol{V}_x = [x_1 \quad x_2 \quad \cdots \quad x_{n+1}]^{\mathrm{T}}$ 经过仿射变换,变换为 $\boldsymbol{V}_y = [y_1 \quad y_2 \quad \cdots \quad y_{n+1}]^{\mathrm{T}}$。则该变换过程可以表示为

$$\boldsymbol{V}_y = \boldsymbol{M}\boldsymbol{V}_x \tag{2-5}$$

其中, $\boldsymbol{M}$ 是一个 $(n+1)\times(n+1)$ 的变换矩阵。此时, $\boldsymbol{M}$ 是一满秩矩阵,该变换过程可逆。若将变换矩阵 $\boldsymbol{M}$ 以分块矩阵的形式表示:

$$\boldsymbol{M} = \begin{bmatrix} \boldsymbol{A}_{n\times n} & \boldsymbol{t}_{n\times 1} \\ \boldsymbol{0}_{1\times n} & \boldsymbol{a}_{1\times 1} \end{bmatrix} \tag{2-6}$$

其中,向量 $\boldsymbol{t}_{n\times 1}$ 描述了仿射变换中的平移变换。$\boldsymbol{A}_{n\times n}$ 为一满秩矩阵,其不同的取值描述了不同的几何变换。例如,当 $\boldsymbol{A}_{n\times n} = s\boldsymbol{I}_{n\times n}$ 时,描述了缩放变换;当 $\boldsymbol{A}_{n\times n}$ 为一正交矩阵时,描述了旋转变换。

值得注意的是,在齐次坐标系下,仿射变换可以描述为一种线性变换。若采用笛卡儿坐标描述仿射变换,其形式是非线性的。

图像缩放变换、图像量纲的变换、图像的剪切变形都可以用仿射变换来描述。

4. 刚性变换

刚性变换,可以理解为对刚体运动过程的描述,是一种只改变物体位置、而保持物体大小和形状不变的变换。常见的旋转、平移和镜像变换以及它们的组合,都属于刚性变换。刚性变换是仿射变换的一种特例。因此,刚性变换也可以用仿射变换的形式来表达。设 n 维空间中的一点 $\boldsymbol{V}_x = [x_1 \quad x_2 \quad \cdots \quad x_{n+1}]^{\mathrm{T}}$ 经过刚性变换,变换为 $\boldsymbol{V}_y = [y_1 \quad y_2 \quad \cdots \quad y_{n+1}]^{\mathrm{T}}$。则该变换过程可以表示为

$$\boldsymbol{V}_y = \begin{bmatrix} \boldsymbol{R}_{n\times n} & \boldsymbol{t}_{n\times 1} \\ \boldsymbol{0}_{1\times n} & 1 \end{bmatrix} \boldsymbol{V}_x \tag{2-7}$$

其中，$\boldsymbol{R}_{n\times n}$ 表示正交矩阵，描述刚性变换中的旋转变换；向量 $\boldsymbol{t}_{n\times 1}$ 描述了刚性变换中的平移变换。此时，式(2-6)中的 $a_{1\times 1}=1$，是保证刚性变换前后尺寸不发生变化。以三维空间笛卡儿坐标系中的旋转为例，将一个向量 $\boldsymbol{p}=(x,\ y,\ z)^{\mathrm{T}}$ 绕 z 轴旋转 θ 角，对应的旋转矩阵为

$$\boldsymbol{R}_z=\begin{bmatrix}\cos\theta & -\sin\theta & 0\\ \sin\theta & \cos\theta & 0\\ 0 & 0 & 1\end{bmatrix} \tag{2-8}$$

旋转后得到的向量的坐标 $\boldsymbol{p}'=(x',\ y',\ z')^{\mathrm{T}}$ 为

$$\begin{bmatrix}x'\\ y'\\ z'\end{bmatrix}=\boldsymbol{R}_z\begin{bmatrix}x\\ y\\ z\end{bmatrix} \tag{2-9}$$

笛卡儿坐标系的变换都可以用刚性变换来描述。例如，在视觉成像系统中，世界坐标系与相机坐标系之间的转换，只需要经过旋转和平移变换就可以实现，属于刚性变换。与仿射变换相同，在齐次坐标系下，刚性变换可以描述为一种线性变换。

以上介绍的三种变换中，射影变换是最广义的一种变换。仿射变换是射影变换的特例，仿射变换将无穷远映射成无穷远。刚性变换是仿射变换的特例，仅描述旋转、平移等尺寸、形状保持不变的变换。图 2-2 形象地展示了三种变换前后几何图案的变化特点。

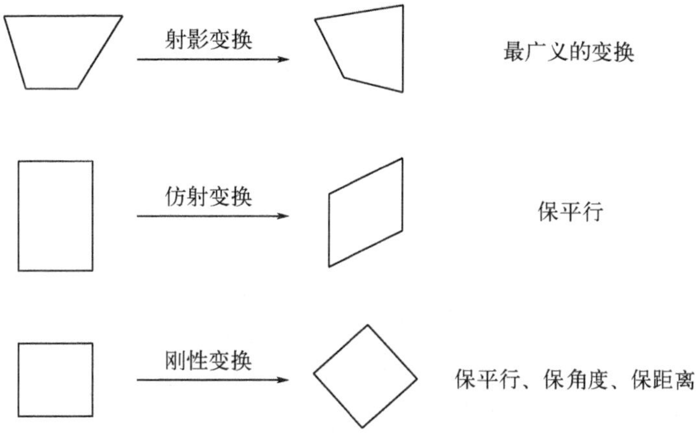

图 2-2　射影变换、仿射变换、刚性变换的特点

2.1.3.3　成像模型

1. 针孔相机成像的线性模型

摄像机成像时使用的是凸透镜成像模型。然而，该成像模型显现非线性特点，使后续很多视觉任务模型的建立变得极为复杂。考虑到实际拍摄时，景物与透镜光心的距离将远远大于透镜自身的焦距，因此，在计算机视觉中，相机成像模型被简化为针孔相机模型。

针孔成像模型的原理是小孔成像。如图 2-3 所示，针孔摄像机是由前方有一个针孔

的腔体所构成。利用光的直线传播原理，置于小孔前的物体的表面反射光线穿过该孔，投射到小孔后的成像平面上形成一幅倒立的实像。与凸透镜相机的焦距定义不同，针孔相机成像模型的焦距f定义为小孔到成像平面的距离，即像距。

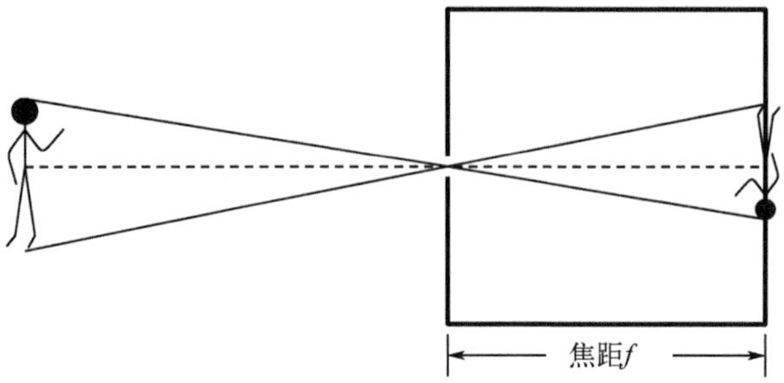

图 2-3　针孔摄像机成像模型

针孔相机成像为倒立的像。在数学上，景物与像的位置关系要使用“负”号来描述，这给后续很多视觉任务建模与求解造成困难。因此，在计算机视觉的成像模型中，将成像平面放置于小孔之前，并保持焦距不变，如图 2-4 所示。这样，景物的像等效为一个同样大小的“正”像，避免在成像模型中出现“负”号。为了方便起见，首先在相机坐标系下描述成像过程，即相机光心为坐标系原点，相机光轴为坐标系的 Z 轴。假设在相机坐标系下，有一个空间三维点 $\boldsymbol{P}_c = (X_c, Y_c, Z_c)^{\mathrm{T}}$ 通过一个焦距为f的针孔相机成像，得到的像点坐标为 $\boldsymbol{p} = (x_c, y_c)^{\mathrm{T}}$。利用相似三角形原理，有

$$\begin{cases} \dfrac{x_c}{f} = \dfrac{X_c}{Z_c} \\[2ex] \dfrac{y_c}{f} = \dfrac{Y_c}{Z_c} \end{cases} \Rightarrow \begin{cases} x_c = f\dfrac{X_c}{Z_c} \\[2ex] y_c = f\dfrac{Y_c}{Z_c} \end{cases} \tag{2-10}$$

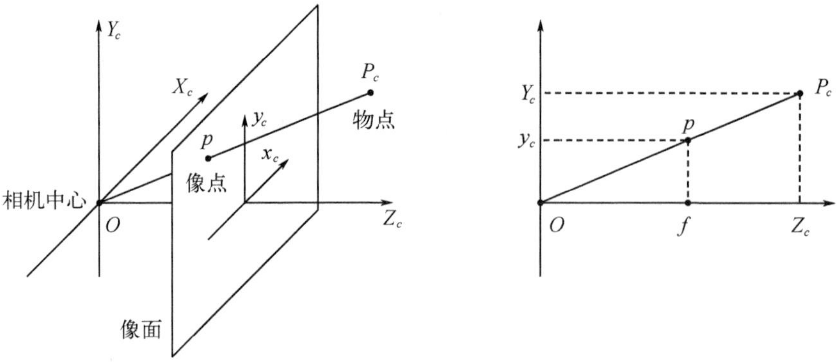

图 2-4　计算机视觉的相机成像模型

式(2-10)描述了针孔相机的成像过程，也表达了由一个三维点 $\boldsymbol{P}_c = (X_c, Y_c, Z_c)^{\mathrm{T}}$ 向一个二维点 $\boldsymbol{p} = (x_c, y_c)^{\mathrm{T}}$ 的变换。这样的变换是一个非线性变换，不利于后续视觉任务的数学建模与求解。

相机的焦距为 f 说明图像平面位于 $z=f$ 的平面上，由二维像点位置 $[x_c \quad y_c]^{\mathrm{T}} = \left[f\dfrac{X_c}{Z_c} \quad f\dfrac{Y_c}{Z_c}\right]^{\mathrm{T}}$ 可以拓展至三维空间。在相机坐标系下的三维空间，该像点位置为 $[x_c \quad y_c \quad f]^{\mathrm{T}} = \left[f\dfrac{X_c}{Z_c} \quad f\dfrac{Y_c}{Z_c} \quad f\right]^{\mathrm{T}}$。考虑到若存在一个焦距为“1”的虚拟成像平面（即归一化图像平面），对于同样的空间点 $\boldsymbol{P}_c$，其归一化图像上的虚拟像点位置为 $[U \quad V]^{\mathrm{T}} = \left[\dfrac{x_c}{f} \quad \dfrac{y_c}{f}\right]^{\mathrm{T}}$。考虑其齐次坐标系下的表达，则有

$$[U \quad V \quad 1]^{\mathrm{T}} \cong [x_c \quad y_c \quad f]^{\mathrm{T}} \tag{2-11}$$

因此，可以通过应用齐次坐标系下的三维空间物点与二维图像的像点之间的映射关系，将针孔相机成像的非线性模型转化成为一个线性模型。转化过程如下所示：

$$\begin{bmatrix} U \\ V \\ 1 \end{bmatrix} \cong \begin{bmatrix} x_c \\ y_c \\ f \end{bmatrix} = \begin{bmatrix} f\dfrac{X_c}{Z_c} \\ f\dfrac{Y_c}{Z_c} \\ f \end{bmatrix} = \frac{f}{Z_c}\begin{bmatrix} X_c \\ Y_c \\ Z_c \end{bmatrix} \cong \begin{bmatrix} X_c \\ Y_c \\ Z_c \end{bmatrix} = \begin{bmatrix} 1 & 0 & 0 & 0 \\ 0 & 1 & 0 & 0 \\ 0 & 0 & 1 & 0 \end{bmatrix}\begin{bmatrix} X_c \\ Y_c \\ Z_c \\ 1 \end{bmatrix} \tag{2-12}$$

其中，$[U \quad V \quad 1]^{\mathrm{T}}$ 为归一化成像平面上的像点的齐次坐标表示；$[X_c \quad Y_c \quad Z_c \quad 1]^{\mathrm{T}}$ 为三维空间物点的齐次坐标表示。式(2-12)反映出三维物点向二维图像平面投影的过程可用射影变换来描述。

2. 针孔相机成像模型的一般表达形式

实际成像过程中，由于光心、光轴等相机的几何信息只能通过相机标定计算得到，在物理环境中无法实际获得这些几何量的位置和方向。因此，不能通过相机坐标系定义三维空间景物的位置。既然空间景物的位置坐标只能在方便定义的世界坐标系下进行描述，若沿用上一节成像模型，首先需将世界坐标系下的三维空间点位置坐标值向相机坐标系下进行转化。

通过相机标定，世界坐标系与相机坐标系的刚性变换可以用一个三阶矩阵 $\boldsymbol{R}$ 和一个向量 $\boldsymbol{t}$ 来表达，其中 $\boldsymbol{R}$ 是相机坐标系相对于世界坐标系的旋转矩阵，$\boldsymbol{t}$ 是相机坐标系相对于世界坐标系的平移向量。设世界坐标系下有一空间三维点的坐标为 $\boldsymbol{P}_w = (X_w, Y_w, Z_w)^{\mathrm{T}}$，在齐次坐标下，该点在相机坐标系下的位置为

$$\begin{bmatrix} X_c \\ Y_c \\ Z_c \\ 1 \end{bmatrix} = \begin{bmatrix} \boldsymbol{R}_{3\times 3} & \boldsymbol{t} \\ \boldsymbol{0}_{1\times 3} & 1 \end{bmatrix}\begin{bmatrix} X_w \\ Y_w \\ Z_w \\ 1 \end{bmatrix} \tag{2-13}$$

式(2-12)描述了空间物点成像在归一化成像平面上的过程。在焦距为 f 的物理图像平面上，像点的位置 $(x_c, y_c)^{\mathrm{T}}$ 相当于将虚拟像点 $(U, V)^{\mathrm{T}}$ 进行了一个缩放变换。该缩

放变换过程为

$$\begin{bmatrix} x_c \\ y_c \\ 1 \end{bmatrix} = \begin{bmatrix} f & 0 & 0 \\ 0 & f & 0 \\ 0 & 0 & 1 \end{bmatrix} \begin{bmatrix} U \\ V \\ 1 \end{bmatrix} \tag{2-14}$$

实际处理图像时,描述像点位置的坐标系是以“像素”为单位的数字图像坐标系,设其水平方向为 u 轴、竖直方向为 v 轴。每一个像素对应于光电传感器 CCD 或 CMOS 的一个光敏单元。设 D_u 和 D_v 分别是光敏单元在 x 和 y 方向的物理尺寸,单位为“米/像素”。将使用一个缩放变换,由物理图像上的像点坐标 $(x_c,\ y_c)^{\mathrm{T}}$ 向数字图像上的像点坐标 $(u,\ v)^{\mathrm{T}}$ 进行转换,即

$$\begin{bmatrix} u \\ v \\ 1 \end{bmatrix} = \begin{bmatrix} 1/D_u & 0 & 0 \\ 0 & 1/D_v & 0 \\ 0 & 0 & 1 \end{bmatrix} \begin{bmatrix} x_c \\ y_c \\ 1 \end{bmatrix} = \begin{bmatrix} f/D_u & 0 & 0 \\ 0 & f/D_v & 0 \\ 0 & 0 & 1 \end{bmatrix} \begin{bmatrix} U \\ V \\ 1 \end{bmatrix} \tag{2-15}$$

其中,f/D_u、f/D_v 可以定义为在 u、v 方向上的以像素为单位的相机焦距。

联合式(2-12)、式(2-13)、式(2-15),可得相机成像的一般表达形式。设世界坐标系下的一个空间三维点 $\boldsymbol{P}_w = (X_w,\ Y_w,\ Z_w)^{\mathrm{T}}$,其在数字图像中的像点坐标为 $(u,\ v)^{\mathrm{T}}$。在齐次坐标系下,该三维点向二维平面的投影可以线性表达为

$$\begin{bmatrix} u \\ v \\ 1 \end{bmatrix} \cong \begin{bmatrix} f_u & \gamma & u_0 \\ 0 & f_v & v_0 \\ 0 & 0 & 1 \end{bmatrix} \begin{bmatrix} 1 & 0 & 0 & 0 \\ 0 & 1 & 0 & 0 \\ 0 & 0 & 1 & 0 \end{bmatrix} \begin{bmatrix} \boldsymbol{R}_{3\times 3} & \boldsymbol{t} \\ \boldsymbol{0}_{1\times 3} & 1 \end{bmatrix} \begin{bmatrix} X_w \\ Y_w \\ Z_w \\ 1 \end{bmatrix} \tag{2-16}$$

其中,f_u、f_v 分别为 u、v 方向上的以像素为单位的相机焦距;γ 反映了 u 轴和 v 轴的垂直度,当 $u \perp v$ 时,取 $\gamma = 0$;$(u_0,\ v_0)^{\mathrm{T}}$ 表示光轴穿过数字图像平面的交点,也称为“主点”。为了书写方便,可令 $\boldsymbol{K} = \begin{bmatrix} f_u & \gamma & u_0 \\ 0 & f_v & v_0 \\ 0 & 0 & 1 \end{bmatrix}$。因矩阵 $\boldsymbol{K}$ 描述了实际相机成像平面和归一化图像平面的坐标系变换关系,称为相机内部参数矩阵。也可令 $\boldsymbol{D}_w = \begin{bmatrix} \boldsymbol{R} & \boldsymbol{t} \\ 0 & 1 \end{bmatrix}$,因其描述了世界坐标系与相机坐标系的转换关系,称 $\boldsymbol{D}_w$ 为相机外部参数矩阵。此外,$\boldsymbol{P}_c = \begin{bmatrix} 1 & 0 & 0 & 0 \\ 0 & 1 & 0 & 0 \\ 0 & 0 & 1 & 0 \end{bmatrix}$ 描述了三维物点向二维图像平面的投影过程,被称为透视投影矩阵。

令 $\boldsymbol{P}_W$ 表示世界坐标系下的空间三维物点、$\boldsymbol{p}$ 表示其数字图像上的投影像点坐标,式(2-16)常简化书写为

$$\begin{bmatrix} \boldsymbol{p} \\ 1 \end{bmatrix} \cong \boldsymbol{M} \begin{bmatrix} \boldsymbol{P}_w \\ 1 \end{bmatrix} \tag{2-17}$$

其中，成像投影矩阵 $\boldsymbol{M} = \boldsymbol{K}[\boldsymbol{R} \quad \boldsymbol{t}]$ 。

2.1.3.4　相机的畸变

实际的相机是利用光学透镜折射光线成像的。透镜局部放大倍率的不同导致了景物与其像之间的尺寸关系并不是等比例缩放，这种成像后的变形就是畸变。光学畸变是指光学理论上计算所得到的变形度，主要包括径向畸变和切向畸变。

1. 径向畸变

径向畸变是沿着透镜的半径方向分布的畸变，越靠近图像边缘失真越严重。径向畸变主要表现为在图像边缘产生挤压或拉伸的效果，表现为桶形失真和枕形失真，如图2－5所示。当相机光学焦距较短，特别是使用广角镜头拍摄，图像画面边缘向外拉伸，产生桶形的膨胀，这种畸变称为桶形失真；反之，使用长焦镜头拍摄，图像画面边缘向内挤压，称之为枕形失真。

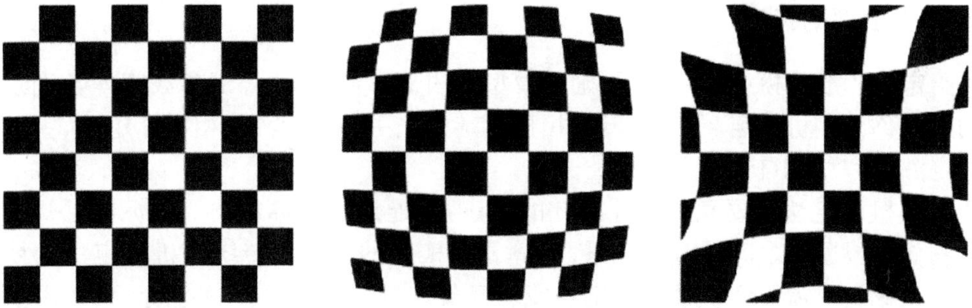

(a) 无畸变　　(b) 桶形失真　　(c) 枕形失真

图2－5　光学透镜的径向畸变

图像的径向畸变可以近似为一个多项式表达。用 (x, y) 表示无畸变像点的坐标位置，(x_0, y_0) 表示发生径向畸变的像点坐标位置，则二者之间存在以下关系：

$$\begin{cases} x_0 = x(1 + k_1 r^2 + k_2 r^4 + k_3 r^6 + \cdots) \\ y_0 = y(1 + k_1 r^2 + k_2 r^4 + k_3 r^6 + \cdots) \end{cases} \tag{2-18}$$

其中，$r^2 = x^2 + y^2$。k_1、k_2、k_3… 是径向畸变系数。一般情况下为了简化计算，在畸变模型中只考虑求解一阶、二阶畸变系数 k_1、k_2，省略高阶项。

2. 切向畸变

切向畸变是在相机的组装过程中，由于透镜和成像平面没有严格保证平行而引起的。当发生切向畸变时，图像中的矩形会发生几何畸变而变为梯形，如图2－6所示。

切向畸变可以简化成以下多项式来表达：

$$\begin{cases} x_0 = x + [2p_1 xy + p_2(r^2 + 2x^2) + \cdots] \\ y_0 = y + [2p_2 xy + p_1(r^2 + 2y^2) + \cdots] \end{cases} \tag{2-19}$$

其中，p_1、p_2…是切向畸变系数。一般情况下，为了简化畸变模型求解过程，省去高阶项。

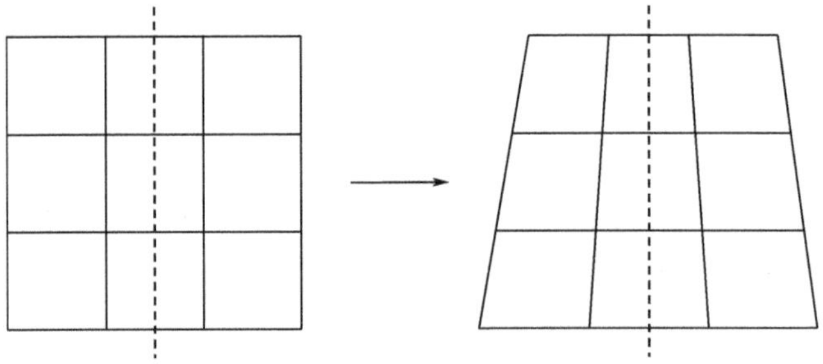

图 2-6 切向畸变的图像几何畸变示意图

在完成许多视觉任务之前,如三维测量、三维运动估计 、三维重建等,都需要对相机模型参数进行解算,即进行相机标定。需要标定的参数包括相机内部参数矩阵 $\boldsymbol{K}$、相机外部参数矩阵 $\boldsymbol{D}_w$ 和相机畸变系数 k_1、k_2、p_1、p_2等。

2.1.4 相机模型的标定

在给定相机成像模型的前提下,确定模型的内部参数矩阵、外部参数矩阵及光学畸变系数的过程称为相机标定。一般来说,相机标定方法主要分为传统相机标定法、主动视觉相机标定方法和相机自标定方法三类。

传统相机标定法需要利用尺寸已知的标定物,通过建立标定物上坐标值已知的三维点与其图像上投影点之间的对应关系,解算相机模型的参数。传统相机标定法的精度比较高。但在标定时需要实现设计标定物或者已知一些三维点的空间坐标,不适用于某些无法人为参与的视觉任务。常见的传统相机标定法包括直接线性变换法、Tsai 两步法、张正友标定法等。

主动视觉相机标定法是利用相机的某些运动信息对相机进行标定。此类方法需要通过控制相机的运动并在运动期间拍摄图像序列,依据已知相机的位移变化和图像信息来求解相机内、外参数。这类方法不需要设计标定物,但标定精度有限,且仅适合于一些能够控制相机运动的视觉任务。

相机自标定方法不需要设计标定物,仅依靠图像序列间的匹配特征点对的位置信息解算相机的内、外参数。此类方法灵活性较强,但标定精度较低。

本节介绍其中最为经典的直接线性变换法和广泛应用的张正友标定法。

2.1.4.1 直接线性变换法

直接线性变换(direct linear transform, DLT)法是一种已知一组三维空间点与其图像上投影像点的对应关系及坐标信息,通过线性求解计算相机内、外部参数的方法。

由式(2-17)可知,$\boldsymbol{M}=\boldsymbol{K}[\boldsymbol{R}\quad \boldsymbol{t}]$,其中 $\boldsymbol{K}$、$[\boldsymbol{R}\quad \boldsymbol{t}]$ 分别为相机内、外部参数矩阵。此外,考虑到目前的加工水平较高,u 轴和 v 轴满足垂直关系。因此,$\boldsymbol{K}$ 中取 $\gamma=0$,即 $\boldsymbol{K}=\begin{bmatrix} f_u & 0 & u_0 \\ 0 & f_v & v_0 \\ 0 & 0 & 1 \end{bmatrix}$。尽管矩阵 $\boldsymbol{M}$ 包含 12 个未知数,但是其中独立未知数的数量为 10 个,包括

矩阵 $\boldsymbol{K}$ 中的 4 个变量、外部参数矩阵中平移向量 $\boldsymbol{t}$ 的 3 个变量、和旋转矩阵 $\boldsymbol{R}$ 的 3 个变量。

设一个三维空间点 $\boldsymbol{P}=(X_w,\ Y_w,\ Z_w,\ 1)^{\mathrm{T}}$ 投影在图像平面上的像点为点 $\boldsymbol{p}=(u,\ v,\ 1)^{\mathrm{T}}$，根据式(2－17)有

$$\begin{bmatrix} u \\ v \\ 1 \end{bmatrix} \cong \begin{bmatrix} m_{11} & m_{12} & m_{13} & m_{14} \\ m_{21} & m_{22} & m_{23} & m_{24} \\ m_{31} & m_{32} & m_{33} & m_{34} \end{bmatrix} \begin{bmatrix} X_w \\ Y_w \\ Z_w \\ 1 \end{bmatrix} \tag{2-20}$$

将矩阵 $\boldsymbol{M}$ 中的 12 个元素重新排列成一个 12 维的列向量 $\boldsymbol{L}$，式(2－20)可重写为

$$\begin{bmatrix} \boldsymbol{P} & \boldsymbol{0}^{\mathrm{T}} & -u\boldsymbol{P} \\ \boldsymbol{0}^{\mathrm{T}} & \boldsymbol{P} & -v\boldsymbol{P} \end{bmatrix} \begin{bmatrix} m_{11} \\ \vdots \\ m_{34} \end{bmatrix} = 0 \tag{2-21}$$

令 $\boldsymbol{A}=\begin{bmatrix} \boldsymbol{P} & \boldsymbol{0}^{\mathrm{T}} & -u\boldsymbol{P} \\ \boldsymbol{0}^{\mathrm{T}} & \boldsymbol{P} & -v\boldsymbol{P} \end{bmatrix}$、$\boldsymbol{L}=[m_{11}\quad m_{12}\quad \cdots \quad m_{34}]^{\mathrm{T}}$，其中矩阵 $\boldsymbol{A}$ 是通过已知的三维空间点与其像点的坐标信息构造的系数矩阵，向量 $\boldsymbol{L}$ 包含了待求解的相机投影矩阵参数。则式(2－21)构成了一个以 $\boldsymbol{L}$ 为变量的欠定齐次线性方程组。每对标记点 $\{\boldsymbol{P}=(X_w,\ Y_w,\ Z_w,\ 1)^{\mathrm{T}},\ \boldsymbol{p}=(u,\ v,\ 1)^{\mathrm{T}}\}$ 为求解 $\boldsymbol{L}$ 提供 2 个方程。可以证明，至少需要 6 组标记点对，且满足空间点不能全部共面，才能线性求解变量 $\boldsymbol{L}$。

经典的求解方法包括矩阵分解法和约束条件($m_{34}=1$)法。以下以矩阵分解法为例，讲解通过式(2－21)线性求解相机内、外部参数。

首先，对式(2－21)采用奇异值分解法，求得一组关于变量 $\boldsymbol{L}$ 的最优解。然后，将求解得到的 12 维向量 $\boldsymbol{L}$ 重新排列成一个 3×4 的矩阵 $\boldsymbol{M}$。由 $\boldsymbol{M}=\boldsymbol{K}[\boldsymbol{R}\quad \boldsymbol{t}]$ 展开得

$$\boldsymbol{M}=[\boldsymbol{KR}\quad \boldsymbol{Kt}] \tag{2-22}$$

其中，$\boldsymbol{K}$ 是一个上三角阵；$\boldsymbol{R}$ 是一个正交阵。

虽然没有一种矩阵分解方法将矩阵分解为一个上三角矩阵和一个正交矩阵的乘积，但是 QR 分解可以将矩阵分解为一个正交矩阵和上三角矩阵的乘积。因此，令 $\boldsymbol{H}$ 为矩阵 $\boldsymbol{M}$ 的前三列构成的新矩阵，并将矩阵 $\boldsymbol{M}$ 的最后一列记为向量 $\boldsymbol{h}$。若矩阵 $\boldsymbol{M}=\boldsymbol{K}[\boldsymbol{R}\quad \boldsymbol{t}]$，理论上，$\boldsymbol{H}=\boldsymbol{KR}$、$\boldsymbol{h}=\boldsymbol{Kt}$。实际上，利用式(2－21)解算得到的矩阵 $\boldsymbol{M}$ 是具有尺度不确定性的。因此，只能令 $\boldsymbol{H}=\lambda\boldsymbol{KR}$，其中 λ 为不为 0 的比例因子。计算 $\boldsymbol{H}$ 的逆矩阵 $\boldsymbol{H}^{-1}$，并对其进行 QR 分解，可得

$$\boldsymbol{H}^{-1}=\frac{1}{\lambda}(\boldsymbol{KR})^{-1}=\frac{1}{\lambda}\boldsymbol{R}^{-1}\boldsymbol{K}^{-1}=\boldsymbol{R}^{T}\left(\frac{1}{\lambda}\boldsymbol{K}^{-1}\right) \tag{2-23}$$

其中，投影模型的旋转分量 $\boldsymbol{R}$ 由 $\boldsymbol{R}^{\mathrm{T}}$ 获得。利用相机内部参数矩阵的 $k_{33}=1$，对 QR 矩阵分解后的第二个矩阵进行归一化，计算出内参矩阵 $\boldsymbol{K}$。最后，利用 $\boldsymbol{t}=\boldsymbol{K}^{-1}\boldsymbol{h}$ 计算得到投影模型的平移分量，从而完成相机的标定。

2.1.4.2 张正友标定法

张正友标定法是张正友在 1999 年提出的一种利用平面棋盘格进行相机标定的方法。该方法克服了早期标定法需要的高精度三维标定物的缺点，且具有标定过程简单、标定精度高的优点，至今依然被业界广泛采用。

该方法中使用的标定板上印刷有类似棋盘格的黑白格子图案。对于精度要求不高的某些视觉任务，利用家用打印机就可以自行设计一个标定板。但是，对于精度要求较高的视觉任务，如三维测量等，就必须购买精密的光刻标定板进行相机标定。在标定过程中，需要多次改变相机与标定板相对位姿以获得多张标定板图像，从而降低误差，提高参数解算精度，如图 2-7 所示。

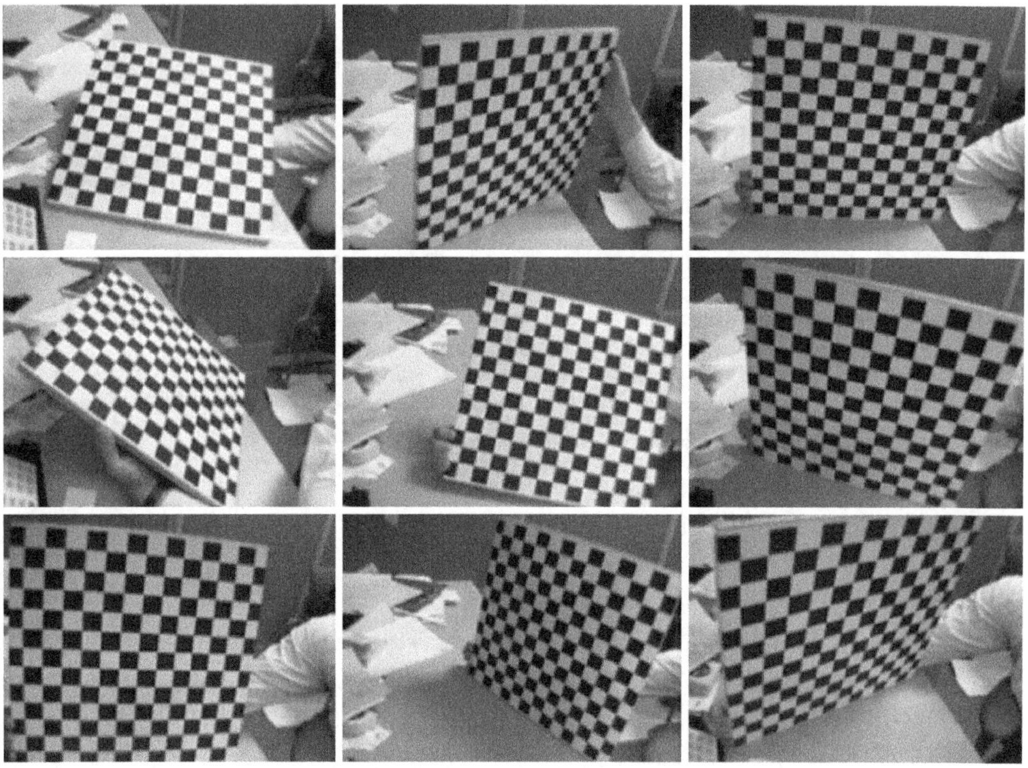

图 2-7　改变相机与标定板之间的位姿拍摄的多幅图像

在张正友标定法中，假设标定板平面位于世界坐标系中 $Z_w=0$ 的平面上。因此，在世界坐标系下，标定板上的三维点的齐次坐标形式都可以表示为：$\boldsymbol{P}_w=(X_w,\ Y_w,\ 0,\ 1)^{\mathrm{T}}$。标定板上的标记点在图像平面上的投影点位置 $\boldsymbol{p}=(u,\ v,\ 1)^{\mathrm{T}}$ 为

$$\begin{bmatrix} u \\ v \\ 1 \end{bmatrix} \cong \boldsymbol{K}[\boldsymbol{R}\quad \boldsymbol{t}]\begin{bmatrix} X_w \\ Y_w \\ 0 \\ 1 \end{bmatrix} = \boldsymbol{K}[\boldsymbol{r}_1\quad \boldsymbol{r}_2\quad \boldsymbol{r}_3\quad \boldsymbol{t}]\begin{bmatrix} X_w \\ Y_w \\ 0 \\ 1 \end{bmatrix} = \boldsymbol{K}[\boldsymbol{r}_1\quad \boldsymbol{r}_2\quad \boldsymbol{t}]\begin{bmatrix} X_w \\ Y_w \\ 1 \end{bmatrix} \tag{2-24}$$

其中，旋转矩阵 $\boldsymbol{R}=[\boldsymbol{r}_1\quad \boldsymbol{r}_2\quad \boldsymbol{r}_3]$，且 $\|\boldsymbol{r}_i\|=1$，$\boldsymbol{r}_i^{\mathrm{T}}\boldsymbol{r}_j=0\ (i\neq j)$。为了简化书写，令

$$\boldsymbol{H}=\lambda\boldsymbol{K}[\boldsymbol{r}_1\quad \boldsymbol{r}_2\quad \boldsymbol{t}]=\begin{bmatrix}h_{11} & h_{12} & h_{13}\\ h_{21} & h_{22} & h_{23}\\ h_{31} & h_{32} & h_{33}\end{bmatrix}=[\boldsymbol{h}_1\quad \boldsymbol{h}_2\quad \boldsymbol{h}_3] \tag{2-25}$$

其中，λ 为任意不为 0 的常数。

定义二维标定板上位置点的齐次坐标为 $\tilde{\boldsymbol{P}}_w=(X_w,\ Y_w,\ 1)^{\mathrm{T}}$。则式(2－24)可以重写为像点 $\boldsymbol{p}$ 与标定板上位置点 $\tilde{\boldsymbol{P}}_w$ 的变换关系：

$$\begin{bmatrix}u\\ v\\ 1\end{bmatrix}\cong\boldsymbol{H}\begin{bmatrix}X_w\\ Y_w\\ 1\end{bmatrix} \tag{2-26}$$

式(2－26)描述了标定板平面与图像平面的映射关系，其中矩阵 $\boldsymbol{H}$ 表示平面之间的映射，也被称为单应矩阵。单应矩阵是计算机视觉领域的一个重要概念。

与 DLT 标定法类似，需要先求解出矩阵 $\boldsymbol{H}$，再利用矩阵 $\boldsymbol{H}$ 与相机内、外部参数矩阵 $\boldsymbol{K}$、$\boldsymbol{R}$、$\boldsymbol{t}$ 的关系式，完成相机标定。

1. 单应矩阵的线性求解

世界坐标系的原点可以定义在标定板上的某一位置，例如左上角。因此，标定板上的黑白格子交点的位置可以通过量取获得。拍摄标定板得到的图像中，这些黑白格子的交点(即标定点)，形成易检测的“X”型角点，可采用一些角点检测方法，如 Harris 角点检测方法等，进行准确定位。从而获得标定板上每对标记点 $\{\tilde{\boldsymbol{P}}_w=(X_w,\ Y_w,\ 1)^{\mathrm{T}},\ \boldsymbol{p}=(u,\ v,\ 1)^{\mathrm{T}}\}$ 的对应关系与位置信息。

由式(2－26)可知，3×3 的单应矩阵 $\boldsymbol{H}$ 共包含 9 个未知数。但“ $\cong$ ”符号使得 $\boldsymbol{H}$ 与尺度无关，因此其独立未知数的个数只有 8 个。每一对标记点的对应关系可以为求解 $\boldsymbol{H}$ 提供 2 条线性约束，因此，至少需要 4 对标记点线性求解 $\boldsymbol{H}$。对式(2－26)进行整理，可获得一个 12 维变量的齐次线性方程组：

$$\begin{bmatrix}\tilde{\boldsymbol{P}}_w^{\mathrm{T}} & \boldsymbol{0}^{\mathrm{T}} & -u\tilde{\boldsymbol{P}}_w^{\mathrm{T}}\\ \boldsymbol{0}^{\mathrm{T}} & \tilde{\boldsymbol{P}}_w^{\mathrm{T}} & -v\tilde{\boldsymbol{P}}_w^{\mathrm{T}}\end{bmatrix}\begin{bmatrix}h_{11}\\ \vdots\\ h_{34}\end{bmatrix}=\boldsymbol{0} \tag{2-27}$$

通常采用 4 组以上的点对构造超定方程组，并采用矩阵奇异值分解法获得 $\boldsymbol{H}$ 的最优解。

2. 内外部参数的线性求解与优化

由式(2－25)可知

$$\begin{cases}\boldsymbol{r}_1=\boldsymbol{K}^{-1}\boldsymbol{h}_1\\ \boldsymbol{r}_2=\boldsymbol{K}^{-1}\boldsymbol{h}_2\end{cases} \tag{2-28}$$

同时根据旋转矩阵的性质 $\|\boldsymbol{r}_i\|=1$，$\boldsymbol{r}_i^{\mathrm{T}}\boldsymbol{r}_j=0\ (i\neq j)$，利用式(2－28)并经过整理可得

$$\begin{cases} \boldsymbol{h}_1^{\mathrm{T}}(\boldsymbol{K}^{-1})^{\mathrm{T}}\boldsymbol{K}^{-1}\boldsymbol{h}_2 = 0 \\ \boldsymbol{h}_1^{\mathrm{T}}(\boldsymbol{K}^{-1})^{\mathrm{T}}\boldsymbol{K}^{-1}\boldsymbol{h}_1 - \boldsymbol{h}_2^{\mathrm{T}}(\boldsymbol{K}^{-1})^{\mathrm{T}}\boldsymbol{K}^{-1}\boldsymbol{h}_2 = 0 \end{cases} \tag{2-29}$$

令矩阵 $\boldsymbol{B} = (\boldsymbol{K}^{-1})^{\mathrm{T}}\boldsymbol{K}^{-1}$。根据上三角矩阵 $\boldsymbol{K} = \begin{bmatrix} f_u & \gamma & u_0 \\ 0 & f_v & v_0 \\ 0 & 0 & 1 \end{bmatrix}$ 的性质，可知 $\boldsymbol{B}$ 为一对称阵，记为 $\boldsymbol{B} = \begin{bmatrix} b_{11} & b_{12} & b_{13} \\ b_{12} & b_{22} & b_{23} \\ b_{13} & b_{23} & b_{33} \end{bmatrix}$。然后令向量 $\boldsymbol{b} = [b_{11} \quad b_{12} \quad b_{22} \quad b_{13} \quad b_{23} \quad b_{33}]^{\mathrm{T}}$，式(2-29)可以统一并重写为

$$\boldsymbol{h}_i^{\mathrm{T}}\boldsymbol{B}\boldsymbol{h}_j = \boldsymbol{v}_{ij}^{\mathrm{T}}\boldsymbol{b} \tag{2-30}$$

其中，$\boldsymbol{h}_i$ 是矩阵 $\boldsymbol{H}$ 的列向量 $\boldsymbol{h}_i = [h_{1i} \quad h_{2i} \quad h_{3i}]^{\mathrm{T}}$；向量 $\boldsymbol{v}_{ij}$ 由矩阵 $\boldsymbol{H}$ 的 9 个元素计算得到：$\boldsymbol{v}_{ij} = [h_{1i}h_{1j} \quad h_{1i}h_{2j} + h_{2i}h_{1j} \quad h_{2i}h_{2j} \quad h_{3i}h_{1j} + h_{1i}h_{3j} \quad h_{3i}h_{2j} + h_{2i}h_{3j} \quad h_{3i}h_{3j}]^{\mathrm{T}}$。

根据式(2-30)可以继续整理式(2-29)，最终可以获得一组齐次线性方程组：

$$\begin{bmatrix} \boldsymbol{v}_{12}^{\mathrm{T}} \\ \boldsymbol{v}_{11}^{\mathrm{T}} - \boldsymbol{v}_{22}^{\mathrm{T}} \end{bmatrix} b = \boldsymbol{0} \tag{2-31}$$

其中，系数矩阵 $\boldsymbol{V} = \begin{bmatrix} \boldsymbol{v}_{12}^{\mathrm{T}} \\ \boldsymbol{v}_{11}^{\mathrm{T}} - \boldsymbol{v}_{22}^{\mathrm{T}} \end{bmatrix}$ 由单应矩阵 $\boldsymbol{H}$ 的 9 个元素计算得到。

变量 $\boldsymbol{b}$ 中共有 6 个待求解未知数。标定板在一个相机视角下成像，可以通过其与图像平面的一个单应矩阵 $\boldsymbol{H}$ 构造一组式(2-31)，为求解 $\boldsymbol{b}$ 提供 2 个线性约束。因此，在拍摄过程中必须不断改变相机与标定板之间的位姿，当标定板图像数量大于 3 时，才能唯一确定变量 $\boldsymbol{b}$。一般可以采用矩阵奇异值分解法，获得 $\boldsymbol{b}$ 的最优解。为了减小误差，使用的标定板图像的数量通常会远大于 3 幅。

获得矩阵 $\boldsymbol{B}$ 后，通过 Cholesky 矩阵分解法，得到相机内部参数矩阵 $\boldsymbol{K}$，各分量计算公式如下：

$$\begin{cases} v_0 = (b_{12}b_{13} - b_{11}b_{23})/(b_{11}b_{22} - b_{12}^2) \\ \lambda = b_{33} - [b_{13}^2 + v_0(b_{12}b_{13} - b_{11}b_{23})]/b_{11} \\ f_u = \sqrt{\lambda/b_{11}} \\ f_v = \sqrt{\lambda b_{11}/(b_{11}b_{22} - b_{12}^2)} \\ \gamma = -b_{12}f_u^2 f_v/\lambda \\ u_0 = \gamma v_0/f_u - b_{13}f_u^2/\lambda \end{cases} \tag{2-32}$$

相机在标定过程中，内部参数保持不变。外部参数描述了拍摄该幅图像时相机与标定板的相对位置和姿态。对于标定板的每一张图像，相机的外部参数可以通过矩阵 $\boldsymbol{K}$ 和 $\boldsymbol{H}$ 计算得到：

$$\begin{cases}\lambda = 1/\|\boldsymbol{K}^{-1}\boldsymbol{h}_1\| = 1/\|\boldsymbol{K}^{-1}\boldsymbol{h}_2\| \\ r_1 = \lambda\boldsymbol{K}^{-1}\boldsymbol{h}_1 \\ r_2 = \lambda\boldsymbol{K}^{-1}\boldsymbol{h}_2 \\ r_3 = \boldsymbol{r}_1 \times \boldsymbol{r}_2 \\ \boldsymbol{t} = \lambda\boldsymbol{K}^{-1}\boldsymbol{h}_3\end{cases} \tag{2-33}$$

在线性求解相机内、外部参数后，为了进一步提高参数解算精度，要以线性求解结果作为初始值，进行非线性优化获得相机参数最优值。假设通过改变标定板的拍摄角度和位置，得到标定模板的 n 幅图像，且每幅图像都具有相同的 m 个标定点投影的角点。假设 $\boldsymbol{P}_j$ 是标定板上第 j 个标定点的空间坐标，$\hat{\boldsymbol{p}}_{ij}(\boldsymbol{K}, \boldsymbol{R}_i, \boldsymbol{t}_i, \boldsymbol{P}_j)$ 是由 $\boldsymbol{P}_j$ 通过内、外部参数初始值计算得到的在第 i 幅中的像点估计值，$\boldsymbol{p}_{ij}$ 是点 $\boldsymbol{P}_j$ 在第 i 幅图像上的真实像点，则通过重投影误差构造一个非线性最小化模型：

$$E = \sum_{i=1}^{n}\sum_{j=1}^{m}\|\boldsymbol{p}_{ij} - \hat{\boldsymbol{p}}_{ij}(\boldsymbol{K}, \boldsymbol{R}_i, \boldsymbol{t}_i, \boldsymbol{P}_j)\| \tag{2-34}$$

通常使用 Levenberg-Marquarat 算法对式(2－34)进行求解。相机内、外部参数最优值对应于式(2－34)的最小值。

3. 畸变系数的线性求解与优化

张正友标定法中假设相机镜头仅发生径向畸变，且只考虑二阶的径向畸变。由于透镜的中心对称性，因此 x 与 y 方向的径向畸变率相同：

$$\begin{cases}\hat{x} = x + x[k_1(x^2 + y^2) + k_2(x^2 + y^2)^2] \\ \hat{y} = y + y[k_1(x^2 + y^2) + k_2(x^2 + y^2)^2]\end{cases} \tag{2-35}$$

其中，$(x, y)^{\mathrm{T}}$ 与 $(\hat{x}, \hat{y})^{\mathrm{T}}$ 分别为物理图像上理想像点位置和真实像点位置；k_1、k_2 分别为一阶径向畸变和二阶径向畸变系数。

由于实际获得的是数字图像，需要考虑将物理图像坐标系向数字图像坐标系进行转换。令 $(u_0, v_0)^{\mathrm{T}}$ 表示数字图像坐标系下相机主点位置，假设发生径向畸变时，畸变中心与主点一致。用 $(u, v)^{\mathrm{T}}$ 与 $(\hat{u}, \hat{v})^{\mathrm{T}}$ 分别表示数字图像坐标系下理想像点位置和真实像点位置，有

$$\begin{cases}\hat{x} = (\hat{u} - u_0)D_u; \quad \hat{y} = (\hat{v} - v_0)D_v \\ x = (u - u_0)D_u; \quad y = (v - v_0)D_v\end{cases} \tag{2-36}$$

联立式(2－35)与式(2－36)，消去 $(\hat{x}, \hat{y})^{\mathrm{T}}$，可以整理得

$$\begin{bmatrix}(u - u_0)(x^2 + y^2) & (u - u_0)(x^2 + y^2)^2 \\ (v - v_0)(x^2 + y^2) & (v - v_0)(x^2 + y^2)^2\end{bmatrix}\begin{bmatrix}k_1 \\ k_2\end{bmatrix} = \begin{bmatrix}\hat{u} - u \\ \hat{v} - v\end{bmatrix} \tag{2-37}$$

其中，理想像点坐标 $(x, y)^{\mathrm{T}}$、$(u, v)^{\mathrm{T}}$ 由已知标定板的三维标定点位置和优化后的相机内、外部参数投影得到。

对于每一幅标定板图像上的每一个角点，可以通过式(2－37)为求解畸变系数 k_1、k_2 构造2个线性约束。若共有 n 幅标定板图像、每幅图像可以检测得到 m 个角点，则可以为 k_1、k_2 提供 $n\times m$ 个线性约束。一般采用最小二乘法获得 k_1、k_2 的最优解。

最后，引入畸变系数重新定义非线性最小化模型：

$$\tilde{E}=\sum_{i=1}^{n}\sum_{j=1}^{m}\|\boldsymbol{p}_{ij}-\hat{\boldsymbol{p}}_{ij}(\boldsymbol{K},k_1,k_2,\boldsymbol{R}_i,\boldsymbol{t}_i,\boldsymbol{P}_j)\| \tag{2-38}$$

并通过迭代优化求解出所有参数的最优值。

张正友提出的平面标定方法是介于传统标定方法和自标定方法之间的一种非常实用的方法。它既避免了传统方法对设备要求高且操作烦琐等缺点，又在标定精度方面远高于自标定方法，因此得到了十分广泛的应用。

2.2 光与电磁波成像

光与电磁波的成像是一个复杂的过程，涉及电磁波的基本特性、融合辐射、吸收等现象，还涉及物理原理与技术应用。不同频率的电磁波具有不同的穿透能力和成像特性，反射和透射光可以被探测器捕捉并用于成像，这是可见光成像原理的基础。红外成像依靠的主要是物体热辐射的红外波段，捕获因温度差异而发出的红外辐射，从而渲染成热图。合成孔径雷达(synthetic aperture radar, SAR)成像通过发射和接收反射的电磁波，结合多次采样和复杂的信号处理技术，生成高分辨率的图像。本节将从光与电磁波的特性、光的辐射与吸收、可见光的成像原理、红外光的成像原理、合成孔径雷达成像原理五个方面介绍光与电磁波的成像。

2.2.1 光与电磁波的特性

在物理学领域中，光与电磁波是紧密联系的两个概念。光的电磁理论的诞生，源于人们对电磁学的深入研究。19世纪中叶，安培(A.M.Ampere)、法拉第(M.Faraday)等科学家通过一系列实验，总结出许多电场和磁场的规律，并发现光学现象与电磁现象之间存在紧密的联系，例如光在磁场中振动面的旋转现象。基于这些发现，1864年，麦克斯韦(J.C. Maxwell)进一步将电磁规律整合为麦克斯韦方程组，构建出完整的经典电磁理论体系。同时，他提出了一个极具洞察力的观点，即光也是电磁波的一种形式，形成了光的电磁理论。光的电磁理论的建立，极大地推动了光学乃至整个物理学的发展。

本节将详细探讨光与电磁波的基本特性，包括可见光、红外光、紫外光和微波雷达在成像过程中的特点。

1. 电磁波的基本特性

电磁波的基本特性首先体现在波长(λ)和频率(f)上。波长是电磁波一个完整周期的长度，描述了电磁波的空间周期性。频率则是单位时间内电磁波周期的个数，表示了电磁波的时间周期性。电磁波的波长和频率关系如下：

$$c=\lambda f \tag{2-39}$$

其中，c 是光速，在真空中约为 3×10^8 m/s。

此外，电磁波在传播过程中还会发生反射、折射、衍射和干涉等现象，这些现象在成像过程中起着重要作用。

2. 光波的特性

电磁波按波长可分为无线电波、微波、红外线、可见光、紫外线、X 射线、γ 射线等，其电磁波谱图如图 2－8 所示。

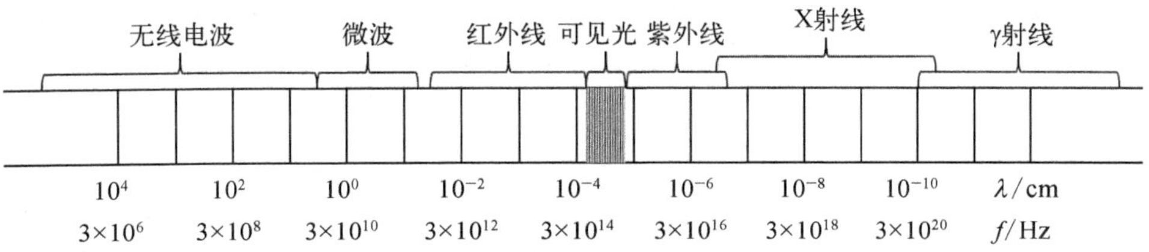

图 2－8 电磁波谱图

可见光是电磁波谱中波长为 390～780 nm 的部分，是人类眼睛能够感知的唯一电磁波。按波长从短到长，可见光可分为紫光、蓝光、绿光、黄光、橙光、红光等，不同波长的光具有不同的颜色、能量和穿透能力。在成像过程中，可见光因其丰富的色彩和较高的分辨率而被广泛应用于摄影、视频监控等领域。

红外线是波长比可见光长的电磁波，具有较低的能量和较强的穿透能力。红外成像技术利用红外探测器接收物体发出的红外辐射，并将其转换为可见的图像。由于红外线能够穿透一些云雾和烟雾，因此在恶劣天气条件下仍能有效成像。红外成像在医疗诊断、环保监测、无损检测等领域具有广泛的应用。

紫外光是波长比可见光短的电磁波，具有较高的能量和较弱的穿透能力。紫外成像技术利用紫外探测器接收物体反射或发射的紫外辐射，从而获取图像。紫外成像在科学研究、防伪鉴别等领域具有重要应用。

2.2.2 光的辐射与吸收

光与物质之间的相互作用是物理学中一个非常重要的研究领域，光的辐射和吸收是这种相互作用的两种基本过程。本节将探讨光的辐射过程、吸收过程，并简要介绍光源和反光体的区别。

1. 光的辐射

光的辐射过程是指光源发出光子的过程，涉及能量从物质内部向外部的传递和转换。光的辐射是许多自然现象和工程技术的基础，包括发光、激光产生、热辐射等。

1） 光的辐射机制

自发辐射是指原子或分子在没有外界电磁场作用的情况下，自发地从高能级跳跃到低能级，并释放出一个光子的过程。这种跃迁过程是随机的，因此释放出的光子的频率、方向及相位都是不确定的。

相对地，受激辐射则是原子或分子在外界电磁场的刺激下，从高能级跃迁到低能级，并同时释放出一个光子的过程。释放出的光子与激发它的光具有相同的频率、方向和相位，因此该过程是确定的。受激辐射能够产生具有极高相干性和方向性的光束，是激光产生的关键机制。

2）影响光辐射的因素

物质的性质对光的辐射具有重要影响，不同的物质具有不同的能级结构和跃迁机制，这决定了其辐射光的能力和特性。例如，某些原子或分子具有特定的能级差，只能辐射特定波长的光，这导致了特定颜色的发光现象。

此外，温度也是影响光的辐射过程的重要因素。在热辐射中，物质由于内部热运动而发射光子，这个过程与物质的温度密切相关。随着温度的升高，物质内部的热运动加剧，导致辐射出的光子数量增加，光谱范围变宽。

2. 光的吸收

光的吸收过程是指物质接收并转化光子能量的过程，涉及能量从外部向物质内部的传递和转换。当光子与物质相互作用时，其携带的能量可以被物质吸收，导致物质内部的能级结构发生变化。光的吸收包括光电效应、颜色感知、光化学反应等。

1）光的吸收机制

电子跃迁吸收是光吸收机制中的一种常见形式。当光子的能量恰好与物质中电子的能级差相匹配时，电子会从低能级跃升至高能级，同时吸收光子的能量。电子跃迁吸收使得物质对特定波长的光产生显著吸收，从而在吸收光谱中呈现出特征峰。

当光子的能量与分子振动的能级差相匹配时，分子会吸收光子的能量并引发振动模式的激发，即分子振动吸收。这种吸收过程主要发生在红外光谱区域。

热吸收则是物质吸收光能并将其转化为热能的过程。当光子的能量不足以触发电子跃迁或分子振动时，光能被物质吸收并以热能的形式散发出来。热吸收通常发生在光强较高而光子能量较低的情况下，比如太阳光照射下的物体表面。

2）影响光吸收的因素

物质的性质对光吸收具有重要影响。不同物质对光的吸收能力不同，这取决于其电子结构、分子振动模式以及内部能级结构等因素。光的波长是影响光吸收的重要因素。不同波长的光对应不同的能量，而物质的吸收光谱通常具有特定的吸收峰。因此，当光的波长与物质的吸收峰相匹配时，光吸收最为强烈。光强对光吸收的影响主要体现在热吸收过程中。当光强较高时，物质吸收的光能更多，导致温度升高。

3. 光源与反光体的区别

光源是指能够发出光线的物体或设备。常见的光源包括太阳、电灯、荧光灯、LED 等。光源发出的光线通常具有一定的强度和方向性，可以用于照明、显示、通信等多种应用。

反光体是指表面能够反射光线的物体。当光线照射到反光体表面时，部分光线会被反射出去，而部分光线则会被吸收。反光体的反射能力取决于其表面的材料和结构。常见的反光体包括镜子、金属表面、白色墙壁等。

2.2.3 可见光的成像原理

可见光成像是一种广泛应用的成像技术，利用人眼可见的波长范围内的光来捕捉和记录物体的图像。从日常生活中的摄影到科学研究的显微镜成像，可见光成像技术无处不在。

可见光成像的基本原理是光的反射和折射。当光线照射到物体表面时,部分光线被反射回来,形成人眼可见的物体的亮度和颜色。其成像过程与光电传感器的原理见 2.1.1 小节。

由于人眼可以感知的可见光谱范围涵盖了多种颜色,因此,可见光成像可以呈现出色彩丰富、逼真的图像。这对于识别和区分物体、记录场景的细节和特征至关重要。特别是通过高分辨率的成像系统,可以捕捉到物体表面的微小细节和轮廓,使得图像具有较高的清晰度和辨识度。然而,可见光成像受环境光的影响较为显著。在光线不足或光线过强的环境下,成像质量可能会受到影响。此外,某些物体表面可能反射出镜面反射光,导致图像失真或产生眩光。因此,在使用可见光成像技术时,需要考虑到环境光的影响,并采取相应的措施来优化成像效果。

2.2.4　红外光的成像原理

红外光成像是一种利用红外辐射进行成像的技术,能够在完全黑暗的环境中捕捉到物体的热辐射信息。

1. 红外光成像的基本原理

红外辐射是指波长介于可见光与微波之间的电磁辐射,其波长范围大致为 0.75～1 000 μm。任何物体,只要其温度高于零开尔文(−273.15℃),都会发出红外辐射。这种辐射的强度与物体的温度、材料特性和表面状态有关。

红外成像系统的核心组件是红外探测器。红外探测器能够响应并测量物体发出的红外辐射。根据探测原理的不同,红外探测器可分为光子探测器和热探测器两大类。光子探测器利用光电效应将红外辐射转换为电信号;而热探测器则通过测量红外辐射引起的热效应来产生电信号。电信号随后会被放大和处理,以便提取出感兴趣目标的红外辐射信息。然后,通过图像处理技术,将这些信息转换为可视化的图像数据,其中每个像素的亮度或颜色代表着物体在该位置的红外辐射强度。最后,图像数据被传输到显示设备上,以可视化的形式展示给观察者。观察者可以根据图像中的亮度、颜色和纹理等信息来推断物体的温度分布、材质特性和表面状态等。红外成像系统的组成如图 2−9 所示。

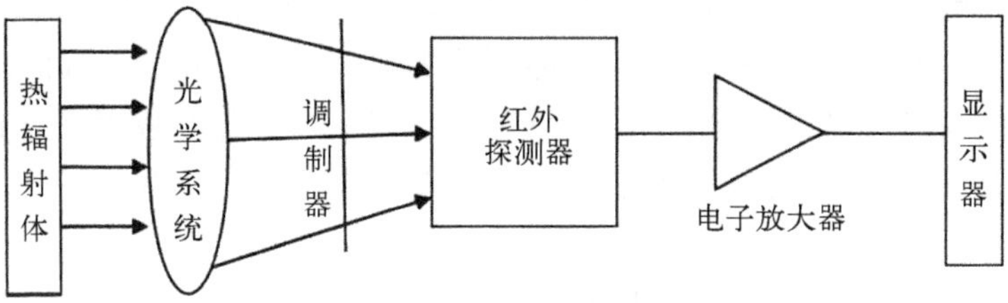

图 2−9　红外成像系统组成的示意图

2. 红外光成像的特点

红外成像系统捕捉的是物体的热辐射信息而非可见光反射信息,因此能够在完全黑暗的环境中工作。某些类型的红外辐射能够穿透雾、烟、尘等障碍物,这使得红外成像技术在恶劣环境条件下仍然具有优越的成像能力。然而,红外成像技术也存在一些局限性。例如,红外成像对物体的表面温度和环境温度差异较为敏感,若物体表面温度与环境温度接近，成像效果会受到影响。此外该成像技术也容易受到探测器性能、噪声和大气干扰等因素的限制。

2.2.5 合成孔径雷达成像原理

SAR 是一种主动式微波成像技术，通过雷达天线在飞行过程中的连续移动来模拟一个大孔径的天线，从而获得高分辨率的雷达图像。SAR 成像技术广泛应用于地形测绘、海洋监测、灾害评估等领域。

1. SAR 成像的基本原理

SAR 系统首先发射一个短暂的雷达脉冲，雷达脉冲在接触到地面或其他物体后会反射回来，被 SAR 系统接收。根据脉冲往返的时间差，可以计算出目标与雷达之间的距离。传统的雷达天线通常具有固定的孔径大小，限制了其分辨率。但可以通过移动雷达天线，将不同位置接收到的回波信号进行合成，从而模拟出一个大孔径天线，以提高雷达的分辨率。这种技术称为合成孔径技术。接收到的回波信号经过一系列的数字信号处理，包括距离压缩、多普勒补偿和方位向聚焦等，最终生成二维的雷达图像。其中，距离压缩用于提高图像在距离向的分辨率，而多普勒补偿和方位向聚焦则用于提高图像在方位向的分辨率。SAR 成像的基本原理如图 2-10 所示。

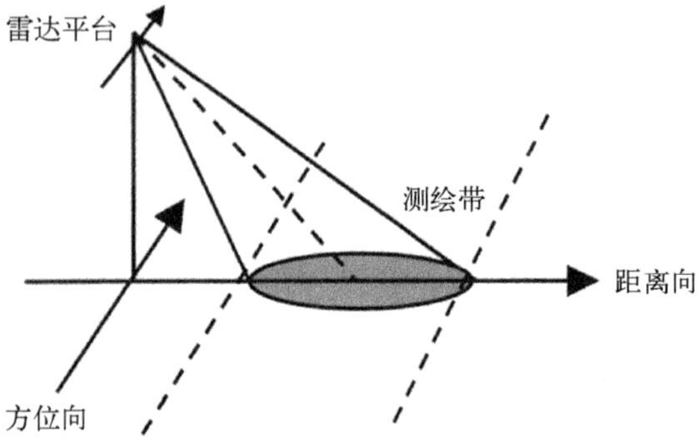

图 2-10 SAR 原理示意图

2. SAR 成像的特点

通过合成孔径技术，SAR 能够在距离向和方位向都获得高分辨率的图像。这使得 SAR 图像能够显示地面物体的细节信息，如地形地貌、道路、建筑物等。SAR 系统通过主动发射微波信号进行成像，因此不受光照条件的影响，无论是白天还是夜晚、晴天还是阴雨天气，SAR 都能够正常工作。此外，微波信号具有一定的穿透能力，可以穿透云层、烟雾等障碍物，使得 SAR 能够在恶劣的天气条件下获取地面目标的图像信息。然而，由于 SAR 成像过程中受到斜视角和地形起伏等因素的影响，可能发生图像的几何失真。因此，SAR 图像处理经常包括进行几何校正，以恢复地物的真实形状和位置。

2.3 目标反射与辐射特性

目标反射与辐射特性是理解和优化成像探测的关键。光在大气中传输时会发生散射和被吸收等现象，造成信号衰减。目标探测也会受到背景起伏的影响。例如，复杂或不均匀的背景会影响图像中目标的视觉对比度，影响探测精度。此外，噪声是成像探测过程中不可避免的影响因素，它来源于传感器自身、环境干扰或信号处理等各个环节。噪声会引起图像降质，干扰目标的准确识别与分析。因此，充分理解和处理光的反射、辐射特性以及噪声干扰,可以有效提高目标检测效率和精度。本节将从光在大气中的传输模型、可见光图像目标反射特点、红外图像目标辐射特点、背景起伏对目标探测的影响、噪声对成像探测的影响五个方面介绍目标反射与辐射特性。

2.3.1　光在大气中的传输模型

1.大气组分和大气结构

光线在穿越大气层时所展现的特性,是光线与大气相互作用的结果。就大气结构来说,地球大气是按层分布的。根据电离状态、成分、温度及其他物理性质,在垂直方向上可以将大气划分成若干层次。目前,世界普遍采用的是根据大气温度垂直分布的特征,把大气从低到高分为五层: 对流层、平流层、中间层、热层和外逸层。其中对流层是地球大气最稠密的一部分,该层大气占大气总质量的四分之三,一切云、雨、风、雪等天气现象都会发生在这一层内,是影响光传输的最重要的一层。

2. 大气中的光学特性

光在大气中传播时产生的效应可以分为线性与非线性两类。其中,线性效应包括因大气折射、大气吸收、散射效应、大气湍流等现象。而非线性效应通常是使用高功率激光时,因光场与大气分子和气溶胶微粒相互作用,以及光束本身参数的变化所引发的现象。

光线在通过大气层的过程中,由于大气密度不均而产生路径偏折,这种现象就是大气折射。大气折射可分为正规折射和随机折射。正规折射是受气候条件影响而产生的折射角的均值;随机折射是大气湍流造成的随时间变化的折射角波动。大气折射率 n 与光波波长 λ、空气温度 T、湿度 e 、压强 p 和高度 h 有关,其表达式如下:

$$n = 1 + N(\lambda,\ T,\ p,\ e,\ h) \tag{2-40}$$

其中,N 为折射率模数,单位为 10^{-6}。其可见光波段可近似为 $N = 0.79p/T$。

光在大气传输的过程中,由于折射率的不均匀分布而产生弯曲,其曲率取决于折射率的垂直梯度。在近地面的情况下,该垂直梯度主要决于温度梯度 Γ_T。计算表明,当 $\Gamma_T = 0.0345$ ℃/m 时,光线沿直线传输;当 Γ_T 大于或小于此值时,光束会向下或向上弯曲;当 $\Gamma_T > 1$ ℃/m 时,将出现超折射现象,如图 2-11 所示。

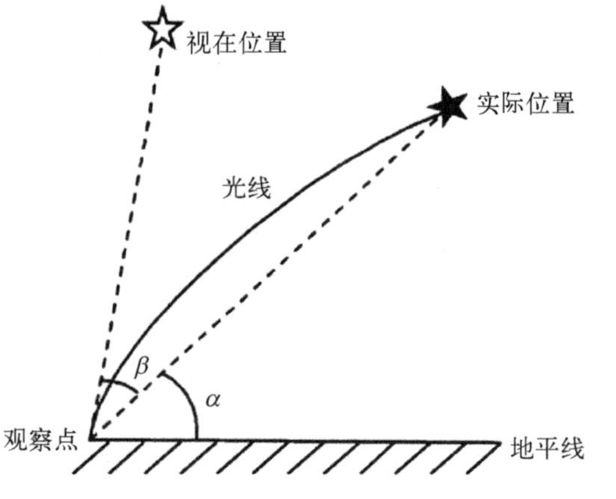

图 2-11　大气折射现象示意图

光在传输过程中会与大气部分气体和溶胶微粒相互作用而发生衰减,被称为大气吸收。在线性光学范围内,平面波随传输距离的变化遵从比尔-朗伯 (Beer-Lambert) 定律:

$$I(f,\ z) = I_0(f)\exp[-(\alpha + s)z] \tag{2-41}$$

其中,$I_0(v)$ 表示 $z=0$ 的光强;α 和 s 分别为吸收系数和散射系数;f 表示频率。

当光穿过大气层时,$\lambda<0.3$ μm 的紫外线被氮气、氧气和臭气等分子吸收,几乎被完全

阻挡。在可见光波长 λ 在 0.39~0.78 μm 之间，仅有极少数分子展现出吸收特性，因此获得相对较高的透射率。在红外光波长 λ 在 0.8~20 μm 之间，由分子振动与转动表现出更为复杂的吸收特性。在 $\lambda>20$ μm 的红外波段，受水分子影响导致光被大部分吸收。因此，光在大气中传输过程中，会存在特定的波长区段透射率较高的区域，这些区域被称作大气窗口。

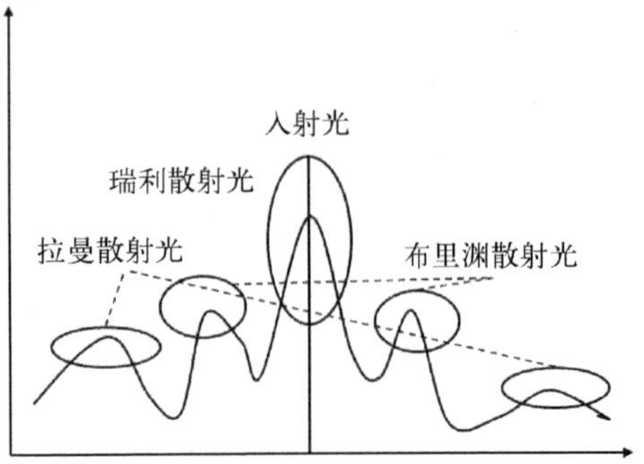

图 2－12　大气散射波谱图

在传输过程中，大气分子和气溶胶粒子对光产生散射作用，散射辐射频率与入射辐射频率相同。当光子能量无损失时，称为弹性散射。产生非弹性散射时，辐射将损失能量，如拉曼散射、共振与近共振拉曼散射等，如图 2－12 所示。

分子散射是弹性散射中最常见的一种散射，又被称为瑞利散射。分子散射截面与入射光波长的 4 次方成反比。因此，大气对波长 0.7 μm 红外的散射要比波长 0.4 μm 紫光小一个量级，即波长越短的光越容易被这些微粒散射掉。在太阳光谱中，短波长的蓝光部分比散射得更强烈，使得大气的散射光谱向短波方向偏移。这就解释了当天气晴朗时，大气能够高效散射蓝光，使天空呈现蔚蓝色。

当分子半径远小于入射光波长时，瑞利散射理论可被用来描述光的散射过程。然而，随着粒子半径增大至特定尺度时，瑞利散射不再适用，可以采用 Mie 散射理论来描述散射现象。与瑞利散射相比，Mie 散射还包含了粒子对光的吸收作用。当大气中气溶胶物质增多时，由于气溶胶的 Mie 散射效应，天空会呈现出灰白色。

如上所述，太阳光到达地面之前，会经过大气折射改变反向，同时也会经过大气发射、大气吸收和大气散射衰减辐射强度。不同电磁波段经过大气衰减后透射率不同，如图 2－13 所示。衰减较小的波段被称为大气窗口，衰减较大甚至无法透过大气的波段被称为大气屏障。其中五个波段为常用的航空遥感波段，如图 2－14 所示。

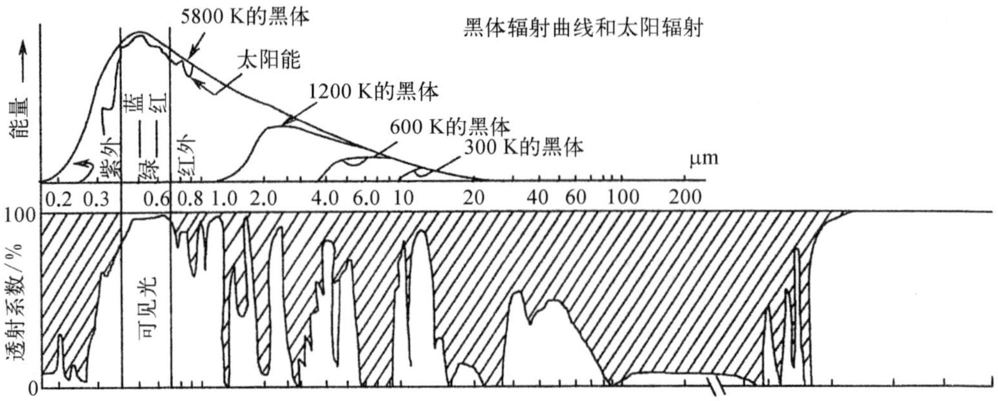

图 2－13　辐射波谱和大气窗口图[1]

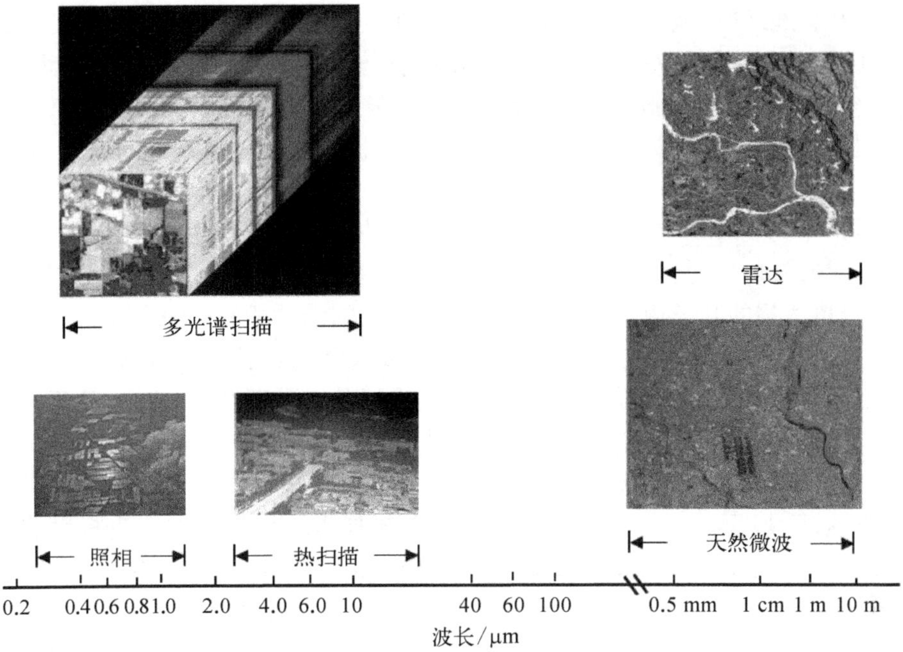

图 2－14　常用的航空遥感波段图

2.3.2　可见光图像目标反射特点

物体表面对光的反射可分为三种形式：镜面反射、漫反射、方向反射，如图 2－15 所示。

镜面反射：是指满足反射定律，不透明物体发生镜面反射时，反射能量等于入射能量减去物体吸收能量。

漫反射：设入射电磁波的波长为 λ，当表面粗糙度 h 与 λ 达到相同数量级时，物体表面会均匀反射入射电磁波，即在物体表面所有方向上的辐射亮度相等，具有这种特性的表面也被称作朗伯(Lambert)表面。当目标物的表面足够粗糙，其反射辐射亮度不随观测角度而变，称该物体为漫反射体，亦称朗伯体。通常漫反射又称朗伯反射，也称各向同性反射。实际上多数自然物体表面对可见光辐射的波长而言都属于粗糙表面。

方向反射：介于漫反射和镜面反射之间，各向都有反射，但各向反射强度不均。例如，实际地物表面由于地形起伏，会在某个方向上反射最为强烈，这种现象称为方向反射。方向反射是镜面反射和漫反射的结合，且这种反射没有规律可循。

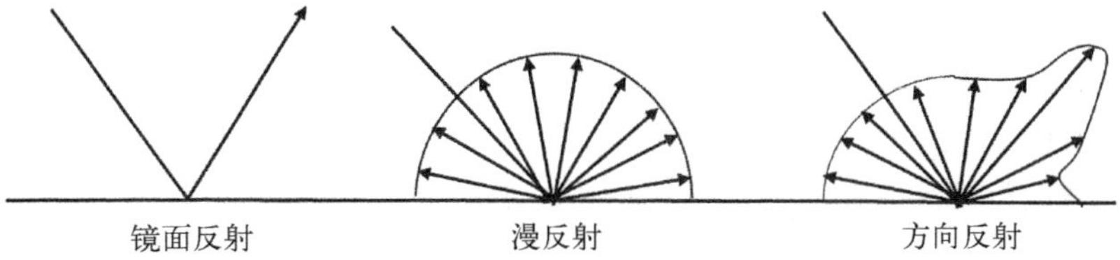

图 2－15　物体表面对光的三种反射示意图

从空间观察地面时，地形平坦且物体均匀分布的区域，物体对电磁波的反射可以视为漫反射：地形起伏较大且地表结构复杂的区域，物体对电磁波的辐射则为方向反射。自然界中，产生方向反射的物体占绝大多数，即它们对太阳短波辐射的散射是各向异性的。因此，做定量分析时，必须抛弃目标是朗伯体这一假设。同时，描述方向反射也不能简单地用反射率来表述。

为了描述不同物体对光的反射辐射和入射辐射之间的关系，定义物体的反射辐射通量与入射辐射通量之比为反射率。实际上，不同物体对不同波长的光会有选择地进行反射。例如，绿色植物的叶子由表皮、叶绿素颗粒组成的栅栏组织和多孔薄壁细胞组织构成。叶子上入射的太阳辐射透过表皮，叶绿素会吸收蓝、红光辐射并进行光合作用，同时吸收一大部分绿光并反射另一部分，因此叶子呈现绿色。而近红外线可以穿透叶绿素，被多孔薄壁细胞组织反射，因此会在近红外波段上形成强反射。

反射波谱也称反射光谱，是指地物的反射率（或反射辐射能）随波长变化的规律。以波长为横坐标、以反射率为纵坐标所绘制的曲线称为地物的反射波谱特性曲线，可直观地表达该地物的反射光谱特性。实际上，地物的反射波谱特征主要取决于其组成成分、结构、表面状态及入射电磁波的波长和角度。在漫反射情况下，组成成分和结构是重要的因素。图 2 - 16 列举了 4 种航空遥感图像中的典型的地物反射波谱。图中曲线表明，雪的反射波谱与太阳波谱最相似，在蓝光 $\lambda = 0.49\ \mu m$ 附近出现波峰，且随着波长增加反射率逐渐降低；沙漠的反射率在橙色光 $\lambda = 0.6\ \mu m$ 附近出现峰值，但在长波范围里比雪的反射率高；湿地的反射率较低，色调发暗灰；小麦叶子的反射波谱与太阳的波谱有很大差别，在绿色光处出现反射波峰，在红外光波长为 0.7～0.9 μm 的附近出现一个强峰值。

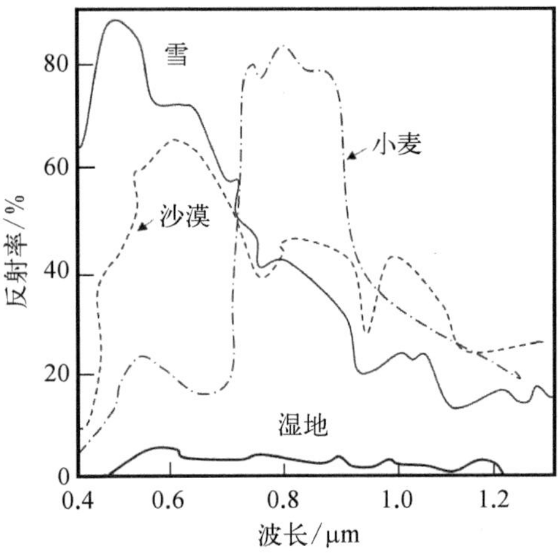

图 2 - 16 航空遥感图像 4 种典型地物反射波谱图[2]

通常来说，不同地物在不同波段的反射率不同；同一地物在不同时间或者季节也可能会有不同的反射特性。例如，在城市遥感影像解析任务中，可见光影像数据往往只能观测到建筑物的顶部或部分侧面，信息获取不全面。此时，若结合表面光谱反特性可获取更多解析信息，如建筑材料、用途等。金属材质的反射率较低、屋顶较平坦且颜色接近灰色；石棉瓦材质的反射率较高；沥青屋顶由于铺设砂砾，其反射率较高；被绿色塑料覆盖的屋顶一定会在绿色波段出现反射峰值，但在近红外区不存在峰值，该特性可用来与植被进行区分。此外，光谱反射特性表明，水体在蓝绿波段反射较多光线，而强烈吸收其他波段的光线，特别是几乎不反射近红外和中红外波段的光线。因此，近红外波段被广泛用于水体位置和轮廓的定位与检测。当水中含有其他物质时，反射光谱也会不同。例如，含泥沙的水体由于泥沙的散射作用，在可见光波段的反射率上升，并在黄红色波段出现峰值。若水体中含有叶绿素，其近红外波段的反射率会显著上升。这些变化对于遥感影像数据分析十分重要。

2.3.3　红外图像目标辐射特点

在红外图像中，目标是红外系统作用的对象物；而背景是除目标之外的所有空间物质。其红外辐射特点可归结为目标与背景的空间特性、光谱特性和时间特性。空间特性是目标与背景光辐射的空间分布；光谱特性是目标与背景光辐射随波长的分布；时间特性是目标与背景光辐射随时间变化的规律。目标与背景红外辐射特性的研究具有重要理论意义和应用价值，可为红外系统的探测、定位、识别及跟踪提供物理特征与数学模型。

红外辐射通常被分为短波红外（short-wavelength infrared，SWIR）、中波红外（mid-wavelength infrared，MWIR）、长波红外（long-wavelength infrared，LWIR）和远红外（far infrared，FIR）4 个主要谱段。

短波红外：波长 λ 为 1.4～3 μm。该波段受太阳光的影响较小，可应用于全天候任务。它对目标的热辐射不太敏感，更多地依赖于目标对入射光的反射。该波段对不同材料的反射特性较为敏感，可用于目标的材料分析等。例如，利用植被在 SWIR 波段中表现为低反射、土壤表现为高反射的特点，其遥感图像可用于识别不同类型的植被和土壤。

中波红外：波长 λ 为 3～5 μm。该波段对目标的热辐射非常敏感，适用于探测温差较大的目标。此外，该波段受大气吸收的影响较小，可实现长距离探测，且具备昼夜工作的能力。在安防领域，机动车辆和人体通常以较高的温度发射 MWIR 辐射，在图像中呈现为明亮的区域，且具备易识别的特征，广泛应用于安防监控领域。

长波红外：波长 λ 为 8～14 μm。该波段对目标的热辐射非常敏感，是最常用的红外成像谱段之一，适用于夜间或昼夜一体的探测成像系统。它在大气中的透过性较好，特别适用于远距离目标探测，同时对于低温目标也具有较好的灵敏度。例如，可应用于城市环境中建筑物的监测。

远红外：波长 λ 大于 15 μm。在这个波段中，目标的热辐射仍然能够被检测到，常用于探测低温环境中的目标。例如，通过该波段成像数据研究冰川和极地地区气候和环境变化。

总体而言，不同红外波段的选择取决于具体任务和目的。在红外目标探测中，背景的红外辐射通常来自地物、海面、天空等自身环境，也可来自这些环境的反射辐射或散射辐射。目标则为与探测任务相关的物体，如飞机、车辆、行人等。下文以飞机为例，介绍其红外辐射情况。

飞机的红外辐射主要包括：高温加热后飞机尾喷管产生的热辐射、发动机排气尾焰热辐射、机身蒙皮与空气摩擦引起的气动热效应辐射。此外，还包括太阳、地表等辐射的反射。

飞机尾焰主要包含二氧化碳和水蒸气等成分，这些物质在 2.7 μm 和 4.3 μm 波段附近具有强烈的辐射特征。由于尾焰的温度极高，在这些关键波段的发射频带要比大气分子吸收的谱带宽，使得大气传播中的衰减远小于大气内部的吸收带。此现象在 4.3 μm 波段的二氧化碳吸收带上尤为明显。

此外，在飞机高速飞行过程中，特别是接近或超越声速时，由空气阻力所致的机体蒙皮红外辐射非常明显。特别是飞机的侧翼部位，其红外辐射为目标探测与分析提供重要信息。

对于太阳光辐射，飞机表面的反射主要集中在 1~3 μm 波段的近红外区域及 3~5 μm 波段的中红外区域。而对于地面和天空的热辐射，飞机表面的反射集中在 8~14 μm 波段的远红外区域及 3~5 μm 波段中红外区域。

2.3.4 背景起伏对目标探测的影响

在图像中，背景起伏通常是指背景区域亮度、颜色、纹理等在空间或时间上的变化。这些变化可能是由于光照条件、场景结构、成像环境等的变化而引起的。例如，在自然环境中光照条件会随着时间、天气和季节的变化而变化，导致图像中的背景亮度和对比度发生波动。在城市景观中，建筑物、道路、车辆等元素的运动和变化也会引起图像中背景的起伏。对于一幅包含目标的图像可以用下式进行描述：

$$I(x, y) = I_T(x, y) + I_B(x, y) + n(x, y) \tag{2-42}$$

其中，(x, y) 表示像素点坐标；$I_T(x, y)$ 表示目标像素的灰度值；$I_B(x, y)$ 表示背景点的灰度值；$n(x, y)$ 表示随机噪声。目标探测任务就是检测出图像中的目标像素 $I_T(x, y)$。因此，背景像素 $I_B(x, y)$ 和噪声像素 $n(x, y)$ 都属于干扰信号。这些背景起伏和干扰信号的存在降低了图像的信噪比，尤其对于小目标来说增加了算法复杂度和运算时间。

背景起伏通常具有空间相关性，即相邻像素之间可能具有相似的灰度值。由于背景通常是由大范围的场景构成，如天空、地面、建筑物等，它们的亮度和颜色在局部区域内可能具有一致性。背景起伏包含的低频成分较多，即在图像中变化缓慢的部分。背景起伏还可能是动态变化的，即随着时间、天气、季节等因素的改变而变化。这种动态变化会导致背景在不同场景下的表现形式不同，增加了背景起伏的复杂性。背景起伏会干扰目标的检测和定位，降低系统的性能和准确性。因此，处理背景起伏是图像处理和计算机视觉中一个重要的研究领域。以下以航空遥感影像等为例，分析背景起伏对目标探测的影响。

在航空遥感图像中，光照条件受飞行高度、飞行时间、天气等因素的影响。例如，飞机飞行过程中会穿过不同的云层、逆光、阴影等区域，导致图像中背景与目标之间的亮度和对比度存在显著差别，会降低目标的检测和识别准确性。特别是当光照过强时，目标可能会发生过曝或失真；而在阴影或逆光区域，目标可能曝光不足导致模糊或低信噪比。

在农业监测与管理领域中，农作物的生长状态和植被覆盖情况是非常重要的信息。植被的密度和类型的不用引起遥感图像中背景的起伏，表现为明暗不一致。此外，地形的起伏也会造成阴影和光亮区域的交替。这些因素引起的背景起伏影响农作物识别和对其生长状态的判断。因此，在执行农作物识别等任务前，需采用适当的图像处理技术对遥感影像进行滤波、增强等处理，如背景平滑、对比度增强等，以减少背景起伏的影响。

2.3.5 噪声对成像探测的影响

噪声主要出现在图像获取和传输的过程中。在图像获取过程中，成像传感器性能主要受各种环境因素和传感元件本身质量的影响。例如，对于 CCD 传感器来说，光照强度和传感器温度是影响噪声水平的主要因素。在传输过程中，数据也会受传输信道的干扰而被污染。

若将噪声的灰度值视为随机变量，可以由其概率密度函数对噪声进行分类。以下介绍图像处理领域几种常见的噪声模型。

1. 高斯噪声

若噪声的概率密度函数服从高斯分布，其模型可表示为

$$p(z)=\frac{1}{\sqrt{2\pi}\sigma}e^{-(z-\bar{z})^2/2\sigma^2},\qquad -\infty<z<\infty \tag{2-43}$$

其中，z 为灰度值；$\bar{z}$ 表示灰度均值；σ 是 z 的标准差。图 2－17 为高斯噪声概率密度函数曲线，其中 z 值在区间 $z\pm\sigma$ 内的概率约为 0.68。

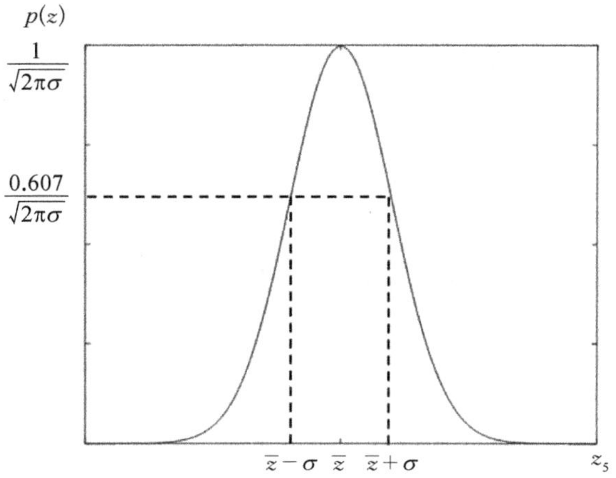

图 2－17　高斯噪声概率密度函数曲线

2. 瑞利噪声

若噪声的概率密度函数服从瑞利分布，其模型可表示为

$$p(z)=\begin{cases}\dfrac{2}{b}(z-a)e^{-(z-a)^2/b}, & z\geqslant a\\ 0, & z<a\end{cases} \tag{2-44}$$

符合瑞利分布的随机变量的均值和方差分别为

$$\bar{z}=a+\sqrt{\pi b/4} \tag{2-45}$$

$$\sigma^2=\frac{b(4-\pi)}{4} \tag{2-46}$$

图 2－18 为瑞利噪声概率密度函数曲线。瑞利分布的概率密度更偏向于最大值的右侧，因此对倾斜形状直方图的建模较为有效。

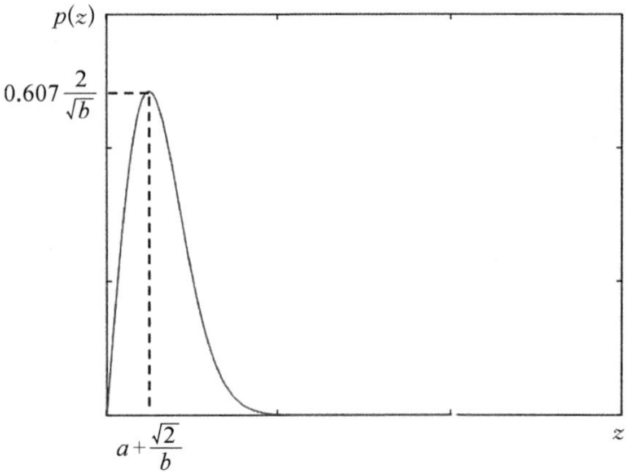

图 2-18　瑞利噪声概率密度图

3. 伽马噪声

若噪声的概率密度函数服从伽马分布，其模型可表示为

$$p(z)=\begin{cases}\dfrac{a^b z^{b-1}}{(b-1)!}\mathrm{e}^{-az}, & z \geqslant 0\\ 0, & z < 0\end{cases} \tag{2-47}$$

其中，参数 $a > b$，b 是一个正整数；“!”表示阶乘。伽马噪声的均值和方差分别为

$$\bar{z}=\frac{b}{a} \tag{2-48}$$

$$\sigma^2=\frac{b}{a^2} \tag{2-49}$$

伽马噪声的概率密度曲线如图 2-19 所示。

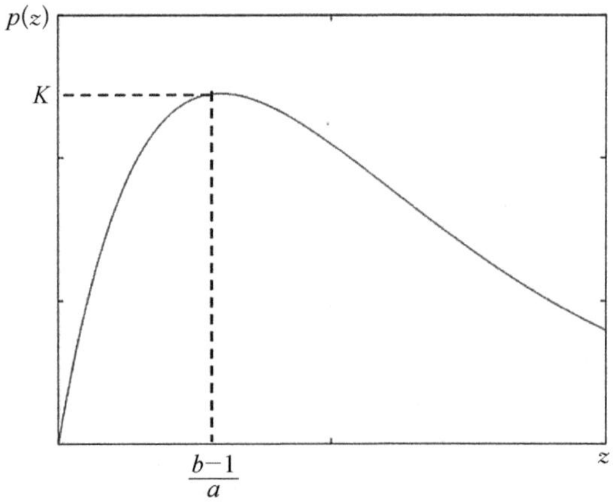

图 2-19　伽马噪声概率密度图

4. 指数噪声

若噪声的概率密度函数服从伽马分布，其模型可表示为

$$p(z)=\begin{cases}a\mathrm{e}^{-az}, & z \geqslant 0\\ 0, & z<0\end{cases} \tag{2-50}$$

其中，常数 $a>0$。此时，噪声的均值和方差分别为

$$\bar{z}=\frac{1}{a} \tag{2-51}$$

$$\sigma^2=\frac{1}{a^2} \tag{2-52}$$

本质上，指数噪声伽马噪声在 $b=1$ 时的一种特殊情况。图 2-20 为指数噪声概率密度函数曲线。

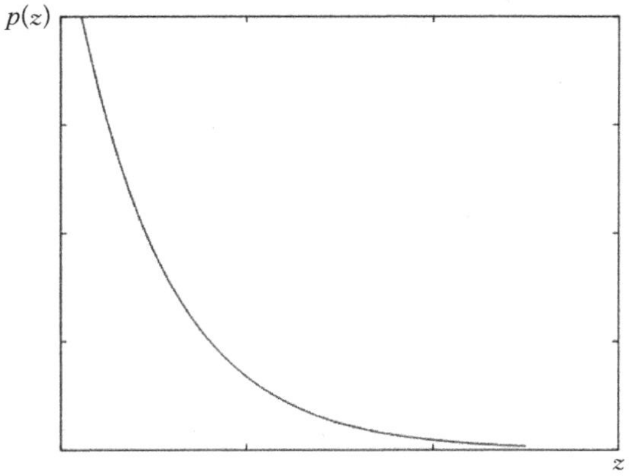

图 2-20　指数噪声概率密度图

5. 均匀噪声

若噪声的概率密度函数服从均匀分布，其模型可表示为

$$p(z)=\begin{cases}\dfrac{1}{b-a}, & a \leqslant z \leqslant b\\ 0, & \text{其他}\end{cases} \tag{2-53}$$

均匀噪声的均值和方差分别为

$$\bar{z}=\frac{a+b}{2} \tag{2-54}$$

$$\sigma^2=\frac{(b-a)^2}{12} \tag{2-55}$$

均匀噪声的概率密度函数曲线如图 2-21 所示。

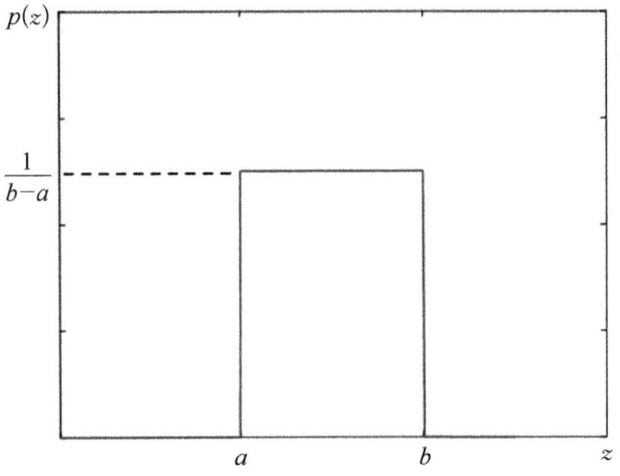

图 2－21　均匀噪声概率密度图

6. 椒盐噪声

假设一幅数字图像的灰度值用 k 比特表示，那么该图像的灰度值取值范围为 $[0, 2^k-1]$。例如，一幅 8 bit 图像的灰度值范围是 0～255。在以上定义的基础上，椒盐噪声的概率密度函数可以表达为

$$p(z)=\begin{cases}P_s, & z=2^k-1\\ P_p, & z=0\\ 1-(P_s+P_p), & z=V\end{cases}\tag{2-56}$$

其中，V 是区间 $0<V<2^k-1$ 内的任意整数。

不同噪声的成因适用于以上不同的图像噪声模型。例如，图像中的高斯噪声是由电子电路噪声及传感器噪声等因素导致的。尤其在光照不足或高温条件下，高斯噪声比较明显。瑞利噪声模型有助于表征距离成像中的噪声现象。指数噪声和伽马噪声常应用于激光成像中。当图像信号突然受到强烈干扰而产生数位转换等错误，会产生椒盐噪声。

习　题

2－1　简要说明采样定理对模拟图像数字化过程的要求。

2－2　某仿射变换将平面上的三点 $\boldsymbol{A}=(0,0)^{\mathrm{T}}$、$\boldsymbol{B}=(1,1)^{\mathrm{T}}$、$\boldsymbol{C}=(1,-1)^{\mathrm{T}}$ 分别变换到 $\boldsymbol{D}=(2,3)^{\mathrm{T}}$、$\boldsymbol{E}=(2,5)^{\mathrm{T}}$、$\boldsymbol{F}=(3,7)^{\mathrm{T}}$。试求该仿射变换，并判断该变换是否为刚性变换。

2－3　从几何光学的角度，比较凸透镜成像与小孔成像的区别。

2－4　结合本章介绍的标定原理，打印一张棋盘格并拍摄若干张图片，尝试编写程序，使用张正友标定法对相机进行标定。

2－5　简述光的辐射的基本原理。

2－6　分别简述可见光成像、红外光成像、合成孔径雷达成像的优、缺点。

2－7　根据统计特性写出几种噪声类型，并写出其概率密度函数。

参考文献

[1] 童庆禧,张兵,郑兰芬.高光谱遥感——原理、技术与应用.北京：高等教育出版社, 2006.

[2] 周军其,叶勤,邵永社,等.遥感原理与应用.武汉：武汉大学出版社,2014.

第3章

目标视觉特征提取与描述

视觉目标特征提取与描述是计算机视觉领域中的重要任务,旨在发现和提取图像中目标的本质特性,以便在后续的图像理解和分析任务中有效地识别、分类、检测或跟踪这些目标。传统的局部特征提取方法和描述子,如FAST、BRIEF、ORB、SIFT和HOG,提供了可靠的方式来检测和描述图像中的关键点和特征;基于深度学习的特征提取网络模型,如AlexNet、VGG、ResNet、LSTM和ViT等,进一步提升了特征提取的准确性和鲁棒性。这些深度学习模型通过大规模数据训练,能够自动学习图像中的复杂特征,适应多样化的视觉任务,显著提高图像处理和分析的效果。

3.1 特征提取与描述方法综述

该领域的发展可以大致分为以下四个阶段。从20世纪50年代起,研究工作主要关注一些简单特征的提取,如边缘和角点检测方法。随后从80年代至21世纪初期,研究人员提出了一系列重要的特征提取和描述方法,如尺度不变特征转换(scale-invariant feature transform, SIFT)、加速稳健特征(speed up robust features, SURF)、方向梯度直方图(histogram of oriented gradient, HOG)等特征描述子。这些特征描述子对于图像尺度、亮度、旋转等变化具有更好的鲁棒性。2010年以来,随着深度学习的兴起,特征提取的范式发生了彻底改变,卷积神经网络(convolutional neural network, CNN)成为了特征提取的主流方法。与传统特征提取方法不同,CNN可自主地学习并提取数据特征,使目标特征的提取和描述更为有效。随后出现的基于CNN结构的经典神经网络模型,如AlexNet、VGG、ResNet等,推动了这一领域的快速发展。此外,还有一些研究工作将循环神经网络(recurrent neural network, RNN)及其特殊形式长短期记忆网络(long short-term memory, LSTM)结合到CNN框架中,可理解图像中不同区域的上下文关系,从而提取到更高级的语义特征,实现对图像的全局理解。近年来,随着Transformer模型的出现及其在自然语言处理领域的成功应用,提出了基于Transformer模型的视觉处理架构ViT(vison transformer),用以直接处理图像数据并进行视觉理解。视觉目标特征提取和描述技术的不断发展也推动了计算机视觉领域的进步。

3.2　基于描述子的局部特征提取和描述方法

在图像处理和计算机视觉领域，特征用来标识和区分不同的图像或者目标。这些特征可分为两类：全局特征和局部特征。全局特征反映了图像的整体属性，例如整体颜色分布、纹理或形状等，可通过直方图分析、边界描述，或变换域的特征来表达。全局特征的优点在于良好的不变性且表达直观，但往往特征维数高、计算量大，且特征相关性强。局部特征指的是从图像局部区域中提取的特征，例如边缘、角点、线段等。此类特征在图像中分布广泛且彼此间相关性较小，因此在人脸识别、三维建模、物体检测与追踪、视觉导航等视觉领域得到了广泛的应用。本节主要介绍 FAST、BRIFF、ORB、SIFT、HOG 等传统的局部特征提取及描述子。

3.2.1　FAST 角点提取方法

FAST 特征

角点具有定位准确、计算简单的特点，是一种重要的图像局部特征。角点一般位于图像亮度显著变化的位置，如水平或竖直方向灰度剧烈变化的点、曲线曲率最大的点、特定区域的交汇点或边缘的转折点。

若某像素与其邻域内足够多的像素点的灰度值相差较大，则该像素点可能是角点。基于以上思想，Rosten 和 Drummond[1] 于 2006 提出了 FAST（features from accelerated segments test）角点提取方法。

若考察目标像素点 p 是否为角点，则以 p 为中心、做半径等于 3 像素的圆，将该圆经过的 16 个像素逐一编号标记下来，如图 3－1 所示。

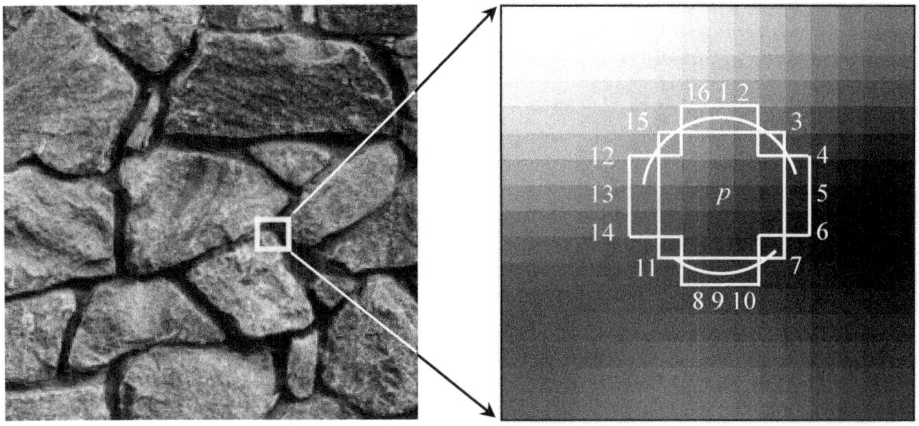

图 3－1　角点检测

记 I_x为像素点 x 的灰度值，I_p为目标像素点 p 的灰度值。设定阈值 h，若标记的 16 个像素中有连续的 n 个像素的灰度值满足：

$$I_x < I_p - h\ (\text{或}\ I_x > I_p + h) \tag{3-1}$$

则 p 被判断为角点。一般设 $n = 12$，即取圆周长的 3/4。

3.2.2 BRIEF 特征描述子

BRIEF 特征

局部特征描述子是用数字语言对检测得到的特征点进行描述，使得每个特征都具有独特性、可区分性，广泛应用于特征匹配、三维测量、目标识别等。一个良好的特征描述子应该具备尺度不变性、旋转不变性、透视不变性、不受光照变化影响，具有良好的抗噪声干扰能力等特性，同时特征描述应该尽量简洁，占用的运算资源少。

BRIEF(binary robust independent elementary features)特征描述子是由 Calonder 等[2]提出的一种可以快速计算且表示方式为二进制编码的特征描述方式。BRIEF 仅是特征描述子，需要配合特征点检测算法一起使用。例如，在 FAST、Harris 等角点检测基础上，可利用 BRIEF 对其进行特征描述。其主要思想为，在特征点附近随机选取若干像素点对，根据这些点对灰度值的大小，组合成一个二进制字符串，并将该二进制字符串作为对该特征点的特征描述。

BRIEF 特征描述算法步骤如下：

(1) 以特征点为中心，取大小为 $S \times S$ 的邻域 $\boldsymbol{p}$，例如可取 $S=31$；

(2) 在区域 $\boldsymbol{p}$ 中选取 n_d 个点对 $(\boldsymbol{x}, \boldsymbol{y})$，令

$$\tau(\boldsymbol{p}: \boldsymbol{x}, \boldsymbol{y}) = \begin{cases} 1, & I(\boldsymbol{x}) < I(\boldsymbol{y}) \\ 0, & \text{其他} \end{cases} \tag{3-2}$$

其中，$I(\boldsymbol{x})$、$I(\boldsymbol{y})$ 为 $\boldsymbol{x}$、$\boldsymbol{y}$ 点处的像素灰度值。比较两点灰度值，若 $\boldsymbol{y}$ 点灰度值大则为 1，否则为 0。点对的数量可按照经验值取 $n_d = 128$、256 或 512。

(3) 将 n_d 个点对的灰度值比较结果按次序，从最低位到最高位依次组成二进制字符串 $f_{n_d}(\boldsymbol{p})$：

$$f_{n_d}(\boldsymbol{p}) = \sum_{1 \leqslant i \leqslant n_d} 2^{i-1} \tau(\boldsymbol{p}: \boldsymbol{x}_i, \boldsymbol{y}_i) \tag{3-3}$$

如图 3-2 所示，选择特征点的一个邻域 $\boldsymbol{p}$ 及 $\boldsymbol{p}$ 中的 4 个点对 $(\boldsymbol{x}_1, \boldsymbol{y}_1)$、$(\boldsymbol{x}_2, \boldsymbol{y}_2)$、$(\boldsymbol{x}_3, \boldsymbol{y}_3)$、$(\boldsymbol{x}_4, \boldsymbol{y}_4)$。计算 τ 得到 $\tau(\boldsymbol{p}: \boldsymbol{x}_1, \boldsymbol{y}_1) = 0$，$\tau(\boldsymbol{p}: \boldsymbol{x}_2, \boldsymbol{y}_2) = 1$，$\tau(\boldsymbol{p}: \boldsymbol{x}_3, \boldsymbol{y}_3) = 1$，$\tau(\boldsymbol{p}: \boldsymbol{x}_4, \boldsymbol{y}_4) = 1$，从而形成二进制特征描述子字符串：$f_{n_d}(\boldsymbol{p}) = 1\ 1\ 1\ 0$。

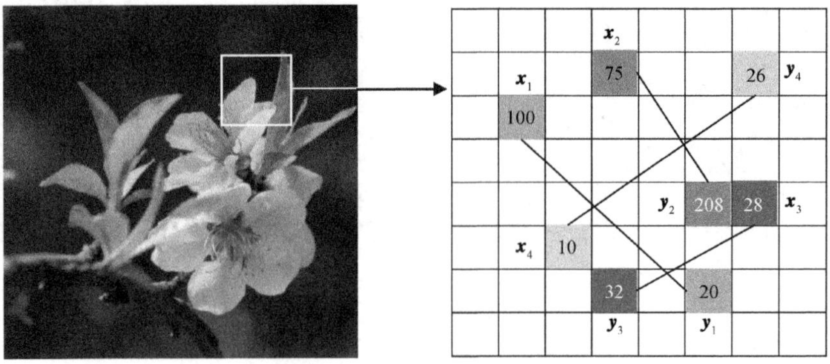

图 3-2 S×S 的邻域 $\boldsymbol{p}$ 及 $\boldsymbol{p}$ 中的 n_d 个点对

区域 $\boldsymbol{p}$ 中的 n_d 个点对的随机选取规则，可按照以下 5 种方法选取其一：

(a) $\boldsymbol{x}_i$、$\boldsymbol{y}_i$ 的采样为均匀分布 $[-S/2, S/2]$；

(b) $\boldsymbol{x}_i$、$\boldsymbol{y}_i$ 的采样均为同一高斯分布$[0,\ S^2/25]$；

(c) $\boldsymbol{x}_i$ 的采样服从高斯分布$[0,\ S^2/25]$，$\boldsymbol{y}_i$ 服从高斯分布$[\ \boldsymbol{x}_i,\ S^2/100]$,即首先在原点处为 $\boldsymbol{x}_i$ 进行高斯采样，然后以 $\boldsymbol{x}_i$ 为中心为 $\boldsymbol{y}_i$ 进行高斯采样；

(d) $\boldsymbol{x}_i$、$\boldsymbol{y}_i$ 在空间量化极坐标下的离散位置处进行随机采样；

(e) 令 $\boldsymbol{x}_i = (0,\ 0)^{\mathrm{T}}$，让 $\boldsymbol{y}_i$ 在空间量化极坐标下的离散位置处进行随机采样。

采用上述 5 种方法在区域 $\boldsymbol{p}$ 内随机选取点对的效果如图 3 - 3[2] 所示。在视觉特征匹配的任务中,实验表明方法(e)相较于其他 4 种随机方法性能相差较多,方法(b)相对于其他 3 种方法有略微的优势。

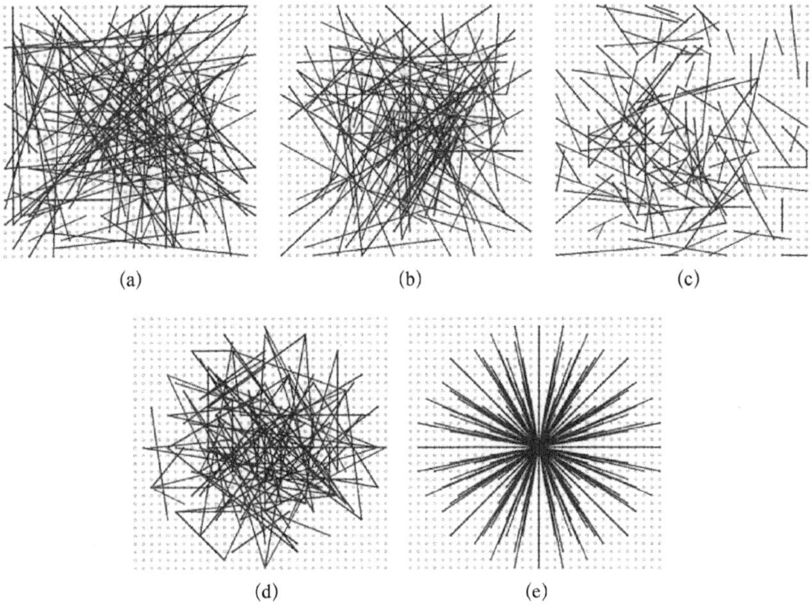

图 3 - 3　随机点对选取方法

BRIEF 描述子在一定区域内仅对若干组像素灰度值大小情况进行统计,对噪声非常敏感。为了提高其稳定性,需要在描述前对区域 $\boldsymbol{p}$ 进行预平滑、去噪声。Calonder 等采用高斯平滑,可取经验值 $\sigma = 2$，卷积核大小为 9×9。

采用二进制编码描述特征的 BRIEF 算法不仅可实现特征快速生成和高效存储,而且利用汉明距离的匹配策略可以进行特征的快速匹配,使其能够在计算资源非常有限的设备(如智能手机)上运行。然而,BRIEF 描述子不具备旋转不变性,以及缩放和尺度的不变性,也容易受到噪声影响。例如,当图像旋转角度超过 15°时,其特征描述性能会急剧下降。

3.2.3　ORB 特征描述子

ORB(oriented FAST and rotated BRIEF)算法由 Rublee、Rabaud 等[3] 于 2011 年提出。它以 FAST 角点提取、BRIEF 描述子为基础,解决了特征描述的缩放不变性和旋转不变性问题。

1. 图像金字塔的建立

图像金字塔是一种图像多分辨率的表达方式,从上至下模拟了由远及近对场景的拍摄效果。如图 3-4 所示,金字塔的底部为输入原图像,上层的低分辨率图像由原图像的逐次降采样而获得,从而模拟人眼从更远处观察场景的效果。通过采用图像金字塔表达特征分辨率的变化,ORB 算子解决了从不同的距离观察同一个目标时,其特征的鲁棒性问题。

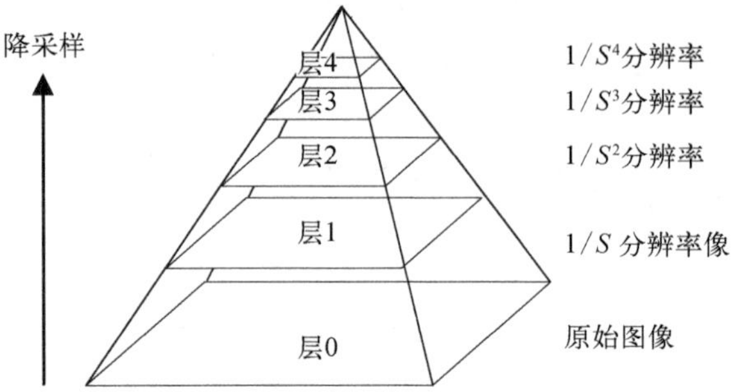

图 3-4 ORB 算子采用的图像金字塔

在创建好的金字塔的每一层图像中,算法利用 FAST 角点提取方法快速定位关键点,并记录各关键点所在的金字塔层数。ORB 关注了不同缩放尺度图像上的特征点,使其对图像缩放变化具有更好的适应性。

2. ORB 描述子的旋转不变性

ORB 描述子为每一个特征建立自己的新坐标系,使新的坐标系可以随图像的旋转而旋转,从而解决特征描述的旋转不变性问题。

如图 3-5 所示,P 为关键点,圆的内部为 P 的 BRIEF 特征邻域。假设每个方格代表一个像素,并将圆形区域中每个像素的灰度值视作该点的质量,则圆形区域的质心位置可利用图像的 0 阶矩和 1 阶矩计算得到。具体地,P 的 BRIEF 特征邻域的 0 阶矩 M_{00},以及 1 阶矩 M_{10} 和 M_{01} 的计算方法如下:

$$\begin{cases} M_{00} = \sum_{x=-R}^{R} \sum_{y=-R}^{R} I(x, y) \\ M_{10} = \sum_{x=-R}^{R} \sum_{y=-R}^{R} xI(x, y) \\ M_{01} = \sum_{x=-R}^{R} \sum_{y=-R}^{R} yI(x, y) \end{cases} \tag{3-4}$$

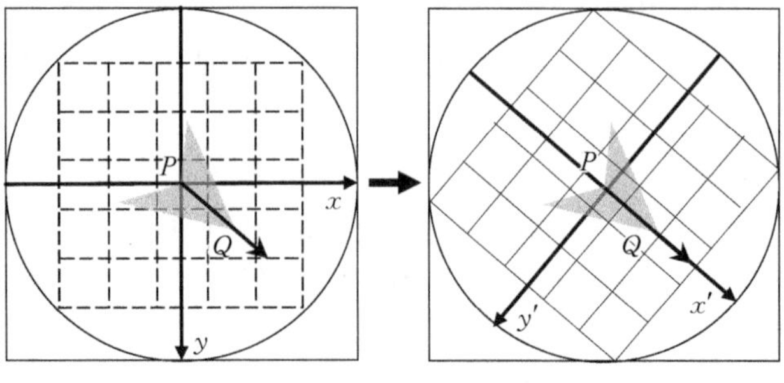

图 3-5 新坐标系的建立

从而获得该区域的质心位置 $Q=(Q_x, Q_y)$：

$$Q=(Q_x, Q_y)=\left(\frac{M_{10}}{M_{00}}, \frac{M_{01}}{M_{00}}\right) \tag{3-5}$$

设 P 为该关键点的原点，令向量 $\boldsymbol{PQ}$ 为关键点主方向，并作为坐标系的 x 轴来描述该特征。此时，关键点主方向的角度为

$$\theta=\arctan\left(\frac{Q_y-P_y}{Q_x-P_x}\right)=\arctan(M_{01}/M_{10}) \tag{3-6}$$

则关键点的新坐标系与图像坐标系之间的旋转变换矩阵为

$$\boldsymbol{R}_\theta=\begin{bmatrix}\cos\theta & -\sin\theta\\ \sin\theta & \cos\theta\end{bmatrix} \tag{3-7}$$

将 P 的 BRIEF 邻域 n_d 个点对在图像中的位置坐标值表示成 $2\times 2n_d$ 的矩阵 $\boldsymbol{S}$，通过式(3-7)变换得到其在新的坐标系下的坐标位置矩阵 $\boldsymbol{S}_\theta$：

$$\boldsymbol{S}_\theta=\boldsymbol{R}_\theta\boldsymbol{S} \tag{3-8}$$

综上，ORB 特征描述子的一般步骤归纳如下：

(1) 输入原图像构建图像金字塔，例如设置缩放因子为 $S=1.2$，金字塔层数为 8；

(2) 在每一层图像上进行 FAST 角点检测，以获得关键点位置；

(3) 确定 BRIEF 特征描述子的像素点对随机选取方式；

(4) 对于每一个关键点，在其 BRIEF 特征邻域内计算质心位置，并确定关键点主方向；

(5) 根据由关键点主方向定义的新坐标系，选取 BRIEF 点对，采用 BRIEF 描述子描述关键点特征。

图 3-6 展示了 ORB 特征提取与描述的可视化结果。图中的圆圈表示为提取并描述的关键点。其中，圆心为关键点的位置，半径线则表示该关键点的主方向。在图像金字塔的任何一层，每个关键点的 BRIEF 邻域(圆形区域)大小是固定的。因此，相同大小的邻域在不同图像层上覆盖的图像比例是不同的。故在该实验示例中，描述关键点的圆形区域越大，表明该关键点所在的金字塔图像层数越高。

除了缩放不变性、旋转不变性，ORB 特征描述子还具有一定的抗噪声干扰能力。相比其他同类型描述子，其计算简单、运算时间更快，应用场景十分广泛，特别适合应用于实时性要求较高的视觉任务中，如 SLAM 等领域。

图 3-6　ORB 特征描述子的实验示例

3.2.4 SIFT 特征提取及描述方法

SIFT(scale-invariant feature transform)是由不列颠哥伦比亚大学的 Lowe[4] 总结并正式提出的一种基于尺度空间的、对图像缩放、旋转甚至仿射变换保持不变性的图像局部特征描述算子,广泛应用于计算机视觉的各种领域,包括图像识别、图像检索、3D 重建等。其步骤包括 SIFT 特征点提取与特征点描述。

3.2.4.1 SIFT 特征提取方法

1. 尺度空间

现实生活中,图像表达的内容都是通过一定的尺度来反映的。假设人在观察一个由远及近运动的目标,目标在视网膜上形成了一系列的像,这些像就构成了尺度空间。距离越远,目标成像越小、越模糊,也反映出人在观察远处物体时,只能关注到物体的轮廓信息。尺度空间理论最早于 1962 年由 Iijima[5] 提出,拟通过对原始图像进行尺度变换,获得图像在多尺度下的空间表示序列,以实现边缘、角点检测和不同分辨率上的特征提取。

2. 高斯图像金字塔

为了让图像尺度变化体现其连续性,在下采样的基础上,SIFT 算法利用高斯滤波产生多尺度空间。设图像中某一尺度的空间函数 $L(x, y, \sigma)$ 由高斯函数 $G(x, y, \sigma)$ 与输入原始图像 $I(x, y)$ 卷积得到。该高斯函数为

$$G(x_i, y_i, \sigma) = \frac{1}{2\pi}\sigma^2 \exp\left[-\frac{(x-x_i)^2+(y-y_i)^2}{2\sigma^2}\right] \tag{3-9}$$

其中,σ^2 为高斯函数方差。

若高斯函数的方差 σ 连续变化,则构成的图像尺度空间为

$$L(x, y, \sigma) = G(x, y, \sigma) * I(x, y) \tag{3-10}$$

通过改变高斯函数方差 σ 与不断进行图像的下采样,就构成了高斯图像金字塔,如图 3-7 所示。高斯图像金字塔模拟了人眼观察场景时,目标由近及远、尺寸逐渐变小、尺度上逐渐模糊的情形。

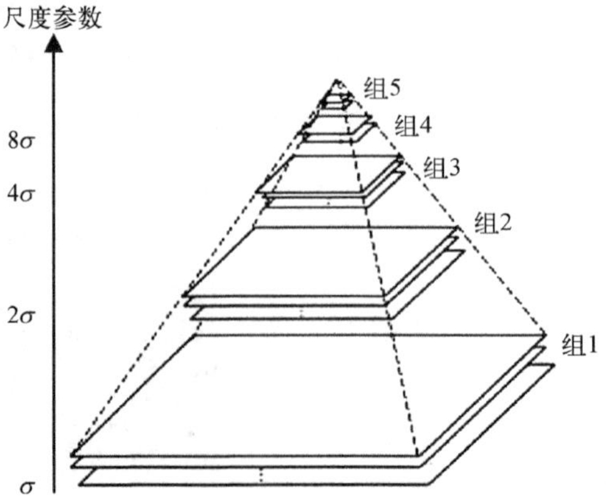

图 3-7 高斯图像金字塔

如图3-7所示，高斯图像金字塔由若干“组(octave)”图像构成，每“组”图像由若干“层(level)”图像构成。首先，在尺度空间构建图像“组”。记σ_0为初始图像尺度，S为每个图像“组”具有的图像“层”数。设图像分辨率为M、N，则金字塔的“组”数O可以由以下公式确定：

$$O = [\log_2(\min(M, N))] - 3 \tag{3-11}$$

Lowe选取$S=3$，$\sigma_0=1.6$，$k=2^{1/S}$，即相邻两“组”的同一“层”图像的尺度为2倍关系。

3. 高斯差分算子

高斯差分算子是在同一“组”图像中，将相邻尺度的高斯平滑后的图像相减，得到的差分结果称为DoG图像：

$$\begin{aligned} D(x, y, \sigma) &= [G(x, y, k\sigma) - G(x, y, \sigma)] * I(x, y) \\ &= L(x, y, k\sigma) - L(x, y, \sigma) \end{aligned} \tag{3-12}$$

DoG图像描绘了原始图像中的轮廓信息。假设n为某“组”图像中的“层”序数，则图像金字塔的第i个图像“组”的尺度从下至上依次为：$2^{i-1}(\sigma_0, k^2\sigma_0, \cdots, k^{S-1}\sigma_0)$。为了得到DoG图像，由“组”内相邻尺度图像进行差分运算，可得到$n-1$个高斯差分图像，这$n-1$个高斯差分图像又构成了DoG图像“组”，如图3-8所示。

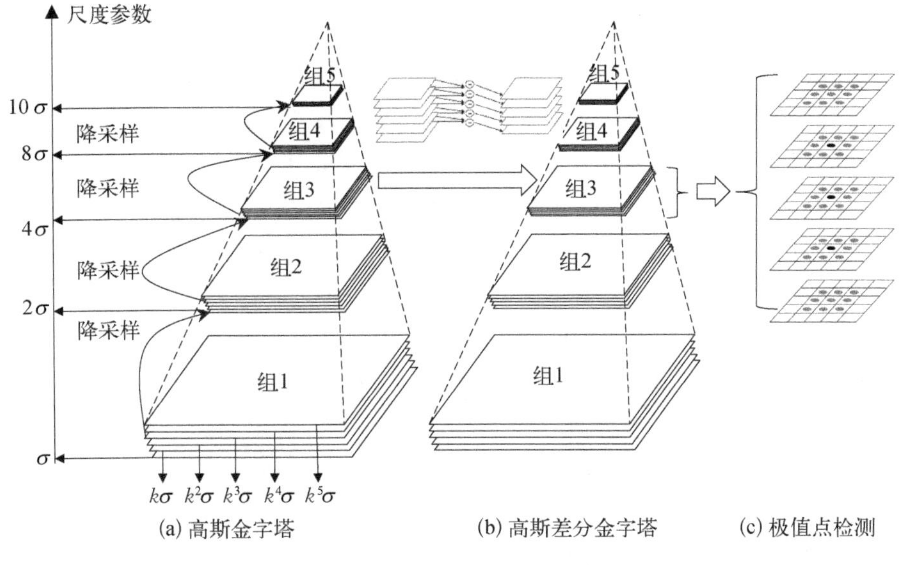

图3-8　SIFT关键点定位示意图

4. SIFT特征点定位

Lowe认为SIFT关键点是由DoG空间的局部极值点组成的。为了寻找DoG图像的极值点，每一个像素点要和它空间上所有的相邻点比较，看其数值是否比它的图像域和尺度域的相邻点大或小。被检测点将和与它同尺度的8个相邻点，以及上下相邻尺度对应的9×2个点，共计26个点进行数值比较，如图3-8(c)所示。如果该点在数值上为最大值(或最小值)，则将其作为关键点的候选。

考虑到关键点检测时,需要利用上、下相邻尺度,共计 3 层 DoG 图像进行计算。为了能够在每"组"图像中获得至少 3 个不同尺度的关键点,在高斯差分金字塔中,需要每"组"DoG 图像至少由 5"层"图像构成。因此,在最初的高斯图像金字塔的构造时,每一"组"图像由至少由 6 层不同尺度的高斯图像构成,如图 3-8(a)所示。

然而,DoG 极值点对噪声和边缘比较敏感。因此,在 DoG 尺度空间中检测得到局部极值点后,不仅需要精确定位,还要进行边缘响应剔除,才能精确获得 SIFT 关键点的位置信息。

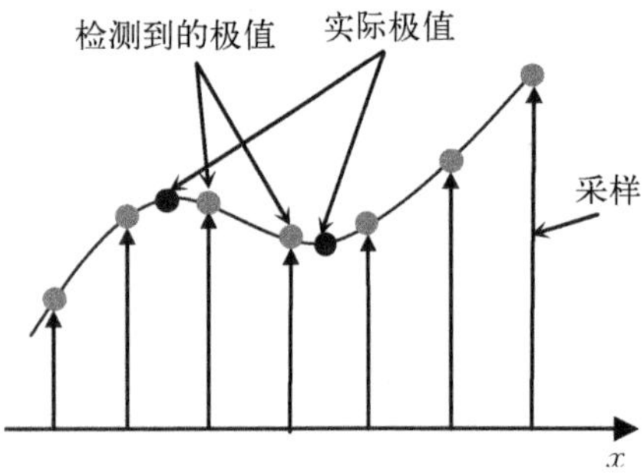

图 3-9　离散空间极值点示意图

SIFT 算法认为尺度是连续的,离散空间的极值点并不是真正的极值点,如图 3-9 所示。为了提高关键点的稳定性,需要在尺度空间对 DoG 图像所描述的函数进行曲线插值,以获得亚像素级的精确关键点位置。

令 $D(X)$ 为检测到的极值点 $X_0=(x_0, y_0, \sigma_0)$ 附近的 DoG 空间尺度函数。将 $D(X)$在插值中心 X_0 处进行二阶泰勒级数展开并省略高阶项,得到一个三元二次函数:

$$D\left(\begin{bmatrix} x \\ y \\ \sigma \end{bmatrix}\right) = D\left(\begin{bmatrix} x_0 \\ y_0 \\ \sigma_0 \end{bmatrix}\right) + \begin{bmatrix} \dfrac{\partial D}{\partial x} & \dfrac{\partial D}{\partial y} & \dfrac{\partial D}{\partial \sigma} \end{bmatrix}\left(\begin{bmatrix} x \\ y \\ \sigma \end{bmatrix} - \begin{bmatrix} x_0 \\ y_0 \\ \sigma_0 \end{bmatrix}\right)$$
$$+ \frac{1}{2}\left(\begin{bmatrix} x \\ y \\ \sigma \end{bmatrix} - \begin{bmatrix} x_0 \\ y_0 \\ \sigma_0 \end{bmatrix}\right)^{\mathrm{T}} \begin{bmatrix} \dfrac{\partial^2 D}{\partial x^2} & \dfrac{\partial^2 D}{\partial x \partial y} & \dfrac{\partial^2 D}{\partial x \partial \sigma} \\ \dfrac{\partial^2 D}{\partial x \partial y} & \dfrac{\partial^2 D}{\partial y^2} & \dfrac{\partial^2 D}{\partial y \partial \sigma} \\ \dfrac{\partial^2 D}{\partial x \partial \sigma} & \dfrac{\partial^2 D}{\partial y \partial \sigma} & \dfrac{\partial^2 D}{\partial \sigma^2} \end{bmatrix}\left(\begin{bmatrix} x \\ y \\ \sigma \end{bmatrix} - \begin{bmatrix} x_0 \\ y_0 \\ \sigma_0 \end{bmatrix}\right) \tag{3-13}$$

将 X 相对于插值中心 X_0 的偏移量记为 $\bar{X}=X-X_0$,则(3-13)可重写为

$$D(X) = D(X_0) + \frac{\partial D}{\partial X}\bar{X} + \frac{1}{2}\bar{X}^{\mathrm{T}}\frac{\partial^2 D}{\partial X^2}\bar{X} \tag{3-14}$$

对 $\bar{X}$ 求导并令导数为 0,即

$$\frac{\partial D(X)}{\partial \bar{X}} = 0 \tag{3-15}$$

从而求得偏移量 $\bar{X}$ 对应的极值点 $\hat{X}$:

$$\hat{X} = -\left(\frac{\partial^2 D}{\partial X^2}\right)^{-1}\frac{\partial D}{\partial X} \tag{3-16}$$

从而计算得到空间尺度函数 $D(X)$ 的极值为

$$D(\hat{X}) = D(X_0) + \frac{1}{2}\left(\frac{\partial D}{\partial X}\right)^{\mathrm{T}}\hat{X} \tag{3-17}$$

$D(\hat{X})$ 反映了极值点的对比度。

对于每一个极值点，若 x、y、σ 中任意一个数值偏移量大于 0.5，则意味着插值点偏离了插值中心，此时需改变插值中心对其重新拟合，直到插值偏移量小于 0.5。此外，若偏移量 $\hat{X} \leqslant 0.5$，但 $|D(\hat{X})|$ 较小，则该极值点易受噪声干扰，也应该将其剔除。实际计算中，可取一个阈值 T，若

$$|D(\hat{X})| < \frac{T}{n}, \quad T = 0.04 \tag{3-18}$$

则需将该极值点剔除。其中，n 表示该极值点位于图像组的层序数。

此外，边缘并不是适合定位和匹配的好特征，因此关键点也不应包括边缘。考虑到图像沿着边缘方向主曲率变化较小，沿边缘的梯度方向主曲率变化较大，而关键点应该在 x、y 两个方向上的主曲率变化都比较大。一个函数的曲率可近似为其二阶导数，因此可通过 DoG 图像的 Hessian 矩阵 $\boldsymbol{H}$ 判断极值点是否为边缘：

$$\boldsymbol{H}(x, y) = \begin{bmatrix} \dfrac{\partial^2 D}{\partial x^2} & \dfrac{\partial^2 D}{\partial x \partial y} \\ \dfrac{\partial^2 D}{\partial x \partial y} & \dfrac{\partial^2 D}{\partial y^2} \end{bmatrix} \tag{3-19}$$

记矩阵 $\boldsymbol{H}(x, y)$ 的特征值为 λ_1、λ_2，且 $\lambda_1 > \lambda_2$。

令 $\lambda_1 = \gamma\lambda_2$，且 $\gamma > 1$，考察边缘响应：

$$\frac{(\mathrm{Trace}(\boldsymbol{H}))^2}{\mathrm{Det}(\boldsymbol{H})} = \frac{(\lambda_1 + \lambda_2)^2}{\lambda_1\lambda_2} = \frac{(\gamma + 1)^2}{\gamma} \tag{3-20}$$

当 $\lambda_1 = \lambda_2$ 时，式(3-20)取得最小值，且随 γ 的增大而增大。γ 越大，即 λ_1 与 λ_2 相差越多，说明该极值点的边缘响应越强。因此，关键点须满足：

$$\frac{(\mathrm{Trace}(\boldsymbol{H}))^2}{\mathrm{Det}(\boldsymbol{H})} < \frac{(\gamma_t + 1)^2}{\gamma_t} \tag{3-21}$$

其中，Lowe 建议阈值 $\gamma_t = 10$。不满足式(3-21)的极值点将被剔除。

图 3-10 的实验结果展示了一组 SIFT 关键点的定位过程。图 3-10(a)中的白色圆圈标记为在 DoG 图像中检测得到的极值点；图 3-10(b)为低对比度极值点剔除后的结果；图 3-10(c)中最后保留的白色圆圈为边缘响应抑制后的极值点，并将其标记为 SIFT 特征的关键点。

5. 关键点方向的确定

上述步骤中，定位关键点的同时，获得了关键点的位置、尺度信息。此外，还将确定关键点的方向信息。

首先，为关键点确定窗口尺寸，以统计以关键点为中心的局部区域的图像特征。考虑

(a) DoG图像上插值定位的极值点　(b) 低对比度极值点剔除后的结果　(c) 边缘响应抑制后的结果

图 3-10　SIFT 关键点定位的实验效果示例

到尺度 σ 越大、图像越模糊,同等尺寸的窗口包含的图像信息量越少。为了使不同尺度图像中的同等大小窗口内的信息量可以相比,令窗口的大小与关键点所在图像的尺度成正比。因此,假设任意一个关键点所在的图像尺度为 σ,以 $3\times1.5\times\sigma$ 为半径设置窗口,由窗口内各像素点的梯度方向来确定关键点的方向信息。具体地,在高斯金字塔图像 $L(x, y, \sigma)$ 中,计算窗口内每一个像素点的梯度幅值:

$$m(x, y, \sigma) = \sqrt{[L(x+1, y, \sigma) - L(x-1, y, \sigma)]^2 + [L(x, y+1, \sigma) - L(x, y-1, \sigma)]^2} \tag{3-22}$$

与梯度方向:

$$\theta(x, y) = \tan^{-1}\left[\frac{L(x, y+1, \sigma) - L(x, y-1, \sigma)}{L(x+1, y, \sigma) - L(x-1, y, \sigma)}\right] \tag{3-23}$$

同时,用以关键点为中心、方差为 $1.5\times\sigma$ 的高斯函数对窗口内各像素点的梯度幅值 m 进行加权,使得距离关键越点近的像素点获得更大的权重,为关键点方向的确定提供更多的支持。

然后,以每 10°为单位将 360°分为 36 个方向柱体。在窗口内统计所有像素点的梯度幅角,将其加权后的梯度幅值投票给对应的方向柱体。方向直方图的峰值所对应的方向,被视为该关键点的主方向,并且大于峰值 80%的方向柱体将作为该关键点的辅方向。实验表明,辅方向的利用可提高 SIFT 特征的匹配精度。对于同时具有主方向和辅方向的多方向关键点,将按照方向 θ 的不同,在同一位置和尺度上创建多个 SIFT 特征点 (x, y, σ, θ)。

为了获得更加精确的关键点主方向或辅方向,可根据主方向或辅方向的左、右两个直方图柱体的幅值进行抛物线插值。最终将抛物线峰值所对应的横轴上的角度,记为该 SIFT 关键点的主方向或辅方向。

3.2.4.2　SIFT 特征描述子

3.2.4.1 小节中,在图像中定位了 SIFT 关键点、并获得每个关键点的三方面信息:位置、尺度和方向。在此基础上，还需通过对特征描述子的构造，使 SIFT 特征足够独特，对光照变化、旋转尽可能地保持不变性。

1. 特征描述子窗口尺寸的选取

首先将关键点的邻域划分为 $d \times d$ 个子区域，Lowe 建议 $d = 4$。考虑高斯函数的 3σ 分布规律，将每个子区域的边长设置为 3σ。因此，首先以关键点为中心，为其定义一个包括 4×4 个子区域的邻域，且每个子区域大小为 $3\sigma \times 3\sigma$。然后，为了进行梯度加权幅值的三次线性插值处理，将关键点邻域的半径扩大 1.5σ。最后，为了当坐标系发生旋转后窗口中依然包含足够多的像素，再将窗口半径变为原来的 $\sqrt{2}$ 倍。综上，以关键点为中心的邻域窗口尺寸(半径)应取为

SIFT 特征描述子窗口尺寸的选取

$$\text{radius} = \frac{3\sigma \times \sqrt{2} \times (d+1)}{2} = \left(3\sigma \times \frac{d}{2} + \frac{3\sigma}{2}\right) \times \sqrt{2} \tag{3-24}$$

其中，σ 为该关键点所在图像尺度。

2. 特征点坐标系的建立

为了使 SIFT 特征描述子具备旋转不变性，要以关键点为原点，将其主方向设定为新的 x' 轴、并以右手系定义正交的 y' 轴，为其规定自己的新坐标系 $o-x'-y$。假设两坐标系之间的夹角为 θ，根据窗口内每个像素点与关键点的相对位置(x, y)，为其计算在新坐标系 $o-x'-y'$ 下的新坐标值：

$$\begin{pmatrix} x' \\ y' \end{pmatrix} = \begin{pmatrix} \cos\theta & -\sin\theta \\ \sin\theta & \cos\theta \end{pmatrix} \times \begin{pmatrix} x \\ y \end{pmatrix} \tag{3-25}$$

3. 梯度直方图的生成

参考关键点的新坐标系 $o-x'-y'$，在高斯金字塔图像上计算其 4 × 4 个子区域内每一个像素点的梯度幅值 m 和幅角 θ，并采用以关键点为中心、方差为 $3\sigma \times d/2$ 的高斯函数对每个像素点的梯度幅值加权，得到加权梯度幅值，如图 3－11(a)所示。在构造梯度直方图时，以每 45°为单位将 360°分为 8 个方向柱体。然后，以每个 $3\sigma \times 3\sigma$ 子区域作为一个

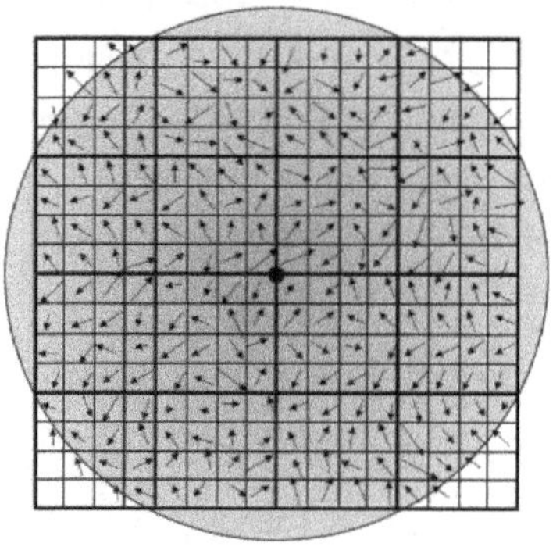

(a) 特征点4×4个子区域

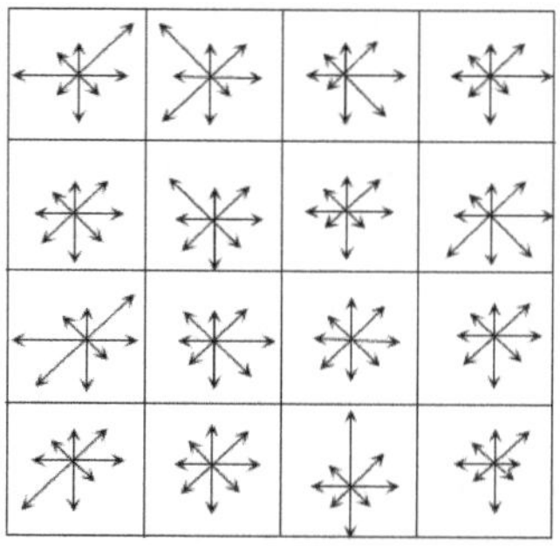

(b) 方向直方图的直观表示

图 3－11　SIFT 特征描述子的 128 维特征向量的直观表示

种子点区域，统计其中所有像素点，根据其梯度幅角的值，将其加权后的梯度幅值投票给适合的柱体。并将所有像素点加权梯度幅值的投票结果求和，得到方向直方图。最终，每个种子点区域获得一个包含 8 个柱体的加权梯度直方图，其直观表示如图 3－11(b)所示。

4. SIFT 特征描述子的构造

SIFT 特征描述子是以关键点为中心、4 × 4 子区域内的 8 个方向直方图构成的一个 4 × 4 × 8＝128 维的向量：

$$\boldsymbol{S} = (s_1, s_2, \cdots, s_{128}) \tag{3-26}$$

由于图像各点的灰度梯度值由邻域像素灰度值相减得到，因此 SIFT 特征能够克服图像灰度值的整体漂移。为了更好地去除光照变化的影响，还需要对特征向量进行归一化处理。归一化后的 SIFT 特征描述子为

$$L = (l_1, l_2, \cdots, l_j, \cdots, l_{128})$$

其中，

$$l_j = s_j \sqrt{\sum_{i=1}^{128} s_i^2}, j = 1, 2, \cdots, 128 \tag{3-27}$$

对于非线性光照环境，相机饱和度变化会造成某些方向的灰度梯度值过大，影响特征鲁棒性。因此 Lowe 为描述子向量的取值设置了门限值 $\tau = 0.2$。对于每个分量 l_j, $j = 1, 2, \cdots, 128$，若 $l_j \geqslant 0.2$，则令 $l_j = 0.2$，从而构成新的特征向量 $\boldsymbol{L}'$，并对 $\boldsymbol{L}'$ 再次进行归一化处理，得到 SIFT 特征描述子 $\boldsymbol{L}''$ 如下：

$$\boldsymbol{L}'' = \frac{\boldsymbol{L}'}{\| \boldsymbol{L}' \|} \tag{3-28}$$

5. SIFT 特征描述子的三线性插值

为了提高描述子的鲁棒性，Lowe 认为在构造特征描述子的方向直方图时，每个像素不能仅为自身所在的子区域投票，也应该为和自身相邻的子区域投票；每个像素也不应该只给一个方向柱体投票，也应该参与相邻方向柱体的投票。因此，Lowe 最终采用了三线性插值构造描述子的方向直方图。在关键点所在尺度图像中，考察每一个像素和其相邻种子点区域的距离，按照距离远近的反比关系，将其加权梯度幅值按比例分配给各种子点区域。根据像素点梯度角度值，考察和其最为相近的方向直方图的两个角度区间，按照角度相近的反比关系，将其加权梯度幅值分按比例配给两个角度区间。

如图 3－12(a)所示，其中 b_1、b_2、b_3、b_4分别标记为 4 个种子点区域的中心点位置，也代表了该 4 个种子点区域。在分配像素 q 的加权梯度幅值时，q 不仅要支持自身所在的种子点子区 b_2，也要支持与 q 相邻的 b_1、b_3和 b_4这 3 个种子点子区。q 与 4 个种子点 b_1、b_2、b_3、b_4水平和竖直距离分别为$(d_c, 1-d_r)$、(d_c, d_r)、$(1-d_c, 1-d_r)$、$(1-d_c, d_r)$，按照与距离成反比的关系将 q 的加权梯度幅值分配给 4 个种子点区域。则 b_1、b_2、b_3、b_4所在种子点区域的获得 q 的分配权重分别为$(1-d_c)\times d_r$、$(1-d_c)\times(1-d_r)$、$d_c\times d_r$、$d_c\times(1-d_r)$。

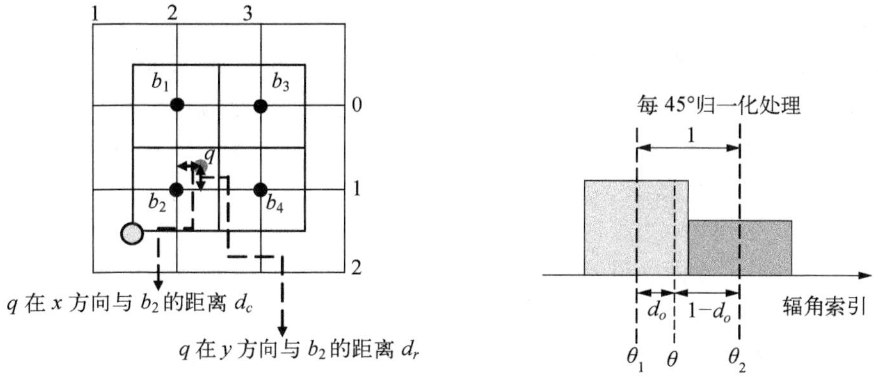

(a) 加权梯度幅值向相邻种子点区域分配　　(b) 加权梯度幅值向相邻方向柱体分配

图 3－12　像素点的加权梯度幅值向相邻种子点区域和相邻方向柱体分配的示意图

完成了在图像层内分配每个像素的加权梯度幅值后，还需要将每份幅值按比例分配给方向直方图上相邻的 2 个方向柱体。如图 3－12(b)所示，假设 q 的梯度幅角为 θ，方向直方图上与 θ 相邻的两个柱体的角度范围的中间值分别为 θ_1 和 θ_2，则按照与距离成反比的关系将每份幅值以 $1-d_o$ 和 d_o 的比例分配给 θ_1 和 θ_2 两个方向所在柱体。综上，对于像素 q，其加权梯度幅值最终要向 4 个种子点区域的 8 个方向柱体进行分配，分配示意图如图 3－13 所示。

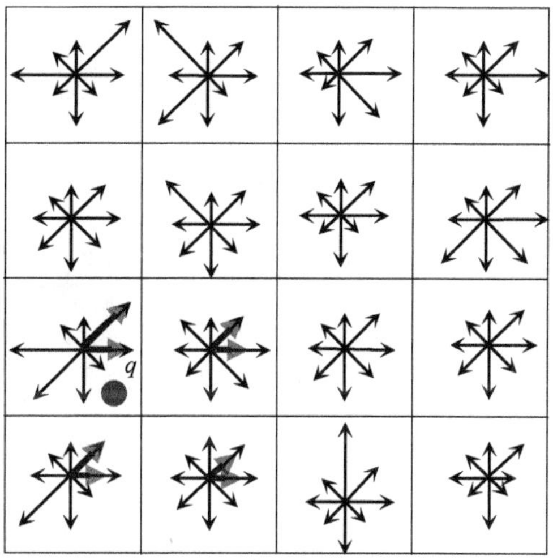

图 3－13　方向直方图上像素 q 的加权梯度幅值分配示图

在三线性插值过程中，对于描述关键点特征的窗口中的每一个像素，其加权梯度幅值分配给方向直方图的某个柱体的权重可以表示为

$$\text{weight} = w \times d_c^k \times (1 - d_c)^{1-k} \times d_r^m \times (1 - d_r)^{1-m} \times d_0^n \times (1 - d_0)^{1-n} \tag{3-29}$$

其中，w 为高斯加权系数；k、m、$n=0$ 或 1。

SIFT 特征是图像的局部特征，其对图像旋转、尺度缩放、光照、亮度变化具有不变性，对视角变化、仿射变换、噪声也具有一定程度的稳定性。SIFT 特征的独特性好、信息量丰富，适用于在海量特征数据库中进行准确的匹配，即使在包含少数几个物体的简单场景图像中，也可以产生大量的特征向量。此外，SIFT 特征描述方法具有可扩展性，可以很方便地与其他形式的特征向量进行联合，构造出适合特定图像处理任务的特征提取与描述形式。

3.2.5 HOG 特征描述子

HOG 特征,即方向梯度直方图特征,由 Dalal 等[6]研究人员在 2005 年提出。HOG 特征以统计局部区域的梯度方向直方图来构建特征描述子, 广泛应用于目标检测和目标跟踪等视觉任务。HOG 特征与支持向量机(support vector machine, SVM)结合,在行人识别检测任务上取得了很好的效果。

一般来说,图像中物体边缘通常具有大的灰度梯度幅值,而背景与物体内部的梯度幅值较小。因此,图像灰度梯度可用于描述物体的外观和形状特征。HOG 特征就是基于图像梯度方向和幅值的分布进行构建的。

首先,将一幅图像划分为若干连通区域,一般为正方形,如 8×8 的区域,称这些区域为细胞单元(cell),如图 3-14 所示。计算 cell 中每个像素的梯度方向及幅值,构成梯度直方图。此外,为了克服局部光照及前景-背景对比度变化的影响,还需要对梯度幅值进行归一化。

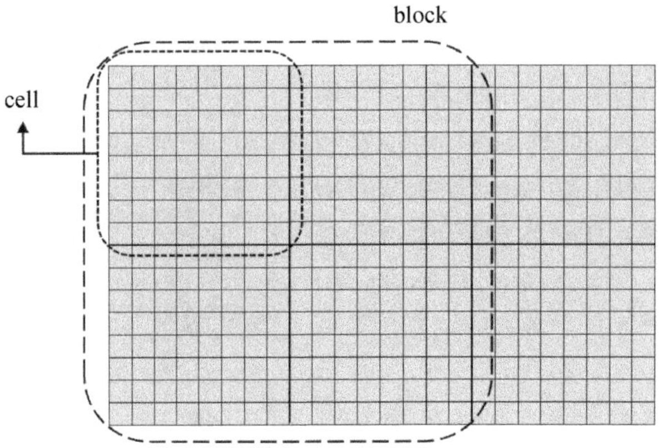

图 3-14　一幅图像划分为 cell 和 block 的示意图

然后,将若干个 cell 组合成空间上连通的区间(block),例如,将 2×2 个 8×8 的 cell 组成一个 16×16 的 block,如图 3-14 所示。将 block 中每一个 cell 得到的直方图结合起来,即可得到该 block 对应的特征向量,即为该 block 的 HOG 特征描述子。令窗口在每个有重叠的 block 间以步长 s 滑动,得到若干个 block 的 HOG 特征描述子,将这若干个 block 的 HOG 特征串联在一起,便得到了整幅图像的 HOG 特征描述子。

HOG 特征描述子算法的具体步骤如下。

1. 图像的预处理

颜色信息对于物体形状的理解作用较小,因此通常先将 RGB 图像转化为灰度图像。同时,为减少光照条件影响,利用 Gamma 变换对灰度图进行规范化处理:

$$f(I) = I^{\gamma} \tag{3-30}$$

其中,可取经验值 $\gamma = 0.5$。此外,为保证特征描述的一致性,图像也可以被缩放至同一个标准尺寸,例如 128×64 像素。

2. 像素梯度方向和幅值的计算

捕捉物体的边缘轮廓及纹理等特征，并进一步减轻光照的影响。

利用[-1, 0, 1]算子和$[-1, 0, 1]^T$算子与原图像做卷积，分别得到每个像素(x, y)在水平和竖直方向上的梯度分量$G_x(x, y)$，$G_y(x, y)$：

$$G_x(x, y) = I(x+1, y) - I(x-1, y) \tag{3-31}$$

$$G_y(x, y) = I(x, y+1) - I(x, y-1) \tag{3-32}$$

计算(x, y)处的梯度幅值和方向：

$$G(x, y) = \sqrt{G_x^2(x, y) + G_y^2(x, y)} \tag{3-33}$$

$$\theta(x, y) = \tan^{-1}\left(\frac{G_y(x, y)}{G_x(x, y)}\right) \tag{3-34}$$

其中，G表示梯度幅值；θ表示梯度方向。

图像梯度方向和幅值的计算，可提取物体的边缘轮廓及纹理等特征，并进一步减轻光照的影响。

3. cell的梯度直方图绘制

如式(3-34)所示，梯度方向应满足$\theta \in [-180°, 180°]$。然而，实验表明与仅考虑θ角度大小的无符号梯度方向$\theta \in [0, 180°)$相比，采用角度区间$\theta \in [-180°, 180°]$会引起检测器性能的降低。因此，HOG特征描述子常采用无符号梯度，即将$\theta \in [0, 180°]$按每20°均匀划分为9个区间：[0, 20°)，[20°, 40°)，…，[160°, 180°)，对应于直方图中0～8共9个柱体(bin)，如图3-15所示。

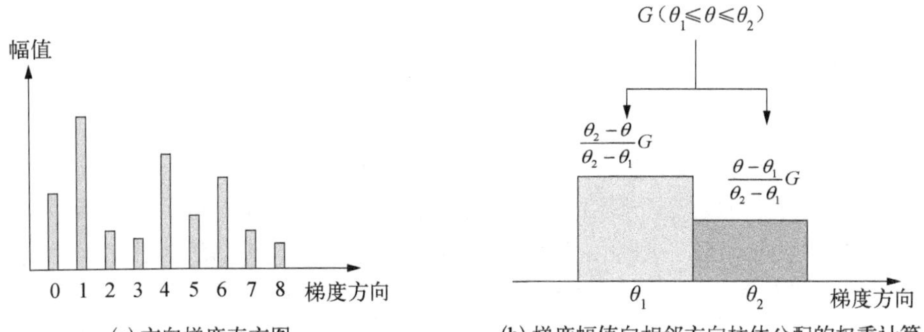

(a) 方向梯度直方图　　(b) 梯度幅值向相邻方向柱体分配的权重计算

图3-15　方向梯度直方图及幅值分配

对于cell中每一个像素，参考其梯度方向，将其梯度幅值分配给直方图的bin。与SIFT特征描述子类似，cell中的每个像素的梯度幅值将按照权重比例分配给两个相邻的bin，其中按照梯度方向角的距离的反比计算权重比例。例如像素(x, y)处的梯度方向和幅值分别为θ和G，与θ相邻的两个bin的横坐标分别为θ_1和θ_2，且$\theta_1 \leq \theta \leq \theta_2$。从而该点分配给$\theta_1$和$\theta_2$对应的bin的幅值权重分别为$(\theta_2-\theta)/(\theta_2-\theta_1) = (\theta_2-\theta)/20°$、$(\theta-\theta_1)/(\theta_2-\theta_1) = (\theta-\theta_1)/20°$，如图3-15所示。

4. block 的构造及描述子归一化

为了进一步降低光照、阴影对于梯度特征的影响，要对梯度描述向量进行归一化处理。考虑到在更大的图像区域统计光照变化更为鲁棒，因此将 cell 组合成更大的 block，通过对 block 的归一化处理来减少光照变化的影响。图 3－14 中，一个 block 的大小为 16×16，由 2×2 个 8×8 的 cell 组成。每个 cell 的方向梯度直方图可用一个 9 维的向量记录。将这 4 个 cell 的直方图串联起来组成描述该 block 特征的一个 36 维向量，对该向量进行归一化，就得到了 block 的 HOG 特征描述子。

关于向量的归一化计算方法，可选用 L_2-norm（L_2范数归一化）、L_2-Hys（L_2-norm with Hysteresis threshold）、和 L_1-sqrt 这三种方法之一。

记 $\boldsymbol{v}$ 为一特征描述向量，$\|\boldsymbol{v}\|_k$ 为 $\boldsymbol{v}$ 的 k 范数（$k=1, 2$），上述 3 种归一化方式可定义成如下。

L_2-norm：

$$\boldsymbol{v}^* = \frac{\boldsymbol{v}}{\sqrt{\|\boldsymbol{v}\|_2^2 + \varepsilon^2}} \tag{3-35}$$

其中，ε 为平滑项或防止除零项，可防止在归一化过程中出现除以零或非常小的数。

L_2-Hys：首先对 $\boldsymbol{v}$ 进行 L_2范数归一化，再将所有超过阈值 0.2 的值设置为 0.2，最后对裁剪后的向量再次执行 L_2范数归一化。L_2-Hys 能进一步提高对光照变化的稳定性。

L_1-sqrt：首先对 $\boldsymbol{v}$ 进行 L_1范数归一化，然后对归一化后的向量取平方根，

$$\boldsymbol{v}^* = \sqrt{\frac{\boldsymbol{v}}{\|\boldsymbol{v}\|_1 + \varepsilon}} \tag{3-36}$$

其中，ε 为平滑项或防止除零项。L_1-sqrt 可以减小特征向量中的梯度幅值，使其分布更加均匀。

5. 窗口的滑动与 HOG 特征描述子

图像中相邻 block 是相互重叠的。因此，同一个 cell 的特征会以不同结果出现在最终的特征描述子中。例如，对于一幅 128×64 大小的图像，假设 cell 的尺寸为 8×8、block 的尺寸为 16×16，梯度方向被平均分为 9 个 bin，选取 cell 的窗口滑动的步长为 8 个像素。那么在窗口横向滑动过程中，共计获得 1+(64−16)/8=7 个 cell；在纵向滑动中，共计获得 1+(128−16)/8=15 个 cell。每个 cell 的特征纪录为一个 9 维向量；每个 block 的特征纪录为一个 9×4=36 维的向量；对于整幅图像，将形成一个 36×7×15=3 780 维的向量作为最终的 HOG 特征描述子。通过以上五个步骤，可从一幅分辨率为 128×64 的图像中，提取到一个 3 780 维的向量，作为其 HOG 特征。随后可将该向量输入已训练好的分类器，如 SVM 中，完成目标检测任务。

图 3－16 为在图像中提取 HOG 特征的实验结果示例。图 3－16(a) 为将原始分辨率为 847×851 的图像缩至 128×64 像素后的图像，其 HOG 特征表示为 3 780 维的向量。图 3－16(b) 中的每条线段表示所对应的 cell 的梯度信息，线段的方向为其梯度的主方向，线段的长度反映了梯度幅值的大小。

(a) 分辨率128×64的图　　(b) HOG特征的可视化效果

图 3－16　HOG 特征提取及描述实验结果示例

HOG 特征借助图像梯度描述了图像局部的形状信息,在位置和方向上的量化计算可以实现一定程度上的平移不变性和旋转不变性;局部区域直方图的归一化可以抑制光照变化带来的影响;此外,其 cell-block 的处理方法,可以很好地表征图像局部像素点之间的关系。

3.3　基于深度学习的特征提取方法

基于深度学习的特征提取是一种强大的数据处理方法,能够在无须人工介入的情况,通过学习的方式从原始数据中提取高度抽象和有用的特征表示,以改善图像处理算法的性能。这一方法的核心是多层神经网络设计,它们由许多神经元组成,每一层都能够学习数据的不同方面特征。通过数据逐层处理,网络可以逐渐提取越来越抽象的特征,从低级别的边缘、纹理到高级别的物体形状和语义信息。非线性激活函数的使用使网络能够捕捉数据中的复杂关系。基于深度学习的特征提取方法具有自动学习、层次性表示、泛化能力强、适应性好等优点,这些优点使其成为当今机器学习和人工智能领域的主要技术之一,也被越来越多的图像处理任务(如图像分割、图像检索、目标识别与跟踪等)广泛采用。本节将按照该方向的发展脉络,重点介绍经典的深度学习特征提取网络模型,如 AlexNet、VGG、ResNet、LSTM 与 ViT 的基本架构。

3.3.1　基于卷积神经网络的特征提取方法

传统的局部特征提取方法,经常通过人工设计的特定滤波器,如 Sobel 算子或 Robert 算子等,与图像进行卷积,检测图像的某些特征。基于 CNN 的特征提取方法,就是通过大量图像的学习获得若干卷积核,令输入图像依次输入训练好的卷积滤波器,不断提取图像的特征。随着卷积层数的增加,可由底层特征的提取演变为高层语义特征的提取,可由局部特征描述发展为全局特征描述。

3.3.1.1　CNN 的基本结构

CNN 由著名计算机科学家 LeCun 等[7]于 1998 年提出,其本质是一个多层感知机,核心思想是通过卷积层和池化层等组成部分，自动学习图像的特征，从而实现图像分类、目标检测与识别等任务。

传统神经网络将多个全连接层(fully connected layer,FC)叠加在一起使用，而卷积神经网络 CNN 将其中某些 FC 层替换为卷积层(convolutional layer,Conv)和池化层(pooling layer,Pool)，如图 3－17 所示。

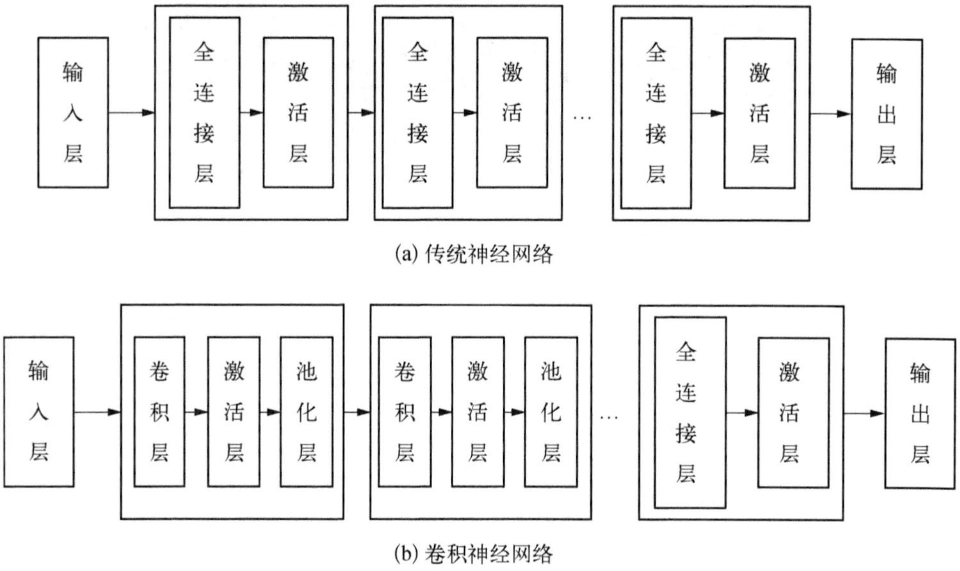

图 3－17　传统神经网络与卷积神经网络的比较

图 3－18 为全连接层和卷积层的示意图。如图 3－18(a)所示，全连接层中的每个神经元与上一层的所有神经元相连，即每个特征与每个神经元都存在一个连接权重。图 3－18(b)示意了卷积层的计算过程。例如，采用 4 个 3×3 的卷积核对 6×6 的图像进行卷积，得到了 4 个 4×4 大小的特征图，图中的“＊”代表卷积操作。

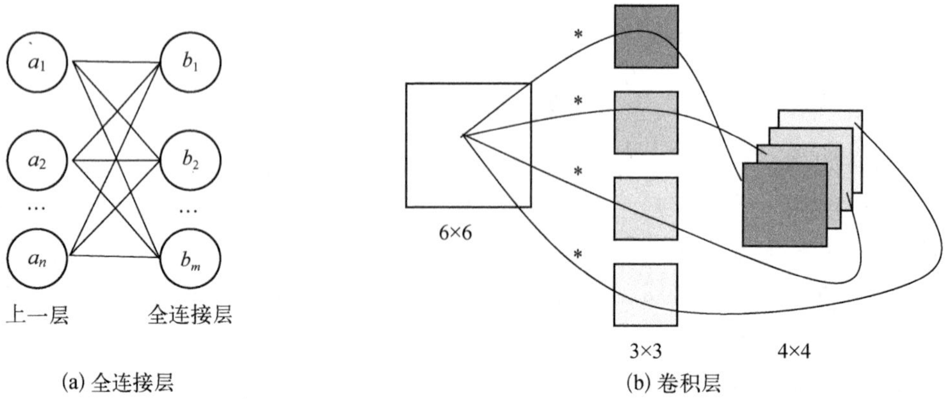

图 3－18　全连接层与卷积层示意图

相比于传统神经网络的全连接，在 CNN 中引入卷积层具有以下两个优点。

（1） 参数共享。CNN 中，图像不同区域将共享一个卷积核，即共享同一组参数。这样的参数共享机制，不仅大大减少了网络的参数量，同时可避免过拟合的发生。

例如，一幅输入灰度图像的大小为 8×8，共计 64 个像素值。若采用一个具有 36 个神经元的全连接层，在不考虑偏置项 b 的情况下，每个连接之间需要一个权重 w，则共需要学习得到 64×36 = 2 304 个参数，如图 3 - 19(a) 所示。若采用 3×3 大小的卷积核对图像进行卷积，也得到具有 36 个单元的 6×6 大小的特征图，但该卷积核仅包含 9 个参数，如图 3 - 19(b) 所示。

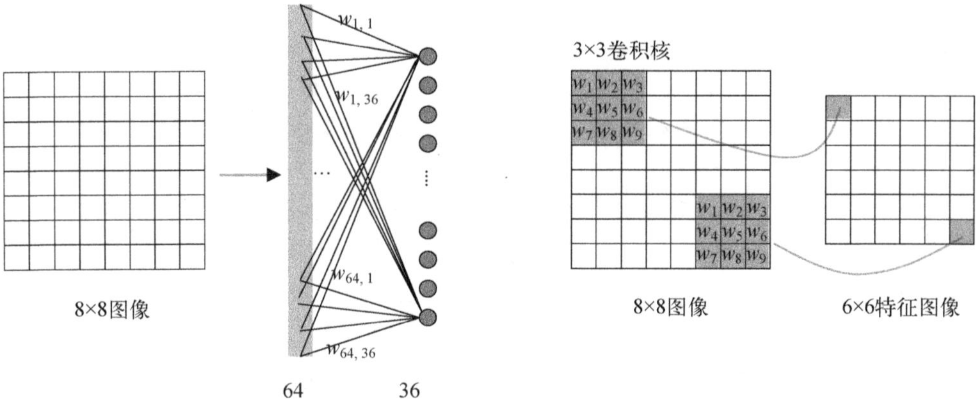

(a) 全连接层参数示意图　　(b) 卷积层参数示意图

图 3 - 19　全连接层与卷积层参数示意图

此外，参数共享保证了即使对图像进行平移操作，也能识别出相应特征。因此，网络提取的特征具有平移不变性，即特征提取模型更加鲁棒。

（2） 连接的稀疏性。图像中每个局部区域的特征具有一定的独特性。传统神经网络由全连接层构成，其中任意节点都受到所有上层节点的影响。对于图像数据来说，相当于在每个局部区域提取的特征都会受到其他区域的影响，并不符合图像数据的特点。然而，在卷积操作过程中，输出特征仅和输入相对应的局部图像相关，因此特征并不受图像中其他局部区域的影响。

一个卷积神经网络主要由数据输入层（input layer）、卷积层（Conv layer）、激活函数（activation）、池化层（pooling layer）和全连接层（FC layer）这 5 部分构成，如图 3 - 17(b) 所示。

1. 数据输入层

合适的数据预处理可显著提高模型的训练效率和最终性能。数据输入层对原始图像数据进行预处理，步骤如下。

（1） 中心化：从输入数据中减去平均值（全局平均值或通道平均值），使数据的均值为 0。减小模型训练过程中的偏差，以提高模型泛化能力。

（2） 归一化：将数据归一化到一定范围，如[0,1]或[-1,1]。减少各维度数据取值范围的差异带来的干扰。

（3）数据增强：通过缩放、裁剪、旋转、反转或者对比度调整等方式来增加数据集样本的多样性，以提升模型的泛化能力。

（4）通道重排序：根据模型架构调整通道顺序，例如，将 RGB 格式改为 BGR 格式。

（5）维度调整：调整输入数据的维度，使其符合网络的期望输入维度，例如调整图像的分辨率。

（6）数据类型转换：将输入数据转换为特定的数据类型，例如，将图像数据从整型转换为浮点型。

在特定的视觉任务中具体使用哪些预处理方式，一般是由网络结构、数据特征及实际应用场景决定的。

2. 卷积层

卷积层由滤波器和激活函数构成。与滤波器相关的参数为滤波器数量、大小、步幅(stride)及零填充(zero padding)。

（1）步幅(stride)。步幅是卷积核在输入上滑动的步长，决定了卷积操作的间隔，即卷积核从一个位置移动到下一个位置的距离。步幅的大小直接影响输出特征图的空间尺寸，常用的步幅值包括 1、2 等。增大步幅可减小卷积操作后得到的特征图的尺寸，从而减小参数和计算量，提高计算效率。同时，步幅的增加可使卷积核覆盖输入数据的空间跨度更大，扩大网络层的感受野(receptive field)，有助于捕捉更大范围的上下文信息。然而，过大的步幅会导致重要信息丢失，降低模型性能。因此，在设计 CNN 模型时，需根据具体任务要求和实际数据特点来选择合适的步幅。

（2）零填充(zero padding)。零填充是在输入数据的周围添加“0”值的操作，用于处理卷积操作时输入数据的边缘问题，同时使卷积得到的特征图的大小保持不变。设输入一幅 6×6 的图像，使用 3×3 的卷积核进行卷积。若需输出的特征图大小仍然为 6×6，则在卷积之前可在 6×6 的输入图像周围填充一圈“0”值，填充为 8×8 的图像，再以 $s=1$ 进行卷积操作，便可输出一个 6×6 特征图。

令 w 为输入图像尺寸，k 是卷积核尺寸，p 是零填充量，s 是步幅，卷积层输出的特征图 o 的大小为

$$o=\frac{(w-k+2p)}{s}+1 \tag{3-37}$$

根据式(3-37)，若步幅为 s，则零填充量为

$$p=[s(o-1)-(w-k)]/2 \tag{3-38}$$

若步幅为 $s=1$，需要输出特征图与输入图像大小一致，则零填充量为

$$p=(k-1)/2 \tag{3-39}$$

图 3-20 为采用多个卷积核对一个多通道(channel)图像进行卷积的直观显示。采用参数 H(height，高)×W(width，宽)×C(channel，通道数)表示卷积核的大小，输入图像

与特征图的大小也使用同样的参数来表示。设输入图像大小为 6×6×3、卷积核为 2×2×3，卷积核的通道数必须和输入图像的通道数保持一致。令步幅 s 为 1，则将卷积核与输入图像的 3 个通道内所有对应元素相乘后求和，得到的卷积结果为一个尺寸为 5×5×1 的特征图。若使用多个卷积核进行卷积，如使用 4 个卷积核，则输出特征图的维度为 5×5×4。

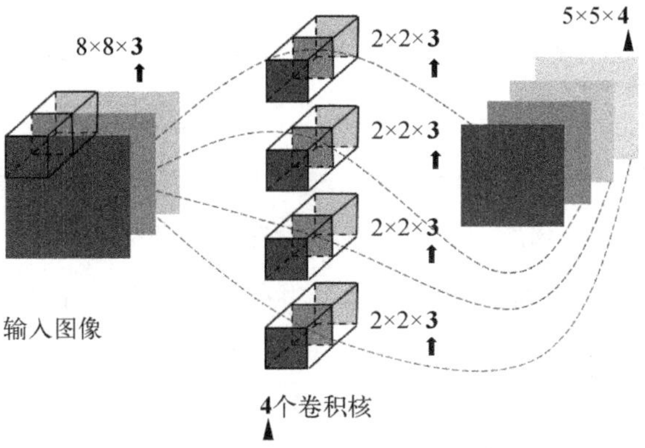

图 3－20　多通道卷积运算

3. 激活函数

卷积本身是一种线性运算，而现实世界中数据间的关系往往是非线性的。线性模型的表达能力是不够的。因此，在网络中引入非线性的激活函数，帮助网络学习数据中的复杂非线性关系，提高网络的学习能力和特征表达能力。常用的激活函数包括 Sigmoid 函数、tanh 函数、ReLU 函数、Leaky ReLU 函数等，如图 3－21 所示。

其中，Sigmoid 函数定义为

$$f(x)=\sigma(x)=\frac{1}{1+\mathrm{e}^{-x}} \tag{3-40}$$

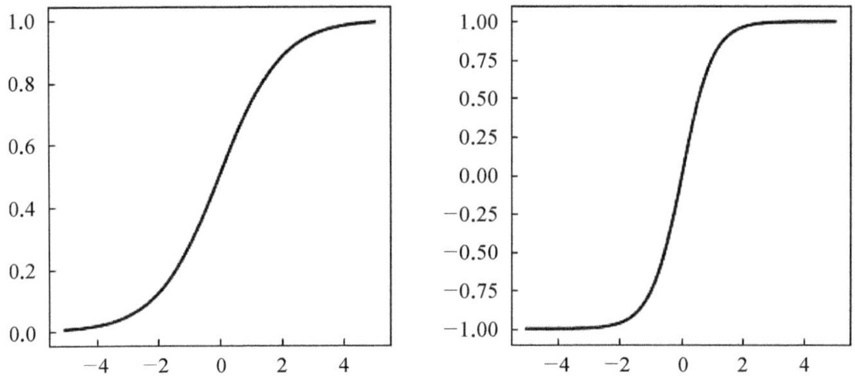

(a) Sigmoid激活函数　(b) tanh激活函数

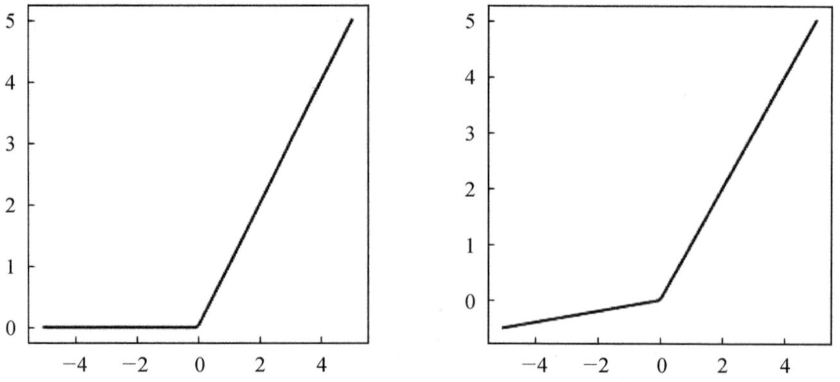

(c) ReLU激活函数　　(d) Leaky ReLU激活函数

图 3-21　几种常用的激活函数曲线图

Sigmoid 函数是一条平滑曲线,可将输入 x 的范围压缩至[0, 1]区间,如图 3-21(a)所示。

tanh 是双曲正切函数,曲线形状与 Sigmoid 函数近似,可将输入 x 压至[-1, 1]范围内,如图 3-21(b)所示。由于输出值的范围较 Sigmoid 更广,故其在隐藏层中表现较 Sigmoid 好。tanh 函数的定义如下:

$$f(x) = \tanh x = \frac{e^{x} - e^{-x}}{e^{x} + e^{-x}} \tag{3-41}$$

考虑到 Sigmoid 和 tanh 激活函数在深度网络中容易导致梯度消失,降低训练速度和收敛性。为了训练深层神经网络,ReLU 函数被广泛采用,其定义如下:

$$f(x) = \max(0,\ x) \tag{3-42}$$

由(3-42)可知,当输入为正值时,ReLU 函数会将输入值直接输出;当输入为负值时,其输出值为 0,如图 3-21(c)所示。ReLU 函数在区间[0, +∞)为线性函数,在区间(-∞, 0)取值为 0,从而在具备函数非线性特性的同时,在一定程度上缓解了梯度消失的问题,加速了网络的训练。

然后,由于 ReLU 函数在区间(-∞, 0)取值恒为 0,其导数也为 0。当神经元输出一旦为 0 后,无法再复活。为了解决神经元死亡的问题,产生了 ReLU 函数的一个变种,Leaky ReLU 函数。其定义如下:

$$f(x) = \max(0,\ x) + \alpha\min(0,\ x) \tag{3-43}$$

其中,$0<\alpha\ll 1$,α 通常取 0.1 或 0.01 等较小的值。如图 3-21(d)所示,当 $x \in (-\infty,\ 0)$ 时,Leaky ReLU 函数会有一个很小的正斜率,解决了 ReLU 函数在负值处神经元不能激活的问题。

显然,激活函数的选择对网络性能的好坏至关重要。因此,需要针对不同的网络架构和任务需求,选择使用适合的激活函数。

4. 池化层

池化层用于对卷积层输出的特征图进行下采样,可提取局部区域的主要特征,降低参数量，防止模型过拟合。常见的池化方式有最大池化（max pooling）和平均池化（average pooling），对应的操作分别为取特征图局部区域的最大值和平均值。与最大池化相比，平均池更加平滑，能够减少特征图中的噪声，并且能够更好地保留图像的整体特征。然而，平均池化在一定程度上会丢失一些细节信息。如图 3－22 所示，设 $s=2$，采用一个 2×2 的窗口进行池化，对输入图像（a）进行最大池化得到结果（b）。以相同的窗口和步幅对（a）进行平均池化得到结果（c）。

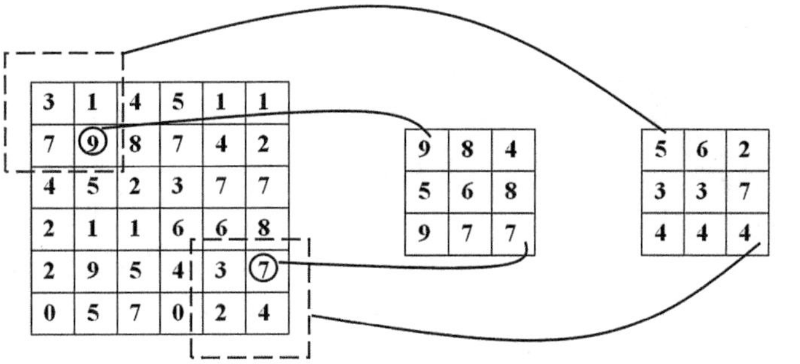

(a) 输入图像　　(b) 最大池化结果　(c) 平均池化结果

图 3－22　池化操作示意图

5. 全连接层

全连接层也称为密集连接层（dense layer）或者全连接层（fully connected layer），一般放置于网络的最后部分，将之前提取到的局部特征进行综合。上文提到，全连接层中的每个神经元与上一层的所有神经元相连，即每个特征与每个神经元都存在一个连接权重，因此全连接层参数量较大。

全连接层不仅可以用于特征提取和表示学习，还可以用于模型的输出预测。例如，通过学习特征权重和偏置的过程，可帮助神经网络从输入数据中提取到有意义的特征；可将高维数据映射到低维度空间中，更好地表征数据的潜在结构；学习样本和标签之间的关系，应用与分类、回归等任务。

3.3.1.2　AlexNet 网络模型

AlexNet 由 Krizhevsky 等[8]研究人员于 2012 年提出，是经典的卷积神经网络模型之一。AlexNet 被提出时，曾在 ImageNet 图像分类挑战赛上取得成功，成为了深度学习在计算机视觉领域成功应用的一个里程碑。

AlexNet 网络结构如图 3－23 所示，它包含 5 个卷积层和 3 个全连接层。

输入层：网络输入为 227×227×3 大小的彩色图像。其中 227×227 表示图像分辨率，3 表示 R、G、B 这 3 个通道。

卷积层：采用 5 个卷积层 C1 ～ C5 从图像中提取特征，采用的卷积核大小不同，并使用了 ReLU 非线性激活函数。如图 3－23 所示，图中“→”的上方分别标记了卷积核尺寸以及步幅 s，例如 3×3、$s=2$ 等。

池化层：在卷积层 C1，C2，C5 之后，采用了最大池化得到池化层 1 ～ 3，用以减小特征

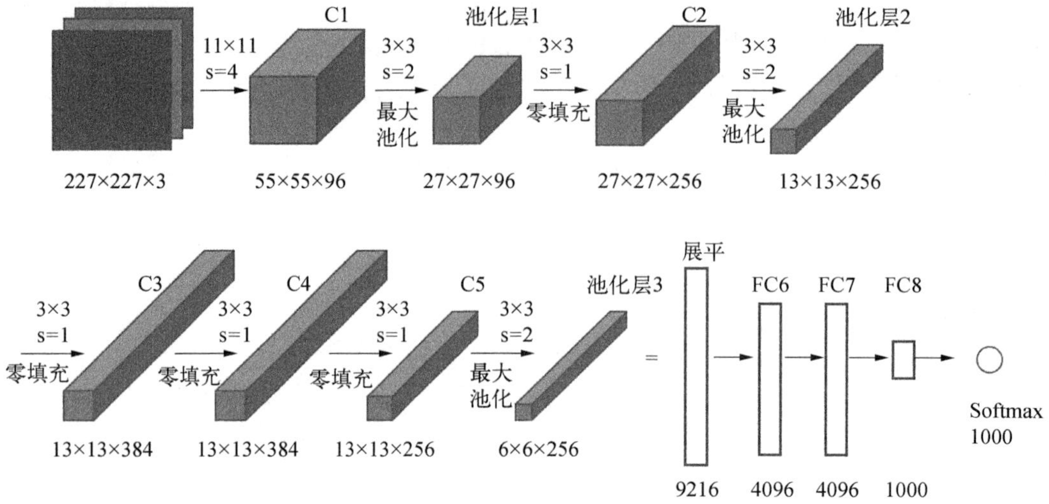

图 3－23　AlexNet 网络结构示意图

图尺寸及提取主要特征。

全连接层：AlexNet 设置了 3 个全连接层 FC6、FC7、FC8。其中，最后一个全连接层 FC8 的输出可用于图像分类。

输出层：使用 Softmax 函数将 FC8 的输出映射为不同类别的概率分布，使网络完成图像分类任务。Softmax 函数可将多分类输出的值转换为区间[0, 1]的概率分布。其定义如下：

$$\mathrm{Softmax}(z_i)=\frac{\mathrm{e}^{z_i}}{\sum_{j=1}^{C}\mathrm{e}^{z_j}} \tag{3-44}$$

其中，z_i为第 i 个节点的输出值；C 为输出节点的个数，即分类的类别数。在 ImageNet 挑战赛中，采用 AlexNet 对 1 000 个不同类别的图像进行分类，如图 3－23 所示，最终输出为判定输入图像为该 1 000 个类别所对应的概率值。

为了减少过拟合，AlexNet 使用了 Dropout 正则化技术，该技术在全连接层中随机地关闭一部分神经元，以减少神经元之间的依赖性，提高网络的泛化能力，并有助于防止网络过度适应训练数据。

3.3.1.3　VGG 网络模型

牛津大学视觉几何组研究团队于 2014 年提出了 VGG[9] 网络模型，当时获得了 ImageNet 图像分类竞赛亚军和定位竞赛冠军。相较于 AlexNet，VGG 的网络结构更深、更大、更加规则。VGG 通过堆叠可重复使用的卷积块来构建网络，可根据需要灵活配置卷积块个数及超参数。VGG 有两种不同深度的结构，分别为 VGG16 和 VGG19。其中，VGG16 包含 13 个卷积层和 3 个全部连接层；VGG19 包含 16 个卷积层和 3 个全连接层。此外，VGG 还验证了模型性能与网络深度之间存在一定程度的正相关关系。

相比于 AlexNet,VGG 在网络深度上迈出了重要的一步,有助于网络更好地捕捉和学习图像的复杂特征。此外,AlexNet 使用大小不同的卷积核来捕捉不同尺度的特征,结构较为复杂。而 VGG 网络采用了统一大小的 3×3 卷积核和 2×2 的最大池化层,网络结构简单且运算相似,方便进行网络调整。如图 3－24 所示,在 VGG16 网络结构中,所有卷积层都采用了 3×3 的卷积核,在图中以“3×3 conv”表示。方框中的数字 64、128、256、512 为特征图的通道数,size 为特征图的尺寸。例如,size = 224 表示特征图大小为 224×224。VGG 网络的所有卷积层采用的步幅为 1,池化层采用最大池化且步幅为 2,将特征图的尺寸减半。

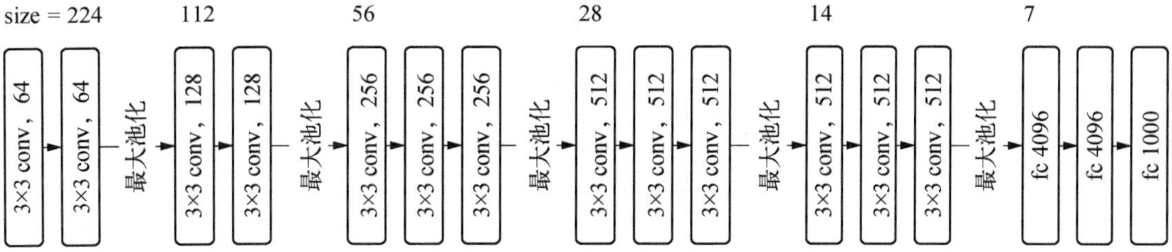

图 3－24　VGG16 的网络架构

与 VGG16 相比,VGG19 多采用了 3 个卷积层,卷积层 3－4、卷积层 4－4 和卷积层 5－4,如图 3－25(b)所示。

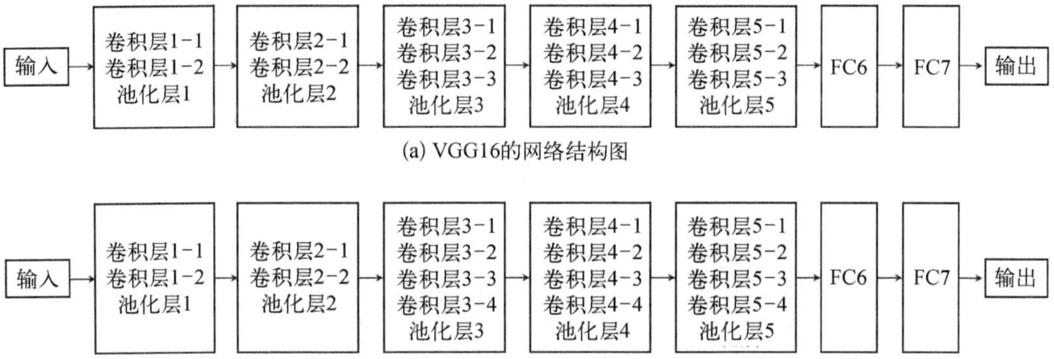

(b) VGG19的网络结构图

图 3－25　VGG16 及 VGG19 的网络结构图

3.3.1.4　ResNet 网络模型

在深度神经网络中,随着网络深度的增加,梯度在反向传播的过程中容易出现梯度消失或梯度爆炸的问题,这导致网络模型的训练十分困难。2015 年,何恺明等[10]提出了 ResNet(residual network),旨在通过引入残差连接来解决这一问题,使得训练更深的网络成为可能。ResNet 网络的每一层学习得到相对于前一层的残差信息,而不是完整映射,并通过残差块来实现。每个残差块主要包括两个部分,恒等映射(identity mapping)和残差映射(residual mapping)。恒等映射将输入特征 $\boldsymbol{x}$ 直接映射为输出特征 $\boldsymbol{y}$, 其中 $\boldsymbol{y}=\boldsymbol{x}$; 而残

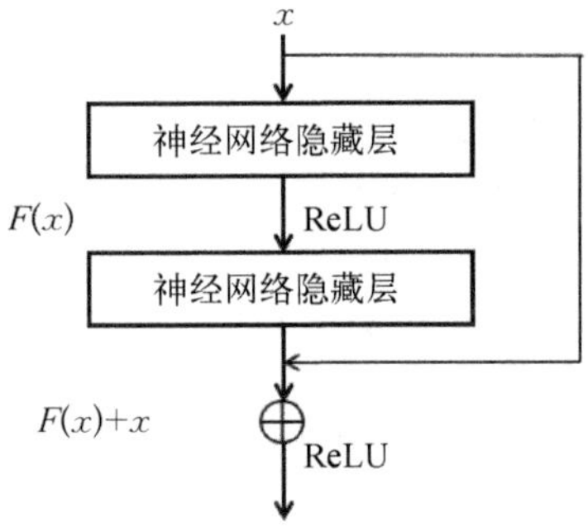

图 3-26 残差连接示意图

差映射用于修正期望输出与输入之间的差异。

通过恒等映射与残差映射，残差块能够学习到相对于前一层的残差信息，有助于梯度的流动，减轻了梯度消失的问题。ResNet 残差连接结构如图 3-26 所示，其中 F 表示残差函数。

如表 3-1 所示，ResNet 的整体网络结构由多个残差块组成，通常使用堆叠的 3×3 卷积层来构建残差块。此外，ResNet 还使用了步幅大于 1 的卷积层或池化层以减小特征图的尺寸。ResNet 也是目前深度学习成功应用于计算机视觉领域的里程碑式工作之一，在图像分类、目标检测和语义分割等任务中得到了非常成功的应用。

表 3-1 ResNet 的典型网络结构

层	输出尺寸	ResNet 18	ResNet 34	ResNet 50	ResNet 101	ResNet 152
卷积层 1	112×112	7×7 卷积核，64(个)，$s=2$				
卷积层 2_x	56×56	3×3 最大池化，$s=2$				
		$\begin{bmatrix}3\times3, 64\\3\times3, 64\end{bmatrix}\times2$	$\begin{bmatrix}3\times3, 64\\3\times3, 64\end{bmatrix}\times3$	$\begin{bmatrix}1\times1, 64\\3\times3, 64\\1\times1, 256\end{bmatrix}\times3$	$\begin{bmatrix}1\times1, 64\\3\times3, 64\\1\times1, 256\end{bmatrix}\times3$	$\begin{bmatrix}1\times1, 64\\3\times3, 64\\1\times1, 256\end{bmatrix}\times3$
卷积层 3_x	28×28	$\begin{bmatrix}3\times3, 128\\3\times3, 128\end{bmatrix}\times2$	$\begin{bmatrix}3\times3, 128\\3\times3, 128\end{bmatrix}\times4$	$\begin{bmatrix}1\times1, 128\\3\times3, 128\\1\times1, 512\end{bmatrix}\times4$	$\begin{bmatrix}1\times1, 128\\3\times3, 128\\1\times1, 512\end{bmatrix}\times4$	$\begin{bmatrix}1\times1, 128\\3\times3, 128\\1\times1, 512\end{bmatrix}\times8$
卷积层 4_x	14×14	$\begin{bmatrix}3\times3, 256\\3\times3, 256\end{bmatrix}\times2$	$\begin{bmatrix}3\times3, 256\\3\times3, 256\end{bmatrix}\times6$	$\begin{bmatrix}1\times1, 256\\3\times3, 256\\1\times1, 1\,024\end{bmatrix}\times6$	$\begin{bmatrix}1\times1, 256\\3\times3, 256\\1\times1, 1\,024\end{bmatrix}\times23$	$\begin{bmatrix}1\times1, 256\\3\times3, 256\\1\times1, 1\,024\end{bmatrix}\times36$
卷积层 5_x	7×7	$\begin{bmatrix}3\times3, 512\\3\times3, 512\end{bmatrix}\times2$	$\begin{bmatrix}3\times3, 512\\3\times3, 512\end{bmatrix}\times3$	$\begin{bmatrix}1\times1, 512\\3\times3, 512\\1\times1, 2\,048\end{bmatrix}\times3$	$\begin{bmatrix}1\times1, 512\\3\times3, 512\\1\times1, 2\,048\end{bmatrix}\times3$	$\begin{bmatrix}1\times1, 512\\3\times3, 512\\1\times1, 2\,048\end{bmatrix}\times3$
	1×1	平均池化，fc 1000，softmax 操作				

基于卷积神经网络的特征提取方法采用端到端的训练方式让网络自主学习参数以提取特征，已成为图像特征提取的重要手段。LeNet、AlexNet 等早期的 CNN 模型在图像分类任务中曾取得突破性的进展。然而，这些模型的深度较浅，处理复杂视觉任务的能力有限。VGG 是尝试构建更深网络模型的经典工作。它通过增加网络深度来提高特征表征能力，但模型参数过多、训练复杂。ResNet 引入了残差连接，允许网络在更深的层次中进行训练，有效地缓解了梯度消失问题，成功地促进了更大规模的网络模型研究。

3.3.2　循环神经网络视频特征提取方法

循环神经网络(rerrent nerual network,RNN)是 1982 年由 Hopfield 等[11]研究人员提出来的,能挖掘数据中的时序信息和语义信息,对具有序列特性的数据非常有效。RNN 网络模型最初在自然语言处理(natural language processing,NLP)领域取得了显著进展,广泛应用于语音识别、语言模型、机器翻译等时序分析任务。此外,考虑到视频也是一种具有序列特性的数据,RNN 也应用在计算机视觉领域,用来提取视频数据的时序特征。

3.3.2.1　RNN 网络模型

循环神经网络是一类以序列(sequence)数据为输入,在序列的演进方向进行递归(recursion),且所有节点(循环单元)按链式连接的递归神经网络(recursive neural network)。它最大特点是网络中存在着“环”,使得信息能在网络中进行循环,从而实现对序列信息的存储和处理。其网络结构和原理如图 3－27 所示。

其中 $\boldsymbol{x}$ 为输入层向量, $\boldsymbol{s}$ 为隐藏层向量, $\boldsymbol{o}$ 为输出层向量, $\boldsymbol{U}$ 是输入层到隐藏层的参数矩阵, $\boldsymbol{V}$ 是隐藏层到输出层的参数矩阵。“w 延时器”是一个虚拟单元,箭头表示信息在不同时刻之间循环传递。

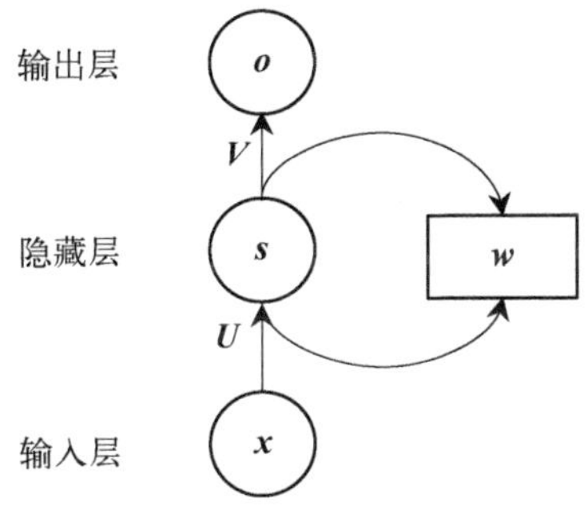

图 3－27　循环神经网络

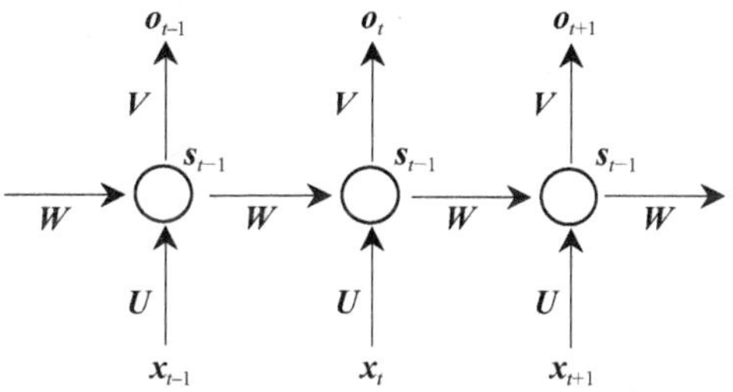

图 3－28　循环神经网络的展开示意

图 3－28 是图 3－27 按照序列展开的形象展示。其中, $\boldsymbol{x}_t$ 为 t 时刻的输入向量, $\boldsymbol{W}$ 是时间节点之间的权重矩阵。值得注意的是,在训练过程中每一时刻都使用了相同的 $\boldsymbol{W}$。如图 3－28 所示,每一个时刻 t 的隐藏层 $\boldsymbol{s}_t$ 不仅由该时刻的输入 $\boldsymbol{x}_t$ 决定,还由前一时刻的隐藏层 $\boldsymbol{s}_{t-1}$ 决定,即

$$\boldsymbol{s}_t = f(\boldsymbol{U} \cdot \boldsymbol{x}_t + \boldsymbol{W} \cdot \boldsymbol{s}_{t-1}) \tag{3-45}$$

从而 t 时刻的输出 $\boldsymbol{o}_t$ 为

$$\boldsymbol{o}_t = g(\boldsymbol{V} \cdot \boldsymbol{s}_t) \tag{3-46}$$

其中,f 和 g 为激活函数。由式(3－45)和式(3－46)可见,每一时刻 t 的输出 $\boldsymbol{o}_t$ 与上一时刻的输入 $\boldsymbol{x}_{t-1}$ 密切相关。

3.3.2.2 LSTM 网络模型及视频特征提取

传统的 RNN 存在梯度消失和梯度爆炸的问题,无法很好地学习到时序数据的长期依赖关系。梯度消失导致 RNN 难以向网络早期的层传递信息,难以学到距离当前时刻较远的输入之间的依赖关系;而梯度爆炸可能导致网络权重以极端的方式更新,致使学习过程不稳定。针对以上问题,Hochreiter 等[12]研究人员提出了长短期记忆(long short-term memory,LSTM)网络模型。

1. LSTM 门控机制

LSTM[12]是 RNN 的一个特殊变体,通过引入门控机制控制信息流入和流出,能有效地处理序列数据的长期依赖关系。

LSTM 用记忆细胞(memory cell)存储每一时刻的信息。与 RNN 将隐藏层 s_t 的所有信息存储下来不同,LSTM 通过门控机制对信息选择性地存储。LSTM 包含三个门:输入门(input gate)、遗忘门(forget gate)和输出门(output gate)。这些门可以根据输入数据和先前的状态来控制信息的流动,从而有效地处理长序列数据。首先,信息经过输入门,输入门的开关决定哪些新的信息会被输入记忆细胞中;然后,由遗忘门决定该时刻记忆细胞中的值是否需要被遗忘;最后,输出门决定该时刻是否有信息从记忆细胞中输出,如图 3-29 所示。

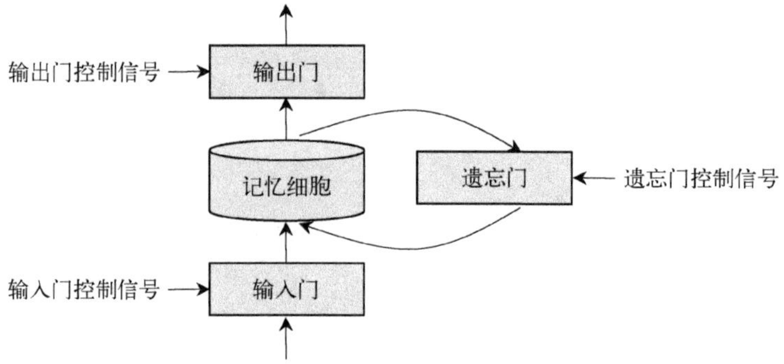

图 3-29 LSTM 的门控机制

LSTM 使用当前时刻的输入 $\boldsymbol{x}_t$ 和上一时刻存储的 $\boldsymbol{h}_{t-1}$ 得到 z 和 z_i、z_f、z_o 三个门控状态:

$$
\begin{cases}
z = \tanh\left(\boldsymbol{W}\begin{bmatrix}\boldsymbol{x}_t \\ \boldsymbol{h}_{t-1}\end{bmatrix}\right) \\
z_i = \sigma\left(\boldsymbol{W}_i\begin{bmatrix}\boldsymbol{x}_t \\ \boldsymbol{h}_{t-1}\end{bmatrix}\right) \\
z_f = \sigma\left(\boldsymbol{W}_f\begin{bmatrix}\boldsymbol{x}_t \\ \boldsymbol{h}_{t-1}\end{bmatrix}\right) \\
z_o = \sigma\left(\boldsymbol{W}_o\begin{bmatrix}\boldsymbol{x}_t \\ \boldsymbol{h}_{t-1}\end{bmatrix}\right)
\end{cases}
\tag{3-47}
$$

其中，下标 i、f、o 分别表示输入(input)门、遗忘(forget)门、输出(output)门；$\boldsymbol{W}$、$\boldsymbol{W}_i$、$\boldsymbol{W}_f$、$\boldsymbol{W}_o$ 为权重矩阵；tanh 和 σ 分别为双曲正切激活函数和 sigmoid 函数。z 通过 tanh 函数将数值压缩至区间(-1, 1)，作为输入数据；z_i、z_f、z_o 通过 sigmoid 激活函数将数值压缩至区间(0, 1)，分别作为输入门、遗忘门、输出门的控制信号。"1"表示该门完全打开；"0"表示该门完全关闭。LSTM 的内部结构如图 3-30 所示。

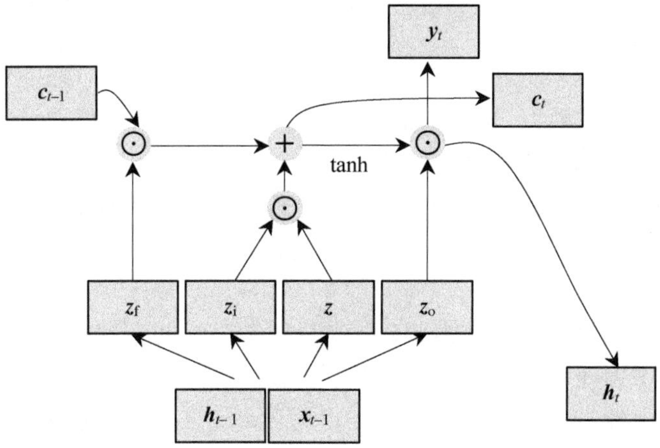

图 3-30　LSTM 的内部结构

LSTM 有两个传递状态，即细胞状态 $\boldsymbol{c}_t$ 和隐藏状态 $\boldsymbol{h}_t$。其中，$\boldsymbol{c}_t$ 在 LSTM 中的角色相当于 $\boldsymbol{s}_t$ 在 RNN 中的角色。$\boldsymbol{c}_t$ 和 $\boldsymbol{h}_t$ 的定义如下，

$$\boldsymbol{c}_t = z_i \odot z + z_f \odot \boldsymbol{c}_{t-1} \tag{3-48}$$

$$\boldsymbol{h}_t = z_o \odot \tanh(\boldsymbol{c}_t) \tag{3-49}$$

其中，⊙表示 Hadmard 乘积，即矩阵中的对应元素相乘；+表示矩阵加法。通常 $\boldsymbol{c}_t$ 往往是在上一个状态 $\boldsymbol{c}_{t-1}$ 的基础上进行有限的调整，其变化量较小；而 $\boldsymbol{h}_t$ 在不同时刻的变化量较大。

LSTM 的输出 $\boldsymbol{y}_t$ 可以表示为

$$\boldsymbol{y}_t = \sigma(\tilde{\boldsymbol{W}}\boldsymbol{h}_t) \tag{3-50}$$

图 3-30 描述了 LSTM 内部的三个主要阶段：输入阶段、遗忘阶段、和输出阶段。在输入阶段，当前输入为 z，z_i 为该输入的门控信号，$z \odot z_i$ 将选择的重要信息作为该时刻的真正输入；在遗忘阶段，通过门控信号 z_f 将上一时刻传递的 $\boldsymbol{c}_{t-1}$ 选择性地遗忘；在输出阶段，通过门控信号 z_o 决定 $\tanh(\boldsymbol{c}_t)$ 中哪些信息作为当前时刻的输出，最终输出的信号 $\boldsymbol{y}_t$ 将通过 $\boldsymbol{h}_t$ 的变化得到。

2. 视频数据的特征提取

由于视频数据具有序列特性，可利用 LSTM 来提取视频的时序特征，具体步骤如下。

(1) 数据的准备。首先，通过帧提取、调整大小及归一化等预处理步骤，将视频转化为适合模型输入的数据格式。然后，使用预训练的 CNN 模型，如 VGG、ResNet 等提取每一

帧的图像特征。CNN 模型的一些中间层输出的图像高层特征可作为图像帧的特征向量。

(2) 数据的序列化。将提取的视频图像帧的特征向量按时间排序,得到一个向量序列作为 LSTM 的输入。

(3) 模型的构建。LSTM 网络通常会包含一个或多个 LSTM 层,也可能包括全连接层,以便从序列中学习特征表示或执行分类等任务。如步骤(2)中所述,LSTM 网络的输入为图像帧的特征序列。网络的输出需根据具体任务来确定,例如,输出视频的分类标签或某些特定的特征表达。

(4) 模型的训练。模型训练前需要将数据集划分为训练集、验证集及测试集。训练集用于模型训练,调整参数以最小化损失函数;验证集用以调整超参数和监督过拟合;测试集用以评估模型性能,判断模型的泛化能力。

(5) 特征的提取。将待分析的视频通过数据预处理及序列化处理图像帧特征。将该特征序列输入预训练好的 LSTM 模型,模型的输出的特征可用于视频分类、内容推荐、检索等后续任务。

LSTM 通过门控机制来控制信息流动,存储需要长时间记忆的信息、遗忘不重要的信息,从而适用于长序列任务。然而,LSTM 门控机制的引入增加了参数量,增大了模型训练难度。因此,可使用参数量更少的门控循环单元(gated recurrent unit, GRU)[13]来设计网络模型。

3.3.3 Transformer 目标特征提取方法

2017 年,谷歌 Brain 团队发表的论文"Attention Is All You Need"[14]提出了 Transformer 网络结构。Transformer 的自注意力机制能够有效地处理序列数据,并进行并行运算。相比于 RNN 系列模型,Transformer 在编码阶段无须像 RNN 一样依赖于上一时刻的结果,在处理长序列时表现更好。此外,其并行运算提高了计算效率,加速了模型训练。Transformer 最初应用于 NLP 领域并获得了极大的成功。当前的大型语言模型(large language model,LLM),如 Chat GPT、Bard 等,都使用 Transformer 网络构建的生成式 AI 模型。随后,基于 Transformer 模型的自然图像数据处理网络大量出现,如 ViT(vision transformer)等,在计算机视觉领域的多个研究方向取得了突破性进展。

3.3.3.1 Transformer 网络模型

1. 注意力机制

人类在感知周围环境时,大脑能辨别环境的重要及次要组成,会注意在更重要的方面获取相应的信息。人工神经网络也应具备人脑这样的能力,这也是 Transformer 网络架构的核心——注意力机制的设计思想。

在自然语言处理任务中,输入序列通常是由词汇组成的句子或段落。模型需要根据上下文来理解每个词汇的含义。问询(query,Q)、键(key,K)、值(value,V)是注意力(attention)机制的三个关键要素。在处理输入序列时,需利用线性变换矩阵计算得到每个输入向量所对应的 Query、Key 和 Value 向量。其中,Query 向量代表当前时刻的查询,决定了模型需要注意的部分;Key 向量用于计算当前的查询与输入序列中各个部分的相关性，从而确定哪些部分是最重要的；Value 向量则是输入序列中各个部分的数值表示，用于最终的加权求和计算。简单来说，Query 是词的查询向量，Key 是“被查”向量，Value 是内容向量。

得到 Query、Key、Value 向量后，定义一个评分函数（score function）f_{attn}，输出该注意力权重。评分函数可通过简单的相似度计算来刻画。例如，使用点积计算，并利用 Softmax 函数归一化得到最终的注意力权重，然后使用该注意力权重对 Value 加权求和，得到注意力机制最终的输出。

2. 自注意力机制

自注意力机制（self-attention）是注意力机制的一种特殊形式。在自注意力机制中，每个输入被赋予的权重取决于输入数据之间的关系，即通过输入数据内部的相互博弈决定每个输入获得的权重。因此，它减少了对外部信息的依赖，更擅长捕捉数据或特征的内部相关性。自注意力机制是 Transformer 模型的核心组成部分。

假设模型输入是 $\boldsymbol{a}^1$、$\boldsymbol{a}^2$、$\boldsymbol{a}^3$、$\boldsymbol{a}^4$ 共 4 个 token 向量，首先对其进行线性变换，得到 Query 向量、Key 向量、Value 向量。通过矩阵 $\boldsymbol{W}^Q$ 得到 Query 向量 $\boldsymbol{q}^i$：

$$\boldsymbol{q}^i = \boldsymbol{W}^Q\boldsymbol{a}^i,\ i = 1,\ 2,\ 3,\ 4 \tag{3-51}$$

通过矩阵 $\boldsymbol{W}^K$ 得到 Key 向量 $\boldsymbol{k}^i$：

$$\boldsymbol{k}^i = \boldsymbol{W}^K\boldsymbol{a}^i,\ i = 1,\ 2,\ 3,\ 4 \tag{3-52}$$

通过矩阵 $\boldsymbol{W}^V$ 得到值 Value 向量 $\boldsymbol{v}^i$：

$$\boldsymbol{v}^i = \boldsymbol{W}^V\boldsymbol{a}^i,\ i = 1,\ 2,\ 3,\ 4 \tag{3-53}$$

其中，变换矩阵 $\boldsymbol{W}^Q$、$\boldsymbol{W}^K$与 $\boldsymbol{W}^V$ 由网络学习得到。

将 $\boldsymbol{q}^1$ 与 $\boldsymbol{k}^i$ （$i=1,2,3,4$）分别做点积，得到 $\boldsymbol{q}^1$ 与 $\boldsymbol{k}^i$ 的相似度数值 $\alpha_{1,1}$、$\alpha_{1,2}$、$\alpha_{1,3}$、$\alpha_{1,4}$：

$$\alpha_{1,i} = \boldsymbol{q}^1 \cdot \boldsymbol{k}^i,\ i = 1,\ 2,\ 3,\ 4 \tag{3-54}$$

当 Query 向量和 Key 向量的维度 d_k 很大时，其内积的值可能较高。为了避免由此导致的梯度消失或爆炸的问题，通过 $\sqrt{d_k}$ 对向量进行缩放（scale）操作，使得数据能够满足均值为 0、方差为 1 的分布。最后，由 SoftMax 函数运算后得到注意力分数（attention score）分别为 $\alpha'_{1,1}$、$\alpha'_{1,2}$、$\alpha'_{1,3}$、$\alpha'_{1,4}$：

$$\alpha'_{1,j} = \text{Score}(\boldsymbol{q}^1,\ \boldsymbol{k}^j) = \text{Softmax}\left(\frac{(\boldsymbol{q}^1)^T\boldsymbol{k}^j}{\sqrt{d_k}}\right),\ i = 1,\ 2,\ 3,\ 4 \tag{3-55}$$

得到 Query 向量 $\boldsymbol{q}^1$ 对 Key 向量 $\boldsymbol{k}^j$的关注度 $\alpha'_{i,j}$ 后，用注意力分数 $\alpha'_{1,1}$、$\alpha'_{1,2}$、$\alpha'_{1,3}$、$\alpha'_{1,4}$ 对值向量 $\boldsymbol{v}^1$、$\boldsymbol{v}^2$、$\boldsymbol{v}^3$、$\boldsymbol{v}^4$ 进行加权，即提取输入 token 中重要的信息，得到最后的输出向量 $\boldsymbol{b}^1$。同上，另外计算得到输出向量 $\boldsymbol{b}^2$、$\boldsymbol{b}^3$、$\boldsymbol{b}^4$。以上计算过程可参考图 3-31。

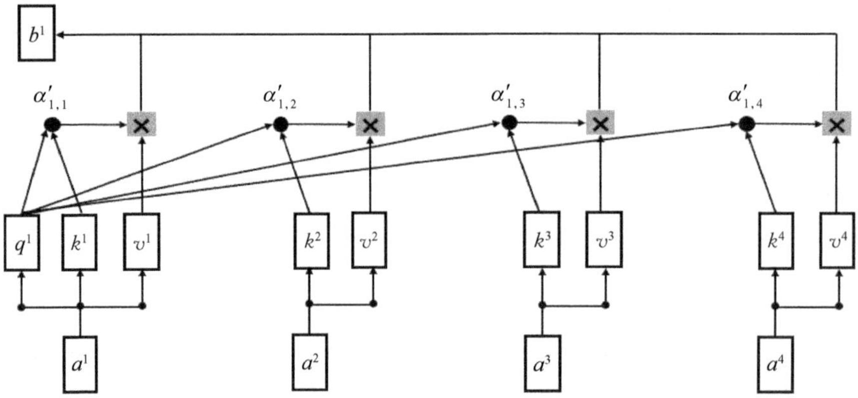

图 3-31 自注意力机制计算过程示意图

在实际运算中,将所有的输入 token 排列成为一个矩阵 $\boldsymbol{X}$, 其中 $\boldsymbol{X}$ 的列数表示每一个 token 的维度,行数表示输入 token 的数量。通过上文定义的 3 个参数矩阵得到一组 Query 量 $\boldsymbol{Q}$、一组 Key 量 $\boldsymbol{K}$、和一组 Value 量 $\boldsymbol{V}$:

$$\begin{cases} \boldsymbol{Q} = \boldsymbol{X}\boldsymbol{W}^Q \\ \boldsymbol{K} = \boldsymbol{X}\boldsymbol{W}^K \\ \boldsymbol{V} = \boldsymbol{X}\boldsymbol{W}^V \end{cases} \tag{3-56}$$

然后,采用缩放点积注意力(scaled dot product attention)得到注意力的分布,最后将得到的注意力分布对 Value 矩阵 $\boldsymbol{V}$ 加权,得到融合注意力 Value。即将(3-55)重写为

$$\text{Attention}(\boldsymbol{Q},\ \boldsymbol{K},\ \boldsymbol{V}) = \text{Softmax}\left(\frac{\boldsymbol{Q}\boldsymbol{K}^{\mathrm{T}}}{\sqrt{d_k}}\right)\boldsymbol{V} \tag{3-57}$$

其中, $\boldsymbol{Q}$、$\boldsymbol{K}$、$\boldsymbol{V}$ 是维度为 $T \times d_k$ 矩阵, T 为 token 的数量; d_k 为 Query、Key、Value 的向量维度; $1/\sqrt{d_k}$ 为缩放操作。

以上操作可理解为,每一个 token 的 Query 向量与每一个 token 的 Key 向量做点乘,计算各个 token 之间的相关性。相关性越大、所对应的 Value 的权重也就越大。最终每一个 token 的输出等于所有 token 的 Value 与 Attention 系数相乘的加权求和。因此,自注意力机制的输出记录了特征之间相互的影响。

3. 多头自注意力

在 Transformer 网络架构中,采用了多头自注意力(multi-head self-attention, MSA)。多头注意力是自注意力机制的一种扩展形式,其本质是对模型输入进行自适应加权,允许模型根据上下文动态地调整每个元素的重要性,可以更有效地捕获全局和局部特征,从而更好地获取全局上的语义关联。此外,多头自注意力能够很方便地实现并行处理,特别擅长处理序列数据。

如图 3-32 所示,在多头自注意力层中,给定一个 Query、Key、Value 的矩阵 $\boldsymbol{Q}$、$\boldsymbol{K}$、$\boldsymbol{V}$, 先将其转换为 h 个子 Query、子 Key 和子 Value,然后将其输入点积自注意力层,得到 h 个头(head),最后将 head 连接(concatenate)并对其进行线性变换:

$$\text{Multihead}(\boldsymbol{Q},\ \boldsymbol{K},\ \boldsymbol{V}) = \text{Concat}(\boldsymbol{head}_1,\ \cdots,\ \boldsymbol{head}_h)\boldsymbol{W}^o \tag{3-58}$$

其中，Concat 表示 Concatenate 操作，即将所有向量 $\boldsymbol{head}_i$ 拼接在一起。每一个 $\boldsymbol{head}_i$ 都由(3－57)定义的自注意力机制得到：

$$\boldsymbol{head}_i = \text{Attention}(\boldsymbol{QW}_i^Q,\ \boldsymbol{KW}_i^K,\ \boldsymbol{VW}_i^V) \tag{3-59}$$

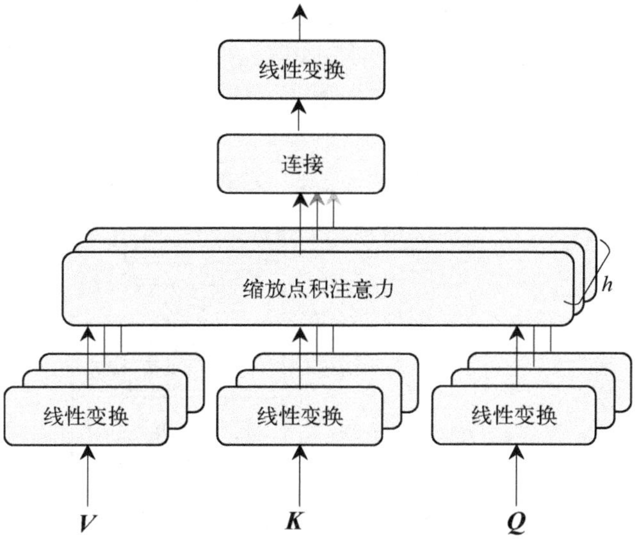

图 3－32　多头自注意力示意图

多头自注意力的计算过程与自注意力机制模块非常类似。具体来说，以两头注意力模块为例，对于特定的 a^i，需要用 2 组 W^q、W^k、W^v 与之相乘，得到 2 组 q^i、k^i、v^i。然后将得到的 2 个输出 $b^{i,1}$、$b^{i,2}$ 进行连接，得到最终的输出 b^i，如图 3－33 所示。

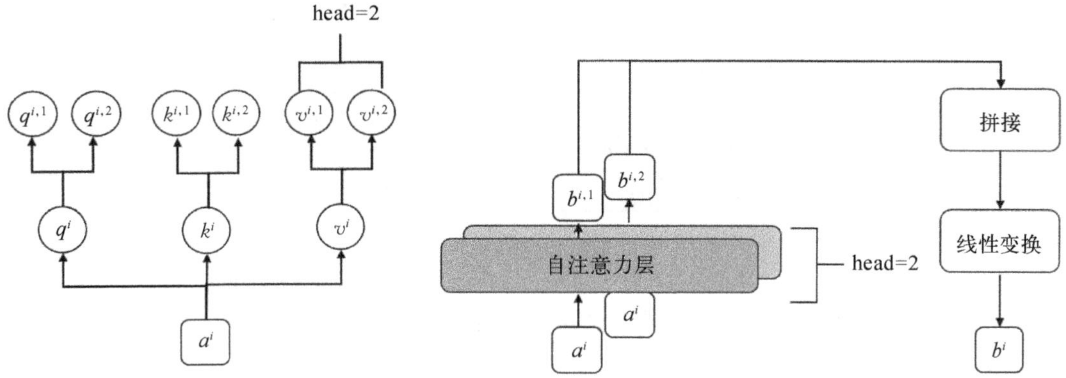

图 3－33　两头注意力机制示意图

由式(3－58)和式(3－59)可见，多头自注意力相对于输入具有置换同变性(permutation-equivariant)，即输入序列的元素位置变换不会影响多头自注意力层的输出。

4. 位置编码

如前文所述，多头自注意力无法区分输入在序列中的先后顺序。若输入顺序对于解决任务非常重要,例如语言理解等任务,就要对输入特征的位置进行编码。Transformer 是通过在每个输入的词嵌入(embedding)中添加一个表示位置信息的向量来实现位置编码(position encoding)的。

具体来说,将每个位置编码向量与序列中相应位置的词嵌入向量相加(adding),作为模型的输入,这个过程称为加法位置编码,如图 3-34 所示。位置编码向量可由数学函数计算得到。Transformer 模型中的位置编码使用不同频率的正弦函数和余弦函数生成。令 $PE(pos, i)$ 表示在序列中位置为 pos 的词在词嵌入向量索引 i 处的位置编码,d 表示词嵌入向量的维度,位置编码的具体计算公式如下。

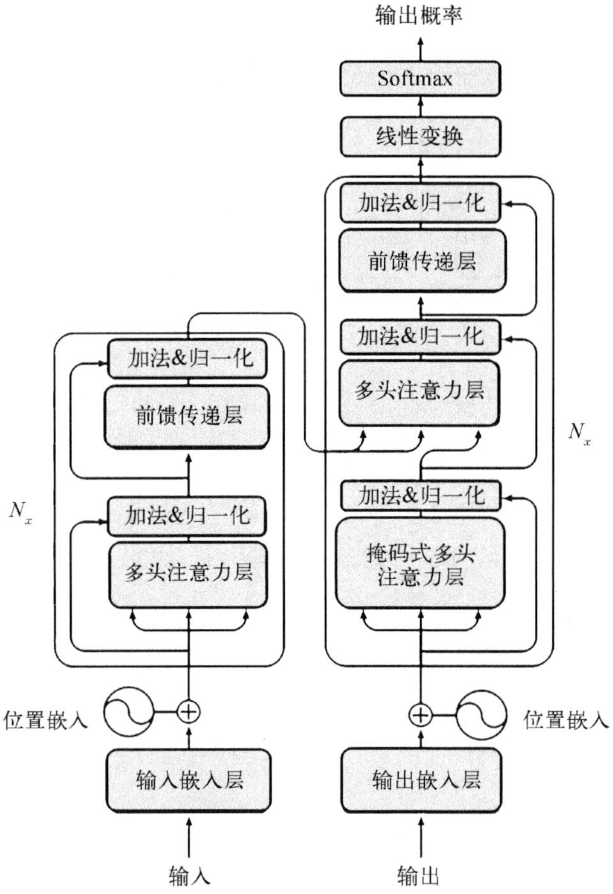

图 3-34　Transformer 的网络结构

若 $i = 2k(k = 0, 1, 2 \cdots)$, 即 i 为偶数时,有

$$PE(pos, i) = \sin\left(\frac{pos}{1\,000^{\frac{i}{d}}}\right) \tag{3-60}$$

若 $i = 2k + 1(k = 0, 1, 2 \cdots)$, 即 i 为奇数时,有

$$PE(pos,\ i) = \cos\left(\frac{pos}{1\,000^{\frac{i}{d}}}\right) \tag{3-61}$$

因此,输入序列的每个位置都被编码为一个维度为 d 的向量,编码中的不同索引由频率不同的正、余弦函数交替生成,提供了唯一的位置信息。

加法位置编码不需要额外的模型参数。令其直接与词嵌入向量相加,不会增加模型复杂度,且简单有效。

5. Transformer 网络结构

Transformer 网络结构如图 3 - 34 所示。用于图像特征提取的 ViT 模型主要使用了 Transformer 的编码器结构。因此,本节主要介绍 Transformer 的编码器部分。

编码器是 Transformer 模型的核心组件之一。基本的编码器 block 结构采用多头自注意力模块、层归一化模块(layer normalization, LN)和前馈神经网络(feedforward neural networks, FNN)串联而成,并引入 ResNet 网络架构中的跳跃连接(skip connection)。模型的输入首先经过多头自注意力层,经过残差连接将输出添加到原始输入,并进行归一化操作。实际应用时,Transformer 编码器是通过多个编码器 block 的堆叠来逐步提取输入序列的特征,将其转换为上下文向量表示。

3.3.3.2　ViT 网络模型

视觉 Transformer(vision transformer, ViT)[15]模型是由 Google Research 的研究人员于 2020 年提出的一种针对自然图像数据处理的深度学习架构。该模型将原汁原味的 Transformer 自注意力机制引入计算机视觉领域,模型“简单”且效果好,可扩展性强,成为了 Transformer 在计算机视觉领域应用的里程碑工作。

ViT 网络模型

ViT 模型主要包括嵌入(Embedding)层与编码器(Encoder)层。其中,Embedding 层的作用是将图像数据转化为适合输入 Transformer 模型并进行处理的向量;Encoder 层基本采用 Transformer 原始的编码器结构,用于提取图像的特征。ViT 网络结构如图 3 - 35 所示。

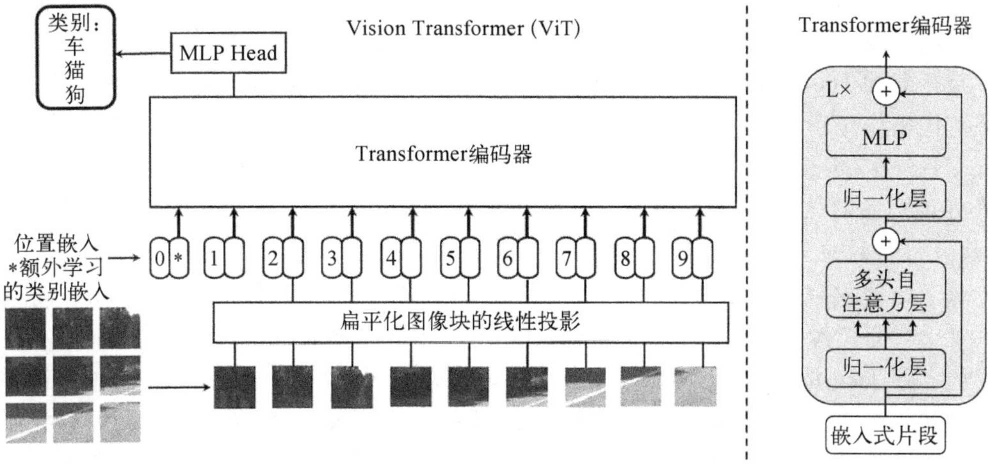

图 3 - 35　ViT 网络结构示意图

Transformer 原本主要应用于 NLP 领域,其输入为二维的张量(Tensor),而图像数据是 R、G、B 共计 3 个通道的三维的 Tensor。如何将一个三维的 Tensor 完美转化为一个二维的 Tensor,是 ViT 模型设计的最为巧妙之处。

ViT 模型首先通过 Embedding 层将整幅图像划分为若干小图像块(Patch),并将每个 Patch 视为一个 token,使其对应于 NLP 任务中的一个单词。具体来说,在 Embedding 层,通过卷积核对输入图像卷积,得到每一个图像 Patch 的一维向量表达。

例如,输入一幅 224×224 的 RGB 彩色图像,令每个图像 Patch 大小为 16×16。则每个 Patch 对应的数据为 16×16×3 = 768 个。为了将一个三维的 16×16×3 数组,"展平"成一个 768 维的向量,采用 768 个 16×16×3 的卷积核对该 Patch 进行卷积操作。因此,对于原始输入图像,采用以上卷积核,令步 $s = 16$ 的对其进行卷积,最终到 14 ×14 = 196 个图像 Patch 的一维"展平"表达,每个 Patch 就是一个 token。其中,768 个卷积核的参数由学习得到,这也是 ViT 模型的较大参数量来源之一。

此外,考虑到图像 Patch 之间的相对位置决定了图像的内容。为了让 Transformer 能够更准确的理解图像内容,ViT 模型在 Embedding 层引入了位置编码,给每个 Patch 加上序号,以表达它们之间的邻接关系。位置编码的计算可以采用上一节介绍的正弦函数和余弦函数来生成,如式(3 - 60)和式(3 - 61),然后固定使用。此外,位置编码也可通过学习的方式获得。图像分类任务的实验表明,位置信息的加入,可以将图像分类准确率提升 3%,但是用哪种方式进行位置编码,精度影响不太大。

最后,将图像 Patch"展平"的向量与其对应的位置编码向量相加(Adding),得到的结果作为 ViT 模型 Encoder 层的输入。

Encoder 层由基本的 Encoder Block 构成,一样是由若干重复堆叠的 Encoder Block 构成。其中,Encoder Block 一样采用残差连接,由多头注意力模块、规范化模块、和多层感知器(multilayer perceptron,MLP)模块构成。其中,多头注意力与 Transformer 模型相同,注意力头数量的一些常见选择是 12 和 16;规范化操作(Normalization)沿用了沿用 Transformer 的层规范化,在 ViT 中就是对每个特征进行规范化处理;MLP 模块采用了一个简单的前馈神经网络。在 MLP 模块中,第一个全连接的节点个数要扩大为原有节点数的 4 倍,然后再以线性变换将节点数还原,这也为 ViT 模型引入了较大的参数量。

与标准的 Transformer 结构先进行残差连接、再进规范化的方式有所不同,ViT 模型的层规范化操作位于多头自注意力和 MLP 之前。即在每一个 Encoder Block 中,要先对输入执行 LN 操作,再送入多头自注意力和 MLP 模块。但残差连接依然是多头自注意力或 MLP 处理之后的结果与输入相加。实验表面,该设计可更好地适应图像数据的特征提取,并提高模型的学习效率和稳定性。

对于处理图像分类任务,ViT 引入了一个特殊的类别嵌入(Class Embedding)向量,并将其置于所有图像 Patch"展开"的向量之前。Class Embedding 与 Patch Embedding 组合在一起输入到 Transformer 编码器中,输出特征矩阵的第一行向量即为分类任务的相关特征表示,如图 3 - 35 所示。将该向量直接取出,可以将其送入一个 MLP,完成图像分类任务。

在训练阶段,通常需要使用大规模的图像数据集对 ViT 模型进行自监督学习,完成预训练,然后在图像分类、目标检测或语义分割等特定任务上进行微调处理,可以获得较好的效果。实验结果表明,当不采用大规模数据集预训练,例如仅采用包含有 130 万张图片的 ImageNet(Small)进行预训练,图像分类精度会稍逊 ResNet 网络模型。

ViT 首次将原始的 Transformer 模型成功应用于图像分类任务,为语言数据与图像数据融合处理,甚至更多模态数据的融合处理提供了重要的研究思路,在计算机视觉领域开创了新的研究方向。

习　题

3-1　简要介绍特征提取的基本原理并描述其发展史。

3-2　使用 Python 编写 FAST 角点提取算法,并对给定图像进行 FAST 角点提取。

3-3　解释 BRIEF 特征描述子的工作原理,描述其在图像特征提取中的应用。

3-4　使用 OpenCV 库中的 ORB 算法提取图像的特征点,并进行特征点提取的显示输出。

3-5　比较 SIFT 和 HOG 特征提取算法的差异,并讨论两种特征各自适合的计算机视觉应用领域。

3-6　使用 Python 编写一个 HOG 特征提取函数,应用这个函数提取图像的梯度直方图特征,然后对特征向量进行可视化显示。

3-7　使用 Python 编写一个简单的卷积神经网络(CNN),并利用该网络对 MNIST 手写数字数据集进行特征提取和分类。

3-8　对比 AlexNet、VGG 和 ResNet 这三种经典的卷积神经网络结构,分析它们在目标特征提取方面的优势和劣势。

3-9　阐述 ViT 关于图像特征提取的特点,比较该网络与传统卷积神经网络的优势和劣势。

参考文献

[1] Rosten E, Drummond T. Machine learning for high-speed corner detection[C]. Computer Vision-ECCV 2006: 9th European Conference on Computer Vision, Graz, 2006.

[2] Calonder M, Lepetit V, Strecha C, et al. Brief: Binary robust independent elementary features[C]. Computer Vision-ECCV 2010: 11th European Conference on Computer Vision, Heraklion, 2010.

[3] Rublee E, Rabaud V, Konolige K, et al. ORB: An efficient alternative to SIFT or SURF[C]. 2011 International Conference on Computer Vision, Barelona, 2011.

[4] Lowe D G. Distinctive image features from scale-invariant keypoints[J]. International Journal of Computer Vision, 2004, 60: 91-110.

[5] Iijima T. Basic theory on the normalization of pattern (in case of typical one-dimensional pattern)[J]. Bulletin of Electrotechnical Laboratory, 1962, 26: 368-388.

[6] Dalal N, Triggs B. Histograms of oriented gradients for human detection[C]. 2005 IEEE Computer Society Conference on Computer Vision and Pattern Recognition (CVPR'05), San Diego, 2005.

[7] LeCun Y, Bottou L, Bengio Y, et al. Gradient-based learning applied to document recognition[J]. Proceedings of the IEEE, 1998, 86(11): 2278-2324.

[8] Krizhevsky A, Sutskever I, Hinton G E. Imagenet classification with deep convolutional neural networks[J]. Advances in Neural Information Processing Systems, 2012, 25: 1097-1105.

[9] Simonyan K, Zisserman A. Very deep convolutional networks for large-scale image recognition[J]. arXiv preprint arXiv:

1409.1556, 2014.

[10] He K, Zhang X, Ren S, et al. Deep residual learning for image recognition[C]. Proceedings of the IEEE Conference on Computer Vision and Pattern Recognition, Las Vegas, 2016.

[11] Hopfield J J. Neural networks and physical systems with emergent collective computational abilities[J]. Proceedings of the National Academy of Sciences, 1982, 79(8): 2554-2558.

[12] Sepp H, Jürgen S. Long short-term memory[J]. Neural Computation, 2010, 9(8): 1735-1780.

[13] Cho K, van Merriënboer B, Gulcehre C, et al. Learning phrase representations using RNN encoder-decoder for statistical machine translation[J]. arXiv preprint arXiv: 1406.1078, 2014.

[14] Vaswani A, Shazeer N, Parmar N, et al. Attention is all you need[J]. Advances in Neural Information Processing Systems, 2017, 30: 5998-6008.

[15] Dosovitskiy A, Beyer L, Kolesnikov A, et al. An image is worth 16x16 words: Transformers for image recognition at scale [J]. arXiv preprint arXiv: 2010.11929, 2020.

第 4 章

图像复原方法

图像复原是一种重要的图像预处理技术，旨在通过数学建模和算法优化，从退化图像中恢复出尽可能接近原始信号的图像。该技术的目的是改善图像质量，提高其可辨识度和可用性。实际场景中，图像复原技术广泛应用于医学影像处理、安全监控、数字摄影等领域。医学影像图像复原可以提高诊断的准确性和可靠性；安防监控中的图像复原可以提高目标检测与识别能力；数字摄影中的图像复原能够显著提升照片质量和艺术效果。

图 4-1 描述了图像退化与图像复原的过程。复原滤波器的设计是恢复图像质量的关键步骤，需要综合考虑多种因素，如退化模型的建立、噪声特性分析、滤波器参数选择等。其中，退化模型的建立是重要基础，有助于了解图像退化的成因；噪声特性的分析是关键，有助于确定合适的滤波器参数；滤波器参数的选择则是核心，它决定了滤波器的性能和效果。

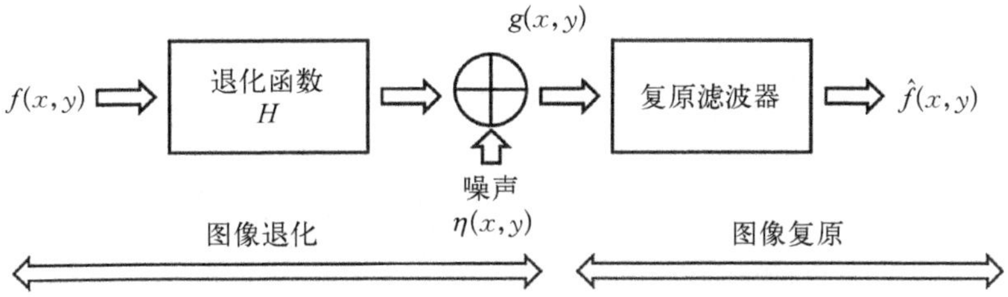

图 4-1　图像退化过程与图像复原模型

根据成像退化原因，图像复原方法可以大致分为去运动模糊算法、去大气湍流算法、图像去雾算法等，将作为主要内容在本章中进行介绍。

4.1　图像复原的基本原理

图像复原是在了解图像退化成因的基础上，以退化图像为输入，以提升图像质量为目的，根据先验退化模型，采用逆运算恢复未退化图像数据的一项图像预处理技术。图像复原技术的应用有助于后续目标探测与感知任务中系统性能的提升。在图像预处理方法中，除了图像复原，还经常采用另外一种处理手段——图像增强，其研究目的也是提升图像质量。然而,图像增强与图像复原的理论基础与研究内容是不同的,二者的区别如表4-1所示。

表4-1 图像复原与图像增强的区别

	图像复原	图像增强
主要目的	尽可能地减少或消除图像质量的下降,以恢复退化图像的本来面目为目标	旨在提高图像的视觉效果,使之更适合人眼观看,并不强调恢复未退化图像数据
处理方法	更注重图像的整体质量提升,旨在恢复整个图像的清晰度和细节	通常针对图像的局部特性进行处理,如平滑噪声、锐化边缘等
理论基础	基于退化模型和先验知识,通过数学建模来恢复未退化图像的客观原始数据	主要基于主观视觉效果,通过增强图像的某些特性(如对比度、色彩等)来改善图像

由此可以看出,图像复原方法与退化模型密切相关。因此,本节将重点介绍图像退化的定义、图像退化的数学模型,以及几种经典的图像复原方法。

4.1.1 图像退化的定义与数学模型

图像退化是指图像在形成、记录、处理和传输过程中,成像系统、记录设备、传输介质和处理方法的不完善,导致图像质量的下降。典型的表现为图像模糊、图像变形、噪声污染等。

产生图像退化的常见原因包括:目标或拍摄装置移动造成的运动模糊;光学镜头的散焦模糊、广角畸变;大气湍流引起的图像退化变形;曝光时间过短引起拍摄装置捕获的光子太少导致的图像模糊;图像在成像、数字化、采集和处理过程引入噪声等。

如图4-1所示,图像退化过程可以描述为一个退化函数 H 和一个加性噪声 $\eta(x, y)$ 作用于输入的未退化图像 $f(x, y)$,产生一幅退化的图像 $g(x, y)$。

若退化函数 H 是一个线性、空间不变的过程,则退化图像在空间域的表达为

$$g(x, y) = h(x, y) * f(x, y) + \eta(x, y) \tag{4-1}$$

其中,$h(x, y)$ 是退化函数的空间表达;符号“ * ”表示卷积。根据卷积定理,空间域的卷积和频率域的乘法组成了一个傅里叶变换对。因此在频率域中,式(4-1)可以重写为

$$G(u, v) = H(u, v)F(u, v) + N(u, v) \tag{4-2}$$

其中,退化图像 $G(u, v) = F\{g(x, y)\}$;退化函数 $H(u, v) = F\{h(x, y)\}$;输入的未退化图像 $F(u, v) = F\{f(x, y)\}$;加性噪声 $N(u, v) = F\{\eta(x, y)\}$。这里函数 $F\{\cdot\}$ 表示傅里叶变换。退化函数的频率域表达 $H(u, v)$ 称为光学传递函数(optical transfer function, OTF),其傅里叶反变换 $h(x, y)$ 称为点扩散函数(point spread function, PSF)。

在计算机视觉领域,PSF通常表示光学系统或传感器的响应,用于描述光的传播和成像过程。对于理想的成像系统,PSF在图像平面上呈现为一个点。然而,在实际成像系统中,受光学系统和传感器性能的限制,例如透镜散焦等原因,点源成像后可能会呈现为模

糊的状态，如图 4－2 所示。PSF 的尺寸和形状直接影响图像的清晰度。较小的 PSF 通常与更好的光学性能相关联；而较大的 PSF 可能引起图像模糊。

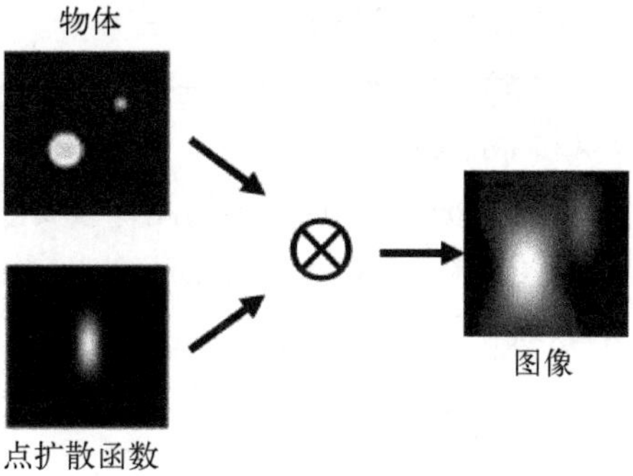

图 4－2　点扩散函数的示意图

4.1.2　逆滤波算法

图像复原的过程是利用一些退化先验知识将图像退化的过程模型化，然后利用图像退化的逆过程来恢复原始图像数据。给定退化图像 $g(x, y)$、一些关于退化函数 H 的知识及加性噪声 $n(x, y)$ 模型，图像复原旨在得到未退化图像的估计值 $\hat{f}(x, y)$，且使得 $\hat{f}(x, y)$ 尽可能地接近未退化图像 $f(x, y)$。在频率域上，最简单的图像复原方法是用退化图像的傅里叶变换 $G(u, v)$ 除以退化函数 $H(u, v)$，来计算未退化图像的估计值的傅里叶变换 $\hat{F}(u, v)$：

$$\hat{F}(u, v) = \frac{G(u, v)}{H(u, v)} \tag{4-3}$$

由于噪声是不可避免的。因此，式(4－3)可以表示为

$$\hat{F}(u, v) = F(u, v) + \frac{N(u, v)}{H(u, v)} \tag{4-4}$$

逆滤波(inverse filtering, IF)算法就是根据式(4－4)来估计未退化图像信号。但是，噪声模型 $N(u, v)$ 十分复杂且随机分布，因此即使图像退化模型 $H(u, v)$ 已知，也无法复原出未退化的图像 $F(u, v)$。此外，当图像退化函数 $H(u, v)$ 中出现较小的数值时，$N(u, v)/H(u, v)$ 的比值极易放大噪声信号，甚至完全淹没图像信号，导致图像更加恶化。此时，需要解决退化函数 $H(u, v)$ 中较小数值引起 $\hat{F}(u, v)$ 噪声支配的问题。考虑到 $H(0, 0)$ 在频率域中通常为其最大值，若将频率仅限制在原点附近进行分析，就能减少遇到“0”值或极小数值的概率。因此，可以考虑在 $H(0, 0)$ 的一个邻域 D_0 内，构造退化函数 $H^{-1}(u, v)$：

$$H^{-1}(u, v) = \begin{cases} \dfrac{1}{H(u, v)} & D \leqslant D_0 \\ 0 & D > D_0 \end{cases} \tag{4-5}$$

式(4－5)相当于对 $G(u, v)/H(u, v)$ 采用了低通滤波，也可以设计一个低通滤波器对不可靠的高频成分进行滤除。

综上，利用逆滤波方法实现图像复原的具体步骤如下：

(1) 根据系统特性或通过实验获取图像的点扩散函数 $h(x, y)$；

(2) 利用傅里叶变换得到退化函数 $H(u, v) = \mathrm{F}\{h(x, y)\}$；

(3) 利用傅里叶变换得到退化图像的频谱 $G(u, v) = F\{g(x, y)\}$；

(4) 根据式(4－5)设计一个低通滤波器，对 $G(u, v)/H(u, v)$ 进行低通滤波，得到未

退化图像的估计值；

(5) 对 $\hat{F}(u, v)$ 进行傅里叶反变换，得到复原图像的估计值 $\hat{f}(x, y) = F^{-1}\{\hat{F}(u, v)\}$。

逆滤波是一种经典的图像复原方法，但在实际应用时需要谨慎处理噪声。为了避免复原过程中图像信号被噪声淹没，除了利用低通滤波器滤波的手段，也可以结合正则化技术以获得更好的复原效果。

4.1.3 维纳滤波

维纳滤波由学者 Wiener 首先提出[1]。因其计算量较低、抗噪性能优良，在图像复原领域得到了十分广泛的应用。假设图像信号与噪声信号均为随机变量，维纳滤波的目标是找到未退化图像 $f(x, y)$ 的一个估计 $\hat{f}(x, y)$，使得它们之间的均方误差达到最小，即

$$\min E\left((F(u, v) - \hat{F}(u, v))^2\right) \tag{4-6}$$

假设噪声信号与图像不相关，其中一个有零均值，且估计图像的灰度级是退化图像灰度级的线性函数，则在频率域中误差函数的最小时的图像估计值为

$$\begin{aligned}\hat{F}(u, v) &= \left[\frac{H^*(u, v)S_f(u, v)}{S_f(u, v)|H(u, v)|^2 + S_n(u, v)}\right]G(u, v)\\ &= \left[\frac{H^*(u, v)}{|H(u, v)|^2 + S_n(u, v)/S_f(u, v)}\right]G(u, v)\\ &= \left[\frac{1}{H(u, v)}\frac{|H(u, v)|^2}{|H(u, v)|^2 + S_n(u, v)/S_f(u, v)}\right]G(u, v)\end{aligned} \tag{4-7}$$

其中，$H(u, v)$ 表示退化函数；$H^*(u, v)$ 表示退化函数的复共轭；$S_n(u, v)$ 表示噪声的功率谱；$S_f(u, v)$ 表示图像的功率谱。式(4-7)中，维纳滤波器 $\frac{1}{H(u, v)}\frac{|H(u, v)|^2}{|H(u, v)|^2 + S_n(u, v)/S_f(u, v)}$ 也称为最小均方差滤波器或最小二乘误差滤波器。

假设图像中的噪声是白噪声，则 $|N(u, v)|^2$ 是一个常数。但是，未退化图像和噪声的功率谱通常未知或不能估计的，此时可近似图像估计值为

$$\hat{F}(u, v) = \left[\frac{1}{H(u, v)}\frac{|H(u, v)|^2}{|H(u, v)|^2 + K}\right]G(u, v) \tag{4-8}$$

其中，K 为维纳滤波器的一个特定常数。为了得到更好的复原效果，有时可以通过交互的手段设置 K 的取值。

4.1.4 约束最小二乘滤波

维纳滤波要求未退化图像和噪声的功率谱是已知的，但在实际图像数据中这些功率谱难以估计。为了减少退化函数对噪声过于敏感的问题，约束最小二乘滤波(constrained least squares filtering, CLSF)[2] 基于最小二乘准则,以平滑程度度量的最佳复原建立准则函数:

$$C = \sum_{x=0}^{M-1}\sum_{y=0}^{N-1}[\nabla^2 \hat{f}(x, y)]^2 \tag{4-9}$$

式(4-9)的约束条件为

$$\| G - H\hat{F} \|^2 = \| N \|^2 \tag{4-10}$$

其中,$\hat{F}$ 表示未退化图像的估计值;G 表示退化图像;H 表示退化函数;N 为加性噪声;符号 ∇^2 表示二阶拉普拉斯算子,用以描述图像的平滑程度。利用拉格朗日法求解上述约束最优化问题:

$$L(\hat{F}) = \| P\hat{F} \|_2^2 - \lambda(\| G - H\hat{F} \|_2^2 - \| N \|_2^2) \tag{4-11}$$

$$\frac{\partial L(\hat{F})}{\partial \hat{F}} = P^* P\hat{F} - \lambda H^*(G - H\hat{F}) \tag{4-12}$$

其中,λ 为拉格朗日乘数。

令式(4-12)等于0,则有

$$\hat{F} = \frac{\lambda H^* G}{\lambda H^* H + P^* P} = \left(\frac{H^*}{\| H \|_2^2 + \gamma \| P \|_2^2}\right) G \tag{4-13}$$

其中,P 为拉普拉斯算子的传递函数;$\gamma = \frac{1}{\lambda}$ 为一个参数,当 $\gamma = 0$ 时,式(4-13)简化为逆滤波。

4.1.5　Richardson-Lucy 算法

Richardson-Lucy(RL)算法由 Richardson[3] 和 Lucy[4] 分别在 1972 年和 1974 年提出,其核心思想是通过反复迭代,不断更新未退化图像的估计值,以逐步减小图像模糊的影响。

RL 算法是基于期望最大化(expectation-maximization, EM)建立的,通过迭代更新得到未退化图像的估计值。假设模糊图像为 $g(x, y)$,未退化图像为 $f(x, y)$,点扩散函数为 $h(x, y)$,泊松噪声为 $n(x, y)$,则迭代更新公式可表示为

$$f_{k+1}(x, y) = f_k(x, y) \cdot \left[\frac{g(x, y)}{(f_k(x, y) * h(x, y)) + n(x, y)} * h(x, y)\right] \tag{4-14}$$

其中,k 表示第 k 次迭代; $*$ 表示卷积操作。

利用 RL 算法实现图像复原的基本步骤如下:

(1) 初始化: 利用一些经验值或其他先验信息估计未退化图像的初值;

(2) 迭代更新: 通过迭代更新公式(4-14),不断更新未退化图像的估计值,迭代次数可由用户指定,或者通过观察图像的收敛情况来确定;

(3) 边界处理: 每次迭代之后,需通过设定边界条件或剪裁图像对图像的边界进行处理,防止边界效应的积累;

（4）收敛判据：设置收敛判据，例如达到一定的迭代次数或前、后两次迭代结果的差异小于某个阈值等，确定算法何时停止迭代。

RL 算法是一种基于期望最大化的经典图像复原方法，以泊松噪声模型作为假设，可通过不断迭代更新未退化图像的估计值，能够适用于多种图像退化模型，鲁棒性较好。然而，对于不同退化类型的图像和其他噪声类型，若寻求算法性能的最优，还需根据实际任务进行调整和优化。

4.2 运动模糊图像的复原方法

运动模糊是由于相机与被拍摄对象的相对运动引起的图像模糊，是成像设备拍摄过程中面临的主要挑战，它会严重影响所拍摄照片与视频的清晰度。视频或图像采集时，相机曝光时间不能无限地“短”。相机快门会在曝光时段保持开启状态，图像上任一点的曝光是由该时间间隔的瞬时曝光量积分得到的。显然，若此时相机与景物之间发生相对运动，会造成图像降质，即运动模糊，也被称为像移模糊。特别在低光条件下，相机曝光时间较长，模糊现象更为严重。运动模糊在各种应用场景的拍摄过程中都十分常见，例如航空遥感、体育活动摄影、自动驾驶等。模糊的图像与视频既无法满足人眼观看需求、也不适用于后续的智能处理。因此，图像去模糊技术是一项具有重要意义的研究工作。

4.2.1 运动模糊图像的退化模型

运动模糊是在拍摄过程中场景与相机发生了相对运动引起的，而点扩散函数是描述模糊过程的关键因素，本节将介绍几种典型运动模糊的图像退化点扩散函数。

1. 匀速直线运动的点扩散函数

在所有的运动模糊中，由匀速直线运动引起的模糊图像的复原问题更具有一般性和普遍意义，因为其他变速、非直线运动在某些条件下可以被分解为分段匀速直线运动。将退化点扩散函数记作 $h(x, y)$，假设图像 $f(x, y)$ 与相机之间的相对运动仅发生在 $x-y$ 平面内，且可以用匀速直线运动来描述。记在 x、y 方向上的运动分量分别为 $x_0(t)$、$y_0(t)$，T 为运动时间，模糊图像设为 $g(x, y)$。则运动模糊图像 $g(x, y)$ 的连续函数模型可描述如下：

$$g(x, y)=\int_0^T f[x-x_0(t), y-y_0(t)]\mathrm{d}t \tag{4-15}$$

如果引起图像模糊的相对运动是 x 方向上的匀速直线运动，在曝光时间 T 的时间间隔内，图像相对位移总量为 a，则在 t 时刻相对运动距离为 $x_0(t)=at/T$。模糊图像 $g(x, y)$ 上任意像点的灰度值可采用以下积分计算：

$$g(x, y)=\int_0^T f[x-\frac{at}{T}, y]\mathrm{d}t \tag{4-16}$$

若通过卷积模拟水平方向上由相对匀速直线运动引起的图像模糊，在不考虑噪声的

情况下，点扩散函数可以定义为

$$h(x, y)=\begin{cases}1/L & 0 \leqslant x \leqslant L \\ 0 & \text{其他}\end{cases} \tag{4-17}$$

更进一步，如果相对运动是发生在任意方向上的匀速直线运动，点扩散函数可以表达如下：

$$h(x, y)=\begin{cases}1/L & \sqrt{x^2+y^2} \leqslant L \text{ 且 } y/x=\tan\theta \\ 0 & \text{其他}\end{cases} \tag{4-18}$$

其中，θ 是运动方向与 x 轴正向的夹角；x 和 y 分别表示坐标系的水平坐标轴与垂直坐标轴。

2. 旋转运动的点扩散函数

与匀速直线运动模型不同，旋转运动是一种空间可变的运动。图像模糊呈现出距离旋转中心越远、模糊越严重的特点。这种情况下，在不同的模糊路径上会具有不同的模糊参数。

假设 $f(x, y)$ 是原始图像，$g(x, y)$ 为由于相对旋转运动引起的退化图像。本节仅考虑沿某条圆弧上的模糊图像退化模型，该圆弧代表着一条模糊路径。设圆弧半径为 r，曝光时间为 T 内，相对旋转运动的角速度为 ω，则模糊角度为 $\theta=\omega T$ 弧度，在该模糊路径上的模糊尺度为 $N_r=r\theta$。基于以上假设，退化图像 $g(x, y)$ 的极坐标形式可以表示为

$$g(r, \theta)=\frac{1}{T}\int_0^T f(r, \theta-\omega t)\mathrm{d}t \tag{4-19}$$

令 $l=r\theta$、$s=r\omega t$，整理式(4-19)并将半径 r 表示为下标，则旋转运动模糊的连续退化模型可以表达为

$$g_r(l)=\frac{1}{N_r}\int_0^{N_r} f_r(l-s)\mathrm{d}s \tag{4-20}$$

综上，点扩散函数描述了点源在成像过程中的传递过程，其模型的估计是图像去模糊技术的核心问题。计算机视觉领域以小孔成像模型描述成像过程，其透视投影模型属于一种非线性变换。即便是相机与景物之间的相对运动属于线性运动，该运动投影在二维图像平面也是一个复杂的非线性运动模型。因此，由运动引起图像退化点扩散函数的估计，是一个十分具有挑战性的难题。

4.2.2　匀速直线运动模糊复原

当相机与场景的相对运动是匀速直线时，引起运动模糊的点扩散函数如式(4-18)所示。通常，图像复原的质量取决于对实际相对运动信息掌握的准确程度。因此，在实际任务中，首先要获取运动参数，然后在此基础上完成运动模糊图像的复原。

1. 运动模糊图像的频谱特征分析

对于线性移不变运动模糊，假设在曝光实际时间 T 内像移的大小为 L，退化函数

$H(u, v)$ 可由点扩散函数 $h(x, y)$ 的傅里叶变换得到：

$$H(u, v) = \frac{\sin[\pi(u\cos\theta + v\sin\theta)L]}{\pi(u\cos\theta + v\sin\theta)L} e^{-j\pi(u\cos\theta + v\sin\theta)L} \tag{4-21}$$

若相对运动仅沿 x 轴方向发生，即 $\theta=0°$时，式可(4－21)以简化为

$$H(u, v) = \frac{\sin(\pi uL)}{\pi uL} e^{-j\pi uL} \tag{4-22}$$

$H(u, v)$ 的频谱幅值 $|H(u, v)|$ 为

$$|H(u, v)| = \left|\frac{\sin(\pi uL)}{\pi uL}\right| \tag{4-23}$$

由式(4－23)可以看出，频谱中 $|H(u, v)|$ 的 0 点位置分布在 $u = 1/L$ 处，在频谱图上表现为暗条纹。像移 L 的值越大则条纹间距越小、条纹越密集；反之则条纹间距越大、条纹越稀疏。图 4－3 展示了对一幅理想图像进行运动模糊仿真的图像模糊效果与对应的频谱图。第一组实验中，假设相对运动仅发生在水平方向，即 $\theta=0°$，同时设计像移 $L=10$ 像素和 $L=25$ 像素，利用式(4－22)定义的退化函数得到运动模糊图像。此时传递函数在 u 轴的 $u=1/L$ 处存在零点，在频谱图上反映为竖直方向上分布的暗纹。同时，像移 L 越大，图像越不清晰，且频谱图中相邻暗纹之间的距离越小。

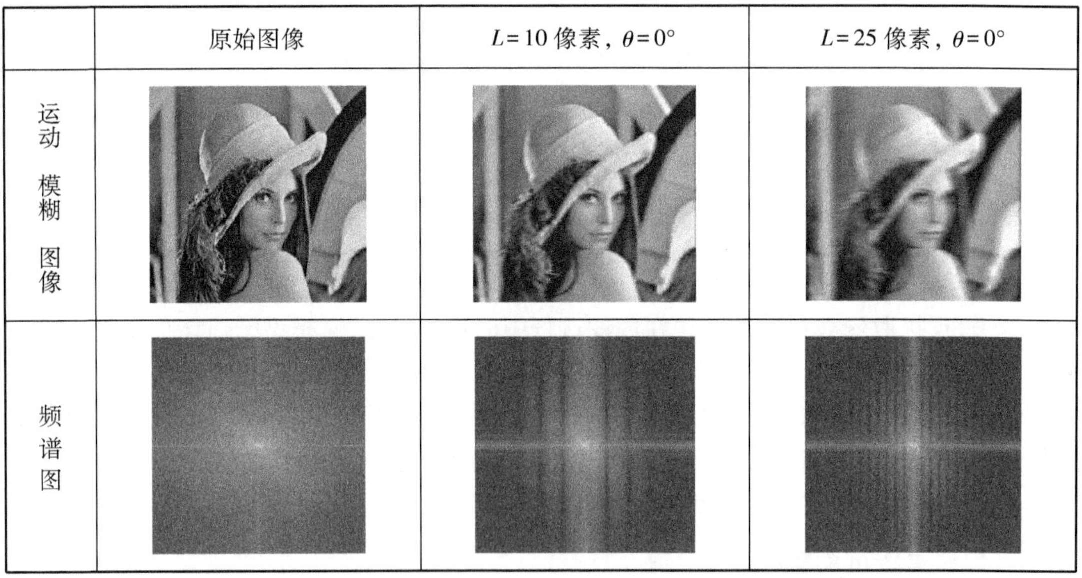

图 4－3　不同像移条件下运动模糊图像及其频谱仿真

在第二组仿真实验中，假设像移 $L=20$ 像素保持不变，让相对运动方向发生变化，即令 $\theta=30°$、$\theta=90°$、$\theta=180°$，利用式(4－21)定义的退化函数得到运动模糊图像。如图 4－4 所示，3 幅仿真图像的频谱为与各自运动方向垂直的平行条带。由于像移值保持不变，3 幅频谱图中的暗条纹间距是一样的。

	$L=20$ 像素，$\theta=30°$	$L=20$ 像素，$\theta=90°$	$L=20$ 像素，$\theta=180°$
运动模糊图像			
频谱图	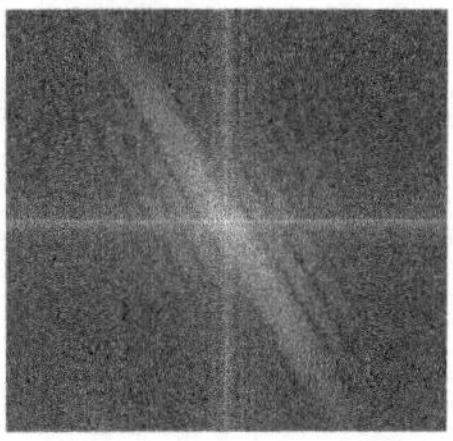	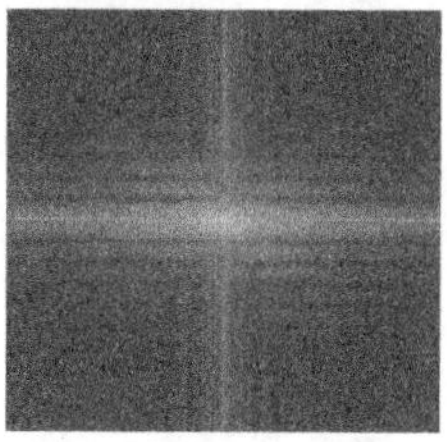	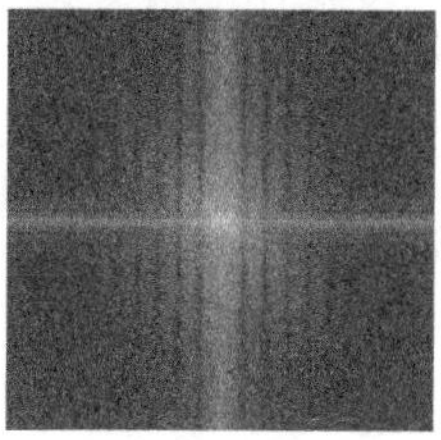

图 4－4　不同旋转角度仿真图

以上仿真实验直观地说明，运动模糊图像频谱图的暗条纹分布与运动模糊的相对运动参数直接相关。因此，可以通过检测频谱图中的平行条带的参数得到点扩散函数的估计值。其中，比较直接的方法是在频谱图中进行直线检测，以确定暗条纹之间的距离及暗条纹的角度。以下介绍一种基于 Hough 变换的点扩散函数参数估计方法。

2. 基于 Hough 变换的点扩散函数参数估计方法

由上文可知，任意方向上的匀速直线运动模糊的图像在其频谱图上都呈现出相互平行的暗条纹，相邻暗条纹之间的距离和模糊范围成反比、暗条纹的方向与运动方向相垂直。因此，基于 Hough 变换的运动模糊参数估计首先需要对运动模糊图像进行 FFT 变换与频谱图预处理，以确保频谱图中的平行暗条带能够被检测得到。其中，可以采用灰度拉伸增加平行暗条带与背景的灰度差，也可以采用平滑滤波器对频谱图进行平滑操作，以降低频谱图中的椒盐噪声。然后，利用 Canny 边缘检测算子提取频谱图中的各条带边缘信息。

将检测得到的所有边缘点通过 Hough 变换映射到 Hough 空间。通过预先设定的阈值，在 Hough 空间中统计数值超过阈值的点，并将这些点的位置记录下来。通过反变换，每一个点的位置信息转化到频谱图中，对应于一条频谱图上的直线。分离出所需直线，计算平行条带的角度 θ，并提取距离频谱图中心最近的两条平行条带对应的两组直线，即为求解像移 L 所需的直线。最后通过获得的点扩散函数，采用维纳滤波、RL 算法等对运动模糊图像进行滤波复原。

4.2.3　基于深度学习的去运动模糊算法

实际上，运动模糊图像的点扩散函数十分复杂，不可能用理想的匀速运动进行描述。大部分情况下，点扩散函数是未知的。点扩散函数未知的图像复原技术也被称为图像盲复原技术。早期的盲图像去模糊方法侧重于去除均匀的模糊核。然而，实际拍摄的模糊图像中的不同局部区域由不同的模糊核生成。因此，模糊核是非均匀的。

为了解决盲图像的去模糊问题，近几年研究人员提出了一系列基于深度学习的图像去模糊算法,并在 2015 年以后得到了快速地发展。这类算法在结构上涵盖了 CNN、GAN、Transformer 等多种网络架构,其发展脉络如表 4-2 所示。在算法验证的数据集方面,表中的“卷积合成”指通过卷积核卷积的方式由清晰图像合成了模糊图像;“平均合成”指通过多帧图像取平均的方式合成了模糊图像。

表 4-2 基于深度学习的去运动模糊算法发展脉络

算法名称	发表时间	数据集	算法结构	核心思想
MRFCNN[5]	2015 年	卷积合成	CNN	卷积网络从图像的局部区域估计运动模型,采用马尔科夫随机场模型预测运动模糊场
NDEBLUR[6]	2016 年	卷积合成	CNN	训练网络以生成反卷积滤波器的傅里叶系数,作用于输入的图像块
MSCNN[7]	2017 年	平均合成	MS-CNN	采用多尺度 CNN 生成多分辨率的清晰图像的预测值
DeblurGAN[8]	2018 年	平均合成	GAN	由生成器获得清晰图像的预测值,由判别器计算预测图像和真值图像之间的差距
DBRBGAN[9]	2020 年	平均合成	GAN	利用 BGAN 和 DBGAN 两个网络,分别学习模糊和去模糊
Stripformer[10]	2022 年	平均合成	Transformer	通过带内和带间注意力刻画模糊的方向;利用其堆叠结构获取图像模糊程度

1. DeblurGAN 算法

DeblurGAN(deblur generative adversarial network)[8]是一种基于生成对抗网络的端到端学习方法。将模糊图像输入 DeblurGAN 生成器网络,输出清晰图像的预测结果。由判别器网络输出清晰图像预测值和清晰图像真值之间的距离。总损失函数包括判别器的 WGAN-GP(wasserstein generative adversarial network-gradient penalty)损失和感知损失两个部分,如图 4-5 所示。在算法的模型推理过程中,仅保留生成器网络。

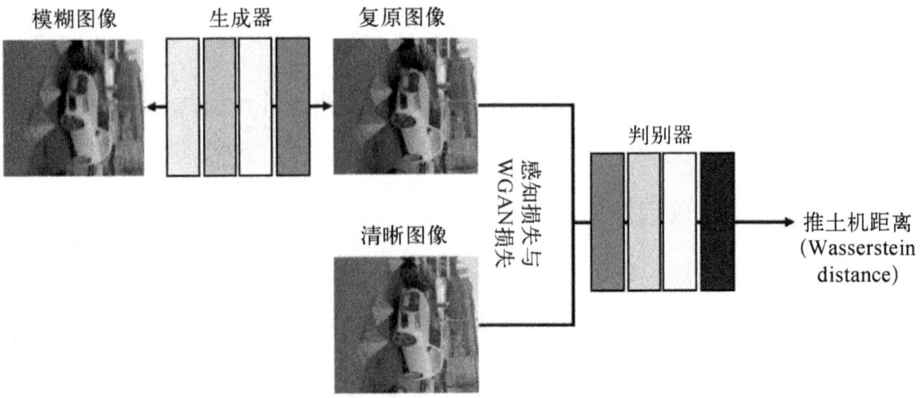

图 4-5 DeblurGAN 网络结构图

DeblurGAN 的生成器网络结构如图 4－6 所示，它包含 2 个卷积单元、9 个残差单元及 2 个反卷积单元。其中，卷积单元负责提取输入图像的特征；残差单元有助于加深网络、提高学习性能；反卷积单元用于上采样特征图，以逐渐提升图像的空间分辨率、恢复图像的细节。网络结构的整体设计旨在平衡特征提取、图像重建和细节保留的需求。

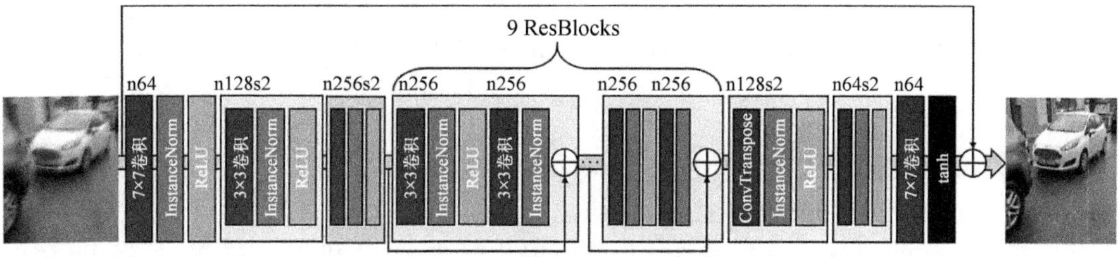

图 4－6　DeblurGAN 的生成器网络结构图

WGAN－GP 损失对生成器架构的选择具有一定的鲁棒性。该损失计算如下：

$$L_{\mathrm{GAN}} = \sum_{n=1}^{N} - D_{\theta_D}(G_{\theta_G}(I^B)) \tag{4-24}$$

其中，D_{θ_D} 表示判别器网络；G_{θ_G} 表示生成器网络；I^B 表示模糊图像。

通常，内容损失函数会采用 RGB 图像的平均绝对误差（mean absolute error，MAE）与均方误差（mean square error，MSE）。然而，这类函数作为唯一优化目标会导致生成的图像上出现模糊伪影。为了衡量清晰图像预测值与清晰图像真值之间的内容偏差，DeblurGAN 采用了感知损失，其定义如下：

$$L_X = \frac{1}{W_{i,j}H_{i,j}} \sum_{x=1}^{W_{i,j}} \sum_{y=1}^{H_{i,j}} \left(\phi_{i,j}(I^S)_{x,y} - \phi_{i,j}(G_{\theta_G}(I^B))_{x,y}\right)^2 \tag{4-25}$$

其中，$\phi_{i,j}$ 是在 VGG19 网络中第 i 个最大池化层之前，通过第 j 次卷积获得的特征映射。VGG19 网络需要在 ImageNet 上预训练，$W_{i,j}$ 和 $H_{i,j}$ 是特征映射的维度。

2. Stripformer 算法

Stripformer[10] 是一种基于 Transformer 的图像去模糊算法。其核心思想是通过计算带内注意力和带间注意力来重新加权图像特征，并刻画模糊的方向；通过不断地堆叠带内注意力和带间注意力模块来计算模糊的强度。与其他基于 Transformer 的方法相比，Stripformer 具有参数量更少、计算成本更低的优点。如图 4－7 所示，Stripformer 采用了编码-解码残差结构，Feature Embedding Blocks（FEBs）用于提取 Embedding 特征；中间层进行卷积操作，堆叠带内注意力和带间注意力机制。该算法使用 2 个 FEB 模块，每个 FEB 由一层卷积和三个残差块组成，确保原始图像空间信息不丢失。而其他的一些基于 Transformer 的方法会直接将一幅图像展成一个个独立的 Token，破坏了图像空间像素之间的相关性，且这种自注意力的计算需要庞大的参数量。

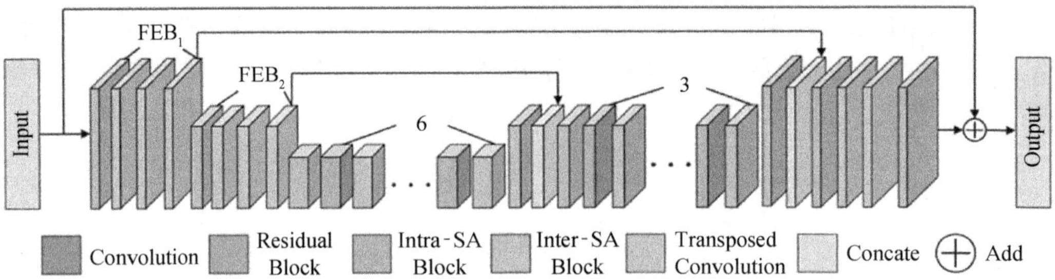

图 4－7 Stripformer 的网络架构[10]

在损失函数部分，通过在特征空间中拉近相似特征对，并推开不相似特征对，使清晰图像预测值与清晰图像真值尽量接近，并与输入的模糊图像进行区分。设输入的模糊图像为 X，清晰图像的预测值为 R，清晰图像真值为 S，其中 X、R 和 $S \in \mathbf{R}^{H\times W\times 3}$。将 X、R 和 S 视为负样本、锚样本和正样本，则对比损失定义如下：

$$L_{\mathrm{con}} = \frac{L_1(\psi(S) - \psi(R))}{L_1(\psi(X) - \psi(R))} \tag{4-26}$$

其中，ψ 表示从预训练 VGG－19 网络 conv3－2 中提取的隐藏特征；$L_1(\cdot)$ 代表 L_1 范数。式(4－26)中，对 L_{con} 的最小化使预测值 R 与真值 S 尽量接近，且在特征空间中令预测值 R 与模糊图像 X 尽量远离。总损失函数定义如下：

$$L = L_{\mathrm{char}} + \lambda_1 L_{\mathrm{edge}} + \lambda_2 L_{\mathrm{con}} \tag{4-27}$$

其中，L_{char} 和 L_{edge} 是 Charbonnier 损失。

4.2.4 去运动模糊数据集

为了促进图像去运动模糊研究工作的进展，研究人员陆续发布了一系列数据集，包括 GoPro、Realblur、HIDE 等。

1. GoPro 数据集[7]

该数据集使用 GoPro4 Hero Black 相机生成，采用 240 帧/秒的帧频录制视频，以捕捉快速运动画面的细节。为了模拟不同程度的运动模糊，通过对 7～13 个连续帧取平均值，产生一系列具有不同模糊强度的图像。例如，取 15 幅连续帧的平均值，可以模拟相机以 1/16 快门速度拍摄照片的模糊效果，而相应的清晰图像则对应于 1/240 快门速度下的照片。这种构造方法能够使数据集尽量涵盖各种模糊程度的图像。该数据集由一一对应的模糊图像与清晰图像真值组成。

GoPro 数据集共包含了 3 214 对模糊图像和清晰图像真值，图像分辨率为 1 280×720。训练集与测试集的分配情况如表 4－3 所示，在全部的 33 段视频序列中，22 段被作为训练集、11 段被作为测试集；在全部的 3 214 个图像对中，2 103 对被作为训练集，1 111 对被作为测试集。

表 4－3　GoPro 数据集总体情况

数据类型	训练集数量	测试集数量	数据总量
视频序列(段)	22	11	33
图像对(对)	2 103	1 111	3 214

2. Realblur 数据集[11]

Realblur 数据集是第一个用于去运动模糊的真实拍摄的、大规模图像数据集。该数据集中的运动模糊图像均为相机真实拍摄的数据,而不是人工合成的仿真数据。为了满足网络训练的需要,真实拍摄的运动模糊图像数据集需满足以下要求：首先,图像采集条件应包括运动模糊最频繁发生的弱光环境;其次,作为真值的清晰图像中的噪声水平应该尽量低;最后,一一对应的模糊图像与作为真值的清晰图像组成图像对,每对图像都应该进行光度校准。

Realblur 数据集由 232 个不同场景的 4 738 对图像组成,包括图像内容相同的两个子集。其中的一个子集由相机采集的原始图像生成,命名为 RealBlur－R;另一个子集是由相机 ISP(image signal processor)处理得到的 JPEG 格式的图像组成,命名为 RealBlur－J。Realblur 数据集的训练集共有 3 758 个图像对;测试集包括 980 个图像对。

3. HIDE 数据集[12]

HIDE 数据集关注动态条件下的去模糊问题,侧重解决由成像设备与场景之间的相对运动引起的多重模糊问题,包括相机抖动和物体移动。为了充分捕捉由无源设备干扰和主动行动引起的动态模糊,HIDE 数据集涵盖了广角和近距拍摄的场景,可用于帮助解决人类视觉感知的运动去模糊问题。该数据集通过计算视频中 11 个连续帧的平均值来合成仿真的模糊图像,并将其中的中心帧作为清晰图像的真值。

该数据集包括了两个子集 HIDE1 和 HIDE2,分别为 1 304 对广角远景图像及 7 118 对近距离场景图像。在全部的 8 422 组图像对中,6 397 组图像对被分为训练集;2 025 组图像对被分为测试集。此外,该数据集还特别针对人群拥挤与分散程度、广角远景与近距离场景的拍摄条件进行了场景类型划分,总体情况如表 4－4 所示。

表 4－4　HIDE 数据集总体情况

HIDE	人 (分散/拥挤)	物体深度 (远景/特写)	数据集拆分 (训练/测试)
8 422 对	4 202 对/4 220 对	1 304 对/7 118 对	6 397 对/2 025 对

4.3　大气湍流图像复原方法

由于大气湍流具有不确定性,因此难以为其建立准确的物理模型。大气是自然界中的一种连续介质,光束在大气中传输始终会受到两方面影响。一方面,由于大气中化学物质对光的吸收和散射,光束的能量会被削减;另一方面,因为大气属性不断发生变化,光线传输方向、相位和振幅随之变化。例如,影响大气折射率的直接因素是大气的密度。大气密度会随高度、温度的变化而变化。光线在大气中传播时,大气折射率的不同引起光传播方向的变化,导致观测到的影像出现模糊、畸变或亮度不均匀等现象,即图像发生了大气湍流退化。在自然界中,这种现象在夜晚晴朗的星空和夏天炎热的地表上都有明显表现,例如星星闪烁和物体影像扭曲等。为了提升图像质量、恢复原始图像数据,就需要研究针对大气湍流退化的图像复原技术。

4.3.1 大气湍流图像复原的基本概念

在户外执行某些远距离光电探测任务时,大气压力、温度、湿度和二氧化碳浓度等条件的随机波动,引发大气介质密度和折射率的变化,导致光线的传播路径持续改变,图像序列通常会出现模糊、抖动和畸变等退化现象,进而产生严重的图像降质。图 4-8 示意了大气湍流导致的图像退化效果。

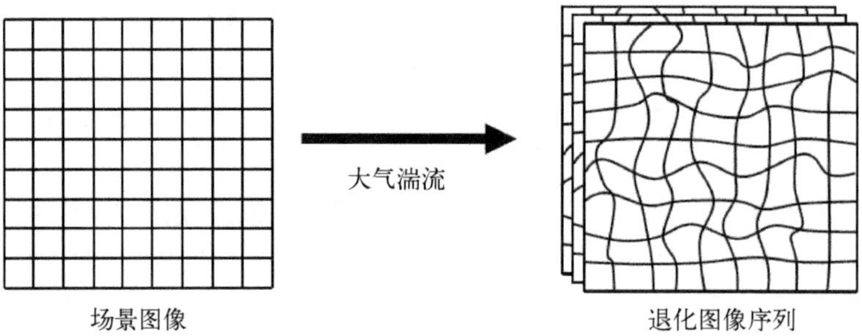

图 4-8 大气湍流引起图像退化的示意图

由于大气湍流的非均匀性和随机性,降质图像会同时包含非刚性几何畸变与随时空变化的各种模糊效应,且难以建立精确的物理模型。因此,大气湍流图像复原任务极具挑战性。

研究表明,光在大气中传播时受到大气湍流效应的干扰,导致光束扩展和到达角起伏等光传播效应。这些效应引发了图像的模糊、抖动、扭曲和变形等退化现象。以下简要介绍光束扩展和到达角起伏的基本物理概念。

光束扩展指的是光在传播过程中,由大气湍流效应引起的光束蔓延与扩散现象。该现象影响光的聚焦能力,并导致图像模糊和扩散。

到达角起伏是指光在传播过程中,大气湍流效应导致光线的到达角度产生波动的现象。光束到达目标的角度在空间和时间上持续波动,在数学上描述如下:

$$\theta(x, y, t) = \theta_0 + \delta\theta(x, y, t) \tag{4-28}$$

其中,$\theta(x, y, t)$ 是光束到达角度;θ_0 是平均到达角度;$\delta\theta(x, y, t)$ 描述了到达角度的波动。光束到达角的波动对图像的清晰度和稳定性都会产生影响。

4.3.2　大气湍流退化函数的建模方法

本节将介绍经典的大气湍流退化图像复原方法 Lucky Region 算法[13]。

Lucky Region 算法主要用于处理短曝光条件下的大气湍流退化图像，通过融合连续多帧图像，补偿大气湍流造成的图像畸变，从而获得清晰的复原图像[13]。

短曝光大气湍流退化图像主要表现为图像局部上的畸变、抖动和光照不均匀。由于湍流的随机性，连续多帧图像之间畸变的程度和位置往往是独立的，即图像帧之间存在着互补性。基于这一特点，若能够提取出每帧图像中的清晰区域并将图像序列重新组合，就可以获得清晰的去湍流图像。这也是 Lucky Region 图像融合技术的设计思想。

该算法首先引入图像质量映射（image quality map，IQM），在短曝光大气湍流退化的视频流中选择质量较优的图像，并提取其中的清晰区域。IQM 由局部图像质量定义，设 $\boldsymbol{r}=(x,\ y)^{\mathrm{T}}$ 为图像像素的空域坐标值，在数学上图像质量映射 $M(\boldsymbol{r})$ 被定义为图像空域变化质量矩阵 $J(\boldsymbol{r})$ 和高斯核 $G(\boldsymbol{r},\ \alpha)$ 的卷积：

$$M(\boldsymbol{r})=\iint J(\boldsymbol{r}')G(\boldsymbol{r}-\boldsymbol{r}',\ \alpha)\mathrm{d}\boldsymbol{r}' \tag{4-29}$$

其中，高斯核 $G(\boldsymbol{r},\ \alpha)=\exp[-(x^2+y^2)/\alpha^2]$，$\alpha$ 是一个尺度因子，用以控制核的大小。$M(\boldsymbol{r})$ 可以量化以 $\boldsymbol{r}$ 为原点、α 为半径的范围内图像的质量。$J(\boldsymbol{r})$ 通常采用图像梯度值进行定义：

$$J(\boldsymbol{r})=\frac{|\nabla f(\boldsymbol{r},\ t)|}{\int f(\boldsymbol{r},\ t)\mathrm{d}\boldsymbol{r}} \tag{4-30}$$

其中，∇代表梯度向量算子，$f(\boldsymbol{r},\ t)$ 表示在 t 时刻采集的大气湍流退化图像。

Lucky Region 区域的图像融合过程由以下演变方程控制：

$$\frac{\partial f_F(\boldsymbol{r},\ t)}{\partial t}=-\Delta(\boldsymbol{r},\ t)[f_F(\boldsymbol{r},\ t)-f(\boldsymbol{r},\ t)] \tag{4-31}$$

其中，$f_{\mathrm{F}}(\boldsymbol{r},\ t)$ 表示融合后的图像；$\Delta(\boldsymbol{r},\ t)=\delta(\boldsymbol{r},\ t)/\max_{(\boldsymbol{r},\ t)}[\delta(\boldsymbol{r},\ t)]$ 表示归一化后的各向异性增益，用于控制图像融合过程中每个 Lucky Region 区域的权重。其中 $\delta(\boldsymbol{r},\ t)$ 定义为

$$\delta(\boldsymbol{r},\ t)=\begin{cases}M(\boldsymbol{r},\ t)-M_F(\boldsymbol{r},\ t) & 当\ M(\boldsymbol{r},\ t)>M_F(\boldsymbol{r},\ t)\\ 0 & 其他\end{cases} \tag{4-32}$$

其中，$M(\boldsymbol{r},\ t)$ 和 $M_F(\boldsymbol{r},\ t)$ 分别表示退化图像 $F(\boldsymbol{r},\ t)$ 和融合图像 $F_F(\boldsymbol{r},\ t)$ 的 IQM。计算过程中，通过对 $\Delta(\boldsymbol{r},\ t)$ 的控制，使得每帧图像中质量好的区域被保留下来，以完成后续图像融合的过程。

假设一段视频流包含 N 幅连续短曝光大气湍流退化图像，图像融合过程由以下迭代递推关系式表达：

$$f_F^{n+1}(\boldsymbol{r})=[1-\Delta^n(\boldsymbol{r})]f_F^n(\boldsymbol{r})+\Delta^n(\boldsymbol{r})f^n(\boldsymbol{r}) \tag{4-33}$$

其中，$\Delta^n(\boldsymbol{r})$ 表示第 n 次融合时的各向异性增益。图像融合前需要设置初始值 $f_F^0(\boldsymbol{r})$，通常可将其设置为多幅待融合图像的平均值。在该算法中，高斯核的尺度因子 α 的取值非常重要。若 α 取值较大，将会在每幅图像中提取更多的区域进行融合，复原图像纹理过度平滑、细节不够锐利；若 α 取值较小，则复原图像的细节丰富，但在边缘处会出现“重影”现象。α 的取值也可以通过人机交互的方式来确定，以寻求最佳的复原效果。

图 4－9 展示了一组利用该算法复原大气湍流退化图像的实验结果。图 4－9(a) 为输入的单幅短曝光大气湍流退化图像，图 4－9(b) 为复原图像。相比于输入图像，复原图像的细节展示度更好、图像整体清晰度更高。

(a) 输入的短曝光大气湍流退化图像

(b) 输出的复原图像

图 4－9　采用 Lucky Region 方法复原湍流退化图像的实验结果

Lucky Region 算法的所有计算均在空域上进行。与频域滤波类算法相比，其计算量较小。而且可以通过迭代递推的方式及控制融合核尺寸的手段实现实时的图像复原。但该算法也存在一定的局限性。首先，Lucky Region 算法仅适用于相机和景物相对静止的场景。其次，在选择 Lucky Region 区域时，仅考虑了图像梯度和边缘信息，这些信息对噪声都是极为敏感的。因此，当图像受到严重噪声污染时，Lucky Region 区域定位的鲁棒性不足，会严重影响图像复原效果。

4.4　图像去雾算法

光线在雾、霾等天气中传播时，不仅会被空气中的悬浮粒子吸收与散射，还会受到杂散的环境光影响，引起图像降质。此时，图像的降质主要体现在三个方面：细节损失、对比度下降和颜色偏移。这些现象不仅影响视觉感知，还大幅增加了后续目标探测等视觉任务的难度。现实场景中，飞机上拍摄的遥感图像常受到雾霾干扰，图像质量和解译结果进而受严重影响。因此，图像去雾始终是一个具有重要理论意义和实际应用价值的研究方向。

4.4.1　雾霾图像大气退化模型

雾与霾有诸多相似之处，二者都是因为空气中悬浮粒子增多而产生的天气现象，通常会导致能见度下降。但二者也存在不同，雾中的悬浮粒子主要是尺寸为 1～10 μm 的小水滴；而霾主要由尺寸为 0.01～1 μm 的小水滴或凝结核组成。实际环境中，二者往往同时存在。雾霾天气下采集的图像通常具有低对比度、色彩失真和细节模糊等特点，其退化复原方法在图像复原领域统称为图像去雾算法。

1. 衰减模型

光线在空气传播中的第一个重要模型是衰减模型，它描述了光的强度会随着传播距离的增加而不断衰减。如图 4－10 所示，一束平行光线入射到含有粒子的空气介质中。假设该介质的有效截面为单位面积，且场景与成像设备之间的空气介质是完全均匀的。当光束穿过一个极小的横截面时，在 $x=d$ 位置处的光线强度 $E_{dt}(d, \lambda)$ 为

$$E_{dt}(d, \lambda)=E_0(\lambda)e^{-\beta(\lambda)d} \tag{4-34}$$

其中，λ 为入射光的波长；$E_0(\lambda)$ 表示光线未进入该空气介质传播时的光强，即场景中物体表面的反射光强；$\beta(\lambda)$ 为衰减因子，也被称为全散射系数，描述了单位体积内空气悬浮粒子对入射光线的散射能力。$E_{dt}(d, \lambda)$ 表示 $E_0(\lambda)$ 在经过全散射系数为 $\beta(\lambda)$ 的空气介质传播距离 d 后的光强。

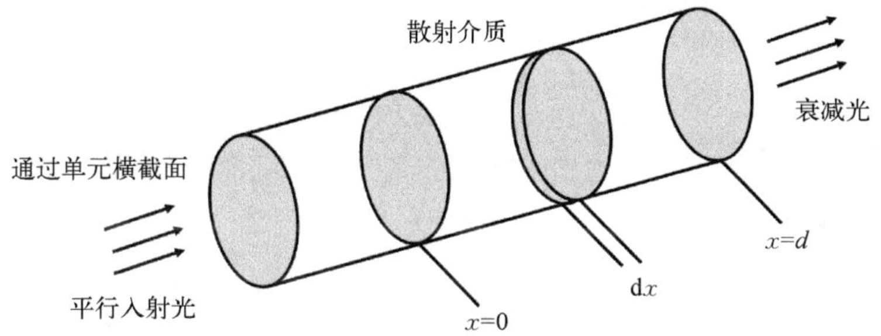

图 4－10　平行光束衰减模型

假设不考虑光线在物体表面引起的漫反射现象，光线以平行光形式通过空气介质传播，入射至成像设备。在传播过程中，光强会不断衰减，衰减程度与传播距离成指数关系。特别需要说明的是，本节描述的衰减过程仅适用于轻度至中度雾霾天气条件。在某些情况下，如浓雾天气，由于多散射现象极为严重，式(4－34)定义的指数衰减模型不再适用。

2. 大气光模型

大气光模型是雾霾天气成像的另一个重要模型。在场景反射光在沿着成像光路传播至成像设备的过程中，周围光路或其他光源的光线会经散射进入成像光路，并参与最终成像，如图 4－11 所示。由于大气中存在着大量如气溶胶、水滴、冰晶等粒子，造成环境光的散射，使得大气在成像过程中表现出光源的性质，也由此定义了大气光模型。环境光的来源多种多样，主要包括太阳光直射、天空散射光和地面反射光。尽管衰减模型使场景反射光的强度不断降低，但大气光强度却在逐渐增加，导致成像后某些像素的亮度会随着拍摄距离的增大而增加。

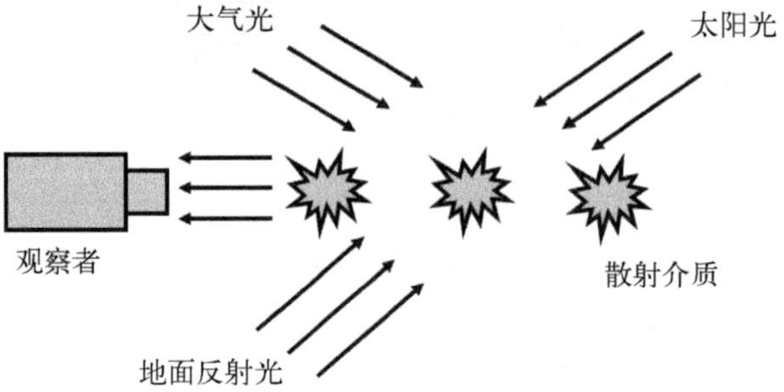

图 4-11　大气光模型光示意图

照度与成像系统的几何关系如图 4-12 所示。假设成像设备视场内的环境光是恒定的,但其方向、强度和波长未知。将成像设备的视场描述为一个圆锥体,则距离成像设备 x 处的体积微元 $\mathrm{d}V$ 可视为强度为 $\mathrm{d}E(x,\ \lambda)=\mathrm{d}wx^2\mathrm{d}xk\beta(\lambda)$ 的大气光源。其中,$\mathrm{d}w$ 为体积微元的立体角,若体积微元的底面积为 S,满足等式 $\mathrm{d}w=S/x^2$;k 表示光源常量;$\mathrm{d}x$ 为体积微元的高度。若将大气光源简化为单位面积的点光源,可由衰减模型式(4-34)计算得到到达探测器的光强为 $\mathrm{d}E_a(x,\ \lambda)=\mathrm{d}E(x,\ \lambda)\mathrm{e}^{-\beta(\lambda)x}/S=k\beta(\lambda)\mathrm{e}^{-\beta(\lambda)x}\mathrm{d}x$。然后,在区间 $[0,\ d]$ 对变量 x 积分,得到沿该光路入射到成像设备的光强为

$$E_a(d,\ \lambda)=k(1-\mathrm{e}^{-\beta(\lambda)d}) \tag{4-35}$$

当 $d=\infty$ 时,大气光强为其极限值:$E_{\infty}(\lambda)=k$。将 $k=E_{\infty}(\lambda)$ 代入式(4-35),则有

$$E_a(d,\ \lambda)=E_{\infty}(\lambda)(1-\mathrm{e}^{-\beta(\lambda)d}) \tag{4-36}$$

式(4-36)通常称为大气光模型。

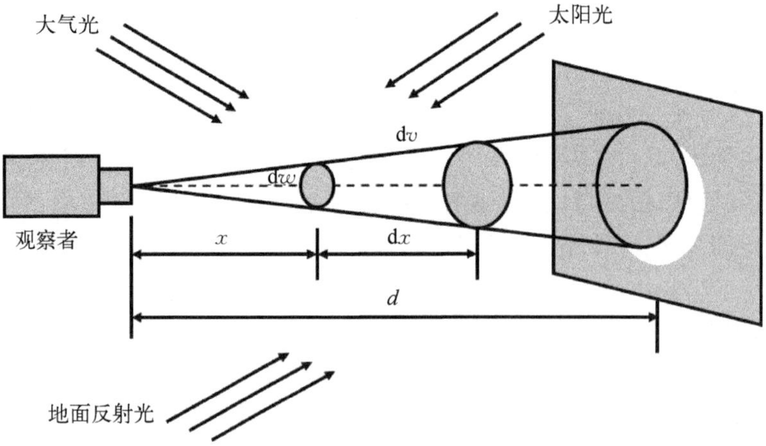

图 4-12　照度与成像系统的几何关系

3. 雾天图像成像模型

一般情况下,衰减模型与大气光模型共同作用于成像过程。本节将结合衰减模型与大气光模型,探讨空气散射、成像距离等因素与图像对比度、色彩的关系。设 λ 为入射光

的波长，d 为光线在介质中的传播距离。在雾天条件下相机接受的光强 $E(d,\lambda)$ 为场景反射光衰减后剩余的光强 $E_{dt}(d,\lambda)$ 与大气光强度 $E_a(d,\lambda)$ 之和，即

$$E(d,\lambda)=E_{dt}(d,\lambda)+E_a(d,\lambda) \tag{4-37}$$

其中，

$$\begin{cases}E_{dt}(d,\lambda)=E_{\infty}(\lambda)\rho e^{-\beta(\lambda)d}\\E_a(d,\lambda)=E_{\infty}(\lambda)(1-e^{-\beta(\lambda)d})\end{cases} \tag{4-38}$$

假设图像亮度与相机接受的光强成正比。因此，像素的亮度 I 可以表达为

$$I=I_{\infty}\rho e^{-\beta d}+I_{\infty}(1-e^{-\beta d}) \tag{4-39}$$

其中，I_{∞} 为天空亮度，也称空气光，通常为一个全局恒定值；ρ 为场景反射率；$I_{\infty}\rho e^{-\beta d}$ 表示场景反射光在介质中传播距离 d 被衰减后对像素亮度的贡献；$I_{\infty}(1-e^{-\beta d})$ 表示大气光对像素亮度的贡献，是引起有雾图像发生色偏的主要原因，其值也可以间接反映出相机的拍摄距离。令 $f(x)=I$ 表示输入的有雾图像的亮度值、$J(x)=I_{\infty}\rho$ 表示清晰原始图像的亮度值、$t(x)=e^{-\beta d}$ 表示衰减过程的光学传递函数、$A=I_{\infty}$ 表示天空亮度，则式(4－39)可重写为

$$f(x)=J(x)t(x)+A(1-t(x)) \tag{4-40}$$

式(4－40)是图像去雾算法的基本成像模型，也常被作为研究雾天成像原理与设计去雾算法的理论依据。由式(4－40)整理得到光学传递函数 $t(x)$ 为

$$t(x)=\left\|\frac{A-f(x)}{A-J(x)}\right\| \tag{4-41}$$

若能获得天空亮度 A 与图像中所有像素的光学传递函数 $t(x)$，即可恢复出无雾的清晰原始图像 $J(x)$。

4.4.2　基于大气散射模型的去雾图像复原

式(4－40)是设计基于大气散射模型的去雾算法的理论依据。其核心思想是通过分析像素的灰度分布和颜色信息，估计各像素的透射率，并以此调整图像的亮度和对比度，以减少雾霾效应。

暗通道去雾是一种经典的去雾算法[14]，由何凯明等于 2010 年提出。该算法基于一种暗通道先验，通过分析像素在暗通道上的最小值来估计场景的全局透射率，从而去除图像中的雾霾效应。

1. 暗通道先验

一幅彩色图像通常由 R、G、B 三个通道的灰度图像叠加构成。在大多数除天空外的图像局部区域里，某些像素至少会有一个颜色通道具有较小的灰度值，表明该区域的光强较低。这些区域可以被用来估计大气光成分，也由此定义了暗通道的概念。

暗通道是指由彩色图像局部区域像素的 R、G、B 通道中的最小值所构成的图像。对于任何输入的图像 J,其暗通道 J^{dark} 的定义如下：

$$J^{\text{dark}}(x)=\min_{y\in\Omega(x)}\left(\min_{c\in\{R,G,B\}}J^{c}(y)\right) \tag{4-42}$$

其中,$J^{\text{dark}}(x)$ 表示输入图像中像素 x 的暗通道值;$\Omega(x)$ 表示以 x 为中心的局部区域;R、G、B 表示三个颜色通道;$J^{c}(y)$ 表示输入图像像素 y 的 c 通道的灰度值。通常会将这些像素灰度值归一化至 [0, 1] 区间,再进行后续处理。

图像亮度较暗的区域反映了低光照的情况,通常会伴随更加明显的雾霾效应。因此,暗通道图像可用于估计图像中的雾霾程度和大气散射率等。图 4-13(a)展示了一组自然环境中的无雾霾图像,其暗通道图主要呈现为黑色,如图 4-13(b)所示。图 4-13(c)为自然环境中的雾霾图像,其暗通道则呈现为灰白色,如图 4-13(d)所示。

(a) 无雾霾图像　(b) 无雾霾图像的暗通道　(c) 雾霾图像　(d) 雾霾图像的暗通道

图 4-13　自然环境中的无雾霾图像与雾霾图像的暗通道对比

2. 算法基本原理

令 $f(x)$ 表示输入的有雾图像、A 表示天空亮度、$t(x)$ 表示透射率、$J(x)$ 表示待求的清晰图像。此时,由于 A、$t(x)$、$J(x)$ 均未知,不定方程(4-40)没有唯一解。因此,需引入更多的约束条件。首先,将输入图像分解为 R、G、B 三通道的灰度图。令 $f^{c}(x)$ 表示输入图像的第 c 个通道,$J^{c}(x)$ 表示待求清晰图像的第 c 个通道,等式(4-40)左、右两边同时除以天空亮度的第 c 个通道 A^{c},式(4-40)可重写为

$$\frac{f^{c}(x)}{A^{c}}=t(x)\,\frac{J^{c}(x)}{A^{c}}+(1-t(x)) \tag{4-43}$$

假定图像各局部窗口内的透射率都为常数,记为 $\tilde{t}(x)$。对式(4-43)取两次最小值,可表示为

$$\min_{y\in\Omega(x)}\left(\min_{c}\frac{f^{c}(y)}{A^{c}}\right)=\tilde{t}(x)\min_{y\in\Omega(x)}\left(\min_{c}\frac{J^{c}(y)}{A^{c}}\right)+1-\tilde{t}(x) \tag{4-44}$$

根据暗通道先验理论，清晰原始图像 $J(x)$ 的暗通道应该为 0，即 $J^{\text{dark}}(x)=\min\limits_{y\in\Omega(x)}(\min\limits_{c}J^{c}(y))=0$。因此，有

$$\min_{y\in\Omega(x)}\left(\min_{c}\frac{J^{c}(y)}{A^{c}}\right)=0 \tag{4-45}$$

将式(4-45)代入式(4-44)，整理可得到透射率 $\tilde{t}(x)$ 为

$$\tilde{t}(x)=1-\min_{y\in\Omega(x)}\left(\min_{c}\frac{f^{c}(y)}{A^{c}}\right) \tag{4-46}$$

在实际的自然环境中，空气中始终存在一些微小的颗粒。这些颗粒引起光线的散射，影响远处物体成像的清晰度。例如，人眼在观察远处的景物时，往往会感觉到有雾的存在。因此，图像去雾需要考虑大气散射的影响，有必要为远距离成像的景物保留一定程度的雾霾效果，使复原后的图像更具真实感。为了达到这种效果，在去雾模型式(4-46)中引入一个控制系数 ω，并重写式(4-46)为

$$\tilde{t}(x)=1-\omega\min_{y\in\Omega(x)}\left(\min_{c}\frac{f^{c}(y)}{A^{c}}\right) \tag{4-47}$$

其中，控制系数 ω 的经验值为 0.95。

在估计全局天空亮度时，可以选择图像中代表天空的像素参与计算，这些像素也通常是图像中最亮的点。可认为天空距离相机无穷远，其透射率近似为 0。然而，若图像中包括了一些自身为白色的物体，最亮点假设可能会影响大气光的估计结果。因此，在实际计算时，一般在暗通道图像中选取亮度值较高的前 0.1% 的像素点，在输入图像的这些位置上寻找最亮的像素点，并求取其平均值作为天空亮度 A 的估计值。在已知天空亮度和透射率后，可由式(4-40)得到去雾图像的估计值。

图 4-14 展示了一组利用暗通道模型进行图像去雾的实验结果。图 4-14(a)为输入的有雾图像，图 4-14(b)为去雾后的清晰图像估计值。去雾后，远处建筑物的轮廓和细节可以清晰呈现，图像的对比度明显提升。

(a) 输入的有雾图像

(b) 输出的去雾图像

图 4-14　采用暗通道方法进行图像去雾的实验结果[14]

暗通道去雾算法的优点在于算法简单、计算效率高、去雾效果明显，适用于大多数自然场景的图像。该算法也存在一定的局限性。对于画面较为复杂的场景，准确估计全局透射率十分困难，图像去雾的效果不理想。

4.4.3 基于深度学习的图像去雾算法

基于深度学习的图像去雾算法通常采用端到端的神经网络结构，能够直接从有雾图像中学习到其与无雾图像的映射关系。这类方法无需由人工设计特征提取器，更具普适性。其中，经典算法包括2016年提出来的DehazeNet[15]。DehazeNet将雾天图像作为网络输入，网络输出与其相对应的透射率图，然后再利用大气散射模型恢复无雾图像，实现了端到端的图像去雾。

传统方法通过手工提取雾霾度等相关特征，并在若干假设条件下通过求解式(4-40)得到去雾图像。其基本原理是将雾天图像与适当的滤波器卷积，然后进行非线性映射。受暗通道设计思想的启发，DehazeNet选择Maxout单元实现通道降维下的非线性映射。Maxout单元是通过对k个仿射特征图进行最大化操作来生成新的特征图。该网络基于Maxout单元完成图像的特征提取，如图4-15所示。在Multi-scale Mapping部分，采用了多尺度卷积核的并行处理设计，在多个空间尺度上密集地计算输入图像的特征图。此外，DehazeNet还利用了局部极值操作克服局部敏感性。与CNN中通常会降低特征图分辨率的最大池化操作相比，局部极值操作能够保留特征图分辨率。

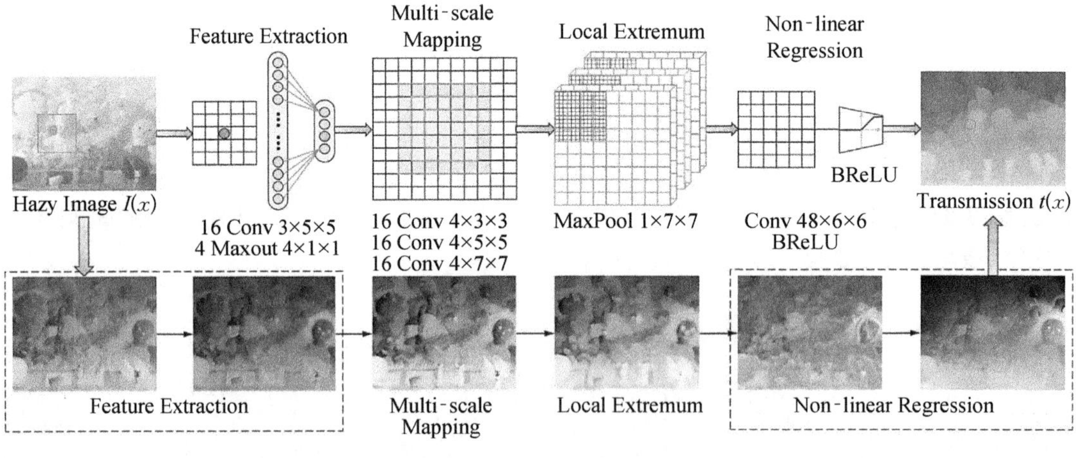

图4-15 DehazeNet算法框架[15]

常用的非线性激活函数包括Sigmoid、ReLU等。Sigmoid容易发生梯度消失，导致网络训练收敛速度慢或陷入局部最优。ReLU专为分类问题设计，并不完全适用于图像复原等回归任务。而且ReLU仅具备单边下限，可能会导致响应溢出。因此，结合Sigmoid和ReLU的特点，DehazeNet特别设计了双边整流线性单元(BReLU)激活函数。如图4-16所示，BReLU同时具备双边约束和局部线性的特点。

DehazeNet在传统去雾算法设计思路的基础上，实现了从手工特征设计到深度学习的

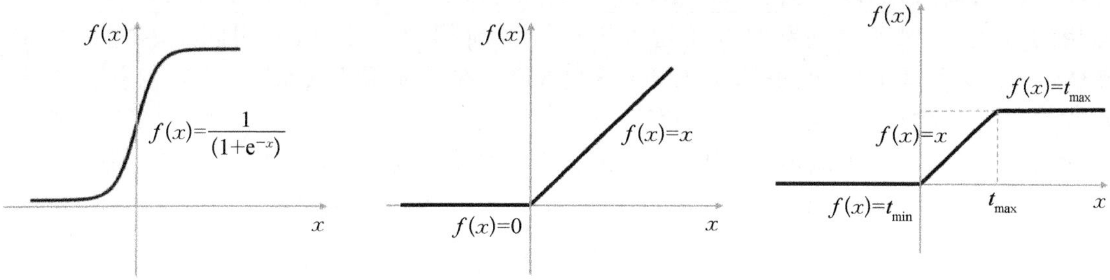

(a) Sigmoid函数　(b) ReLU函数　(c) BReLU函数

图 4－16　激活函数 Sigmoid、ReLU 与 BReLU 的对比

过渡。采用该方法进行图像去雾的实验效果如图 4－17 所示。图 4－17(b)表明该方法可有效降低雾霾图像的整体亮度，同时远处的景物可保持轻微的雾霾效果。这也符合人眼的视觉经验，使复原后的图像真实感较强。

(a) 雾天图像

(b) 去雾效果

图 4－17　采用 DehazeNet 方法的图像去雾实验结果[15]

4.4.4　图像去雾数据集

近年来，图像去雾技术取得了长足的进步，其快速发展离不开大量数据集的创建与发布。特别是随着硬件设备性能的提升，研究人员更加倾向采用真实拍摄的自然环境图像来构建图像去雾数据集，使数据集能够更好地反映真实自然环境中的光照、材质和环境变化等因素。这类数据集一般由有雾与无雾的图像对组成，被认为是评价图像去雾算法性能的最佳选择。以下介绍部分经典的图像去雾数据集。

1. I－Haze 与 O－Haze 数据集

2018 年，Ancuti 等提出了 I－Haze[16]和 O－Haze[17]两组图像去雾数据集，其中的图像均由摄像机在自然环境下实际拍摄得到。在制作数据集时，首先记录了无雾霾图像，并将其作为真值，用以评估去雾算法的性能。然后，使用两台专业烟雾机在场景中产生浓密的蒸汽，并保证蒸汽颗粒直径与大气雾霾颗粒相似。此时，使用固定的相机采集 JPG 和 RAW 格式的图像，分辨率为 5 456×3 632。在图像采集过程中，需确保相机在无雾霾场景和雾霾场景中保持拍摄参数一致。最后，将同一场景下的无雾霾图像和雾霾图像组成图像对，用于网络训练与实验验证。I－Haze 数据集共包含 35 个室内图像对；O－Haze 数据集共包含 45 个室外图像对。这类实际拍摄的图像数据集不仅为深度学习的网络训练提供了真实数据，也为去雾算法的性能评估提供了可信度较高的评测平台。

2. REVIDE 数据集

2021 年，Zhang 等构建了 REVIDE（REal－world VIdeo DEhazing）数据集[18]。在数据集制作过程中，首先由摄像机实际拍摄有雾场景与无雾场景的视频对，并确保视频对在几何上是对齐的。数据集的场景包括 4 种风格：东方风格、西方风格、实验室风格和走廊风格，共包含 47 个不同的场景，涵盖了不同的布局、照明条件和雾密度。此外，数据清洗过程中，还丢弃了几何未对齐的、模糊效果与预期不符的、或过度曝光的坏帧。REVIDE 数据集共包含 1 982 组有雾图像与无雾图像构成的图像对，分辨率为 2 708×1 800。其中，无雾图像可作为真值使用。训练集和测试集的数据分配情况如表 4－5 所示。

表 4－5　REVIDE 数据集中训练集和测试集数据分配情况

场景类型	东方风格	西方风格	实验室风格	走廊风格
训练集（对）	382	575	498	243
测试集（对）	57	137	54	36

习　题

4－1　在高速行驶的列车上，透过车窗拍摄窗外的风景。由于列车的高速运动，景物相对于相机以反方向快速移动，导致图像发生运动模糊。请给出复原模糊图像的解决方案。假设列车的速度 V 与相机的曝光时间 T 已知，且景物相对于相机仅在水平方向上发生线性运动。

4－2　假设原始图像 $I(x, y)$ 发生了水平方向上的、长度为 10 个像素的匀速线性运动模糊，形成了降质图像 $G(x, y)$。其点扩散函数（PSF）可表示为：$h(x, y) = \begin{cases} 1/L & 0 \leqslant x \leqslant L \\ 0 & \text{others} \end{cases}$。假设图像的降质过程可以描述为：$G(x, y) = I(x, y) * h(x, y) + n(x, y)$。其中，$n(x, y)$ 为零均值、方差 $\sigma_n^2 = 0.01$ 的加性高斯白噪声。

已知原始图像 $I(x, y)$ 的功率谱密度 $S_I(u, v) = K$，其中 K 为常数。请：

（1）推导维纳滤波器 $H_W(u, v)$ 的表达式；

（2）推导当 $v=0$ 时的频率响应 $H(u, 0)$ 和维纳滤波器 $H_W(u, 0)$；

(3) 简述如何使用维纳滤波器恢复原始图像的估计值 $\hat{I}(x, y)$。

4-3　简述 Richardson-Lucy 算法的基本步骤,并解释每个步骤的作用。

4-4　雾霾会引起图像对比度下降、颜色偏差等问题。暗通道先验是一种有效的图像去雾方法。请编写程序,实现基于暗通道先验的图像去雾。

4-5　在雾天成像模型中,当透射率 $t(x)$ 非常小,甚至接近于零时,复原的图像 $J(x)$ 可能会遇到哪些问题? 在实际算法中,应如何解决这些问题?

参考文献

[1] Wiener N. Extrapolation, interpolation, and smoothing of stationary time series: With engineering applications[M]. Cambridge: The MIT Press, 1949.

[2] Hunt B R. The application of constrained least squares estimation to image restoration by digital computer[J]. IEEE Transactions on Computers, 1973, 100(9): 805-812.

[3] Richardson W H. Bayesian-based iterative method of image restoration[J]. JoSA, 1972, 62(1): 55-59.

[4] Lucy L B. An iterative technique for the rectification of observed distributions[J]. Astronomical Journal, 1974, 79: 745-754.

[5] Sun J, Cao W, Xu Z, et al. Learning a convolutional neural network for non-uniform motion blur removal[C]. Proceedings of the IEEE Conference on Computer Vision and Pattern Recognition, Boston, 2015.

[6] Chakrabarti A. A neural approach to blind motion deblurring[C]. 14th European Conference on Computer Vision, Amsterdam, 2016.

[7] Nah S, Hyun Kim T, Mu Lee K. Deep multi-scale convolutional neural network for dynamic scene deblurring[C]. Proceedings of the IEEE Conference on Computer Vision and Pattern Recognition, Honolulu, 2017.

[8] Kupyn O, Budzan V, Mykhailych M, et al. Deblurgan: Blind motion deblurring using conditional adversarial networks [C]. Proceedings of the IEEE Conference on Computer Vision and Pattern Recognition, Salt Lake City, 2018.

[9] Zhang K, Luo W, Zhong Y, et al. Deblurring by realistic blurring[C]. Proceedings of the IEEE/CVF Conference on Computer Vision and Pattern Recognition, 2020.

[10] Tsai F J, Peng Y T, Lin Y Y, et al. Stripformer: Strip transformer for fast image deblurring[C]. European Conference on Computer Vision, Tel Aviv, 2022.

[11] Rim J, Lee H, Won J, et al. Real-world blur dataset for learning and benchmarking deblurring algorithms[C]. European Conference on Computer Vision, Glasgow, 2020.

[12] Shen Z, Wang W, Lu X, et al. Human-aware motion deblurring[C]. Proceedings of the IEEE/CVF International Conference on Computer Vision, Seoul, 2019.

[13] Aubailly M, Vorontsov M A, Carhart G W, et al. Automated video enhancement from a stream of atmospherically-distorted images: the lucky-region fusion approach[C]. Atmospheric Optics: Models, Measurements, and Target-in-the-Loop Propagation III. SPIE, San Diego, 2009.

[14] He K, Sun J, Tang X. Single image haze removal using dark channel prior[J]. IEEE Transactions on Pattern Analysis and Machine Intelligence, 2010, 33(12): 2341-2353.

[15] Cai B, Xu X, Jia K, et al. Dehazenet: An end-to-end system for single image haze removal[J]. IEEE Transactions on Image Processing, 2016, 25(11): 5187-5198.

[16] Ancuti C, Ancuti C O, Timofte R, et al. I-HAZE: A dehazing benchmark with real hazy and haze-free indoor images [C]. Advanced Concepts for Intelligent Vision Systems: 19th International Conference, Poitiers, 2018.

[17] Ancuti C O, Ancuti C, Timofte R, et al. O-haze: a dehazing benchmark with real hazy and haze-free outdoor images [C]. Proceedings of the IEEE Conference on Computer Vision and Pattern Recognition Workshops, Salt Lake City, 2018.

[18] Zhang X, Dong H, Pan J, et al. Learning to restore hazy video: A new real-world dataset and a new method[C]. Proceedings of the IEEE/CVF Conference on Computer Vision and Pattern Recognition, 2021.

第 5 章

视频电子稳像技术

电子稳像技术以抑制视频画面抖动为目标，通过使用传感器对相机运动信息进行检测，或分析图像序列估计相机运动，从而补偿相机的抖动，进而保持图像画面的稳定。电子稳像不仅提高了人眼观看视频的舒适程度，有利于执行人工观测目标任务，同时也常用于视频的预处理，以提升后续如目标检测、识别、跟踪等视觉任务的精度。本章将介绍电子稳像的基本概念、基于图像序列分析的运动估计方法，以及应用于电子稳像的运动平滑和运动补偿技术。

5.1 电子稳像的基本概念

5.1.1 电子稳像概述

电子稳像的工作原理是通过信号处理方法来补偿相机的随机运动，有效减少由于相机抖动或其他运动引起的图像模糊，使得即使在不稳定的环境中也能够拍摄出清晰的图像[1]。

视频稳像技术经历了机械稳像、光学稳像、电子稳像的三个发展阶段。早期的视频稳像主要通过稳定器、三脚架等机械装置来限制相机的运动，从而帮助摄影师捕捉更加稳定和清晰的画面。光学稳像技术通过在相机内部调整镜头、传感器等光学元件的位置来补偿外部运动，达到稳像的目的。这种手段相比早期的机械稳像更为灵活、高效。光学稳像技术在专业摄像机和高端数码相机中得到了广泛应用，并逐渐成为高质量摄影的标准配置之一。进入 21 世纪，随着计算机软、硬件技术水平的提高，电子稳像技术得到了快速发展。与机械和光学稳像相比，电子稳像利用算法分析运动信息，并对视频数据进行运动补偿，从而减少画面抖动。这类方法不依赖物理装置，且成本较低、灵活高效，已经成为视频预处理环节的重要组成部分。目前，电子稳像技术已经广泛应用在专业级摄像机、智能手机、各类光电监控摄像系统中。

电子稳像技术的核心目标是解决视频画面抖动的问题。从广义上讲，视频抖动是指拍摄载体（如手持相机、移动的车辆等）运动导致的视频画面目标与其理想位置之间的小范围且频繁的偏移。这种抖动通常以较高频率的形式出现，常混杂在拍摄者的主动运动当中。利用视频信息进行主动运动和抖动的运动解耦是一项十分具有挑战性的难题。因此,电子稳像技术中的难点问题就是要面对输入未知的信号源,在能够保护视频主动运动的同时抑制视频画面的频繁抖动。

5.1.2 电子稳像的分类

从处理方法上分类,电子稳像大致可以分为帧内稳像与帧间稳像。

当目标突然快速运动或相机突然移动时,在一段视频序列中仅有少部分图像帧会发生运动模糊,其他图像帧依然可以清晰成像。此时,仅针对单帧图像模糊的处理称为帧内稳像。通常采用光学补偿来减少这种图像模糊,例如使用光学图像稳定器来调整镜头或传感器的位置,从而补偿相机的运动。

当相机在拍摄过程中发生持续抖动时,若运动并非十分剧烈且曝光时间足够短,视频的每一帧都可以清晰成像,但相邻帧图像的相对运动并不一致,会引起在视觉上画面抖动的感觉。此时,主要采用帧间稳像技术实现电子稳像,保障视频序列播放时的流畅性和连贯性。本章将重点介绍帧间稳像技术。

5.1.3 电子稳像的模型和步骤

根据算法中定义的运动模型不同,电子稳像技术可大致归纳为三类方法:基于 2D 运动模型的稳像技术、基于 3D 运动模型的稳像技术、基于 2.5D 运动模型的稳像技术。

基于 2D 运动模型的稳像技术主要关注图像平面内的运动,如平移和旋转运动。这类模型通过分析相邻帧之间的差异估计相机运动,然后通过平移、旋转等图像变换进行运动补偿。这类方法的优点是算法简单、计算效率高,可实现视频稳像的实时处理。基于 3D 运动模型的稳像技术是研究人员一直探索的研究方向。该模型的建立一般需要借助于相机姿态和场景深度的估计。例如,可以利用运动恢复结构算法(structure from motion, SFM)或深度传感器获得场景的三维信息,通过三维信息调整每一帧图像的像素位置,输出画面稳定的视频。这类方法由于其庞大的运算量,目前还难以应用在边缘端的视频实时处理中。基于 2.5D 运动模型的稳像技术是 2D 模型的一种扩展,这类方法也会借助于深度信息进行建模。但其仅在特征轨迹中嵌入三维信息,而不需要完整的三维建模。这类算法的稳像效果更加自然,但计算复杂度较高。本章将重点介绍已在航空工程中实时应用的基于 2D 运动模型的稳像技术。

2D 稳像模型通常采用透视变换(perspective transformation)完成图像的平移、旋转、缩放、翻转、错切等变换。透视变换是计算机视觉领域最常用的一种成像模型的数学表达,描述了从三维场景到二维图像平面的映射关系。透视变换中,距离相机越远的景物成像后尺寸越小、越近的景物成像后尺寸越大。此外,在透视变换中观察者视角的不同也影响景物成像后的几何形状。这些成像规律不仅符合人眼的视觉特点,同时也使图像中的场景表现出三维效果。稳像处理过程主要包括三个环节:运动估计、运动平滑和运动补偿。

运动估计的目的是确定相机或被拍摄对象的运动信息,也是电子稳像技术的基础,常用方法包括光流法和特征点匹配法等。光流法是通过像素的光流矢量描述运动信息。光流的计算利用了相邻图像帧像素的灰度变化,因此特别适用于捕捉图像细微的运动。特征点匹配法侧重识别和匹配图像中的关键点，如角点等，通过关键点的位置变化估算运动信息。当场景中存在具有良好特征的景物时，这类方法特别有效。以电子稳像为目的的运动估计，需要在保证计算精度的同时，满足较低计算复杂度的要求，为后续环节的运动平滑和补偿提供相对运动参数。

运动平滑的目的是从估计得到的运动参数中解耦相机（或景物）的主动运动和相机的无意抖动，以保留画面的主动运动、去除不必要的抖动。通常，抖动更倾向为一种高频运动，而主动运动更多地表现为低频运动。因此，部分研究工作采用了低通滤波器去除运动信息的高频分量，达到运动平滑的目的。实际上，在没有运动先验的情况下进行运动解耦是一个富有挑战的难题。特别是在相机的运动较复杂或目标快速运动的情况下，简单的运动平滑会导致画面过渡不自然。因此，运动平滑算法的设计需要综合考虑相机的运动特性和拍摄场景的特点。

运动补偿的目的是根据运动估计和平滑的结果对原始图像进行调整，输出画面稳定、连贯的视频。该环节经常会涉及图像的重新定位、旋转、缩放、错切等变换计算。此外，还需要考虑因对图像进行运动补偿引入的其他质量问题，如边界畸变或画面裁切等，并设计优化算法以减少这些影响视频观看效果的质量问题。

5.1.4 电子稳像的效果评价

与视频质量评价方法类似，电子稳像的效果评价也可以分为主观评价与客观评价两种方法。

主观评价是通过人眼的观察和感受评估稳像效果。这种评价方法是通过人眼观察原始视频和稳像处理后的视频，由观察人员对稳像后的视频稳定性和画面质量进行评分，用平均分数评估稳像效果的优劣。主观评价的优点在于能够直接反映人眼的观看效果，其评价结果也是视频质量评价的黄金标准。但是，主观评价结果可能受到观众个人偏好、观看条件和心理状态的影响。因此，评价结果会缺乏一致性和可重复性。

客观评价则采用量化的技术指标对稳像效果进行评估。经典的评价指标包括最小均方误差（mean Square error，MSE）、峰值信噪比（peak signal to noise ratio，PSNR）、帧间变换保真度（inter-frame transformation fidelity，ITF）、帧间变换保真度差异（difference of inter-frame transformation fidelity，DITF）和标准差等。

1. 最小均方误差（MSE）

最小均方误差广泛应用于视频稳定性分析、图像质量评估等领域。在稳像效果的评估中，MSE 用于量化稳像后相邻帧图像间的灰度值差异，其计算方法如下：

$$\mathrm{MSE}(\boldsymbol{I}_k) = \frac{1}{WH}\sum_{x=1}^{W}\sum_{y=1}^{H}\left[\boldsymbol{I}_k(x,y) - \boldsymbol{I}_{k+1}(x,y)\right]^2 \tag{5-1}$$

其中，W 和 H 分别是图像的行数和列数；$\boldsymbol{I}_k(x,y)$ 和 $\boldsymbol{I}_{k+1}(x,y)$ 分别为第 k 帧与第 $k+1$ 帧图像在像点 $(x,y)^{\mathrm{T}}$ 处的灰度值。理想情况下，视频稳像后的相邻两帧图像之间的运动被完全补偿，对应像点的灰度值应相同或接近，MSE 的数值应尽量小，即较低的 MSE 值代表视频稳定性较好。

2. 峰值信噪比(PSNR)

峰值信噪比通过比较视频的当前帧与参考帧之间的灰度值差异,来评估视频的失真程度。本质上,PSNR 也是基于 MSE 的一种度量。其计算方法如下:

$$\mathrm{PSNR}(\boldsymbol{I}_0, \boldsymbol{I}_1) = 10\lg \frac{255^2}{\mathrm{MSE}(\boldsymbol{I}_0, \boldsymbol{I}_1)} \tag{5-2}$$

其中,$\boldsymbol{I}_0$ 表示参考帧图像;$\boldsymbol{I}_1$ 表示当前帧图像。PSNR 值越高表示视频的质量越好。在稳像效果评估中,较高的 PSNR 值表示稳像效果越好。但是,此类基于 MSE 计算的评价方法仅对具有静态背景的视频稳像有效,对于相机主动运动或画面中有大量运动目标的视频来说,其评价结果并不准确。

3. 帧间变换保真度(ITF)

帧间变换保真度是利用一段视频中连续两帧图像的 PSNR 值的累加计算得到的,用于评估帧间数据的平滑度,其计算方法如下:

$$\mathrm{ITF} = \frac{1}{N-1}\sum_{i=1}^{N-1}\mathrm{PSNR}(i) \tag{5-3}$$

其中,N 表示视频序列的总帧数;PSNR(i) 表示连续的第 i 帧和第 i+1 帧图像的峰值信噪比。在具有静态背景的视频中,背景之间的 PSNR 值应相对较高。若视频整体出现抖动或运动,PSNR 值会迅速降低,反映出稳像效果不佳。

4. 帧间变换保真度差异(DITF)

帧间变换保真度差异是根据相邻帧图像间的 PSNR 差异来评价稳像效果,其计算方法如下:

$$\mathrm{DITF}(\boldsymbol{I}_t) = \left| \mathrm{PSNR}(\boldsymbol{I}_{t-1}, \boldsymbol{I}_t) - \mathrm{PSNR}(\boldsymbol{I}_t, \boldsymbol{I}_{t+1}) \right| \tag{5-4}$$

其中,$\boldsymbol{I}_t$ 表示参考帧;$\boldsymbol{I}_{t-1}$ 和 $\boldsymbol{I}_{t+1}$ 分别表示 $\boldsymbol{I}_t$ 的前一帧和后一帧。若一段视频的帧与帧之间的 PSNR 值变化不大,说明该视频在视觉效果上比较平滑,没有剧烈的抖动或跳变。因此,计算得到的 DITF 值越小,表明相机的运动越平滑,稳像效果越好。但是,当视频拍摄过程发生焦距改变或目标尺寸显著变化,帧间 PSNR 值的变化可能是上述因素导致的,DITF 数值的大小无法代表视频稳像的效果。

5. 标准差

在评价视频稳像效果时,标准差可以用来衡量视频画面的一致性和可靠性。具体如下:

(1) 视频帧拆分与抖动叠加。对原始的、具有稳定画面的视频进行图像帧拆分,并对每帧图像叠加人为的随机抖动信息,并将叠加的随机抖动信息记录下来;

(2) 稳像处理与数据采集。对上一步骤得到抖动视频进行稳像处理,并将其运动补偿信息记录下来;

(3) 抖动差值的生成。通过对比人为叠加的随机抖动信息与运动补偿信息,计算得到抖动差值；

（4）标准差的求解。根据一段视频中图像帧的抖动差值 x_i，计算得标准差 σ，作为评估稳像效果的指标：

$$\sigma = \sqrt{\frac{1}{n}\sum_{i=1}^{n}(x_i - \bar{x})^2},\ n \in N \tag{5-5}$$

其中，n 表示用于计算抖动差值的图像帧；N 表示视频序列中的总帧数；$\bar{x} = \frac{1}{n}\sum_{i=1}^{n} x_i$ 为抖动差值的均值。

本小结介绍了常用的电子稳像效果评价方法，包括主观评价方法与一些经典的客观评价方法。主观评价方法可以直接反映人的视觉体验，尽管成本高、过程复杂，但依然是视频质量评价的黄金标准。客观评价方法通过数学计算来量化视频的稳定性和图像质量。例如，MSE、PSNR 和 ITF 等方法可对具有静态背景的视频的稳像效果进行较为准确的客观评价。DITF 和标准差方法可以较好地评价更为复杂的动态场景视频的稳像效果。然而，现有的客观评价指标依然无法做到完全与人的主观体验感受一致。因此，如何设计更准确、更贴合人类视觉体验的客观评价方法，始终是数字视频处理领域的重要研究方向。

5.2 运动估计

5.2.1 灰度投影法

灰度投影法通过计算图像的灰度投影曲线评估图像帧间的相对移动。该方法不需要在图像中提取和匹配特征，计算效率较高，适用于需要实时处理的电子稳像系统。

灰度投影曲线是将图像在某一方向上的灰度值进行累加得到的。例如，可以将图像分别在水平和垂直方向上进行灰度值的累加，得到水平灰度投影曲线和垂直灰度投影曲线。水平灰度投影曲线就是对图像每一行像素的灰度值进行累加，表示为 $\boldsymbol{P}_x(i)$：

$$\boldsymbol{P}_x(i) = \sum_{j=1}^{W} \boldsymbol{I}(i, j),\ i = 1, 2, \cdots, H \tag{5-6}$$

同理，垂直灰度投影曲线是对图像的每一列像素的灰度值进行累加，表示为 $\boldsymbol{P}_y(j)$：

$$\boldsymbol{P}_y(j) = \sum_{i=1}^{H} \boldsymbol{I}(i, j),\ j = 1, 2, \cdots, W \tag{5-7}$$

其中，$\boldsymbol{I}(i, j)$ 表示图像中像素点 (i, j) 处的灰度值；H 和 W 分别表示图像的高度和宽度。水平灰度投影曲线和垂直灰度投影曲线分别反映了图像在水平和垂直方向上的灰度分布情况。在运动估计中，相邻帧图像在水平和垂直方向上的投影曲线的平移量即为运动在水平和垂直方向上的运动分量，二者叠加后即为全局运动矢量。图 5-1 显示了输入的当前帧和参考帧图像及它们在水平和垂直方向上的投影曲线。其中，实线为当前帧的投影曲线，虚线为参考帧的投影曲线。

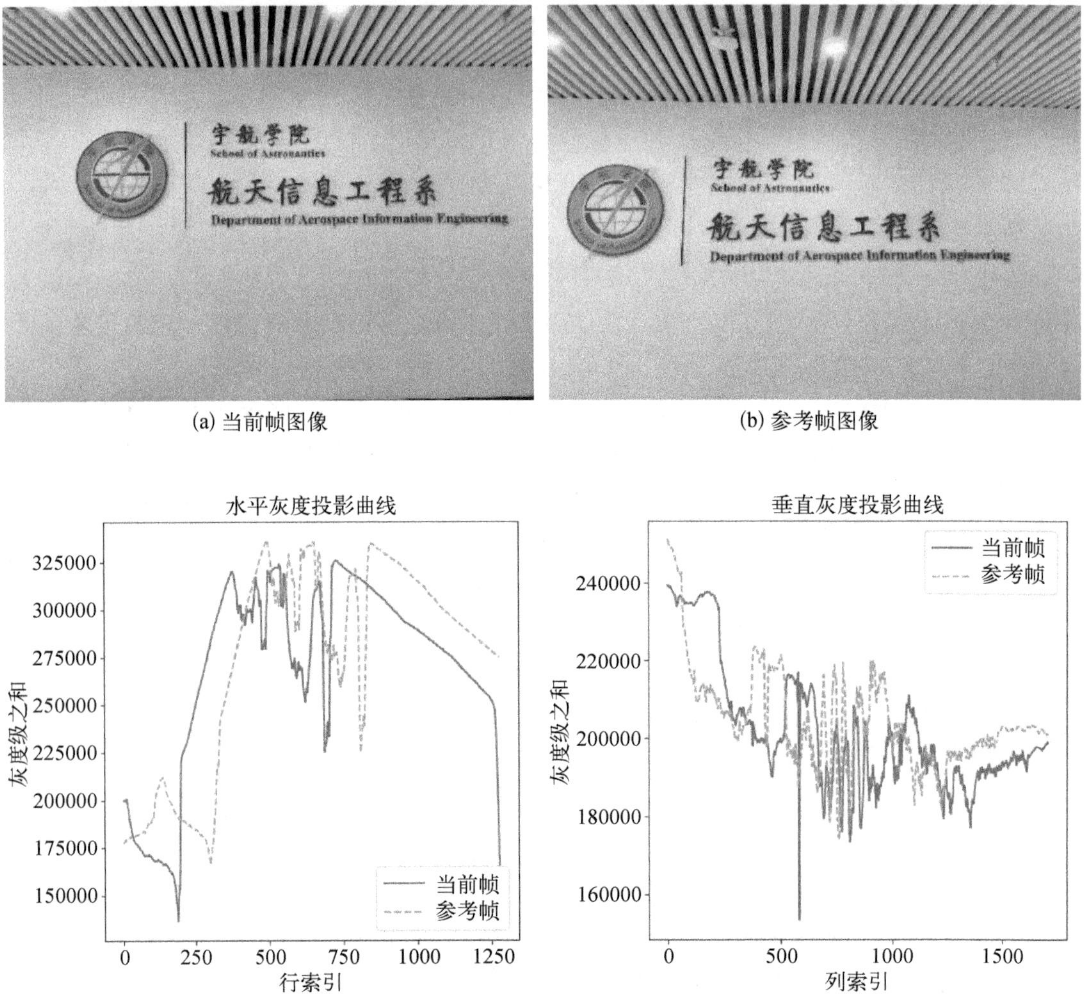

(a) 当前帧图像　(b) 参考帧图像

(c) 相邻图像帧的水平灰度投影曲线　(d) 相邻图像帧的垂直灰度投影曲线

图 5-1　当前帧与参考帧图像的水平和垂直灰度投影曲线

由上述方法得到的水平和垂直方向的灰度投影曲线，可估计出当前帧与参考帧的相对位移。如图 5-1(c) 和(d) 所示，假定参考帧和当前帧的灰度投影曲线分别为 $\boldsymbol{P}_{\text{ref}}$ 和 $\boldsymbol{P}_{\text{cur}}$，计算蓝色与橙色曲线的相似度。例如，可采用交叉相关性(cross-correlation)进行计算，其计算方法如下：

$$R(k) = \sum_{i} (\boldsymbol{P}_{\text{ref}}(i) - \overline{\boldsymbol{P}}_{\text{ref}}) \cdot (\boldsymbol{P}_{\text{cur}}(i+k) - \overline{\boldsymbol{P}}_{\text{cur}}) \tag{5-8}$$

其中，$R(k)$ 表示曲线间的相似度函数；$\overline{\boldsymbol{P}}_{\text{ref}}$ 和 $\overline{\boldsymbol{P}}_{\text{cur}}$ 分别为 $\boldsymbol{P}_{\text{ref}}$ 和 $\boldsymbol{P}_{\text{cur}}$ 的平均值；k 表示位移量。式(5-8)中，当 $R(k)$ 取得最大值时，所对应的位移量 k 即为当前帧相对于参考帧的位移。后续可根据位移量 k，通过图像插值、变换等手段修正当前帧图像，以补偿当前帧

画面的抖动。此外,为了实现画面旋转和镜头变焦情况下的稳像,可将极坐标系引入灰度投影法。在极坐标系下,可以计算出相邻图像帧的灰度投影曲线间的旋转和缩放矢量。

5.2.2　块匹配算法

块匹配算法常用于运动估计和视频压缩技术。在电子稳像中,块匹配算法用于评估视频帧之间的运动。假设在视频序列中,当前时刻的图像为当前帧,上一时刻的图像为参考帧,如图 5－2 所示。首先,将当前帧图像分成大小一致的若干图像块,如图 5－2(a)所示。然后在参考帧的搜索窗中搜索和匹配,获得当前帧图像块的最佳匹配图像块,如图 5－2(b)中的深色实框所示。这一对匹配图像块的位置之差,即为当前帧图像块的运动矢量,如图 5－2(b)中的箭头所示。

图 5－2　块匹配算法原理示意

利用块匹配算法进行运动估计的过程中,需要考虑图像块(block)和搜索窗(search window)的大小设置,以及匹配准则(matching criterion)的选择。

在运动估计任务中,每个图像块要进行独立的运动估计。图像块越大,所需计算的运动参数越少,运算量较小,但运动估计精度较低;图像块越小,运算量越大,且计算结果更易受噪声影响。一般情况下,实验表明当图像块大小设置为 8×8 或 16×16 像素时,可以较好地兼顾运算效率与估计精度。

搜索窗定义了在参考帧中搜索最佳匹配块的范围,其大小直接决定了运动估计的计算效率。大尺寸的搜索窗可以处理更高速的相对运动,但同时增加算法的计算量。

匹配准则用于评估当前帧图像块与参考帧图像块的匹配程度。常用的匹配准则包括均方误差(mean squared error, MSE)和绝对误差(sum of absolute differences, SAD)。块匹配算法通过最小化匹配准则来确定最佳匹配块。MSE 和 SAD 的计算方法如下:

$$\mathrm{MSE} = \frac{1}{MN}\sum_{i=1}^{M}\sum_{j=1}^{N}\left(\boldsymbol{I}_{\mathrm{cur}}(i,j) - \boldsymbol{I}_{\mathrm{ref}}(i+\Delta i, j+\Delta j)\right)^2 \tag{5-9}$$

$$\mathrm{SAD} = \sum_{i=1}^{M}\sum_{j=1}^{N}\left|\boldsymbol{I}_{\mathrm{cur}}(i,j) - \boldsymbol{I}_{\mathrm{ref}}(i+\Delta i, j+\Delta j)\right| \tag{5-10}$$

其中,$\boldsymbol{I}_{\mathrm{cur}}$ 和 $\boldsymbol{I}_{\mathrm{ref}}$ 分别代表当前帧和参考帧图像块的像素值;(i, j) 表示当前像素的坐标;Δi 和 Δj 表示运动矢量;M 和 N 表示图像块的大小。其中,SAD 不涉及平方运算,计算量更小。在工作过程中,计算当前帧图像块与搜索窗中图像块的 MSE 或 SAD 的数值,以确定令匹配准则达到最小的最佳图像块。获得匹配的两图像块中心点的位置之差即为所求得的运动矢量。完成当前帧内所有图像块的运动估计后,可在当前帧上绘制一个运动矢量场,用以描述当前帧相对参考帧的运动情况。

为了减少运算量,通常不会选取搜索窗中所有的图像块进行匹配运算。学者们提出了很多搜索策略来优化算法的性能,例如三步搜索法(three-step search, TSS),菱形搜索法(diamond search, DS)和六角搜索法(hexagon-based search)等。下面以三步搜索法为例介绍这些搜索策略的设计思想。

三步搜索法通过逐步缩小搜索范围来寻找最佳匹配块,能够减少全搜索法(full search)的计算复杂度,同时尽量保持匹配的准确性。三步搜索法在每一步中只考虑少部分候选图像块的位置,并根据上一步的匹配结果,确定下一步的候选图像块。其搜索示例如图 5-3 所示。

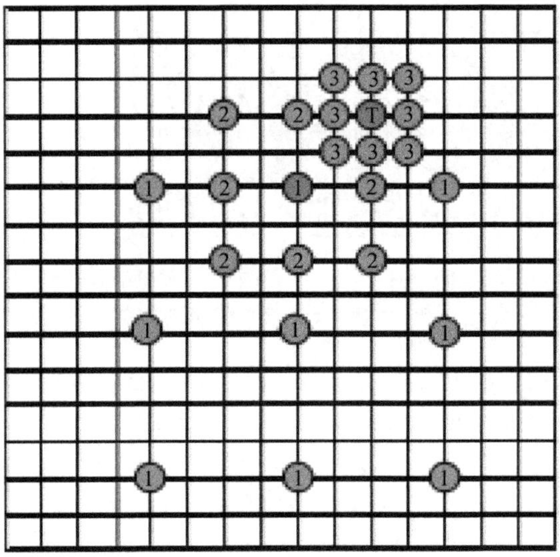

图 5-3　三步搜索算法示意图

三步搜索法的搜索步骤具体如下。

(1) 参数初始化。定义初始搜索步长 S,通常设置 $S=4$。定义图像块的大小 $M\times N$。在参考帧中,将当前帧图像块的中心位置作为搜索的起始点,即第一步搜索的中心点,也是默认的搜索点。选择一个匹配准则,如 MSE 或 SAD,来计算图像块之间的匹配误差。

(2) 三步搜索策略。首先,以搜索的中心点为中心,以步长 S 确定其上、下、左、右,以及 4 个对角的 8 个搜索点的位置。然后,以中心点和增加的 8 个搜索点,作为候选匹配块的中心,分别计算 9 个候选匹配块与当前帧图像块的匹配误差。最后,选择误差最小的搜索点作为新的中心点。

(3) 步长的更新。将步长 S 减半,返回步骤(2),更新中心点位置,直到步长减小为 1 为止。

最后,在步长 $S=1$ 时,考察 9 个候选匹配块与当前帧图像块的匹配误差,获得最小匹配误差的搜索点，即为最佳匹配块的中心点位置。

菱形搜索法和六角搜索法也是通过迭代搜索的方式减小搜索范围。在菱形搜索法中，设计了大、小两个菱形搜索模板。首先使用大模板进行粗略搜索，如果最佳匹配图像块的中心点不在大模板中心，会将大模板的中心移动最佳匹配点处继续搜索。一旦当最佳匹配点位于大模板的中心，则使用小模板在这个最佳匹配点的周围进行精细搜索。六角搜索法的设计思想与菱形搜索法十分类似。区别在于所使用的搜索大模板是一个六边形结构，小模板则依然使用了菱形结构。

采用块匹配算法进行运动估计，计算复杂度低，特别适合用于需要满足实时处理要求的一些工程任务。但当视频内容发生一些复杂的、快速的运动时，这类方法可能会无法提供准确的运动估计结果。

5.2.3　光流法

光流是计算机视觉领域的一个重要的概念，可用于很多视觉任务，如运动分割、目标跟踪等。光流是相邻图像帧的匹配像素点对之间的位移量，也可以认为是空间运动的三维点在投影焦平面上的二维瞬时速度场。因此，光流可用于场景目标或相机的运动估计。理想情况下，图像中的每一个像素点都应该获得一个光流矢量，用以描述该像素的运动信息，如图 5－4 所示。其中，箭头表示在该像素位置计算得到的光流矢量。箭头的方向表示像素的运动方向；箭头的长度表示该像素移动的距离。因此，利用光流进行电子稳像，可为每一个像素进行运动补偿，能够实现更加精细、平滑的稳像效果。

图 5－4　帧图像与其光流矢量

光流的求解一般要基于亮度恒定假设，即假设光照条件不变，且场景内的三维物点在图像上投影的像素灰度值不随时间而改变。基于该假设，令 $I(x, y, t)$ 表示在 t 时刻空间某个三维物点投影在图像平面 $(x, y)^{T}$ 处的像点的灰度值。由于相机和景物发生了相对运动，经过一个时间间隔 Δt 后，同一物点投影在图像中的位置会发生改变。假设此时投

影点在图像平面 $(x+\Delta x,\ y+\Delta y)^{\mathrm{T}}$ 处,其像点灰度值为 $I(x+\Delta x,\ y+\Delta y,\ t+\Delta t)$。基于上述亮度恒定假设,则有

$$I(x,\ y,\ t)=I(x+\Delta x,\ y+\Delta y,\ t+\Delta t) \tag{5-11}$$

其中, $(x+\Delta x,\ y+\Delta y)^{\mathrm{T}}$ 即为像点在两幅图像中的位移量。对等式(5-11)的右边进行泰勒展开,并省略高阶项,可以得

$$I(x,\ y,\ t)=I(x,\ y,\ t)+\frac{\partial I}{\partial x}\Delta x+\frac{\partial I}{\partial y}\Delta y+\frac{\partial I}{\partial t}\Delta t \tag{5-12}$$

光流约束方程

用 δt 除以等式两边,并取极限 $\delta t\to 0$,可得

$$\frac{\partial I}{\partial x}\frac{\mathrm{d}x}{\mathrm{d}t}+\frac{\partial I}{\partial y}\frac{\mathrm{d}y}{\mathrm{d}t}+\frac{\partial I}{\partial t}=0 \tag{5-13}$$

令 $u=\frac{\mathrm{d}x}{\mathrm{d}t}$、$v=\frac{\mathrm{d}y}{\mathrm{d}t}$、$I_x=\frac{\partial I}{\partial x}$、$I_y=\frac{\partial I}{\partial y}$、$I_t=\frac{\partial I}{\partial t}$,则式(5-13)可以重写为

$$I_x u+I_y v+I_t=0 \tag{5-14}$$

其中,$(u,\ v)^{\mathrm{T}}$是像点$(x,\ y)^{\mathrm{T}}$处的光流矢量,反映该像点在图像平面内的运动情况;偏导数I_x、I_y、和I_t分别反映了像点$(x,\ y)^{\mathrm{T}}$的灰度值在 x 方向和 y 方向上随时间 t 的变化,可以通过相邻图像帧的灰度值的一阶微分计算得到。因此,式(5-14)构成了一个关于求解光流矢量$(u,\ v)^{\mathrm{T}}$的线性方程,也被称为光流约束方程。

由式(5-14)可以看出,依靠唯一的光流约束方程无法求解出光流矢量的两个分量。为此,不得不引入更多的人为约束条件来求解光流。例如,假定局部区域内光流矢量具有一致性,或者像素邻域的光流是平滑的等。根据设定的人为约束条件,研究人员也提出了一些相应的光流求解算法。下文以经典 Horn-Schunck(HS)算法[2]和 Lucas-Kanade(LK)算法[3]为例,介绍求解光流的传统思路。

LK 是由 Lucas 和 Kanade 提出的。该方法采用的人为假设条件包括:亮度恒定、小运动及空间一致。即,除了亮度恒定这一个最为普遍应用的假设外,还需要假定像素的运动幅度较小,且像素及其邻域内的光流是一致的。由此,假设一个 $n\times n$ 小窗口内所有像素的光流是相同的。由(5-14)可知,可对窗口内的每个像素建立一个光流约束方程。则利用空间一致假设,窗口内所有像素的光流矢量均为$(u,\ v)^{\mathrm{T}}$,则该 n^2 个像素提供一个关于光流的$(u,\ v)^{\mathrm{T}}$超定线性方程组:

$$\begin{bmatrix} I_x^1 & I_y^1 \\ I_x^2 & I_y^2 \\ . & . \\ . & . \\ . & . \end{bmatrix}\begin{bmatrix} u \\ v \end{bmatrix}=-\begin{bmatrix} {I_t}^1 \\ {I_t}^2 \\ . \\ . \\ . \end{bmatrix} \tag{5-15}$$

式(5-15)的最小二乘法的闭式解为以下线性方程组的唯一解:

$$\begin{bmatrix} \sum I_x^2 & \sum I_x I_y \\ \sum I_x I_y & \sum I_y^2 \end{bmatrix} \begin{bmatrix} u \\ v \end{bmatrix} = \begin{bmatrix} -\sum I_x I_t \\ -\sum I_y I_t \end{bmatrix} \tag{5-16}$$

当窗口内像素的灰度变化很小时，方程(5－16)的系数矩阵会近似为奇异矩阵，不可逆，导致算法失效。因此，LK 光流法仅能在图像特征丰富的区域表现较好。此外，该方法中假设窗口内的光流是一致的。然而，这一假设在快速运动或复杂场景中可能并不成立。为了更好地解决上述问题，研究人员在此基础上又提出 LK 金字塔光流算法等。

HS 光流法是由 Horn 和 Schunck 等提出来的，通过平滑性约束设计了一种优化求解方法。假设像素点$(x, y)^{\mathrm{T}}$处的光流矢量为$(u, v)^{\mathrm{T}}$，其邻域内光流的平均值为$(\bar{u}, \bar{v})^{\mathrm{T}}$。设 ∇u 和 ∇v 分别为该像素的光流与其邻域像素的光流的平均值之差，记为 $\nabla u = u - \bar{u}$、$\nabla v = v - \bar{v}$。所谓光流是平滑的，就是指 $\Delta u^2 + \Delta v^2$ 达到最小值。此外，再结合由亮度恒定假设推导得到的光流约束方程，如式(5－17)所示，定义了误差函数 E：

$$E = \iint \left[(I_x u + I_y v + I_t)^2 + \alpha^2 (\nabla u^2 + \nabla v^2) \right] \mathrm{d}x \mathrm{d}y \tag{5-17}$$

其中，α 为平滑权重系数，控制光流场的平滑程度。因此，能使得误差函数达到极小值时的光流$(u, v)^{\mathrm{T}}$，即为像素点$(x, y)^{\mathrm{T}}$处的光流最优解。Horn 和 Schunck 等采用了欧拉-拉格朗日方程法进行求解。

HS 光流求解方法

首先，利用微分法求式(5－17)最小化时的光流矢量$(u, v)^{\mathrm{T}}$。误差 E 关于 u、v 的偏微分为：

$$\begin{cases} \dfrac{\partial E}{\partial u} = 2(I_x u + I_y v + I_t) I_x + 2\alpha^2 (u - \bar{u}) \\ \dfrac{\partial E}{\partial v} = 2(I_x u + I_y v + I_t) I_y + 2\alpha^2 (v - \bar{v}) \end{cases} \tag{5-18}$$

当误差 E 达到极小值时，其偏微分式(5－18)为 0。由此整理得到关于光流$(u, v)^{\mathrm{T}}$的线性方程组：

$$\begin{cases} (I_x^2 + \alpha^2) u + I_x I_y v = \alpha^2 \bar{u} - I_x I_t \\ I_x I_y u + (I_y^2 + \alpha^2) v = \alpha^2 \bar{v} - I_y I_t \end{cases} \tag{5-19}$$

求解线性方程组(5－19)，得到光流$(u, v)^{\mathrm{T}}$的解为

$$\begin{cases} u = \bar{u} - \dfrac{I_x \bar{u} + I_y \bar{v} + I_t}{\alpha^2 + I_x^2 + I_y^2} I_x \\ v = \bar{v} - \dfrac{I_x \bar{u} + I_y \bar{v} + I_t}{\alpha^2 + I_x^2 + I_y^2} I_y \end{cases} \tag{5-20}$$

考虑到邻域光流平均值 $\bar{u}$、$\bar{v}$ 也是未知。因此，可迭代法求解方程(5－20)。整理得到的迭代递推公式如下：

$$\begin{cases} u^{n+1} = \bar{u}^n - \dfrac{(I_x\bar{u}^n + I_y\bar{v}^n + I_t)}{\alpha^2 + I_x^2 + I_y^2} I_x \\ v^{n+1} = \bar{v}^n - \dfrac{(I_x\bar{u}^n + I_y\bar{v}^n + I_t)}{\alpha^2 + I_x^2 + I_y^2} I_y \end{cases} \tag{5-21}$$

其中,n 表示迭代的次数。光流邻域平均值的初始值 $\bar{u}^0$、$\bar{v}^0$ 可以设置为 0。计算光流时,利用式(5-21)在一个时间间隔反复迭代,直至满足误差要求或达到最高迭代次数为止。实验表明,通常需要进行上百次迭代才可获得稳定的解。迭代递推公式在几何上所表达的计算过程为:计算像素点$(x, y)^T$的光流时,在每一次迭代过程中,新的光流值由其邻域的光流平均值出发,并在此基础上沿着灰度值的梯度方向减去一个调整值 $\dfrac{(I_x\bar{u}^n + I_y\bar{v}^n + I_t)}{\alpha^2 + I_x^2 + I_y^2}$,向光流矢量空间中的光流约束方程代表的直线 $I_xu + I_yv + I_t = 0$ 逼近。

在 HS 光流法中,影响光流估计结果的主要参数包括平滑模板尺寸和迭代次数。通常,模板的尺寸越大、所求光流矢量在图像边缘处表现越平滑;迭代次数越多,所求光流的方向信息越清晰。

HS 光流法的编程实现十分简单,计算复杂性低,但是也存在着以下技术缺陷。首先,亮度恒定假设在很多自然情况下并不成立。例如,当运动速度较高时,基于亮度恒定约束设计的求解方法会存在较大的计算误差。其次,在图像中的目标遮挡区域,本身速度场会发生突变。在这些区域强制使用平滑约束,导致光流计算结果过于平滑,无法很好地表达关于物体形状的重要信息。

光流计算属于十分常用的图像运动估计方法,可为后续很多视觉任务提供像素级的运动信息。在电子稳像任务中,若在运动补偿时采用光流信息,可获得更为平滑、自然的稳像效果。然而,光流本身的计算复杂度较高,对光照变化、遮挡等比较敏感。因此,还需要通过进一步优化光流求解算法,并考虑结合其他运动估计方法,以综合提高电子稳像技术的性能和适用范围。

5.2.4 特征点匹配法

利用相邻帧图像间的特征点匹配关系,也可以获得像点的运动信息。该方法涉及图像的特征提取与匹配技术。第 3 章介绍了 FAST、BRIEF、ORB、和 SIFT 等特征提取和描述方法。本节将介绍如何利用特征点的匹配关系估计运动轨迹,进而求解相机或物体的运动模型,例如平移、旋转运动和缩放变化等。以上过程通常包括特征点定位与描述、特征匹配及运动模型估计等步骤。

1. 特征点定位与描述

首先,可以利用 Harris、FAST 等角点提取方法在图像中定位特征点的位置,然后利用 BRIEF、ORB 等描述子对这些特征点进行描述。也可以采用 SIFT 等这类特征提取和描述子直接完成特征定位与描述。

2. 特征匹配

然后,对连续帧之间的特征点进行匹配,使得匹配的特征点是同一个空间三维点在连续帧上的投影。常使用欧氏距离、汉明距离等方法计算两个特征描述子之间的相似度。相似度越高,两个特征匹配的可能性越大。

当用一个 n 维向量表示特征时,可采用欧氏距离(Euclidean distance)度量两个特征之间的相似程度。假设有两个描述特征的向量 $\boldsymbol{P}=(p_1, p_2, \cdots, p_n)^{\mathrm{T}}$ 和 $\boldsymbol{Q}=(q_1, q_2, \cdots, q_n)^{\mathrm{T}}$,其相似度可采用欧氏距离来定义:

$$d(\boldsymbol{P}, \boldsymbol{Q})=\sqrt{(p_1-q_1)^2+(p_2-q_2)^2+\cdots+(p_n-q_n)^2} \tag{5-22}$$

用两向量间的欧氏距离定义特征相似度这一方法十分直观,易于理解,但当描述特征的向量的维度较高时,其计算复杂度高,且对尺度变化比较敏感。

汉明距离(Hamming distance)通常用于计算两个等长字符串之间的差异,即两个字符串在相同位置上的不同字符的个数。对于一些用二进制字符串表示的特征描述子,如 ORB、BRIEF 等,采用汉明距离描述特征相似度尤为适用。假设有两个二进制串 P 和 Q,其汉明距离表示为

$$d(P, Q)=\sum_{i=1}^{n} P_i \oplus Q_i \tag{5-23}$$

其中,$\oplus$表示异或操作。汉明距离的计算复杂度极低,比较适用于一些对实时处理要求较高的视觉应用。

在得到参考帧与当前帧各自的特征集合后,需要考虑如何能高效、准确地建立两个集合中一一对应的特征匹配关系。最直接的思路是采用欧式距离进行相似度度量,再结合穷举法进行搜索判断。特别当特征被表示为高维向量时,这种匹配搜索策略极为耗时。为尽量降低特征匹配的运算量,常用 KD-Tree 这种数据结构来优化匹配过程。

树是一种基本的数据结构,广泛应用于表示和管理层次化数据。树由节点组成,由上级节点开始,每个节点都可以链接到下级的多个节点。这种结构非常适合描述从单一起点分叉出多个路径的数据关系。KD-Tree 是一种高维索引树形数据结构,常用于在大规模的高维数据空间中进行最近邻搜索。本质上,KD-Tree 属于一种二叉树结构。基于 KD-Tree 数据结构的特征匹配搜索策略能够在对数时间内完成最近邻搜索,以显著提高特征匹配速度。其主要过程包括 KD-Tree 的构建和 KD-Tree 的最近邻搜索。首先,对参考帧图像的特征集合进行 KD-Tree 二叉树构造,划分左子树和右子树。考察集合中所有的高维向量,可以选择方差最大的维度作为分裂维度,并在该分裂维度上选择中值作为根节点分裂数据,形成左、右子树。然后,对上一次分裂得到的左、右子树重复以上规则继续分裂,直到节点中包含的点的数量足够少时,分裂停止、KD-tree 构造结束。在执行特征匹配搜索时,对于当前帧图像的每一个特征,从构建好的 KD-tree 的根节点开始,按照与各个节点的距离比较结果向下访问 KD-Tree,直至达到叶子节点。最后比较待匹配特征与叶子节点的特征的距离,然后根据 KD-Tree 搜索规则回溯,直至找到与待匹配特征最近距离的节点为止。此时,该节点就可以与待匹配特征建立匹配关系。图 5－5 展示了一组采用 KD-Tree 结构进行两帧图像间的 ORB 特征匹配的实验结果。其中,黑色虚线示意了建立了匹配关系的特征点对。除了少部分特征匹配错误以外,大部分特征都获得了正确的匹配关系。

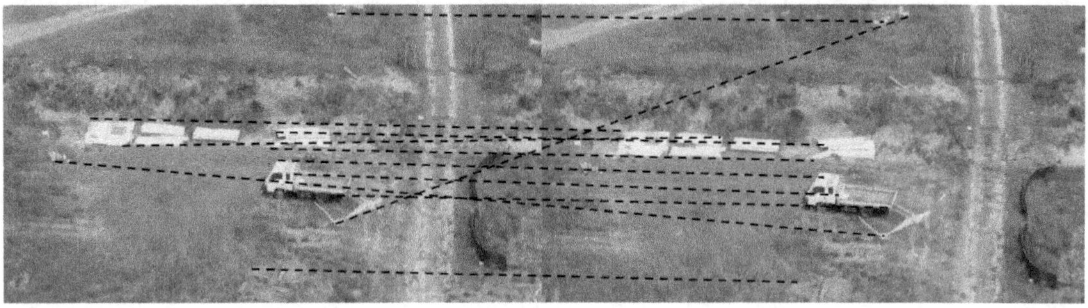

图 5-5 基于 KD-Tree 数据结构的 ORB 特征的匹配结果

3. 运动模型估计

最后,由匹配特征点对的位置关系估计相机的运动参数。运动参数的解算方法与相机成像模型相关。最常用的成像模型包括仿射相机成像模型和针孔相机成像模型。

仿射相机成像模型的投影过程可以用仿射变换(affine transformation)来描述。在几何上,仿射变换是一种将无穷远映射成无穷远的一种变换。对于一组平行直线来说,经过仿射变换后依然会保持平行。仿射变换可以描述图像发生的平移、图像平面内的旋转、图像的缩放。仿射相机模型的优点是运动参数较少,计算简单。但它不能描述当视角变化时成像发生的透视畸变。

针孔相机成像模型的投影过程在数学上属于透视变换(perspective transformation)。透视变换指一个图形变换成另一个图形,是比仿射变换更广义的一种变换。空间一组平行线经过透视变换后,其平行性并不一定被保持。透视变换很好地模拟了人眼的成像过程和视觉感受。因此,针孔相机成像模型也是计算机视觉领域中最常用的成像模型。在针孔相机成像模型下描述相机运动状态,对相机的运动定义更准确,可以更好地求解相机视角的变化。但是,其运动参数更多、解算过程更复杂。

在估计运动模型时,需要估计参数的数量,即模型的自由度,决定了运动信息解算的精度水平。模型自由度越高,运动参数解算精度越高、稳像效果越好。然而,高自由度模型的复杂性也导致了更高的计算复杂度。因此,在很多需要保证实时输出稳像效果的视觉任务中,运动估计通常倾向于采用二维仿射变换模型,尽量降低运动估计的复杂程度、平衡计算效率和稳像效果之间的矛盾。

5.2.5 运动估计过程优化

运动估计始终是计算机视觉领域的研究热点和难点问题。实际拍摄环境中,受噪声、遮挡、局部运动等因素的干扰,直接由特征匹配或光流估计得到的相机运动信息并不准确。因此,通常还需引入优化方法来提升结果的鲁棒性。其中,随机采样一致(random sample consensus, RANSAC)算法[4]和随机参数估计(least median of squares, LMedS)是运动估计中常用的优化方法。

RANSAC 是一种经典的迭代优化方法,十分擅长处理受噪声和离群点干扰的数据。因此,该方法常用于数学模型参数估计的任务中。在计算机视觉领域,由于图像数据不可避免地会受到噪声的干扰，RANSAC也广泛应用于运动估计、立体匹配和视觉测量等任务中。RANSAC的核心思想是从数据集合中随机选取最小可能的样本集来估计模型参数，并将符合模型的内点选取出来。计算过程中，通过反复的模型估计与内点选取，达到拟合出最优模型参数的目的。

在此类基于特征点匹配的运动参数估计方法中，特征匹配准确程度是影响运动估计精度的最主要因素。因此，必须采用优化方法进一步提高匹配的准确程度。在建立两视图的特征匹配关系时，经常需要利用内极几何约束条件。具体来说，就是要借助于立体视觉中的基本矩阵 $\boldsymbol{F}$。假设在参考帧的一个像点为 $\boldsymbol{p}_i$，与其在当前帧的匹配点 $\boldsymbol{p}_i'$ 应满足内极线约束 $\boldsymbol{p}_i'^{\mathrm{T}}\boldsymbol{F}\boldsymbol{p}_i = 0$。在没有任何运动信息先验的情况下，算法的输入仅为前、后两帧图像。此时，基本矩阵 $\boldsymbol{F}$ 是通过相似性度量获得的图像间的匹配点对计算得到的。由于匹配误差的存在，需要通过RANSAC方法对矩阵 $\boldsymbol{F}$ 进行迭代优化。对于参考帧的像点 $\boldsymbol{p}_i$，假设 $\boldsymbol{q}_i$ 为其在当前帧通过相似性度量获得的匹配像点、$\boldsymbol{p}_i'$ 为通过矩阵 $\boldsymbol{F}$ 映射在当前帧的虚拟投影点。则利用 RANSAC 方法提高匹配精度的具体步骤如下。

（1）随机选择样本。从匹配集合 M 中随机选择一个最小样本集：$S=\{(\boldsymbol{p}_i,\boldsymbol{q}_i)\}$，$i=1,\cdots,N$。其中，$N$ 是进行单次模型估计所需的匹配点的最小数量。

（2）模型估计。对于 M 中的每个匹配点对 $(\boldsymbol{p}_j,\boldsymbol{q}_i)$，通过 $\boldsymbol{p}^{\mathrm{T}}{}'_i\boldsymbol{F}\boldsymbol{p}_i=0$ 计算当前帧中的虚拟投影点 $\boldsymbol{p}_i'$，然后计算 $\boldsymbol{q}_i$ 和 $\boldsymbol{p}_i'$ 之间的距离 $d(\boldsymbol{p}_i',\boldsymbol{q}_i)=\|\boldsymbol{p}_i'-\boldsymbol{q}_i\|$。假设一个预先设定的阈值 τ，若满足 $d(\boldsymbol{p}_i',\boldsymbol{q}_i)<\tau$，则认为匹配点对 $(\boldsymbol{p}_j,\boldsymbol{q}_i)$ 为内点。

（3）模型更新与迭代。如果当前模型的内点数量超过了之前所有的模型，则将其更新为当前模型。重复以上步骤，直到达到预定的迭代次数或者内点数量达到预先设定的阈值。

利用 RANSAC 方法能够有效剔除 ORB 特征匹配中的误匹配。图 5-5 展示了一组通过相似性度量获得的 ORB 特征匹配结果，其中部分特征并没有获得正确的匹配。利用 RANSAC 方法迭代优化后，错误的匹配特征点对已经被很好地剔除，如图 5-6 所示。

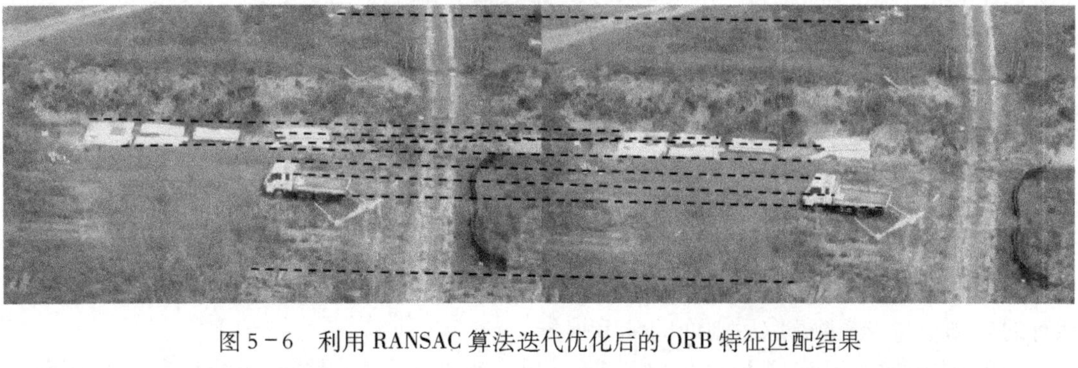

图 5-6　利用 RANSAC 算法迭代优化后的 ORB 特征匹配结果

LMedS是一种基于统计学的迭代优化方法，通过最小化误差的中位数实现模型参数的估计。该方法在处理包含异常值数据方面性能十分鲁棒。在 LMedS 方法中，首先需要针对具体的任务定义误差度量方法,用于评估数据点与模型之间的差异。然后,在数据中随机选取最少数量的样本估计模型参数,为每个数据点计算其与所估计模型的误差,并记录误差的中位数。重复随机选择样本与记录误差中位数这一步骤,比较记录得到的所有误差中位数的数值,对应于误差中位数最小值的模型即为最佳模型。

LMedS 在处理含有大量异常值的数据集合时特别有效。此外,该方法也不需要提前人为假设任何误差分布模型,因此其适用性十分广泛。然而,算法需要多次随机选取样本并估计模型参数,会导致计算资源的大量消耗。特别是当数据量较大时,计算效率较低。

5.3 运动平滑和运动补偿

5.3.1 基于滤波的运动平滑方法

在数字图像处理中,滤波可作为一种常用的平滑手段,用于抑制和防止噪声信号的干扰。均值滤波是其中最简单的低通滤波方法,在时域中的表示如下:

$$h(n)=\begin{cases}1/L & n=0,\ 1,\ \cdots,\ L-1;\\ 0 & \text{其他}\end{cases} \tag{5-24}$$

其中,L 是滤波器尺寸。

在进行运动平滑时,假设相机的主动运动引起的连续帧间运动是一致的。因此,可以采用均值滤波对这些连续帧间的运动矢量进行取平均值的处理,以获得平滑的运动信息。设连续 L 幅图像的帧间运动矢量为 $\boldsymbol{e}_i$, 第 k 帧图像的运动矢量 $\boldsymbol{E}(k)$ 为

$$\boldsymbol{E}(k)=\frac{1}{L}\sum_{i=k-L+1}^{k}\boldsymbol{e}_i \tag{5-25}$$

利用均值滤波平滑运动参数时,需要设计滤波器的尺寸 L。对于相机的高频率抖动,较小尺寸的滤波器在去除高频信息的同时可保持图像准确性,但平滑效果有限、视频画面稳定性不足。另一方面,若采用较大尺寸的滤波器,画面稳定性较好,但较大程度的运动补偿可能会引起严重的图像失真,丢失过多图像细节。因此,在选择滤波器尺寸时,需要权衡画面稳定效果和图像细节之间的关系。此外,尽管均值滤波法这种取均值的方法计算简单,但是不能强调当前帧自身的运动信息。因此,并不适用于某些相机会发生复杂运动的任务中。为了获得更为细致的运动平滑,可以设计更复杂的滤波器或者采用多种滤波器组合的方法。例如,采用高斯低通滤波器平滑运动信息。高斯低通滤波器也是一种线性滤波器,是通过给定的高斯函数设计滤波器的各个权重系数。然后,以信号的加权平均值作为滤波结果。这种加权平均的计算方法在运动平滑的基础上,尽量保留每帧图像独有的运动信息,减少稳像后画面的细节损失。

卡尔曼滤波(Kalman Filter)是由 Kalman 提出来的一种利用线性系统状态方程对系统状态进行最优估计的算法,可以根据系统的动态模型和观测信息进行自适应地状态估计,是视频稳像技术中经常采用的一种经典运动平滑方法。

应用卡尔曼滤波的基本假设是系统的动态模型和观测模型都是线性的,且噪声模型为高斯白噪声。在满足上述条件下,假设某一动态系统在 k 时刻的状态可表示为一个 n 维状态向量 $\boldsymbol{x}_k$,则系统的状态可以定义为以下线性模型:

$$\boldsymbol{x}_k = \boldsymbol{A}_{k-1}\boldsymbol{x}_{k-1} + \boldsymbol{B}_k\boldsymbol{u}_k + \boldsymbol{w}_k \tag{5-26}$$

其中,$\boldsymbol{A}_{k-1}$ 为 $n\times n$ 的与时间相关的状态转移矩阵;$\boldsymbol{x}_{k-1}$ 为上一时刻的系统状态;$\boldsymbol{B}_k$ 为控制矩阵;$\boldsymbol{u}_k$ 为控制输入;$\boldsymbol{w}_k$ 为零均值的高斯白噪声随机序列。式(5-26)被称为系统的状态方程。

假设在任意 k 时刻,可获得一个 m 维的观测向量 z_k,观测向量可由状态向量线性表示为

$$z_k = \boldsymbol{H}_k\boldsymbol{x}_k + \boldsymbol{v}_k \tag{5-27}$$

其中,$\boldsymbol{H}_k$ 是一个 $m\times n$ 的与时间相关的观测矩阵;$\boldsymbol{v}_k$ 为零均值的观察高斯白噪声序列,且噪声 $\boldsymbol{w}_k$ 与 $\boldsymbol{v}_k$ 不相关。式(5-27)被称为观测方程。

设 $\hat{\boldsymbol{x}}_k^- \in R^n$ 表示在已知 k 时刻以前的状态的情况下,对 k 时刻的先验状态估计,$\hat{\boldsymbol{x}}_k \in R^n$ 表示在 k 时刻已知测量变量 $\boldsymbol{z}_k$ 的后验状态估计。在建立系统状态方程后,可将其用于对下一时刻的状态向量进行预测,得到下一时刻的先验状态估计。在 k 时刻,假设已经得到上一时刻的后验状态估计 $\hat{\boldsymbol{x}}_{k-1}$,则可利用 $\hat{\boldsymbol{x}}_{k-1}$ 对 k 时刻的状态进行估计,得

$$\hat{\boldsymbol{x}}_k^- = \boldsymbol{A}_{k-1}\hat{\boldsymbol{x}}_{k-1} + \boldsymbol{B}\boldsymbol{u}_k \tag{5-28}$$

此时,预测在 k 时刻的误差协方差矩阵 $\boldsymbol{P}_k^-$ 为

$$\boldsymbol{P}_k^- = \boldsymbol{A}_{k-1}\boldsymbol{P}_{k-1}\boldsymbol{A}_{k-1}^{\mathrm{T}} + \boldsymbol{Q}_k \tag{5-29}$$

其中,$\boldsymbol{Q}_k$ 为系统模型噪声 $\boldsymbol{w}_k$ 的协方差矩阵。

当获得 k 时刻的测量向量后 $\boldsymbol{z}_k$,计算卡尔曼增益矩阵 $\boldsymbol{K}_k$:

$$\boldsymbol{K}_k = \frac{\boldsymbol{P}_k^-\boldsymbol{H}_k^{\mathrm{T}}}{\boldsymbol{H}_k\boldsymbol{P}_k^-\boldsymbol{H}_k^{\mathrm{T}} + \boldsymbol{R}_k} \tag{5-30}$$

其中,$\boldsymbol{R}_k$ 是观测模型噪声 $\boldsymbol{v}_k$ 的协方差。通过卡尔曼增益 $\boldsymbol{K}_k$ 更新系统的状态向量,得到 k 时刻的后验状态估计 $\hat{\boldsymbol{x}}_k$:

$$\hat{\boldsymbol{x}}_k = \hat{\boldsymbol{x}}_k^- + \boldsymbol{K}_k(z_k - \boldsymbol{H}_k\hat{\boldsymbol{x}}_k^-) \tag{5-31}$$

此外,还要更新误差协方差矩阵 $\boldsymbol{P}_k$,为下一时刻状态向量的更新做好准备:

$$\boldsymbol{P}_k = (\boldsymbol{I} - \boldsymbol{K}_k\boldsymbol{H}_k)\boldsymbol{P}_k^- \tag{5-32}$$

利用卡尔曼滤波对系统的状态进行估计时,在每一个新的时刻都要根据前一时刻的状态对新时刻的状态进行预测。在获得该时刻的测量值后,再对状态进行更新。因此,卡尔曼滤波是在不断预测-更新的过程中,从一系列的测量信号中估计动态系统的状态。

图 5-7 展示了一组利用卡尔曼滤波对视频进行运动平滑的实验效果。如图(b)所示,相比于运动平滑前,平滑后相邻帧间的相对位移减小,视频播放时画面会更加稳定。

(a) 运动平滑前的连续3帧图像

(b) 运动平滑后的连续3帧图像

图 5-7 基于卡尔曼滤波的运动平滑效果示例

相比于简单的线性滤波方法,基于卡尔曼滤波的运动平滑方法具有以下优点。卡尔曼滤波采用了反馈控制机制,能够实时更新状态估计和误差协方差,平滑后的运动信息更加精确和稳定。此外,卡尔曼滤波考虑了随机噪声信号的影响,滤波效果优于简单的线性滤波方法。但是,传统的卡尔曼滤波仅适用于线性系统。对于一些非线性系统的状态估计,可以采用扩展卡尔曼滤波或非线性卡尔曼滤波等改进方法。

5.3.2 基于变分模态分解的运动平滑方法

变分模态分解(variational mode decomposition, VMD)[5]是一种自适应信号分解方法,能够将复杂信号分解为预定数量的带限内在模态函数(IMFs),每个 IMF 围绕一个中心频率振荡。通过最小化分解后的模态带宽之和,以获得稳定且独立的模态。上述过程可通过求解一个变分问题来实现。本小节介绍基于 VMD 的全局运动矢量分解方法,将运动分解为包含表征相机主动运动的低频模态和表征随机抖动的高频模态,再进行模态筛选和重组,达到保留相机主动运动的同时消除或减少画面抖动的效果。

VMD 通过识别信号中各成分的中心频率和带宽,完成对信号的分解。令 $u_k(k = 1, 2, \cdots, K)$ 为信号分量,k 表示信号模态的个数。假设信号的每个模态都会围绕中心频率 $\omega_k(k = 1, 2, \cdots, K)$ 收敛,则变分问题表示为寻求以下函数的最小值。即

$$E = \min \sum_k \left\{ \left\| \partial_t \left[\left(\delta(t) + \frac{\mathrm{j}}{\pi t} \right) * u_k(t) \right] \mathrm{e}^{-\mathrm{j}\omega_k t} \right\|_2^2 \right\}, \ s.t. \sum_k u_k = f \qquad (5-33)$$

其中,f 为输入信号;∂ 表示 Dirac 分布;t 为时间;$*$ 表示卷积运算。为了求解以上约束最优化问题,引入惩罚项 α 和拉格朗日乘子 λ 将式(5-33)转化为一个无约束最优化问题:

$$L(\{u_k\},\{\omega_k\},\lambda)=\alpha\sum_k\left\|\partial_t\left[\left(\delta(t)+\frac{\mathrm{j}}{\pi t}\right)\mathrm{e}^{-\mathrm{j}\omega_k t}\right]\right\|_2^2+\left\|f(t)-\sum_k u_k(t)\right\|_2^2+\left\langle\lambda(t),f(t)-\sum_k u_k(t)\right\rangle \quad (5-34)$$

对于式(5-34)采用交替方向乘子算法，通过搜索鞍点进行最优化求解。具体迭代计算过程如下：

(1) 初始化模态 u_k^0、中心频率 ω_k^0、拉格朗日乘子 λ^0、最大迭代次数 $N=5\,000$、循环次数 $n=0$；

(2) 计算 $u_k^{n+1}=\underset{u_k}{\operatorname{argmin}}L(\{u_{i<k}^{n+1}\},\{u_{i\geqslant k}^n\},\{\omega_i^n\},\lambda^n)$，更新 u_k^{n+1}；

(3) 计算 $\omega_k^{n+1}=\underset{\omega_k}{\operatorname{argmin}}L(\{u_i^{n+1}\},\{\omega_{i<k}^{n+1}\},\{\omega_{i\geqslant k}^n\},\lambda^n)$，更新 ω_k^{n+1}；

(4) 计算 $\lambda^{n+1}=\lambda^n-\tau\left(f-\sum_k u_k^{n+1}\right)$，更新 λ^{n+1}，其中 τ 用于控制拉格朗日乘子的步长；

(5) 重复第(2)~(4)步直到收敛：$\sum_k\frac{\|u_k^{n+1}-u_k^n\|_2^2}{\|u_k^n\|_2^2}<\varepsilon$，其中，$\varepsilon$ 是一个无限小正数，一般取 $\varepsilon=0.000\,01$。

若将全局运动矢量序列视为一个随时间变化的变量 $\boldsymbol{G}(t)$，且 $\boldsymbol{G}(t)$ 的振幅为相机运动的位移幅度。则全局运动矢量可表示为

$$\boldsymbol{G}(t)=\boldsymbol{I}(t)+\boldsymbol{J}(t) \quad (5-35)$$

其中，$\boldsymbol{I}(t)$ 为相机主动运动矢量；$\boldsymbol{J}(t)$ 为相机随机抖动运动矢量。可通过变分模态分解方法将全局运动矢量分解为相机主动运动与相机随机抖动信号，即

$$\boldsymbol{G}(t)=\sum_{i\in IM}\boldsymbol{M}_i+\sum_{i\in JM}\boldsymbol{M}_i \quad (5-36)$$

其中，$\boldsymbol{M}_i$ 表示各个模态；IM、JM 分别为相机主动运动矢量集合和相机随机抖动矢量集合。主动运动显示出高振幅、低频率的特点，而随机抖动往往表现为振幅较低、频率较高的信号。

图 5-8 展示了一组利用 VMD 方法将全局运动矢量分解为各模态运动矢量的实例。图 5-8(b)显示了三个模态的信号。其中，第一模态的频率最低、振幅最大，因此该信号

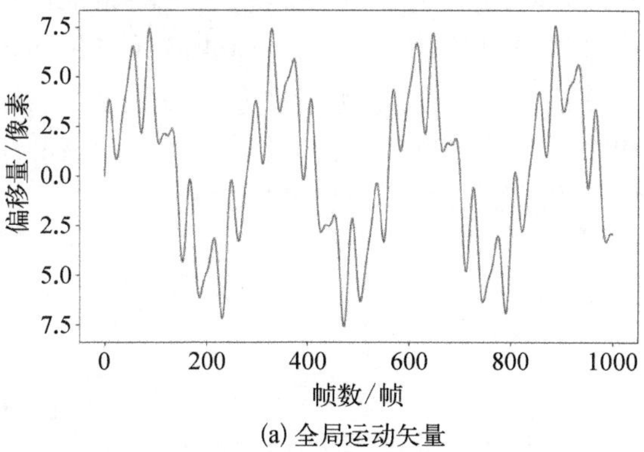

(a) 全局运动矢量

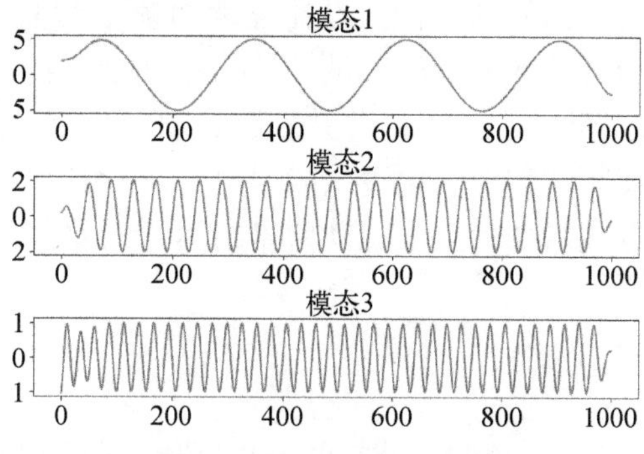

(b) 分解后的各模态运动矢量

图 5-8　全局运动矢量与分解后的各模态运动矢量

最可能为相机的主动运动。然后,可采用相关熵判别其他各个运动分量为主动运动或随机抖动。在数值上,两个主动运动之间的相关熵较高;主动运动与随机抖动之间的相关熵较低。在确定第一模态为相机主动运动后,就可以利用相关熵判断代表随机抖动的运动成分并予以去除,实现运动的平滑。

基于 VMD 的运动平滑方法能够将视频的运动信号分解为不同频率范围的多个模态。这种多尺度分解有助于更精确地识别和处理不同类型的运动,例如常表现为低频信号的全局运动和表现为高频信号的相机抖动。特别是 VMD 算法可以自适应地调整运动分解的模态,使其更好地适应视频内容的变化,提高稳像后的画面自然度和流畅度。此外,由于噪声以高频信号的形式存在,VMD 算法可在平滑运动的同时有效地去除视频噪声,提高视频质量。然而,VMD 算法的计算复杂度较高,不利于实时处理应用。另外,一些如分解模态数量等参数的设置对稳像效果影响较大。因此,为了达到较好的稳像效果,根据经验设置合理的参数,或在应用过程中需要对参数进行调整。尽管 VMD 算法能够较好地保留视频细节,但模态分解误差会导致图像伪影现象。针对以上不足,可以通过并行加速或减少迭代次数等方法降低计算复杂度。同时,研究基于视频内容的参数自适应选择策略,自动调整模态数目、分解的细节级别等参数,达到运动信息的最优平滑。对于图像伪影问题,可通过边缘保持滤波器等后处理步骤提高画面的观看舒适度。

5.3.3 运动补偿

在完成运动估计和运动平滑之后,需要采取反向运动补偿来降低或消除视频画面的抖动。常用的运动补偿方法包括固定帧补偿法和相邻帧补偿法。

固定帧补偿方法需要在系统工作前指定某一帧图像作为参考帧,再利用全局运动估计算法估计每一帧图像与参考帧之间的运动矢量,并以此对当前帧图像进行运动补偿。该算法计算量较低,仅需将参考帧与当前帧的仿射变换矩阵或透视变换矩阵进行累乘计算,并得到累乘矩阵的逆矩阵,就可以通过矩阵运算计算得到运动补偿后的图像。这种运动补偿方法适用于采用固定放置的相机拍摄的画面,例如由监控相机拍摄的视频。但若相机发生了主动运动,固定帧补偿法会引起图像失真,并且随着时间的推移,图像的失真情况会越来越严重。

相邻帧补偿法是在连续两帧之间估计全局运动,并以这些全局运动矢量的累加值作为当前帧的运动矢量,以完成运动补偿。在此过程中,常采用如高斯低通滤波或卡尔曼滤波等滤波方法,区分并剔除运动的高频信息,平滑相机的运动轨迹。该方法的优点是对于视频内容的变化适应能力更好,稳像后视频的细节能够尽量被保持。但是,其中的核心难点包括如何克服运动信息的累计误差,以及如何设计更适合任务场景的滤波器。

习　题

5-1　列举并简述电子稳像技术的三个处理过程。

5-2　选择一个客观评价方法(如 MSE 或 PSNR),简述其计算过程及在稳像效果评价中的应用。

5-3　简述灰度投影法在运动估计中的原理及其优缺点。

5-4　总结光流法在电子稳像技术中的应用过程，并说明它与块匹配算法在功能上的区别和适用场景。

5-5　在电子稳像中，卡尔曼滤波器如何应用于运动平滑？有何优缺点？

5-6　给定一幅 320x240 像素的原始图像和经过电子稳像处理后的图像。每个像素点的亮度值从 0（完全黑）到 255（完全白）。原始图像的第一个像素灰度值为 100，处理后的图像对应像素的灰度值为 120。假设整幅图像的所有像素灰度值变化都相同（即原始图像每个像素点都比处理后的图像亮 20）。计算这两幅图像的 MSE 和 PSNR。

5-7　编写一段视频电子稳像代码。可直接调用 OpenCV 的函数估计光流，作为视频帧间的运动信息，并尝试使用简单的运动补偿实现电子稳像。

参 考 文 献

[1] 王志民，徐晓刚. 电子稳像技术综述[J]. 中国图象图形学报，2010，15(3)：470－480.

[2] Horn B K P, Schunck B G. Determining optical flow[J]. Artificial Intelligence, 1981, 17(1－3): 185－203.

[3] Lucas B D, Kanade T. An iterative image registration technique with an application to stereo vision[C]. 7th International Joint Conference on Artificial Intelligence, Vancouver, 1981.

[4] Fischler M A, Bolles R C. Random sample consensus: a paradigm for model fitting with applications to image analysis and automated cartography[J]. Communications of the ACM, 1981, 24(6): 381－395.

[5] Dragomiretskiy K, Zosso D. Variational mode decomposition[J]. IEEE transactions on Signal Processing, 2013, 62(3): 531－544.

第 6 章

目标检测方法

对图像与视频中感兴趣区域进行理解与定位是计算机视觉研究的核心问题之一。目标检测作为解决这一问题的关键技术，旨在精确识别图像内物体，并准确定位物体位置与边界框。近年来，目标检测已成为计算机视觉领域的研究热点之一，备受学术界与产业界的广泛关注，已广泛应用于自动驾驶、安防监控、航空航天、医学图像处理等多个领域。本章首先介绍了目标检测的基本概念、基本步骤、分类、指标与常用数据集，然后按照该领域的发展脉络，介绍传统的目标检测方法与基于深度学习的目标检测方法，旨在集中阐述该领域内的经典算法与应用领域。

6.1 目标检测综述

6.1.1 目标检测基本概念

计算机视觉的核心难题之一是如何从图像与视频中提取可供计算机理解的信息，即图像理解。这一任务可划分成三个递进的层次：图像分类、目标检测与图像分割，如图 6－1 所示。作为图像理解的基础层级，图像分类任务旨在将整幅图像归属于一个预设的类别标签。例如在物体分类中，图像分类任务需要赋予该图像一个关于物体类别的特定标签。相较于图像分类，目标检测任务聚焦于特定目标的识别与定位。通过区分图像的主体与背景，检测算法需要在复杂场景中精准识别出目标对象，同时提供目标的类别属性

(a) 图像分类　　(b) 目标检测　　(c) 图像分割

图 6－1　图像分类、目标检测与图像分割的对比

与位置信息。图像分割任务可进一步细分为语义分割与实例分割。语义分割需要为图像中的每一个像素分配一个类别的标签,实现图像中不同类别物体的分割。实例分割则在语义分割的基础上更进一步,需要区分同一类别的不同目标,并赋予这些目标不同的分割标签。图 6-1 示例对比了图像分类、目标检测与图像分割的任务目的。

在实践中,目标检测任务面临着一系列复杂挑战:物体遮挡、尺度变化、外观变化、视角与光照条件变化、复杂背景、弱小目标、类别样本分布不均等。这些挑战在同一任务场景中往往交织并存,至今尚无任何一种普适性目标检测算法能应对所有实际任务场景。因此,需要根据实际任务的场景环境与目标成像特点选择适合的目标检测策略。

6.1.2　目标检测基本步骤

无论是采用传统的手工特征描述子或现代的深度学习框架,目标检测的执行过程都可以总结为以下四个基本步骤;数据预处理、特征提取、检测算法设计及后处理与评价,如图 6-2 所示。

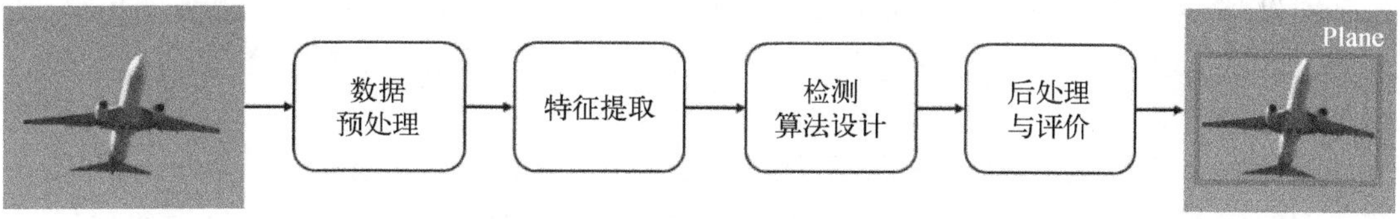

图 6-2　目标检测的基本步骤

1. 数据采集和预处理

目标图像或视频实例的搜集与整理是目标检测任务的首要环节。特别是对于基于深度学习的检测方法,数据集的规模与内容丰富程度,很大程度上影响目标检测算法的识别检测能力。数据预处理则是对收集或采集到的图像数据进行优化,旨在使输入图像能够适配后续目标检测模型的训练与性能评测需求。如图 6-3 所示,主流的预处理过程包括

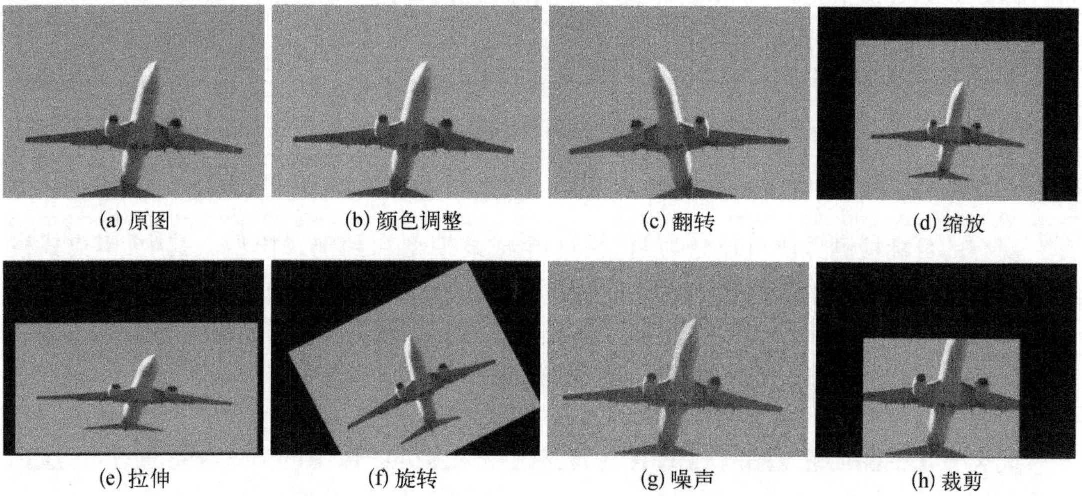

图 6-3　图像预处理示意图

图像尺寸标准化、光照调整和数据增强等操作，以确保数据的一致性、适用性与多样性。目标图像数据的质量与预处理的严谨程度，直接影响了目标检测模型的识别与定位精度。因此，在开展目标检测任务时，应首先尽可能地完善和优化数据。

2. 特征提取与描述

在目标检测任务中，可采用手工设计的传统特征描述子或基于深度学习的特征提取与描述方法。前者通过图像的颜色直方图、边缘和角点的纹理和形状描述定义特征，使用时需要根据特定的任务场景，人为挑选适合该类目标的特征提取与描述方法，以更好地刻画前景与背景的差异性，实现目标的正确识别和定位。相比之下，基于深度学习的特征提取方法强调网络模型的设计与应用。目前，卷积神经网络(CNN)凭借对图像特征的良好提取能力，经常作为目标检测算法的主干网络使用，并且已在众多的目标检测任务中展现出良好的性能。常见的 CNN 模型包括 AlexNet、VGG、ResNet 等。

3. 目标检测算法

早期的目标检测算法主要依赖于特征提取与描述子的设计。这些算法重点研究颜色与纹理分割、边缘轮廓提取、模板比对及兴趣点定位等。相较于当前的深度学习方法，此类传统方法在应对尺度变化、外观变化、视角与光照条件变化、复杂背景等挑战时表现出明显的局限性。

深度学习模型应用于目标检测任务后，刷新了各个公开数据集的目标检测精度指标，并在该领域占据了统治地位。目前，基于深度学习的目标检测算法主要分为两阶段式(two-stage)、单阶段式(one-stage)与基于 Transformer 架构的方法。一般来说，两阶段检测器因其精细化的分类与定位而具有更高的检测精度；单阶段检测器则以高效和实时性见长；而基于 Transformer 架构的方法在检测精度及高层次语义信息理解方面展现了独特优势。

4. 后处理与检测结果评价

在获得初步检测结果之后，通常需要进行一些后处理操作以进一步提升目标检测精度。该阶段一般包括冗余目标去除(非极大值抑制)、置信度较低的检测框滤除等操作。此外，还应评估模型在验证集或测试集上的检测性能。常用的精度评估指标包括精确率(precision)、召回率(recall)、F1 分数，平均检测精度(mAP)以及交并比(intersection over union, IoU)等。

6.1.3 目标检测方法的分类

现有的目标检测方法可被分为两大类：生成式模型和判别式模型。其中，生成式模型重点研究目标与背景的建模；判别式模型则重点研究目标特征的提取与描述。当前在检测准确度上占有统治地位的深度学习方法主要属于判别式模型。本章节将按照该领域的发展脉络，介绍领域内经典方法的核心原理、优势与局限性。

1. 基于背景建模的目标检测方法

此类方法的核心思想在于通过构建背景模型来区分图像中的前景与背景，广泛应用于视频监控、移动机器人路径规划及人群行为分析等实际应用场景中，属于生成式模型。其工作原理包括两个关键环节：背景模型的构建与前景目标的检测。

首先,背景模型的构建旨在获取场景的背景区域,如墙壁、地面及天空等。常用的背景建模方法包括帧差法、平均背景法、单高斯模型法及混合高斯模型法。

其次,在构建背景模型之后,进行前景目标的检测。该阶段主要采用背景差分和一些形态学处理手段。背景差分通过比较当前图像帧与背景模型的差异来定位前景目标区域。具体来说,是将当前图像帧与背景模型直接相减获得差分图像,并通过预先设定的阈值将差分结果进行二值化处理得到前景目标区域。

图6-4展示了一组利用背景建模和差分法在遥感图像中检测飞机目标的实验结果。在图6-4(b)中,标记为白色的区域被识别为飞机目标。可见,所采用的方法不仅没有将飞机尾翼正确分割出来,检测得到的机身也存在一些孔洞,还将一些地面其他小目标误判为飞机。因此,对于机身的孔洞与误判的小目标,需要引入形态学方法,如腐蚀与膨胀、开运算与闭运算等,以进一步消除噪声的干扰,凸显并精细化前景目标的轮廓、提高目标区域的完整度。

(a) 输入的图像数据　　(b) 目标检测的结果

图6-4　基于背景建模的目标检测算法的实验结果

2. 基于特征描述子的目标检测方法

基于特征描述子的目标检测方法是通过提取和匹配图像中的特征以实现目标检测,广泛应用于一些如人脸等特定目标的检测与识别。此类方法的核心思想在于特征描述子的设计。常见的手工特征描述子包括SIFT特征、SURF特征、HOG特征、ORB特征等。近年来,也有算法将预训练的CNN模型中间层输出的特征向量作为描述子。

在图像中提取特征描述子后,可通过特征匹配与匹配阈值筛选进行目标检测。特征匹配是指将提取得到的特征描述子与已知目标库中的描述子进行相似度评估,常用欧氏距离、汉明距离等度量准则;匹配阈值筛选则用于判断当前目标是否为方法感兴趣的检测目标。

3. 基于深度学习的目标检测方法

基于深度学习的目标检测方法主要方法可归纳为两阶段式、单阶段式与基于Transformer架构的方法三大类。两阶段式检测方法,如Faster R-CNN等,遵循“先粗选后精炼”的策略。在第一阶段,区域提议网络(Region Proposal Network,RPN)自动生成可能包含目标的候选框；在第二阶段，再由模型的检测头对这些候选框进行精细地分类与定位。通过对候选区域的细粒度处理，两阶段式检测方法可以实现高精度定位，在应对复杂场景和小目标检测时表现较为出色。单阶段式检测方法，如 YOLO 和 SSD 等，采用单一网络同时完成目标的定位与分类，简化了检测流程，显著提升了处理速度，适用于对实时性要求较高的工程任务。基于 Transformer 架构的方法则另辟蹊径，利用注意力机制捕获图像中的目标及其上下文信息。通过全局注意力运算，基于 Transformer 架构的模型可实现整幅图像的端到端的目标检测，而无须依赖预设的锚框或边界框。

6.1.4 目标检测评价指标与数据集

1. 目标检测评价指标

在目标检测领域，将模型的预测结果与真实类别进行比较，可把目标分为两类：正例和负例。正例意味着模型正确识别出目标，而负例指模型未识别出目标或将其错误标记为非目标区域。由此，可定义四个基本概念：真正例(TP)，假正例(FP)，真负例(TN)，假负例(FN)，其具体含义如表 6-1 所示。

表 6-1 正负例示意表

		预测类别		
		是	否	总计
真实类别	是	TP	FN	P(实际上属于该类)
	否	FP	TN	N(实际上不署于该类)
		P：被分类器分为属于该类的	N：被分类器分为不属于该类的	P+N

以上定义可为目标检测模型的性能评估提供定量方法，例如精确率、召回率、F1 分数和平均检测精度(mAP)等。

精确率(Precision)是衡量算法正确识别目标能力的基本评价指标，反映正例识别的准确性，通过计算检测得到的正确的目标数量与总数量的比例得出：

$$P = \frac{\mathrm{TP}}{\mathrm{TP} + \mathrm{FP}} \tag{6-1}$$

召回率(recall)用于评估模型检出的目标占真实目标的比例，衡量模型识别的全面性。高召回率意味着算法能够检测到更多的真实目标，但同时可能伴随着误报的增加。召回率通过计算检测得到的正确的目标数量与真实的目标总数量的比例计算得到：

$$R = \frac{\mathrm{TP}}{\mathrm{TP} + \mathrm{FN}} \tag{6-2}$$

F1 分数是精确率和召回率的调和平均值,用来综合评价模型性能。一般来说,F1 分数越高、模型的性能越好。其计算方法如下:

$$F1 = 2 \times \frac{P \times R}{P + R} \tag{6-3}$$

通过设置不同的置信度阈值,检测模型的精确率和召回率可被绘制成一条曲线,即 PR 曲线。平均精确率(average precision,AP)是 PR 曲线下方所包围的面积,可视为不同召回率下精确率的平均值,其计算方法如下:

$$AP = \frac{1}{m}\sum_{k=1}^{m} \text{Precision}(R_k) \tag{6-4}$$

其中,m 表示召回率的分割点数量; R_k 表示第 k 个召回率点。

平均检测精度(mean average precision,mAP)是建立在 AP 基础上的评价指标。mAP 由所有目标类别检测的平均精确率(AP)的加权平均计算得到。其计算方法如下:

$$mAP = \frac{1}{N}\sum_{i=1}^{N} AP_i \tag{6-5}$$

其中,N 表示类别的总数; AP_i 表示第 i 个目标类别的平均精确度。mAP 为一个 0 到 1 之间的值,数值越高表示检测模型的整体性能越好。

交并比(intersection over union,IoU)是用于评价预测目标的边界框与实际目标的边界框相似度的重要指标。首先,需要确定预测框与真实框的交集区域,即两框重叠部分,并计算其面积。然后,计算预测框与真实框各自的面积,并求出其并集的面积。IoU 即为上述交集面积与并集面积的比值:

$$IoU = \frac{\text{Area}(A \cap B)}{\text{Area}(A \cup B)} = \frac{\text{Area}(A \cap B)}{\text{Area}(A) + \text{Area}(B) - \text{Area}(A \cap B)} \tag{6-6}$$

其中,预测目标的边界框表示为 A,真实目标的边界框表示为 B, $A \cap B$ 表示其交集、$A \cup B$ 表示其并集。IoU 的取值为 0~1,其值越大表示预测目标的边界框与真实目标的边界框的重合度越高,说明目标检测模型对于目标的定位能力越好。

2. 目标检测领域的数据集

目标检测数据集是用于评估和训练目标检测算法的重要资源,包含了大量的图像或视频数据,且标注了目标对象的位置和类别信息。以下介绍一些目前公开已发布的常用目标检测数据集。

Pascal VOC[1] 数据集是一个经典的多类别目标检测数据集,包括了 20 个不同类别的目标,如人、狗、汽车等,如图 6-5 所示。它提供了丰富的图像场景和目标边界框标注,被广泛用于目标检测算法的精度评估和性能比较。

MS COCO(microsoft common objects in context)[2] 是一个多任务视觉数据集,可用于目标检测、语义分割、关键点检测等多类视觉任务,部分数据示例如图 6-6 所示。该数据集共包含 80 类目标、总计 328 000 张图片,是目标检测领域的重要数据集之一。

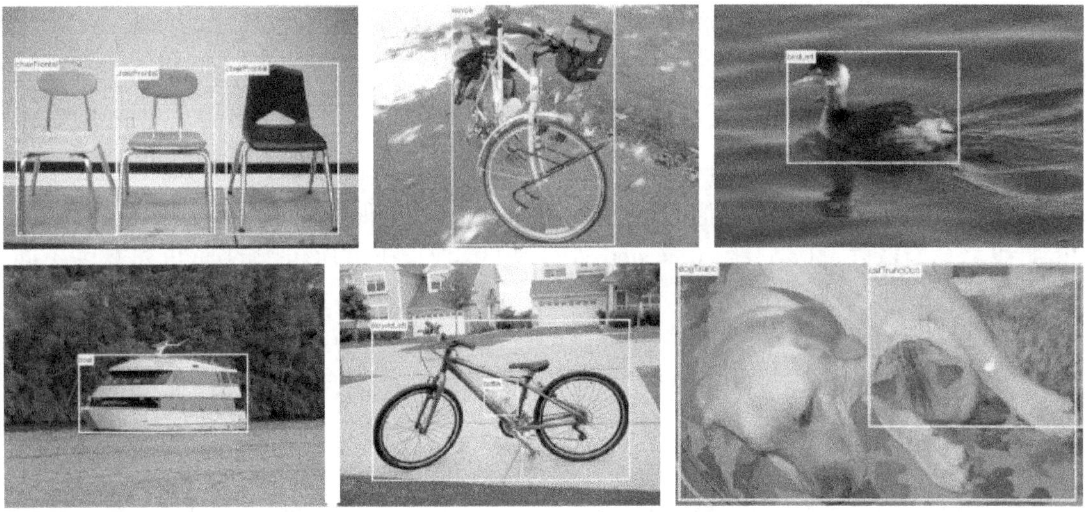

图 6-5 Pascal VOC 数据集[1]的部分数据示例

图 6-6 MS COCO 数据集[2]的部分数据示例

CityScapes[3]数据集主要用于城市场景中的目标检测和分割任务，主要包括 50 个不同城市街道和道路的 5 000 张图像，共标注了 30 个目标类别，部分数据示例如图 6-7 所示。

图 6-7 CityScapes 数据集[3]的部分数据示例

KITTI[4] 数据集是用于自动驾驶和移动机器人领域的经典数据集，共包含 15 000 张交通场景图像和在数据上标注的 3D 边界框，可用于车辆和行人检测任务，部分数据示例如图 6－8 所示。

图 6－8　KITTI 数据集[4] 的部分数据示例

6.2　基于背景建模的目标检测方法

基于背景建模的目标检测方法是运动目标检测技术的重要方法之一，该方法通过对比当前视频帧与预先设定或动态更新的背景模型（或背景图像），找出变化显著的区域。这些区域通常对应着场景中的运动目标，也就由此得到前景目标的空间位置与轮廓形态。本节将介绍背景建模的基本概念和基本方法，重点介绍基于混合高斯模型的背景建模方法。

6.2.1　背景建模的基本概念

背景建模旨在通过已有的视频数据建立一个反映场景静态成分的背景模型，并将其与实时输入图像帧进行比较，实现运动目标的检测与定位。背景建模的研究工作始于 20 世纪 90 年代，早期方法主要包括帧差法与平均背景法等。随着计算能力的提升与算法的改进，提出了如基于高斯混合模型（Gaussian mixture model，GMM）及基于深度学习的背景建模等更先进的背景建模技术，以应对光照变化与环境干扰。

具体而言帧间差分法仅通过计算相邻图像帧之间的差异来定位前景目标，而线性背景模型需要假设背景随着时间呈线性变化，进一步的，高斯模型法包括单高斯模型与高斯混合模型，前者为每个像素分配一个高斯分布，适用于相对稳定的背景；后者则为每一个像素定义多个高斯分布的线性组合，以便能够处理更复杂的动态背景。此外，近年来还提出了基于深度学习的特征提取与背景建模方法,其适应性场景变化的能力得到进一步提高。在获取背景模型后,将当前输入图像帧与背景模型进行比较,并使用预先设定的阈值进行二值化处理,就可确定前景目标的位置和区域,如图 6-9 中白色区域所示。

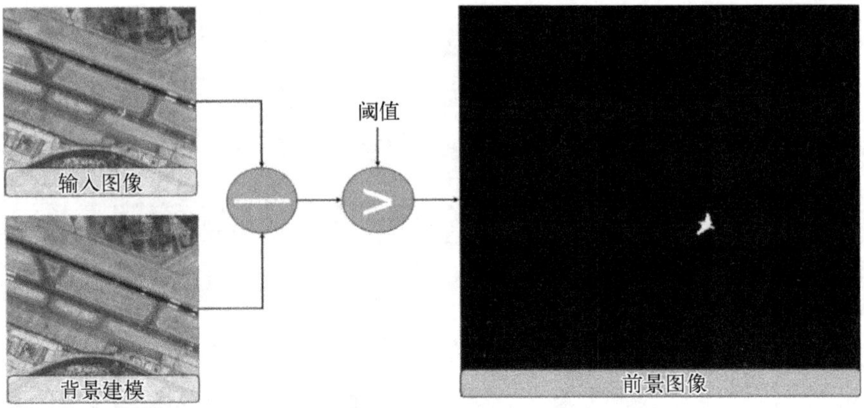

图 6-9　背景建模后的前景目标检测流程

在实际应用过程中,背景建模所面临的挑战主要包括光照变化、动态背景、摄像机抖动及阴影等。光照变化可能导致背景像素的灰度值发生显著变化,从而可能被误识别为前景;动态背景如摇曳的树枝和流动的水面会增加目标误检概率;摄像机微小的抖动会对背景模型构建造成干扰;物体阴影则可能被错误地判断为独立移动目标。这些都是背景建模算法在研究过程中需要重点解决的难点问题。

6.2.2　背景建模的基本方法

背景建模主要包含背景初始化、背景更新、前景检测三个环节。在背景初始化阶段,可以选择视频序列起始的若干帧,利用平均法或中值法等计算得到初始背景模型。在背景更新阶段,需要依据环境因素(如光照强度变化、气候条件变动等)进行模型的实时更新,使其与实际背景状态更为接近。在前景检测阶段,通过对当前帧与背景模型进行差分计算,定位当前帧中的前景目标区域。

本节将介绍三种基本的背景建模方法的实现过程:帧差背景建模、平均背景建模及单高斯背景建模。

1. 帧差背景建模

帧差背景建模法是利用连续视频帧间的像素灰度值变化来定位运动目标区域。在前景检测中,设 $\boldsymbol{I}_n(x, y)$ 为像素点 (x, y) 在第 n 帧的灰度值,则第 n 帧和第 $n-1$ 帧在像点 (x, y) 处的灰度值之差 $\boldsymbol{D}_n(x, y)$ 为

$$\boldsymbol{D}_n(x, y) = | \boldsymbol{I}_n(x, y) - \boldsymbol{I}_{n-1}(x, y) | \tag{6-7}$$

在帧差法中,通常直接将视频序列中的前一帧默认为背景,因此不进行背景更新运算。在实际使用时,帧差法对快速运动的信息更敏感,适合检测快速移动的目标。但它对环境的适应能力较差,特别容易受到光照变化等环境因素的影响。图 6-10(b)所示为帧

间差分结果的实验示例,其中白色区域表示标记得到的目标区域。可见,除了飞机目标区域以外,还出现了大量的误检区域。

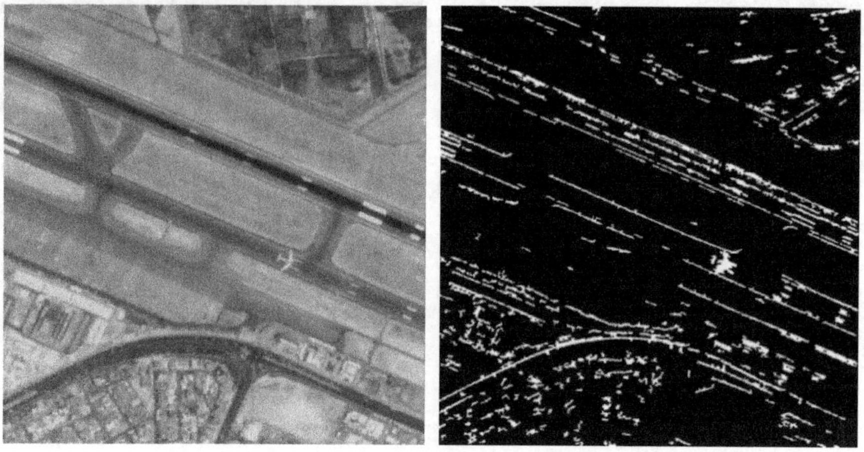

(a) 输入图像　　(b) 帧差法目标检测结果

图 6-10　帧差法背景建模法目标检测实验示例

2. 平均背景建模

平均背景建模法的核心思想是将一段时间内的图像灰度平均值作为背景图来使用。因此,平均背景法需要在使用过程中不断更新背景模型。假设在第 n 帧输入图像的像素点 (x, y) 的灰度值为表示 $\boldsymbol{I}_n(x, y)$,此时背景模型在同一位置的灰度值为 $\boldsymbol{B}_n(x, y)$ 。令 $\boldsymbol{D}_n(x, y)$ 为第 n 帧输入图像与背景图像之差,表示为

$$\boldsymbol{D}_n(x, y) = | \boldsymbol{I}_n(x, y) - \boldsymbol{B}_n(x, y) | \tag{6-8}$$

给定一个预先设定的阈值 θ,若 $\boldsymbol{D}_n(x, y) > \theta$,则像点像素点 (x, y) 属于前景目标。然后对背景模型进行更新:

$$\boldsymbol{B}_{n+1}(x, y) = \alpha \cdot \boldsymbol{I}_n(x, y) + (1 - \alpha) \cdot \boldsymbol{B}_n(x, y) \tag{6-9}$$

其中,参数 α 为学习率,取值为 0~1,可以控制背景更新的速度。

平均背景法需要实时更新背景模型,因此在应对光照缓慢变化等扰动因素时适应性更好,但依然难以克服场景中出现的运动干扰。图 6-11(b)所示为利用平均背景法得到的目标检测结果。相较于帧差法,误检区域数量明显降低。

3. 单高斯背景建模

单高斯背景建模法借助高斯分布假设,适用于背景相对稳定且光照变化较小的拍摄场景。虽然背景像素的灰度值随着时间变化呈现一定的随机性,但经过统计其灰度值随时间变化的规律符合高斯分布,如图 6-12 所示。

具体而言,该方法假设背景的像素灰度值随时间在一定范围内变化,即分布在某均值 μ、某标准差 σ 范围内。且绝大多数像素的灰度值应该落在 3σ 范围内。假设在 t 时刻,像素点 (x, y) 处的灰度值为 $\boldsymbol{I}_t(x, y)$。其背景模型表示为该像素点灰度值为 $\boldsymbol{I}_t(x, y)$ 的概率密度为:

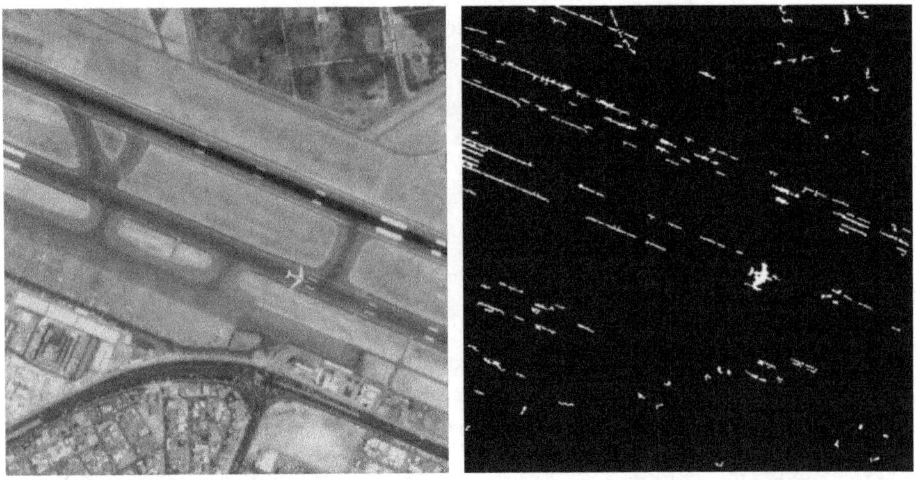

(a) 输入图像　　(b) 平均背景建模法目标检测结果

图 6－11　平均背景法目标检测实验示例

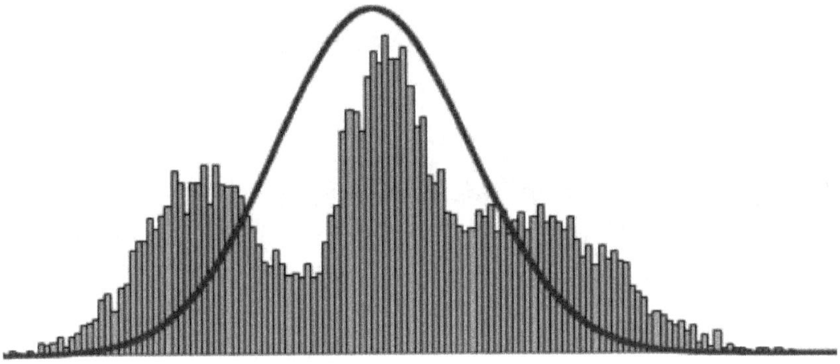

图 6－12　描述像素点灰度变化的高斯分布

$$\boldsymbol{P}(\boldsymbol{I}_t(x,\ y)) = \frac{1}{\sqrt{2\pi\boldsymbol{\sigma}^2(x,\ y)}}\mathrm{e}^{-\frac{[\boldsymbol{I}_t(x,\ y)-\boldsymbol{\mu}(x,\ y)]^2}{2\boldsymbol{\sigma}^2(x,\ y)}} \tag{6-10}$$

其中，$\boldsymbol{\mu}(x,\ y)$ 和 $\boldsymbol{\sigma}(x,\ y)$ 分别为 $(x,\ y)$ 点上的高斯分布的均值和标准差。

若像素点 $(x,\ y)$ 的灰度值与背景模型的均值与标准差的差异超过预先设定的阈值，则认为该像素点属于前景目标。令 $\boldsymbol{g}(x,\ y)$ 表示目标检测任务输出的二值图，其中 1 为目标区域，0 为背景区域。计算时采用高斯分布的均值作为背景模型的灰度值，则有

$$\begin{cases}\boldsymbol{g}(x,\ y)=1,\ 若 \mid \boldsymbol{I}_t(x,\ y)-\boldsymbol{\mu}(x,\ y)\mid > k\boldsymbol{\sigma}(x,\ y)\\ \boldsymbol{g}(x,\ y)=0,\ 若 \mid \boldsymbol{I}_t(x,\ y)-\boldsymbol{\mu}(x,\ y)\mid \leqslant k\boldsymbol{\sigma}(x,\ y)\end{cases} \tag{6-11}$$

其中，k 一般设为大于 1 的常数，用于控制前景目标检测的灵敏度。然后，需要通过递归公式更新 t 时刻的背景模型，为 $t+1$ 时刻的图像输入做准备：

$$\begin{cases}\boldsymbol{\mu}_{t+1}(x,\ y)=(1-\alpha)\boldsymbol{\mu}_t(x,\ y)+\alpha\boldsymbol{I}_t(x,\ y)\\ \boldsymbol{\sigma}_{t+1}^2(x,\ y)=(1-\alpha)\boldsymbol{\sigma}_t^2(x,\ y)+\alpha\,(\boldsymbol{I}_t(x,\ y)-\boldsymbol{\mu}_{t+1}(x,\ y))^2\end{cases} \tag{6-12}$$

其中,参数 α 为学习率,取值为 0~1,用可以控制背景更新的速度。

图 6 - 13(b)为采用单高斯建模法得到的前景目标检测结果。相比平均背景建模,误检区域数量大幅降低。这说明单高斯建模法能够适应光照缓慢变化与小幅度运动的场景,具有更好的环境抗干扰能力。

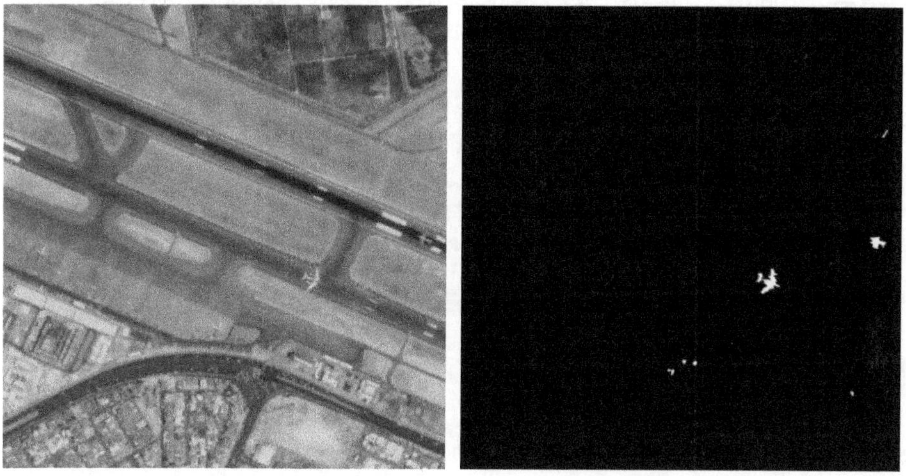

(a) 输入图像　　(b) 单高斯建模法目标检测结果

图 6 - 13　单高斯背景建模法目标检测实验示例

6.2.3　基于混合高斯模型的背景建模

基于混合高斯模型(Gaussian mixture model,GMM)的背景建模方法在应对动态背景、光照变化等情况时,性能表现更加鲁棒,可获得更准确的目标检测结果。如图 6 - 14 所示,在单高斯模型的基础上,GMM 采用多个高斯分布的线性加权组合来拟合像素灰度值或颜色值的概率分布,即每个混合高斯分布由 K 个高斯分布线性组合而成,且各高斯分量的权重之和为"1"。在背景建模任务中,GMM 被用于模拟像素的灰度值或颜色值随时间演变的分布特性,以适应背景的各种动态变化。

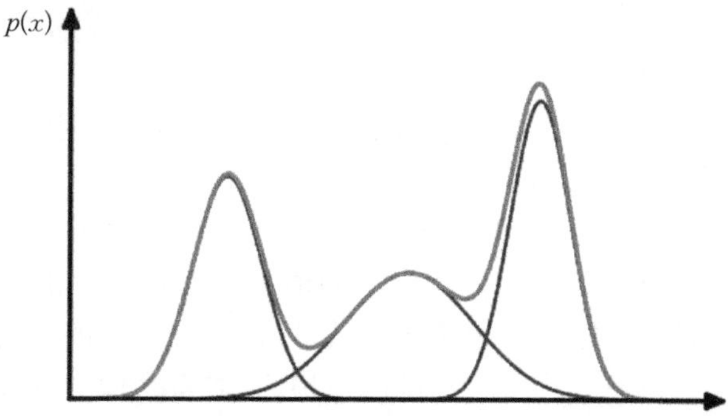

图 6 - 14　混合高斯分布

GMM 为每个像素的颜色值的矢量序列 $\{\boldsymbol{X}_1, \cdots, \boldsymbol{X}_t\}$ 建立了 K 个高斯分布模型。其中 t 表示时间。可以计算得到在当前 t 时刻,该像素的颜色值 $\boldsymbol{X}_t$ 出现的概率为

$$P(\boldsymbol{X}_t) = \sum_{i=1}^{K} \omega_{i,t} N(\boldsymbol{X}_t \mid \boldsymbol{\mu}_{i,t}, \boldsymbol{\Sigma}_{i,t}) \tag{6-13}$$

其中,i 表示第 i 个高斯分布模型;$\boldsymbol{\mu}_{i,t}$ 表示第 i 个模型在 t 时刻的均值;$\boldsymbol{\Sigma}_{i,t}$ 为第 i 个模型在 t 时刻的协方差;$\omega_{i,t}$表示第 i 个模型在 t 时刻的权重,且满足 $\sum_{i=1}^{K} \omega_{i,t} = 1$。模型的个数 K 由内存和计算能力决定,通常取 3~5 个。$N(\boldsymbol{X}_t \mid \boldsymbol{\mu}_{i,t}, \boldsymbol{\Sigma}_{i,t})$ 为高斯概率密度函数,定义为

$$N(\boldsymbol{X}_t \mid \boldsymbol{\mu}_{i,t}, \boldsymbol{\Sigma}_{i,t}) = \frac{1}{(2\pi)^{\frac{n}{2}} \mid \boldsymbol{\Sigma}_{i,t} \mid^{\frac{1}{2}}} \exp\left[-\frac{1}{2}(\boldsymbol{X}_t - \boldsymbol{\mu}_{i,t})^T \boldsymbol{\Sigma}_{i,t}^{-1} (\boldsymbol{X}_t - \boldsymbol{\mu}_{i,t})\right] \tag{6-14}$$

其中,n 表示颜色通道。为了减少运算量,可假设彩色图像的 R、G、B 三个通道相互独立,并具有相同的方差 $\sigma_{i,t}{}^2\boldsymbol{I}$, $\boldsymbol{I}$ 为单位矩阵。由此可见,该混合高斯模型(6-13)由 3 个模型参数所定义:权重 $\omega_{i,t}$、均值$\boldsymbol{\mu}_{i,t}$ 和方差 $\sigma_{i,t}{}^2$。

基于混合高斯模型的背景建模方法的核心思想是:假设摄像机固定的场景下,在一段足够长的时间区间内,对于视频中同一个像素位置处,背景出现的概率要远高于前景目标,因此,可以利用像素在较长时间内得大量样本值的概率密度等统计信息,判断画面中的像素属于背景区域或前景目标区域。

具体而言,新时刻考察某个像素是否属于背景,需要对照上一时刻其 GMM 的各个高斯分布模型。若符合其中某一个高斯分布,则认为该像素在颜色上没有太大变化,属于背景的可能性较大。判断像素新时刻的颜色值是否符合某一个高斯分布模型也称为模型匹配,可依据高斯函数的 3σ 准则思想定义,即若当前像素的颜色值在其某个高斯分布模型的 2.5 倍标准差之内,则认为该像素的颜色值与第 i 个高斯模型相匹配:

$$\| \boldsymbol{X}_t - \boldsymbol{\mu}_{i,t-1} \| \leqslant 2.5\sigma_{i,t-1} \tag{6-15}$$

其中,下标 t-1 表示上一时刻。

在实践中基于混合高斯模型的背景建模主要包括三个步骤:模型初始化、模型自适应更新、背景与前景目标判断。

首先,模型初始化旨在为视频中每个像素构建初步的背景模型。例如,可采用第 1 帧中每个像素的颜色值作为该位置第 1 个高斯分布的均值$\boldsymbol{\mu}_{i,1}$。为了后续能纳入更多的颜色值参与构建背景模型,方差 $\boldsymbol{\sigma}_{i,1}$ 的取值应较大。相对的,由于该像素是否属于背景尚待验证,此时其权值 $\omega_{i,1}$应该设置为一个较小的值。该参数设计的思想在于初始化的高斯分布模型并不准确,需要后续不停地更新参数,以得到最可信的高斯分布模型。

其次,模型自适应更新旨在当输入新的图像帧后,对每个像素的高斯分布模型参数和权重系数进行更新。在模型更新时,将当前帧的像素的颜色值与已有的 K 个高斯分布模型进行比较,若

（1）若该像素的颜色值与第 i 个高斯分布模型匹配，则更新该模型参数：

$$\begin{cases}\omega_{i,t}=(1-\alpha)\omega_{i,t-1}+\alpha M_{i,t}\\ \boldsymbol{\mu}_{i,t}=(1-\rho)\boldsymbol{\mu}_{i,t-1}+\rho\boldsymbol{X}_t\\ {\sigma_{i,t}}^2=(1-\rho){\sigma_{i,t-1}}^2+\rho(\boldsymbol{X}_t-\boldsymbol{\mu}_{i,t-1})^{\mathrm{T}}(\boldsymbol{X}_t-\boldsymbol{\mu}_{i,t-1})\end{cases}\tag{6-16}$$

其中，$M_{i,t}=\begin{cases}1 & \text{模型匹配}\\ 0 & \text{模型不匹配}\end{cases}$，即若该像素的颜色值与第 i 个高斯分布模型匹配，增加该高斯分布模型权重；反之，减少模型权重。学习效率 $\alpha\in(0,1)$，其值越大，表示学习当前的信息越快、遗忘历史信息越快。高斯分布模型的均值与方差学习效率 ρ 定义如下：

$$\rho=\alpha\cdot\frac{1}{(2\pi)^{\frac{n}{2}}|\boldsymbol{\Sigma}_{i,t-1}|^{\frac{1}{2}}}\exp\left[-\frac{1}{2}(\boldsymbol{X}_t-\boldsymbol{\mu}_{i,t-1})^{\mathrm{T}}{\boldsymbol{\Sigma}_{i,t-1}}^{-1}(\boldsymbol{X}_t-\boldsymbol{\mu}_{i,t-1})\right]\tag{6-17}$$

（2）若该像素的颜色值与第 i 个高斯分布模型不匹配，则该高斯模型的均值、方差都不更新，仅将其权重减小：

$$\omega_{i,t}=(1-\alpha)\omega_{i,t-1}+\alpha M_{i,t},\ \text{且}\ M_{i,t}=0\tag{6-18}$$

(3)若该像素的颜色值与现有的所有高斯分布模型均不匹配，则用新的高斯分布模型替换比值 $\frac{\omega}{\sigma}$ 最小的现有模型。新模型的均值设为该像素当前颜色值，同时令其初始方差值较大、初始权重值较小。

输入第 1 帧图像时，令每个像素的高斯分布模型的初始数量 $K_{\mathrm{initial}}=1$。随着更多图像帧的输入，高斯分布模型的数量会不断增加，直到达到预先设定的最大值 $K_{\max}$ 为止。为减少计算量，此后模型的数量将保持不变，每次仅进行模型更新以替换掉最不可靠的高斯分布模型。

最后，背景与前景目标判断旨在依据当前像素的颜色值与各高斯分布模型的匹配程度，判定该像素的所属类别。对于新输入图像帧的每个像素，将其 $\boldsymbol{K}$ 个高斯分布模型按照权重值由大到小的顺序排列 $\{\omega_1,\omega_2,\cdots,\omega_K\}$。预先设定一个阈值 T，用以表示属于背景的高斯分布模型应占所有模型的最小比重。若满足：

$$B=\arg\min_b\left(\sum_{i=1}^{b}\omega_i>T\right)\tag{6-19}$$

式(6－19)表示取满足表达式条件时的 b 的最小值，则前 B 个高斯分布模型在描述背景的颜色分布。阈值 T 建议取值的范围是 $T\in[0.6,0.9]$。

例如，假设 $T=0.6$，已经为某像素建立了 5 个高斯分布模型，权重分别为 0.4、0.3、0.18、0.06、0.06。根据式(6－19)，权重 0.4 与 0.3 对应的高斯模型代表背景；后 3 个较小权重对应的高斯模型则代表噪声或其他干扰。

综上，基于 GMM 背景建模的目标检测方法流程如图 6－15 所示。图 6－16(b)为采GMM 背景建模法得到的前景目标检测结果。相比单高斯背景建模方法，误检区域数量进一步降低。

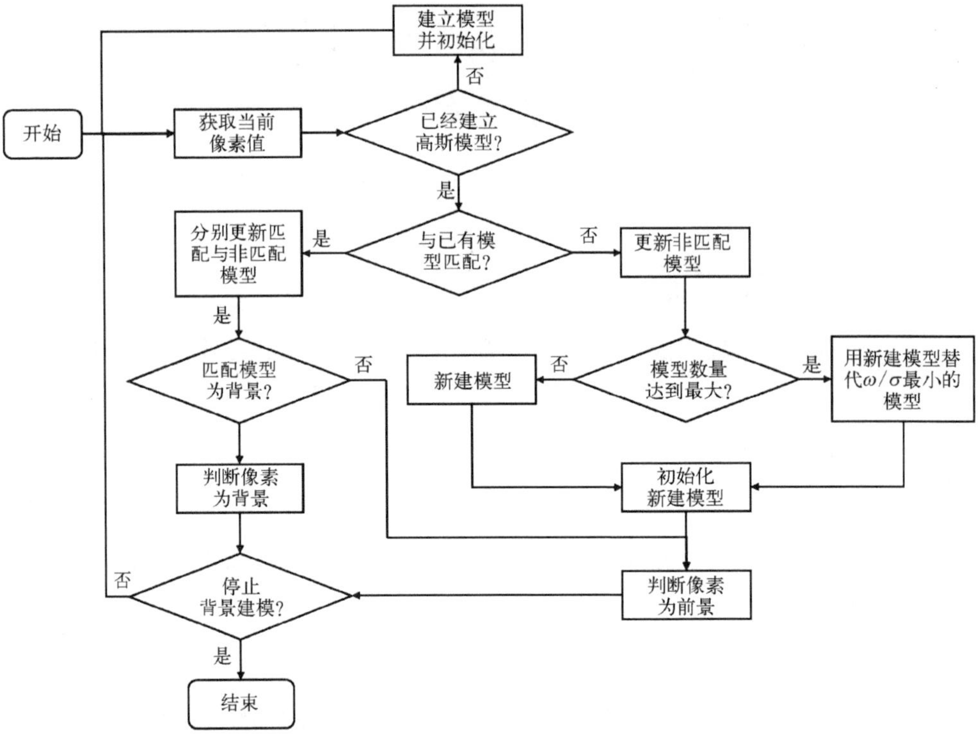

图 6－15　基于 GMM 背景建模的目标检测方法流程图

(a) 输入图像　　(b) 基于GMM背景建模的目标检测结果

图 6－16　基于 GMM 背景建模法目标检测实验示例

6.3　基于特征描述子的目标检测方法

背景建模法适合在视频中的检测运动目标，并不具备针对单帧图像中静止目标的检测能力。一般而言单帧图像中的静止目标的检测需要在图像中提取关键特征信息，再利用特征匹配手段实现目标的检测和定位。这类方法被称为基于特征描述子的目标检测方法,也是当前目标检测领域的重要研究方向之一,广泛应用于安全监控、自动驾驶、人脸识别和增强现实等众多领域。本节将重点介绍基于决策树的目标检测、可变形部件模型(deformable part models, DPM)检测等经典方法。

6.3.1　基于特征描述子的目标检测概念

基于特征描述子的目标检测通常包含两个环节:关键特征提取与描述、特征匹配与目标检测。

关键特征提取与描述需要定位图像中的关键点并为其生成独特的特征描述子。特征描述子,作为一组刻画图像特征的向量,旨在捕获诸如边缘、角点、纹理结构等关键视觉元素。理想的特征描述子应具备对图像尺度缩放和旋转、环境光照变化等干扰的不变性,以保证复杂环境下的目标检测的鲁棒性。常用的特征描述子包括 SIFT、HOG 和 ORB 等,其特征提取与描述方法已在第 3 章详细介绍。

特征匹配与目标检测旨在通过匹配输入图像与预先存贮的特征描述子,检测并定位图像中的目标。常见的方法是将输入图像的特征描述向量送入到训练好的分类器中,如支持向量机(support vector machine,SVM)、决策树、随机森林或神经网络等,通过选择合适的分类器参数,实现特征描述向量的正确分类。然后,利用独立的测试集评估分类器性能,并据此调整模型参数或优化特征抽取策略,以达到最佳检测效果。

6.3.2　基于决策树的目标检测方法

在机器学习中,决策树(decision tree)是一种预测模型,广泛应用于各种预测和分类任务。目标检测中也存在分类任务,即把输入图像的像素分为两类:前景目标与背景。因此,决策树也在目标检测领域得到了深入研究与广泛应用。

作为一种兼具分类与回归功能的数据挖掘工具,决策树的构建方法如下:通过递归划分将数据集划分为越来越小的子集,从而构建相应的决策树结构。其中,每一个节点代表依据某一特征做出的决策,各分支为参照该决策得到的不同结果,而叶节点则与待识别类别的标签相对应。在构建过程中,决策树通常选择具有最高信息增益(information gain)或最低基尼不纯度(Gini impurity)的特征进行数据划分,以此不断细化节点直至满足预设的停止条件,例如达到树的最大深度或节点样本数量的阈值等。图 6-17 示意了一个关

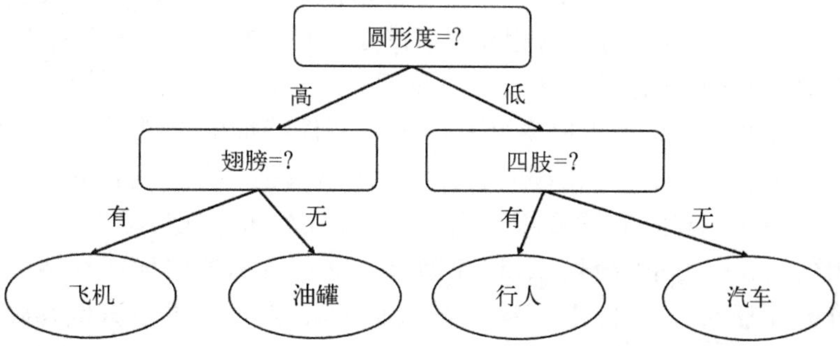

图 6-17　决策树构建的示意图

于飞机、油罐、行人与汽车4类目标分类的决策树构建过程。首先,可根据目标的圆形度将飞机、油罐等圆形度较高的目标分为一类,将行人、汽车等圆形度较低的目标分为另一类;然后,对于根据目标有无翅膀,进一步将飞机与油罐分为两类。最后,根据目标是否存在四肢,将行人与汽车分为两类。由此,构建出以上4类目标的决策树。

信息增益可由熵(entropy)计算得到:

$$\text{Gain} = H(D) - \sum_{v=1}^{V} \frac{|D^v|}{|D|} H(D^v) \tag{6-20}$$

其中,$H(D)$ 表示数据集 D 的熵;D^v 表示特征的值为 v 时 D 的子集;$H(D^v)$ 表示 D^v 的熵。熵用以衡量数据集的无序程度,由数据出现的概率计算得到:

$$H(D) = -\sum_{k=1}^{K} p_k \log_2 p_k \tag{6-21}$$

其中,p_k 定义为类别 k 在数据集 D 中出现的频率。

假设从数据集 D 中随机抽取两个样本,基尼不纯度反映了这两个样本的类别标签不一致的概率。其计算方法如下:

$$G(D) = 1 - \sum_{k=1}^{K} p_k^2 \tag{6-22}$$

基于决策树的目标检测方法主要包括特征提取、决策树训练、目标检测及后处理四个环节。首先,需要选择合适的特征描述子在图像中提取和描述特征。然后,根据提取到的特征及其对应的属性标签训练决策树模型。在训练过程中,算法将自动选取最优特征与数据划分节点,以便能够区分不同类别的目标。在训练完成后,就可利用决策树完成图像中目标检测的任务。在实际目标检测任务中,通常采用滑动窗口在图像中遍历搜索潜在的目标区域。采用已训练好的决策树对窗口覆盖的区域进行分类,判断其中是否包含目标。此外,在后处理阶段常引入非极大值抑制等技术,整合并筛选重复的检测结果,从而提升检测精度与稳定性。

6.3.3 DPM 目标检测方法

形变部件模型(deformable part model,DPM)是一种经典的目标检测方法,对目标的形变具有很强的鲁棒性。DPM 采用了 HOG 特征,并在此基础上进行了改进。具体而言,DPM 认为目标对象可被解析为一组相互关联的小部件,这些部件具备视觉上的高识别度与定位稳定性,即使面对复杂背景干扰或发生部分遮挡情况,仍能保持该特性。在模型构建中,DPM 包含代表整体对象的根模型及刻画各部件特征的部件模型,实现对目标外观与形态的综合描述。其中,部件模型的位置设计非常灵活,可适应目标的各种形状变化。

如图 6-18 所示,典型的 DPM 模型由三部分构成:根模型、部件模型和形变成本模型。首先,如图 6-18 中间部分所示,根模型旨在捕获目标的整体视觉特征,部件模型则精细描绘各个组成部件。形变成本模型,即激励函数,对部件的位置偏移施加惩罚,以量化部件相对根部件发生位置变化时的代价。形变成本模型既为模型注入部件位置的先验知识,又在检测过程中动态调整部件得分,以精准定位目标部件。同时,通过预设部件的位置范围并根据实际位置调整得分,形变成本模型能够增强模型对目标形变及部分遮挡情况的适应与处理能力。形变成本函数可定义如下:

$$D_i(pos_{\mathrm{root}},\ pos_{\mathrm{part}_i}) = w_i^{\mathrm{d}x}(\mathrm{d}x)^2 + w_i^{\mathrm{d}y}(\mathrm{d}y)^2 + w_i^d(d) \tag{6-23}$$

其中, $\mathrm{d}x$、$\mathrm{d}y$ 是部件相对于预期位置的偏移量; d 表示特定的形变特征,例如部件的尺度变化等; $w_i^{\mathrm{d}x}$、$w_i^{\mathrm{d}y}$、w_i^d 为形变参数。

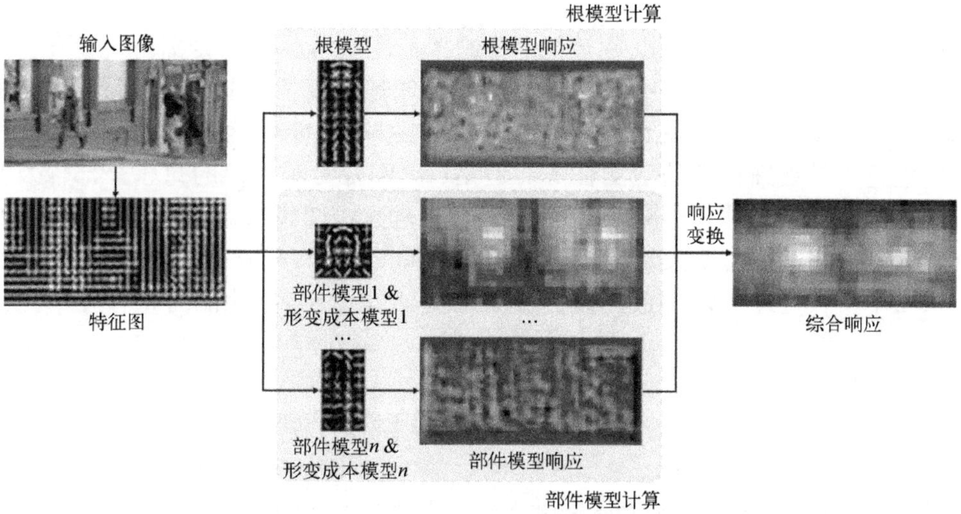

图 6-18　DPM 计算示例

DPM 目标检测方法包括模型训练和目标检测两个环节。训练阶段包括正、负样本集的准备、初始模型参数的设定、形变模型的学习及模型整体优化等。在检测阶段,通过对图像执行多尺度的卷积操作,首先定位根模型的最强响应位置以初步识别目标,然后在根部区域应用部件模型与形变模型寻找最优部件布局,最终通过 DPM 模型得分确定目标检测结果。DPM 模型得分 S 计算方法如下:

$$S = \boldsymbol{F}_{\mathrm{root}} \cdot \boldsymbol{\Phi}(\boldsymbol{I},\ pos_{\mathrm{root}}) + \sum_{i=1}^{n} [\boldsymbol{F}_{\mathrm{part}_i} \cdot \boldsymbol{\Phi}(\boldsymbol{I},\ pos_{\mathrm{part}_i}) - D_i(pos_{\mathrm{root}},\ pos_{\mathrm{part}_i})] \tag{6-24}$$

其中, $\boldsymbol{F}_{\mathrm{root}}$ 表示根模型; $\boldsymbol{\Phi}(\boldsymbol{I},\ pos_{\mathrm{root}})$ 是在图像 $\boldsymbol{I}$ 中位置 pos_{root} 处的特征向量; $\boldsymbol{F}_{\mathrm{part}_i}$ 表示第 i 个部件模型; $\boldsymbol{\Phi}(\boldsymbol{I},\ pos_{\mathrm{part}_i})$ 是在图像 $\boldsymbol{I}$ 中位置 pos_{part_i} 处的特征向量; D_i 表示第 i 个部件的形变成本函数; pos_{root} 和 pos_{part_i} 分别为根部件和第 i 个部件的位置;计算符号"·"表示向量点乘。式(6-24)描述的计算过程为:根模型与图像 $\boldsymbol{I}$ 中位置 pos_{root} 处的特征向量 $\boldsymbol{\Phi}(\boldsymbol{I},\ pos_{\mathrm{root}})$ 进行点乘;而部件模型则与各个部件的特征向量分别进行点乘,并减去该部件的形变成本函数,两项之和表示根模型、部件模型与部件特征向量之间的特征相似性,并定义为 DPM 模型得分。如图 6-19 所示,图 6-19(b)与(c)分别是 DPM 模型的根模型与部件模型,图 6-19(d)则是部件响应的可视化结果。

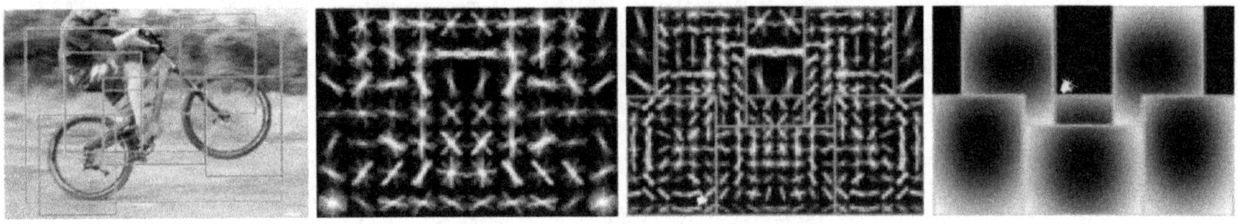

(a) 图像　(b) 根模型　(c) 部件模型　(d) 部件响应

图 6-19　DPM 模型示例

DPM 可有效应对尺度变化、旋转及部分遮挡等复杂情况下的目标外观变化。特别是当目标发生形变时，如人体不同姿态或面部出现各种表情，DPM 都能保持稳健的检测性能。由于 DPM 不仅能在宏观上检测到目标区域，还能精确地定位目标的各个部件，因此也适用于更细粒度的检测任务。但是，DPM 需要对目标的每一个部件及其形变进行详细的建模，计算复杂度较高，特别是在处理大型图像数据集时计算资源消耗过高。此外，其训练往往需要大量带有部件位置注释的数据，对数据集制备要求也较高。而且 DPM 不擅长处理与训练数据差异较大的检测任务，其泛化能力也存在一定的局限性。

6.4　基于深度学习的目标检测方法

近年来，深度学习在计算机视觉领域得到了成功应用，也为目标检测方向带来了突破性的进展。得益于现在规模越来越大、内容越来越丰富的数据集，深度学习模型的引入使得目标检测领域实现了跨越式发展。本节将首先介绍基于深度学习的目标检测方法的基本概念，然后具体介绍当前最经典的目标检测网络架构，如基于 Faster-RCNN 的目标检测方法、基于 YOLO 的目标检测方法和基于 DETR 的目标检测方法。

6.4.1　深度学习目标检测基本概念

与基于手工特征的传统目标检测方法不同，深度学习模型通过构造多层次网络结构，可以自动地从大量数据中提取高级抽象特征。这类模型对高维数据具有强大的处理能力，因此在图像识别、语音识别和自然语言理解等领域取得了显著的进展。其中，CNN 能够高效提炼深度特征，在处理图像数据时表现出卓越的性能；而循环神经网络（recurrent neural networks，RNN）则擅长处理序列数据，可有效捕捉数据在时间上的动态特性，在语音和文本处理任务中得到了成功应用。

在目标检测领域，两阶段模型如 R-CNN 系列算法，先通过区域提议方法生成目标候选区域，再执行分类任务与边界框回归。虽然此类方法的目标检测精度较高，但计算资源消耗较大。随后，提出的 Faster R-CNN 模型通过集成 RPN 加速了候选区域的生成，同时提高了检测速度与准确性。而单阶段模型，代表性网络模型如 YOLO 和 SSD 等，可以在统一的网络框架内直接预测目标类别与位置，检测效率高，可满足实时性要求。但在某些情况下，单阶段模型的检测精度略逊于两阶段模型。DETR（detection transformer）则开创性地将 Transformer 应用于目标检测领域。DETR 不再进行候选区域生成,而是通过全局注意力机制一次性地完成所有目标的分类和定位。该模型简化了检测流程,降低了网络对人工设计成分的依赖。尽管在检测效率上有一定损失,但 DETR 在处理复杂场景和多重目标对象时表现出更强的鲁棒性。

目前基于深度学习的目标检测方法依然面临着多方面的挑战。首先,高质量、多样且精确标注的大规模数据集是模型能得到有效训练的前提。但在实际任务中,数据噪声、样本分布不均衡、特定任务目标数据稀缺等问题,可能导致模型偏倚和泛化能力受限。其次,目标外观变化、部分遮挡等检测任务的固有难点依然没有被完全解决。此外,尽管深度学习模型检测精度高,但对计算资源的大量需求使其在实际工程任务中非常受限。特别是对于一些需要实时处理的应用场景,如自动驾驶任务等,如何在不降低检测精度的同时提高计算效率是目前的研究重点。同时,模型的"黑箱"特性限制了人们对其内部决策的理解,对抗样本攻击则对模型的安全性构成了威胁。因此,网络模型的可解释性和安全性也是亟待解决的重要问题。

6.4.2 基于 Faster - RCNN 的目标检测方法

Faster R - CNN[5]是在 R - CNN 和 Fast R - CNN 基础上改进的一种端到端的,两阶段的目标检测网络。它通过引入区域建议网络(region proposal network, RPN)自动生成高质量的区域提议,显著提升了目标检测的速度和精度。

如图 6 - 20 所示,Faster R - CNN 由卷积网络、RPN 网络、检测器组成。其中,卷积网络沿用图像分类任务使用的卷积神经网络,用来提取图像的特征,而 RPN 网络旨在筛选检测区域。最后,检测器负责对这些区域进行分类与回归,得到最终的目标框。传统检测方法一般采用滑动窗口与图像金字塔或选择性搜索(selective search, SS)生成检测框,其时间代价较高。相对的,Faster R - CNN 则采用 RPN 直接生成检测框,加快了检测框的生成速度。

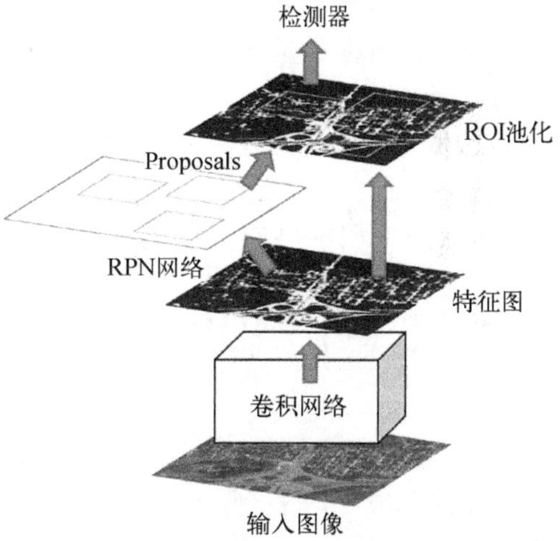

图 6 - 20 Faster R - CNN 模型结构示意图[5]

1. RPN 网络

RPN[5]首先通过一个共享卷积网络提取图像的特征图。随后,RPN 通过滑窗,一方面将对应位置的特征送入中间层与分类/回归网络,用以得到当前位置的分类分数与边框坐标;另一方面,RPN 在每个滑窗位置生成 K 个锚框(anchor),用以提供给回归网络以确定基本的回归初始参数,如图 6 - 21 所示。每个锚框包含其目标对象得分和坐标位置。事先需要对锚框的大小和宽高比例进行预设,使其尽量涵盖到图像中各种大小和形状的目标。输出为每个锚框的目标对象和背景得分 $score_{obj}$、$score_{bg}$,以及锚框位置的调整量 $[\delta_x, \delta_y, \delta_w, \delta_h]$。其中,得分 $score_{obj}$、$score_{bg}$ 即为锚框获得此标签的概率值,δ_x、δ_y 表示锚框位置的调整量，δ_w、δ_h表示锚框尺寸的调整量。

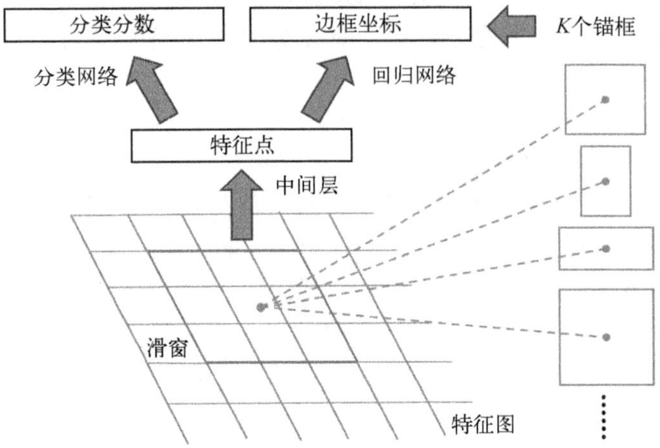

图 6－21　RPN 网络[5]

通过设置不同尺寸和比例的锚框，Faster R－CNN 可有效覆盖到图像中的各类目标，提高了目标检测的全面性和准确性。

RPN 的损失函数由两部分组成：分类损失和回归损失。分类损失用于预测各个锚点是属于前景目标还是背景，是一个典型的二分类问题。对于每个锚点，分类损失定义为对数损失：

$$L'_{\text{cls}} = -\log(p_u) \tag{6-25}$$

其中，p_u 表示该锚点被分类到真实类别（前景目标或背景）的预测概率。

回归损失用于优化锚点的边界框位置，使预测框更接近真实的目标对象框。因此，只有当锚点被分类为前景目标时计算其回归损失。回归损失可通过平滑 L1 损失计算：

$$L'_{\text{reg}} = \text{smooth}_{\text{L1}}(t_i - t_i^*) \tag{6-26}$$

其中，t_i 表示预测的第 i 个边界框的参数；t_i^* 表示对应的边界框真值参数。平滑 L1 损失函数在误差较小时表现为 L1 损失，在误差较大时表现为 L2 损失，从而减少离群点的影响。

综上，RPN 的损失函数定义为分类损失和回归损失的加权和：

$$L_{\text{RPN}} = \frac{1}{N_{\text{cls}}}\sum L'_{\text{cls}} + \lambda \frac{1}{N_{\text{reg}}}\sum L'_{\text{reg}} \tag{6-27}$$

其中，N_{cls} 和 N_{reg} 分别表示分类和回归的正样本数量；参数 λ 用以平衡两个损失的权重。

2. Proposal layer

获取感兴趣区域（region of interest，ROI）后，提议层（proposal layer）将 RPN 生成的候选区域转换成用于目标检测的优质的提议（proposal）。提议层也是连接 RPN 与 Fast R－CNN 检测器的关键组成部分，将最可能包含目标的区域传递给检测器。

提议层将首先处理 RPN 的输出，包括每个锚点的目标对象得分和边界框回归参数

$[score_{\text{obj}}, score_{\text{bg}}, \delta_x, \delta_y, \delta_w, \delta_h]$。然后,利用边界框回归参数精确调整锚点位置,并通过预定义公式修改锚点位置和大小。为减少 proposal 之间的重叠,提议层常采用非极大值抑制(non-maximum suppression,NMS)方法。优先保留得分最高的 proposal,并移除所有与其交并比(IoU)超过特定阈值的 proposal。重复此过程,直至所有 proposal 均获得评估。

经过非极大值抑制后,仍可能保留下大量的 proposal。此时,提议层将根据得分的分值选取预先设定数量的 proposal,以控制后续目标检测的计算量。提议层的输出是经过精细调整、非重叠的一定数量的 proposal。这些 proposal 被视为大概率含有目标的区域,随后将传递给 Fast R-CNN 检测器进行分类和边界框回归的计算。

3. ROI 池化

当 Fast R-CNN 检测器接收到由 RPN 生成的一系列 proposal 后,会针对性地对每个候选 proposal 提取特征并进行池化。该过程通过分类和边界框回归得以实现,其中的关键技术是 ROI 池化,即从每个候选 proposal 内抽取固定尺寸的特征图。首先,ROI 池化层将大小各异的输入区域映射至前序卷积层产生特征图,并将其细分为均匀的小网格。同时,采用最大池化(max pooling)运算在每个网格内选取最显著特征,从而使任意尺寸的原始区域都能转换为固定尺寸的特征图。因此,每个候选 proposal 均转化为标准的特征表达,以便后续全连接层能精确计算其所属类别概率,并准确定位边界框的坐标位置。ROI 池化是 Fast R-CNN 和 Faster R-CNN 等网络架构的重要组成,有效地解决了输入区域尺寸不一致的问题,确保网络在处理任意大小的目标区域时仍能产出固定尺寸的特征输出。

4. 检测器与回归器

在通过 RPN 获得区域 proposal 并通过 ROI 池化提取特征图后,Faster R-CNN 使用两个并行的全连接层作为检测器和回归器。

检测器(分类器)用以判断每个 ROI 是否包含目标及目标的类别。对于每个 ROI,检测器输出一个类别概率分布,表示该区域属于每个可能类别的概率。类别概率通过 softmax 函数计算得到:

$$p_i = \frac{e^{z_i}}{\sum_{j=0}^{K} e^{z_j}} \tag{6-28}$$

其中,K 表示除背景外的目标类别数量;z_i 是对应于类别 i 的 ROI 特征的全连接层的输出结果;p_i 表示该 ROI 属于类别 i 的概率。

回归器的任务是细化每个 ROI 的位置,使其更紧密地覆盖实际目标,获得更为准确的目标框定结果。其输出为一个四元组 $\{t_x, t_y, t_w, t_h\}$,分别代表目标边界框相对于区域 proposal 的中心位置的偏移及宽、高的缩放调整量,则目标边界框的预测值 $\{x, y, w, h\}$ 可以如下计算得到:

$$\begin{cases} x = x_a + t_x \cdot w_a \\ y = y_a + t_y \cdot h_a \\ w = w_a \cdot e^{t_w} \\ h = h_a \cdot e^{t_h} \end{cases} \tag{6-29}$$

其中，$(x_a, y_a)^T$ 表示区域 proposal 的中心坐标；w_a、h_a 分别表示区域 proposal 的宽度和高度；$(x, y)^T$ 为预测目标边界框的中心坐标位置；w、h 分别表示预测目标边界框的宽度和高度。

损失函数由检测器的分类损失和回归器的边界框回归损失组成。分类损失采用交叉熵损失和对数损失，以区分背景与非背景(目标)。根据每个锚点是否包含目标(正样本)或背景(负样本)，定义分类损失如下：

$$L_{\text{cls}}(p, p^*) = -\log(p_{p^*}) \tag{6-30}$$

其中，p 为预测的类别概率；p^* 是锚点的实际类别：$p^* = 0$ 代表背景，$p^* = 1$ 代表目标。

边界框回归损失采用平滑 L1 损失，仅针对包含目标的正样本进行计算，以精确调整预测的边界框的位置，可以表示为

$$L_{\text{reg}}(t, t^*) = \sum_{i \in \{x, y, w, h\}} \text{smooth}_{\text{L1}}(t_i - t_i^*) \tag{6-31}$$

其中，t 表示预测的边界框的调整量，t^* 表示边界框真值相对于锚点的调整量。smooth_{L1} 表示平滑 L1 损失，定义如下：

$$\text{smooth}_{\text{L1}}(x) = \begin{cases} 0.5x^2, & |x| < 1 \\ |x| - 0.5, & \text{其他} \end{cases} \tag{6-32}$$

Faster R－CNN 总损失定义为分类损失和边界框回归损失的加权和：

$$L = \lambda L_{\text{cls}}(p, p^*) + L_{\text{reg}}(t, t^*) \tag{6-33}$$

其中，λ 是平衡两部分损失的权重参数。式(6－33)综合考虑了类别预测的准确性和边界框预测的精度，是训练 Faster R－CNN 模型的关键。

6.4.3 基于 YOLO 的目标检测方法

YOLO(you only look once)系列模型是目标检测领域的重要里程碑之一，因其快速、高效的检测能力得到了广泛的应用。迄今，该系列已经从早期版本 YOLO、YOLOv2、YOLOv3 发展至最新的版本 YOLOv11。本节以经典的 YOLOv3 为例介绍该系列网络架构的设计思想。

YOLOv3 视目标检测任务为一个单步预测问题，直接将图像的像素映射到边界框坐标和类别概率上。这种操作使 YOLOv3 仅在一次前向传播过程中就可以完成目标检测任务，极大地提升了模型的检测速度。此外，在网络架构上，YOLOv3 提出了多层金字塔网络与多尺度检测头。多尺度检测与深层网络架构的引入，再结合类别不平衡处理等技术，YOLOv3 实现了检测准确率与检测速度之间的平衡。

如图 6－22(a)所示，YOLOv3 的整体结构可分为三个部分：主干网络、特征金字塔与检测头。Yolov3 使用了 DarkNet53 网络作为主干网络，用于提取图像特征。DarkNet53 输出三个不同尺度的特征图，并送入后续的特征金字塔网络中。YOLOv3 借鉴了特征金字塔网络(feature pyramid networks，FPN)的设计思想，并通过在多个层次上同步执行目标检测任务，进一步优化了目标的多尺度预测性能。在检测头部分 YOLOv3 使用了多尺度检测头。在 FPN 架构的基础上，YOLOv3 在每个尺度的特征图上进行边界框预测。并且，对

每个特征图单元(cell)进行预测得到若干个边界框,包括其位置、尺寸、目标类别和目标存在的置信度。图6-22(b)展示了DBL模块的详细结构,其由卷积,批归一化层与Leaky Relu激活函数组成。图6-22(c)展示了ResUnit模块的详细结构,其通过两个DBL模块堆叠,并在输入和输出之间构造了残差连接。图6-22(d)展示了Res模块的结构,输入的数据首先通过一个Zero Padding与DBL模块,随后由n个ResUnit模块进行处理。

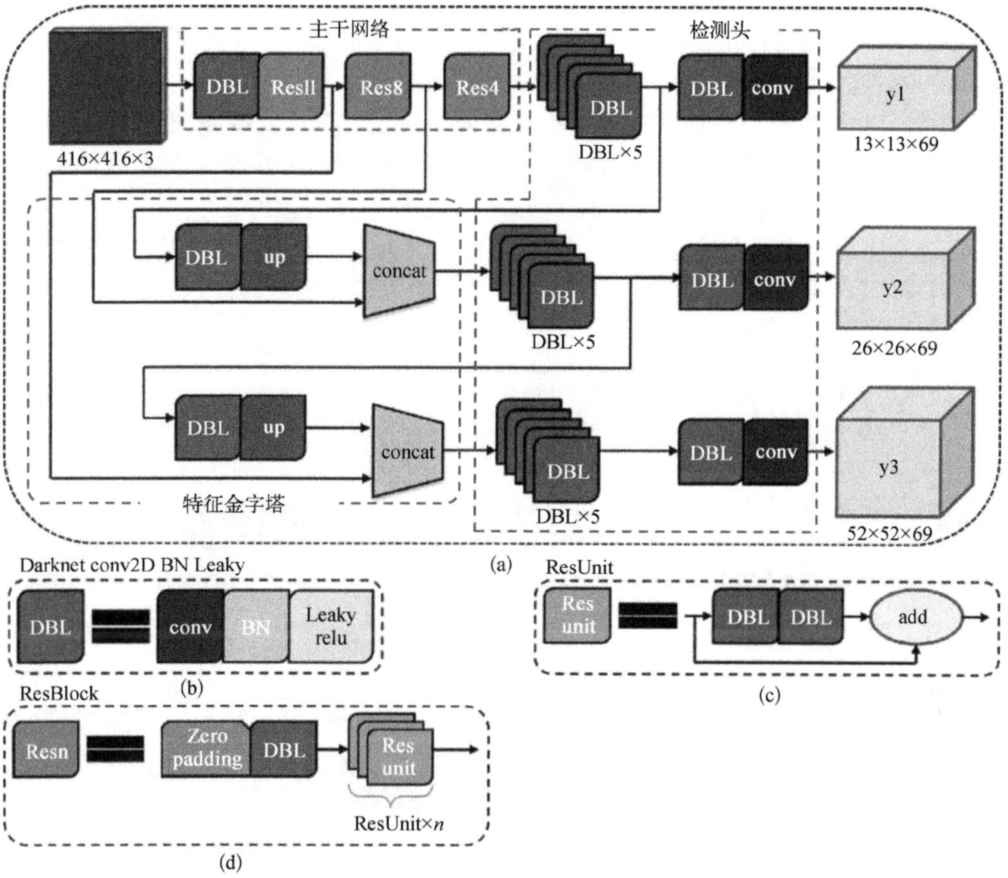

图6-22　YOLOv3结构图[6]

1. 特征金字塔网络

相较于Faster R-CNN,YOLOv3采用了多尺度预测机制,以增强对各类尺寸目标的检测能力。得益于其特征金字塔结构的设计,该模型能够在不同网络层级,通过深层特征图的上采样与浅层特征图的整合实现了多尺度感知。这样的结构设计使YOLOv3能够有效地应对目标尺寸差异悬殊的检测任务。

具体而言,YOLOv3借鉴了特征金字塔网络(feature pyramid networks,FPN)设计思想,并通过在多个层次上同步执行目标检测任务,进一步优化了目标的多尺度预测性能。借助FPN框架,YOLOv3实施了一套精心设计的上采样与特征融合策略。利用最近邻插值或双线性插值方法将深层的精细特征图上采样至更大尺寸,然后再将扩展后的特征图与对应尺度的基础特征图进行逐元素的相加融合,确保每个尺度上的特征图既能包含丰富的细节信息，也涵盖高层次的语义信息。FPN 的核心就在于整合了各层次的低层图像特征与高层语义特征，构建了一个多维度、多层次的特征表示空间。

图 6－23 展示了图像金字塔、单特征图、多尺度特征图与特征金字塔结构的运算差异。图 6－23(a)展示了传统的图像金字塔结构。采用图像金字塔时需要对图像进行放缩，并在每个放缩尺度下使用神经网络提取特征。尽管能够获得多尺度的特征，但是反复利用神经网络进行特征提取会消耗大量的计算资源并导致明显的处理延迟。图 6－23(b)与图 6－23(c)分别展示了单特征图的网络结构与多尺度特征图的网络结构。单特征图与多尺度特征图仅需要一次神经网络运算，但在使用哪些输出特征的选择上有所不同。单特征图只使用最后一层神经网络的输出进行预测，预测小目标能力不足。多尺度特征图则利用了输出的各个尺度的特征，在各个尺度上进行目标预测。但是，这些特征图并没有语义上下文信息作为指导，因此难以正确预测目标类别。图 6－23(d)展示了特征金字塔的网络结构。特征金字塔将图像金字塔与多尺度特征图进行融合，在特征层级间融合不同下采样层级的特征图，使得早期特征图也能够获得深层语义特征，进一步提升了模型的检测性能。

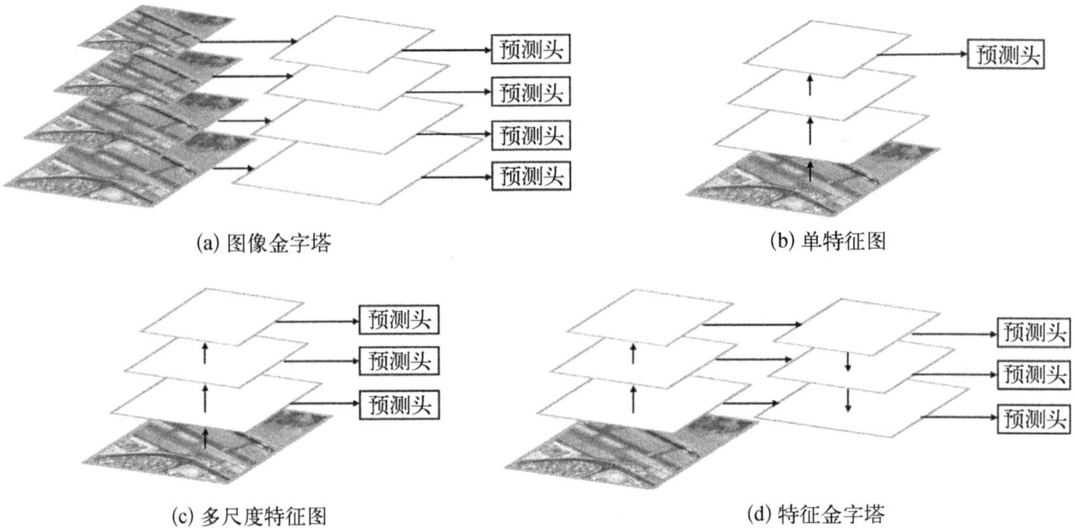

图 6－23　特征金字塔对比[7]

2. 多尺度检测头

在 FPN 架构的基础上，YOLOv3 在每个尺度的特征图上进行边界框预测。并且，对于每个特征图单元(cell)预测得到若干个边界框，包括它们的位置、尺寸、目标类别和目标存在的置信度。其中，预测的边界框定义如下：

$$\begin{cases} b_x = \sigma(t_x) + c_x \\ b_y = \sigma(t_y) + c_y \\ b_w = p_w e^{t_w} \\ b_h = p_h e^{t_h} \end{cases} \tag{6-34}$$

其中，$(b_x, b_y)^{\mathrm{T}}$ 表示边界框中心的位置坐标；b_w、b_h 分别表示边界框的宽、高；$\{t_x, t_y,$

t_w，$t_h\}$ 为模型预测的边界框调整值；$(c_x, c_y)^{\mathrm{T}}$ 表示特征图单元左上角的位置坐标；p_w、p_h 分别表示锚点框的宽、高初值；Pr(*object*) 表示存在目标的概率；IoU(b, *object*) 表示预测边界框和边界框真值的交并比；σ 表示 Sigmoid 函数，将输出值映射到区间[0, 1]。

通过引入 FPN 架构和多尺度预测，YOLOv3 能够有效在图像中检测到不同尺寸的目标。该设计思想体现了深度学习在目标检测领域的先进性和灵活性，也是其能够在多种检测任务中取得优异性能的关键。

3. 基于聚类的锚点框设计

YOLOv3 采用数据驱动的方法选取用于预测边界框的预设锚点框，如图 6－24 所示。其中每个锚点框的参数为 $\{t_x, t_y, t_w, t_h\}$，经过变换得到 $\{b_x, b_y, b_w, b_h\}$，分别表示锚点框的位置、宽度、与高度。其中，变换后的位置信息 $(b_x, b_y)^{\mathrm{T}}$ 由 $(t_x, t_y)^{\mathrm{T}}$ 经 Sigmoid 函数 $\sigma(.)$ 变换、叠加当前坐标 $(c_x, c_y)^{\mathrm{T}}$ 得到。而锚点框宽高参数 b_w、b_h 则由参数 t_w、t_h 进行指数变换、再乘以超参数 p_w、p_h 计算得到。以上锚点框的参数是通过对训练集中的目标尺寸和形态进行聚类分析而自动生成的。具体而言，YOLOv3 利用 k－means 聚类方法对训练数据中所有边界框真值的维度进行分析，以确定能够体现尺度多样性的最佳锚点个数 k。

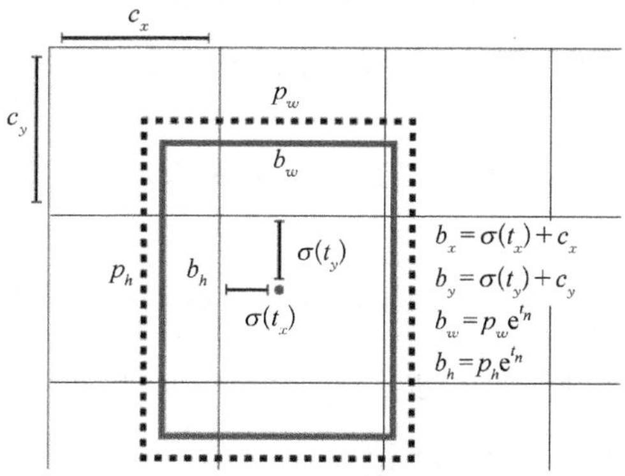

图 6－24　YOLOv3 锚框示意图[6]

在聚类时，采用形状匹配作为距离度量的标准，通过最小化每个边界框真值与其最近锚点框之间的距离得到聚类后的锚点框。经过聚类得到的锚点框的尺寸将被直接嵌入模型训练及预测环节中。在训练时，根据计算的 IoU 值，通过最大化原则将边界框真值分配给相应的锚点框。然后，模型将学习如何调整这些锚点框，以精确预测目标边界框。

Faster R－CNN 在设计锚点框时侧重于其多种尺寸和比例的组合，以捕捉到图像中不同尺寸的目标；而 YOLOv3 从数据中直接学习锚点框尺寸，以更好地适应不同图像、不同尺寸的目标。相较于人为设定的锚点框，YOLOv3 由数据驱动来设计锚点框的方法更加灵活。此外，通过在多尺度上预测边界框，YOLOv3 进一步增强了模型对不同尺寸目标的适应性，模型的泛化性能更强。

4. 损失函数

YOLOv3 的损失函数由三部分组成：边界框坐标损失、置信度损失和类别损失。

边界框损失用于减小预测边界框和边界框真值之间的差异，采用平方误差损失对边界框的中心坐标和宽高尺度进行调整，以提高小尺寸边界框的准确度。具体定义如下：

$$L_{\mathrm{coord}} = \sum_{i=0}^{S^2}\sum_{j=0}^{B} 1_{ij}^{\mathrm{obj}}\left[(x_{ij}-\hat{x}_{ij})^2+(y_{ij}-\hat{y}_{ij})^2+\left(\sqrt{w_{ij}}-\sqrt{\hat{w}_{ij}}\right)^2+\left(\sqrt{h_{ij}}-\sqrt{\hat{h}_{ij}}\right)^2\right] \tag{6-35}$$

其中,B 表示每个网格中的预测边界框的数量;$\{x_{ij}, y_{ij}, w_{ij}, h_{ij}\}$ 表示预测锚点框的位置、宽高信息;$\{\hat{x}_{ij}, \hat{y}_{ij}, \hat{w}_{ij}, \hat{h}_{ij}\}$ 表示锚点框的位置、宽高的真值;S^2 表示特征图中的网格的数量;1_{ij}^{obj} 表示第 i 个网格中的第 j 个边界框是否存在对应的真值,如有令其为 1,反之为 0。

置信度损失用于衡量目标存在的置信度的预测情况与实际情况之间的差异,也定义为平方误差损失:

$$L_{\text{conf}} = \sum_{i=0}^{S^2} \sum_{j=0}^{B} [1_{ij}^{\text{obj}} (C_{ij} - \hat{C}_{ij})^2 + \lambda_{\text{noobj}}(1 - 1_{ij}^{\text{obj}}) (C_{ij} - \hat{C}_{ij})^2] \tag{6-36}$$

其中,C_{ij} 表示网格中边界框包含目标的置信度;$\hat{C}_{ij}$ 的取值由网格中的边界框是否负责该目标决定,若负责该目标 $\hat{C}_{ij} = 1$,否则 $\hat{C}_{ij} = 0$;λ_{noobj} 表示边界框不包含目标时的置信度损失的权重。

类别损失用于减小预测类别和类别真值之间的差异,采用了二值交叉熵损失:

$$L_{\text{class}} = \sum_{i=0}^{S^2} 1_i^{\text{obj}} \sum_{c \in \text{classes}} [p_i(c)\log\hat{p}_i(c) + (1 - p_i(c))\log(1 - \hat{p}_i(c))] \tag{6-37}$$

其中,$p_i(c)$ 表示第 i 个网格中的目标属于类别 c 的概率真值;$\hat{p}_i(c)$ 为概率预测值。

6.4.4 基于 DETR 的目标检测方法

DETR 是一种基于 Transformer 架构的目标检测框架。DETR 摒弃了传统算法中锚点框的使用,以及如非极大值抑制等后处理步骤,能够端到端地直接从图像预测出目标的类别和边界框位置。本节主要介绍 DETR 的工作原理、关键组件、损失函数。

如图 6-25 所示,DETR 包含 4 个主要结构,分别为主干网络、编码器、解码器与预测头。在检测部分,DETR 采用了 Transformer 的编码器-解码器架构。其中,编码器负责分析整幅图像以捕捉全局的上下文信息;解码器负责预测一组固定数量的目标,包括其类别和边界框信息。与 RCNN、YOLO 等基于卷积的检测网络相比,DETR 利用编码器与解码器结构可从全局视角理解图像,有效提升了目标检测的准确率。其预测头设计为前馈全连接网络,通过输入解码器中的 Token 获得图像中目标的类别与位置信息。

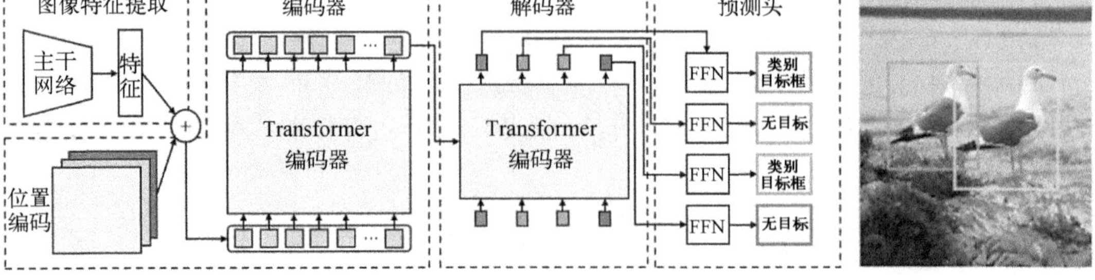

图 6-25 DETR 结构示意图[8]

与 ViT 等分类/主干网络相比,ViT 等 Transformer 类网络架构仅使用了 Encode 结构,而 DETR 则使用了 Encoder-Decoder 结构。因此, DETR 能够将特征聚合与检测感知进行解耦,使其更适合检测任务的需求。

1. 编码器与解码器

DETR 的编码器同样采用 Transformer 编码器的标准结构,以卷积神经网络(如 ResNet)提取的图像特征序列作为输入,主要用于提取并优化图像特征以适应目标检测任务。编码器由若干相同的 block 堆叠而成,每个 block 包括多头自注意力(multi-head self-attention, MHA)机制和前馈全连接(feed-forward, FFN)层。

解码器以编码器的输出和一组预定义的对象查询为输入。对象查询是一组固定长度的向量,代表潜在的检测目标。解码器通过交叉注意力机制,将对象查询与编码器输出相关联,预测每个目标的类别和边界框位置;同时通过自注意力和交叉注意力机制与编码器输出交互,预测目标的信息。

2. Token

在 DETR 模型中,Token 是解码器的输入,表示预先学习得到的目标向量集合。每个向量代表图像中的一个潜在的目标位置,为解码器提供图像中固定数量的预测目标的参考位置点。DETR 设定的对象查询数量通常要超出图像中预期目标的数量,以确保模型能覆盖到所有的潜在目标。

图 6-26 展示了 DETR 架构中检测 Token 解码的过程。首先,通过基于卷积的主干网络(CNN)提取图像特征,并通过基于 Transformer 的编码器-解码器获得预测框。然后,通过二分图匹配,获得预测框与真值的匹配,并通过匹配结果计算损失函数。

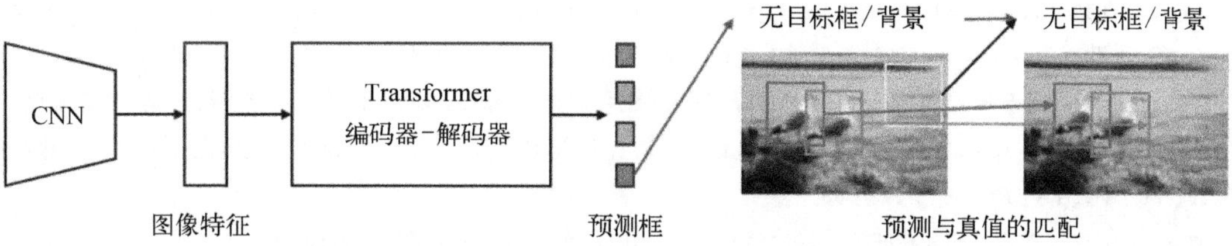

图 6-26　检测 Token 解码示意图[8]

具体地,在模型训练初期,首先需要初始化 Token,并在训练过程中通过反向传播进行参数优化,从而有效捕获并表征图像中的目标信息。在 DETR 的解码器中,这些 Token 与编码器提取的图像全局特征进行交互,用于执行预测任务。同时利用自注意力机制感知其他查询、理解目标之间的关系。交叉注意力机制则让每个 Token 关注编码器的全局输出特征,实现对整体图像内容的理解。通过以上的交互环节,每个 Token 最终被转化为具体的目标预测,包括其类别和边界框位置。

其中,通过对每个 Token 应用一个线性层和 Softmax 函数实现目标类别预测,可表示为

$$\text{Class}_{\text{pred}} = \text{Softmax}(\boldsymbol{W}_{\text{class}} \cdot \text{Token}) \tag{6-38}$$

其中, $\boldsymbol{W}_{\text{class}}$ 是应用于 Token 的线性层的权重系数;Token 是编码器 Token 的向量表示,符

号“·”表示矩阵乘法。

边界框位置的预测则是通过回归方式完成的，可表示为

$$\mathrm{Box}_{\mathrm{pred}} = \boldsymbol{W}_{\mathrm{box}} \cdot \mathbf{Token} \tag{6-39}$$

其中，$\boldsymbol{W}_{box}$ 是应用于 **Token** 的线性层的权重，用于预测边界框的参数。

3. 损失函数

DETR 创新性地引入了一种的基于集合预测匹配的损失函数。该模型利用双向匹配机制来确保预测目标与目标真值之间的最优一一对应，并通过匈牙利算法实施，旨在最小化匹配后的总损失，其中包括类别损失和边界框回归损失。

首先，需要通过匈牙利算法解决二分图的最优匹配问题。在给定的预测目标和目标真值的集合中，目标匹配旨在最小化二值之间的总损失。其次，对于匹配的目标对，损失函数的计算如下：

$$L = \lambda_{\mathrm{cls}} L_{\mathrm{cls}} + \lambda_{\mathrm{box}} L_{\mathrm{box}} + \lambda_{\mathrm{giou}} L_{\mathrm{giou}} \tag{6-40}$$

其中，L_{cls} 是交叉熵损失，用于目标类别预测；L_{box} 是边界框回归损失，通常采用 L1 损失计算；L_{giou} 是广义交并比(generalized intersection over union, GIoU)损失，用于度量预测边界框和边界框真值之间的几何相似度；λ_{cls}、λ_{box} 和 λ_{giou} 是用于平衡各部分损失的权重系数。

习　题

6-1　在某目标检测任务中，训练了一个模型区分图片中的目标“狗”(正类)和“非狗”(负类)。为了评估模型的性能，在一个包含 100 张测试图像的数据集上进行了测试，其中有 50 张“狗”的图片、50 张“非狗”的图片。模型对以上 100 张图片进行分类后，其中能够正确判断为“狗”的图片有 45 张，错误地将“非狗”图片判断为“狗”的有 8 张，正确判断为“非狗”的图片有 37 张，错误地将“狗”的图片判断为“非狗”的有 5 张。请根据上述信息计算模型的检测指标 TP、FP、TN、FN、P 与 R。

6-2　编程实现基于混合高斯的背景建模方法，并用以检测动态环境中的前景目标。

6-3　请简述 DPM 模型中激励函数的作用。

6-4　请简述 Faster RCNN 中 RPN 层的作用。

6-5　基于 KITTI 数据集，请编程实现基于 YOLOv3 模型的车辆目标检测。

参 考 文 献

[1] Everingham M, Van Gool L, Williams C K I, et al. The pascal visual object classes (voc) challenge[J]. International Journal of Computer Vision, 2010, 88: 303-338.

[2] Lin T Y, Maire M, Belongie S, et al. Microsoft coco: Common objects in context[C]. Computer Vision-ECCV 2014: 13th European Conference, Zurich, 2014.

[3] Cordts M, Omran M, Ramos S, et al. The cityscapes dataset for semantic urban scene understanding[C]. Proceedings of the IEEE Conference on Computer Vision and Pattern Recognition, Seattle, 2016.

[4] Geiger A, Lenz P, Stiller C, et al. Vision meets robotics: The kitti dataset[J]. The International Journal of Robotics

Research, 2013, 32(11): 1231－1237.

[5] Girshick R. Fast r-cnn[C]. Proceedings of the IEEE International Conference on Computer Vision, Santiago, 2015.

[6] Redmon J, Farhadi A. Yolov3: An incremental improvement[J]. arXiv preprint arXiv: 1804.02767, 2018.

[7] Lin T Y, Dollár P, Girshick R, et al. Feature pyramid networks for object detection[C]. Proceedings of the IEEE Conference on Computer Vision and Pattern Recognition, Honolulu, 2017.

[8] Carion N, Massa F, Synnaeve G, et al. End-to-end object detection with transformers[C]. European Conference on Computer Vision, Glasgow, 2020.

第 7 章

目标识别方法

目标识别是计算机视觉领域中一种常见的处理技术。对于任何一幅图像，人们通常只对其中有特定属性或语义的部分比较感兴趣，而这一部分就是既定的目标。目标识别就是对输入图像或视频帧序列中的感兴趣目标进行识别和定位的过程。

7.1 目标识别

7.1.1 目标识别的方法步骤

目标识别的处理过程如图 7－1 所示。当传感器采集到一张图像并输入到识别系统中，经过图像预处理、特征提取、分类和位置标记等步骤，计算机即可获取到图像中目标的位置信息和类别信息。

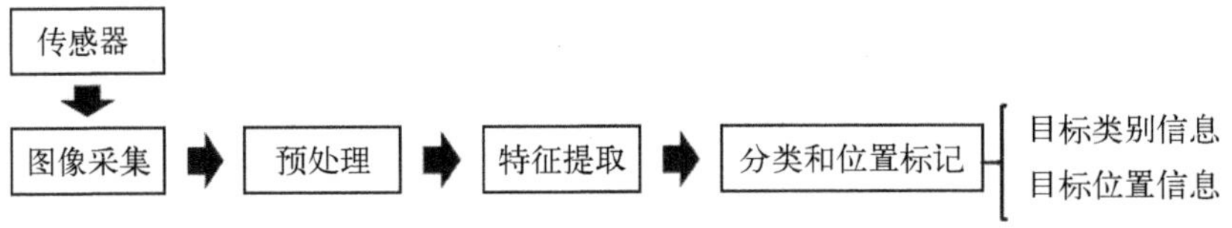

图 7－1　目标识别处理流程

1. 预处理

预处理是指图像在被送入特征提取和分类标记的目标识别模型之前对其所做的一系列处理和变换，其目的是改善图像质量、抑制背景噪声、突出关键特征等，以便适应后续的图像识别任务。预处理的输入为传感器采集到的图像，输出为处理后的图像。常用的预处理操作包括尺度缩放、裁剪、旋转、对比度增强、归一化、噪声抑制、直方图均衡化等。预处理的步骤因任务和数据的不同而异，具有一定的针对性，通常需要根据拍摄场景、传感器参数等选择合适的处理方法，以适应目标识别模型，提高算法的性能和稳定性。

2. 特征提取[1-3]

特征提取是指对输入图像的有效信息进行提取，以便算法理解图像内容，正确完成识别任务。输入为预处理后的图像，输出为包含图像中所有目标特征信息的特征图。特征提取在整个目标识别流程中起着至关重要的作用。这是因为输入的原始数据通常是高维且复杂的,包含了大量的冗余信息。合理的特征提取方法能够有效保留并突出关键信息,剔除冗余信息,保证不同的目标之间特征信息具有明显差异,进而保证后续识别结果的准确性。

不同识别任务提取的特征是不同的。常用的目标特征包括边缘轮廓特征、颜色特征、纹理特征、形状结构特征等。特征的提取方式多样,但要求同一目标在不同尺度、不同角度、不同亮度下的特征是相似的,即应具有特征不变性,包括尺度不变性、旋转不变性、亮度不变性,从而保证识别模型可以准确辨识出不同状态下同一目标。

3. 分类和位置标记

分类和位置标记是指根据前一步提取出的特征信息,选择合适的分类器进行目标属性的分类和辨识。输入为特征图,输出为模型预测的图中所有目标的类别和位置,这也是目标识别任务最终得到的结果。

7.1.2　目标识别算法划分

目前目标识别算法主要分为两大类:基于特征描述子的目标识别方法和基于深度学习的目标识别方法。

基于特征描述子的识别算法,首先选择合适的特征描述子对图像中的关键信息进行提取,然后使用正确的分类器,根据不同类别之间特征的差异性对图像中的目标进行定位和识别。特征描述子是对图像局部关键信息进行特征的提取与描述,将图像中抽象的关键信息转换为一个向量或矩阵形式的数学描述,便于计算机对图像的理解和识别。常用的特征描述子有尺度不变特征变换(scale-invariant feature transform, SIFT)、加速稳健特征(speeded up robust features, SURF)、BRIEF(oriented FAST and rotated ORB)、方向梯度直方图(histogram of oriented gradients, HOG)等。在完成特征描述后,基于特征描述子的识别算法通过分类器进行目标识别,常用的分类方法有:贝叶斯分类器目标识别方法、线性判别分析目标识别方法、支持向量机目标识别方法等。由于特征描述子通常是人为设计得到的,因此这类方法存在人工设计复杂、对噪声敏感等局限性。

随着神经网络技术的发展,基于深度学习的目标识别方法应运而生。这类算法主要是让神经网络自动从大规模的数据集中学习最能表示和区分各类目标的特征,然后将特征提取器捕捉到的关键信息送入合适的分类器中,实现目标的定位和识别。由于这类方法是根据数据集的情况自适应地学习最适用于当前识别任务和场景的特征提取方法,因此基于深度学习方法得到的特征更具有鲁棒性,适用于更复杂的计算机视觉任务。深度学习在目标识别领域取得的出色性能,也促进了更多基于深度学习的目标识别任务的研究,包括基于深度学习的语义理解算法、基于深度学习的目标重识别算法、基于深度学习的细粒度识别算法等。

7.1.3　目标识别的评价指标

目标识别的输出结果包括目标的类别信息和位置信息。相应地,对目标识别结果的评价主要也针对这两项,分别用于评价类别信息的准确性和位置信息的准确性。其中类别信息的正确与否可直接根据标签真值判断,常用的衡量模型预测结果类别正确性的评价指标有准确率、召回率、F_1分数、漏检率、平均正确率、均值平均正确率、误检率等；位置信息则通过输出的包含目标的边界框来衡量，常用的衡量模型预测结果定位准确性的评价指标为IoU。这些指标的定义和计算方式与视觉目标检测类似，此处不再赘述。具体细节请详见6.1.4小节。

需要注意的是，每个评价指标的关注重点不同，适用条件不同，所以在某些情况下会有局限性，实际应用中，通常需要同时使用多个指标以对模型做完整全面的评估。

7.1.4 目标识别数据集

目标识别的主要任务是对图像中的目标做分类和位置标记。根据识别任务的不同，使用的数据集也不尽相同，实际使用过程中需根据具体的识别任务选择合适的数据集。目标识别任务的数据集和视觉目标检测任务的数据集类似，常用的数据集有：如COCO、Pascal VOC、KITTI、ImageNet、Cityscapes等，数据集具体细节介绍详解6.1.4小节。

7.2 基于特征描述子的目标识别方法

基于特征描述子的目标识别方法通过提取图像中的关键特征来描述目标，进而实现目标的分类和识别。通过衡量不同目标特征之间的相似性从而实现分类决策这一过程的模块称为分类器。也就是说，通过分类器可以实现从抽象特征到具体类别的映射。根据使用的分类器的不同，又可分为基于贝叶斯分类器的目标识别方法、基于线性判别分析的目标识别方法和基于支持向量机的目标识别方法等。

7.2.1 贝叶斯分类器目标识别

提及目标的分类识别问题，很自然的想法是：错误分类的目标数量越少越好，错误的概率越低越好。贝叶斯分类器目标识别方法就是基于这一想法实现的，即基于最小错误率这一决策规则实现目标的分类和识别。

假设以机场场景下的飞机目标识别为例。根据常规的目标识别处理流程，首先对待识别的图像做合适的预处理，得到增强后的图像，然后用大小适中的滑窗将高分辨率机场图像划分为若干图像切片，每张切片中包含数量不等的飞机目标。接着选择合适的特征描述子提取飞机图像的特征，设提取的特征是d维向量，即：$\boldsymbol{x} = [x_1, x_2, \cdots, x_d]$。

接下来，考虑两类目标的分类识别问题[4]。记飞机类目标为w_1类，其他目标为w_2类，则对于图像中的任何一个目标$\boldsymbol{x}$，它只有两种可能的类别。如果设该目标的类别为w，则当$w = w_1$时，该目标是飞机；当$w = w_2$时，目标不是飞机。目标的类别w就是目标识别任务要预测的变量。对于某个目标图像，它有一定的概率属于w_1类，记作$P(w_1)$，也有一定的概率属于w_2，记作$P(w_2)$。这种没有经过计算直接根据先验得到的概率被称为先验概率，且满足$P(w_1) + P(w_2) = 1$。先验概率通常是通过统计资料等直接得到的。例如，机场场景图像中，一个单独存在的目标有60%的概率是飞机，有40%的概率不是飞机,则对于机场场景中任一孤立目标，属于 w_1 类的先验概率 $P(w_1)=60\%$，属于 w_2 类的先验概率 $P(w_2)=40\%$。如果只根据先验概率进行分类，则当 $P(w_1)>P(w_2)$ 时，若判定该目标属于 w_1 类，则错误率为 $P(w_2)$；若判定该目标属于为 w_2 类，则错误率为 $P(w_1)$。根据最小错误率原则，此时会做出该目标属于 w_1 类的决策。也就是说,当只考虑先验概率时,目标的类别 w 为先验概率最高值对应的类别，即

$$\text{若 } P(w_i)=\max_{j=1,\,2}P(w_j)\text{ ,则 } \boldsymbol{x}\in w_i \tag{7-1}$$

但是先验概率提供的信息是很少的,并且反映的是该类别整体的统计规律,并不针对指定目标的属性特征。所以单纯根据先验概率对指定目标进行分类是不准确的。很自然地想到,如果预测的时候考虑目标本身的属性特征,结合目标的先验概率和自身特征进行分类,那分类正确率也会跟着提高。基于这一想法，设 $p(\boldsymbol{x}\mid w_1)$ 表示飞机类别下观察到的 $\boldsymbol{x}$ 目标的概率密度分布情况，即飞机类别条件下 $\boldsymbol{x}$ 的类条件概率密度；$p(\boldsymbol{x}\mid w_2)$ 表示其他类别下观察到的 $\boldsymbol{x}$ 目标的概率密度分布情况，即非飞机类别条件下 $\boldsymbol{x}$ 的类条件概率密度。则根据贝叶斯公式可以得到：

$$p(w_i\mid \boldsymbol{x})P(\boldsymbol{x})=p(\boldsymbol{x}\mid w_i)P(w_i),\ i=1,\,2 \tag{7-2}$$

其中，$p(w_i\mid \boldsymbol{x})$ 为在给定 $\boldsymbol{x}$ 的条件下属于类别 w_i 的概率，被称为后验概率；$p(\boldsymbol{x}\mid w_i)$ 为类条件概率密度，也称为似然。式中的 $P(\boldsymbol{x})$ 可由下式计算得到：

$$P(\boldsymbol{x})=\sum_{i=1}^{2}p(\boldsymbol{x}\mid w_i)P(w_i) \tag{7-3}$$

将上述两式联立得

$$p(w_i\mid \boldsymbol{x})=\frac{p(\boldsymbol{x}\mid w_i)P(w_i)}{\sum_{j=1}^{2}p(\boldsymbol{x}\mid w_j)P(w_j)},\ i=1,\,2 \tag{7-4}$$

即后验概率是对每个类别的先验概率和类条件密度的乘积加权平均得到的。

基于目标本身特征进行分类识别,也就是利用后验概率进行目标分类。此时,当 $p(w_1\mid \boldsymbol{x})>p(w_2\mid \boldsymbol{x})$ 时，若判定该目标属于 w_1 类，则条件错误概率为 $p(w_2\mid \boldsymbol{x})$；若判定该目标属于 w_2 类，则条件错误概率为 $p(w_1\mid \boldsymbol{x})$。基于最小错误率原则，最终会做出该目标属于 w_1 类的决策。也就是说,当根据后验概率进行分类时,目标的预测类别为后验概率取得最大值对应的类别,即

$$\text{若 } p(w_i\mid \boldsymbol{x})=\max_{j=1,\,2}p(w_j\mid \boldsymbol{x})\quad \text{则 } \boldsymbol{x}\in w_i \tag{7-5}$$

以上即为基于贝叶斯分类器实现目标分类识别的基本思想。其核心理论是：在已知目标的先验概率情况下,根据目标的特征信息提供的类条件概率计算目标的后验概率,从而实现更准确的基于目标特征的分类。

需要注意的是,用于表示目标的 $\boldsymbol{x}$ 是一个矢量,即目标 $\boldsymbol{x}$ 是一个 d 维特征向量表示。所以有

$$p(\boldsymbol{x} \mid w_i) = p(x_1, x_2, \cdots, x_d \mid w_i), \ i = 1, 2, \cdots, N \tag{7-6}$$

对于朴素贝叶斯分类器来说,通常假设各个特征之间是相互独立的,此时有

$$p(x_1, x_2, \cdots, x_n \mid w_i) = p(x_1 \mid w_i) \times p(x_2 \mid w_i) \times \cdots \times p(x_d \mid w_i), \ i = 1, 2, \cdots, N \tag{7-7}$$

即 w_i类别下观察目标 $\boldsymbol{x}$ 的类条件概率是各个特征的类条件概率的乘积。

上述推导是基于两个类别得到的。当实际的分类任务涉及多个类别时(记为 N 类),此时贝叶斯公式为

$$p(w_i \mid \boldsymbol{x}) = \frac{p(\boldsymbol{x} \mid w_i) P(w_i)}{\sum_{j=1}^{N} p(\boldsymbol{x} \mid w_j) P(w_j)} \tag{7-8}$$

分类决策为

$$\text{若} \ p(w_i \mid \boldsymbol{x}) = \max_{j=1, 2, \cdots, N} p(w_j \mid \boldsymbol{x}) \quad \text{则} \ \boldsymbol{x} \in w_i \tag{7-9}$$

从上述推导过程可以看出,使用贝叶斯分类器进行目标分类识别时需要满足以下三个假设条件:

(1) 先验概率已知的假设:每个类别的先验概率都是根据大量统计信息得到的,因此在没有任何特征信息提供的情况下仍然是已知的。

(2) 朴素独立性的假设:每种特征之间是相互独立的,虽然在很多情况下这种假设可能不成立,但实验证明在简单场景下这种假设通常可以得到不错的效果。

(3) 概率分布的假设:每种特征的类条件概率分布在给定类别的情况下符合某种概率分布,如高斯分布、多项式分布、核密度估计等;对于离散型特征,还可利用直方图统计方法进行估计。

除式(7-9)形式外,贝叶斯分类决策还有其他的表述形式,即以下几种贝叶斯分类决策形式等价:

(1) 若 $p(w_i \mid \boldsymbol{x}) = \max\limits_{j=1, 2, \cdots, N} p(w_j \mid \boldsymbol{x})$, 则 $\boldsymbol{x} \in w_i$;

(2) 若 $p(\boldsymbol{x} \mid w_i) P(w_i) = \max\limits_{j=1, 2, \cdots, N} p(\boldsymbol{x} \mid w_j) P(w_j)$, 则 $\boldsymbol{x} \in w_i$;

(3) 若对任意 $j = 1, \cdots, N, j \neq i$, 都有 $\dfrac{p(\boldsymbol{x} \mid w_i)}{p(\boldsymbol{x} \mid w_j)} > \dfrac{P(w_j)}{P(w_i)}$, 则 $\boldsymbol{x} \in w_i$。

如上形式(3)中,不同类别下后验概率的比值也称为似然比,先验概率的比值被称为似然比阈值。由于计算过程中通常将似然比写成负对数的形式,因此形式(3)也有如下表述形式:

若对任意 $j = 1, \cdots, N, j \neq i$, 都有

$$-(\ln[p(\boldsymbol{x} \mid w_i)] - \ln[p(\boldsymbol{x} \mid w_j)]) < \ln[P(w_i)] - \ln[P(w_j)], \quad \text{则} \ \boldsymbol{x} \in w_i \tag{7-10}$$

基于以上推导过程可知基于贝叶斯分类器的多类别目标识别算法流程主要分为以下

几个步骤。

(1) 计算每个类别的先验概率。在没有其他信息的情况下,先验概率可通过统计训练数据中每个类别的频率来估计,即

$$P(w_i) = \frac{m_{w_i}}{m},\ i = 1,\ 2,\ \cdots,\ k \tag{7-11}$$

其中,$P(w_i)$指类别 i 的先验概率;m_{w_i}指属于类别 w_i的样本数;m 指样本总数。

(2) 计算每个特征的条件概率。基于特征的朴素独立性假设,可直接计算每个特征的条件概率,之后根据式(7-7)计算整体的类条件概率。在给定类别条件下每个特征发生的概率可根据每个特征出现的频率计算,即

$$P(x_i \mid w_i) = \frac{m_{x_i \mid w_i}}{m_{w_i}},\ i = 1,\ 2,\ \cdots,\ k \tag{7-12}$$

其中,$P(x_i|w_i)$指在类别 w_i条件下特征 x_i的类条件概率;$m_{x_i|w_i}$指类别 i 中具有特征 x_i的样本数。

(3) 根据式(7-8)计算后验概率。

(4) 将具有最大后验概率的类别作为最终输出的预测结果。也可根据前面介绍的其他等价决策公式进行预测。

基于贝叶斯分类器的目标识别方法的核心思想就是实现最低分类错误率。算法的原理和逻辑都很简单,易于理解和实现,在分类过程中时间和空间的开销都比较小,即使在样本量较少的情况下也可以有比较出色的表现,因此具有较高的应用价值,广泛用于人脸识别、数字识别、大规模文本分类识别、医学图像识别等目标识别任务。但使用贝叶斯分类器的过程中需满足一定的假设条件,尤其是要满足朴素独立性假设。然而这条假设条件在实际的很多应用中是不成立的,且当假设和实际差别较大或实际提取的很多特征之间有较强的相关性时,可能会导致模型的明显偏差和错误的分类结果。因此实际应用中应根据任务需求和目标特性合理利用贝叶斯分类器,从而提高算法在目标识别任务的准确性。

7.2.2 线性判别分析目标识别方法

线性判别分析(linear discriminant analysis, LDA)是一种经典的有监督的分类识别方法,主要思想是寻找一个线性投影平面,通过最大化类间散度和最小化类内散度实现样本的有效分类。

具体来说,线性判别分析通过从训练集样本找到一个更低维的最佳投影平面,该平面满足将所有的样本点投影到平面上后,同类样本点间距离尽可能接近,不同类样本间距离尽可能远,从而可以根据投影结果得到一个最终分类决策平面。在输入新样本时,直接将新样本点投影到该投影平面上,即可根据投影位置及其和决策的平面关系判断新样本点的类别。为便于理解,不妨设提取到的特征是二维向量,即 $\boldsymbol{x} = [x_1,\ x_2]$,则所有的目标都可以用二维平面上的一个点表示。对于二分类问题,设目前有一组待分类样本,如图 7-2 所示,圆形样本点为 w_1类,方形样本点为 w_2类。

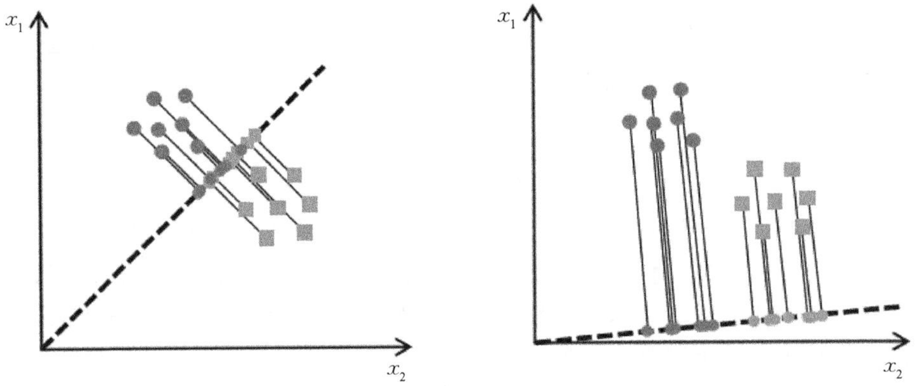

图 7-2　线性判别分析分类思想示意图

图 7-2 所示为在随机挑选的两个投影平面(其中过原点的虚线即为投影平面,二维特征条件下的投影平面是一条直线)上的投影结果。可以很直观地看到,左图的两类样本在投影平面上仍处于混杂状态,无法获取准确的决策平面。此时若输入一个新样本点,仍难以根据其在新投影平面的位置判断其类别;而右图的投影平面可以很直接地获取到将两类样本完美分隔开的决策平面。此时若输入一个新样本点,若其投影位置在决策平面的左侧,则判定该样本属于 w_1类,若在决策平面右侧,则判定该样本属于 w_2类。

上述示例中,之所以右图投影平面的分类效果更好,是因为经过该投影平面投影后,圆形样本点和方形样本点各自都比较集中,而两类样本之间又有一定的距离间隔。利用线性判别分析方法进行目标的分类识别正是基于这一思想实现的。实际应用过程中,利用类内散度衡量同类样本的聚合情况,利用类间散度衡量不同类样本之间的距离,因此线性判别分析法的核心思想是寻找将类内散度最小化,同时类间散度最大化的最佳投影平面。但需要注意的是,示例中将目标简化为二维特征表示,可直接用二维平面上的点表示样本,因此投影平面是一维直线。实际上特征通常是高维的,此时特征无法用直观的空间表示,因此投影平面一般不是直线,而是一个低维的超平面。

下面通过理论推导来详细介绍基于线性判别分析进行目标分类识别的实现过程。

对于二分类问题,设 $D = \{(\boldsymbol{x}_1, y_1), (\boldsymbol{x}_2, y_2), \cdots, (\boldsymbol{x}_m, y_m)\}$ 表示有 m 个样本的数据集, 其中 $\boldsymbol{x}_i$ 是 d 维向量, 表示提取的目标的特征, $y_i \in \{0, 1\}$ 表示样本所属类别。定义 X_j 表示属于第 j 类的样本集合($j \in \{0, 1\}$), m_j 为属于第 j 类的样本总数, $\boldsymbol{\mu}_j$ 表示第 j 类样本的均值向量, 即该类样本的中心点; $\boldsymbol{\Sigma}_j$ 表示第 j 类样本的协方差矩阵。则 $\boldsymbol{\mu}_j$、$\boldsymbol{\Sigma}_j$ 的计算公式分别为

$$\boldsymbol{\mu}_j = \frac{1}{m_j}\sum_{\boldsymbol{x} \in X_j}\boldsymbol{x}, j \in \{0, 1\} \tag{7-13}$$

$$\boldsymbol{\Sigma}_j = \sum_{\boldsymbol{x} \in X_j}(\boldsymbol{x} - \boldsymbol{\mu}_j)(\boldsymbol{x} - \boldsymbol{\mu}_j)^{\mathrm{T}}, j \in \{0, 1\} \tag{7-14}$$

设投影平面为 $\boldsymbol{w}$。虽然样本的特征可能是高维的,但由于数据集中所有样本只属于

两个类别,因此可以将所有数据映射到一条直线上,此时的投影平面 $\boldsymbol{w}$ 退化为一维向量。根据欧氏空间的投影定理,对于任一向量 $\boldsymbol{x}_i$, 在直线 $\boldsymbol{w}$ 上的投影为

$$\bar{\boldsymbol{x}}_i = \boldsymbol{w}^{\mathrm{T}}\boldsymbol{x}_i \tag{7-15}$$

对于两个类别的均值向量 $\boldsymbol{\mu}_0$、$\boldsymbol{\mu}_1$,其在 $\boldsymbol{w}$ 上的投影分别为 $\boldsymbol{w}^{\mathrm{T}}\boldsymbol{\mu}_0$、$\boldsymbol{w}^{\mathrm{T}}\boldsymbol{\mu}_1$。若将所有的样本都投影到投影平面 $\boldsymbol{w}$ 上, 则投影后两类样本的协方差矩阵分别为 $\boldsymbol{w}^{\mathrm{T}}\boldsymbol{\Sigma}_0\boldsymbol{w}$、$\boldsymbol{w}^{\mathrm{T}}\boldsymbol{\Sigma}_1\boldsymbol{w}$。

根据线性判别分析法的分类思想,希望不同类别样本之间的距离尽可能大,同类样本之间的距离尽可能小,即希望 $\boldsymbol{\mu}_0$、$\boldsymbol{\mu}_1$ 在 $\boldsymbol{w}$ 上的投影尽可能远,同一类别的样本点投影后的协方差矩阵各自都尽可能的小,也就是

$$\max \ \|\boldsymbol{w}^{\mathrm{T}}\boldsymbol{\mu}_0 - \boldsymbol{w}^{\mathrm{T}}\boldsymbol{\mu}_1\|_2^2 \quad \textit{and} \quad \min(\boldsymbol{w}^{\mathrm{T}}\boldsymbol{\Sigma}_0\boldsymbol{w} + \boldsymbol{w}^{\mathrm{T}}\boldsymbol{\Sigma}_1\boldsymbol{w}) \tag{7-16}$$

综合考虑以上两个条件,可得线性判别分析法的优化目标是最大化式(7-17):

$$J(\boldsymbol{w}) = \frac{\|\boldsymbol{w}^{\mathrm{T}}\boldsymbol{\mu}_0 - \boldsymbol{w}^{\mathrm{T}}\boldsymbol{\mu}_1\|_2^2}{\boldsymbol{w}^{\mathrm{T}}\boldsymbol{\Sigma}_0\boldsymbol{w} + \boldsymbol{w}^{\mathrm{T}}\boldsymbol{\Sigma}_0\boldsymbol{w}} \tag{7-17}$$

由矩阵乘法可得

$$J(\boldsymbol{w}) = \frac{\boldsymbol{w}^{\mathrm{T}}(\boldsymbol{\mu}_0 - \boldsymbol{\mu}_1)(\boldsymbol{\mu}_0 - \boldsymbol{\mu}_1)^{\mathrm{T}}\boldsymbol{w}}{\boldsymbol{w}^{\mathrm{T}}(\boldsymbol{\Sigma}_0 + \boldsymbol{\Sigma}_1)\boldsymbol{w}} \tag{7-18}$$

式中,分子部分 $\boldsymbol{w}^{\mathrm{T}}(\boldsymbol{\mu}_0 - \boldsymbol{\mu}_1)(\boldsymbol{\mu}_0 - \boldsymbol{\mu}_1)^{\mathrm{T}}\boldsymbol{w}$ 描述不同类别样本之间的距离;分母部分 $\boldsymbol{w}^{\mathrm{T}}(\boldsymbol{\Sigma}_0 + \boldsymbol{\Sigma}_1)\boldsymbol{w}$ 描述不同类别样本各自的聚合程度。为简化公式, 定义类间散度 $\boldsymbol{S}_b = (\boldsymbol{\mu}_0 - \boldsymbol{\mu}_1)(\boldsymbol{\mu}_0 - \boldsymbol{\mu}_1)^{\mathrm{T}}$, 类间散度 $\boldsymbol{S}_w = \boldsymbol{\Sigma}_0 + \boldsymbol{\Sigma}_1$, 则此时目标优化函数可写为

$$J(\boldsymbol{w}) = \frac{\boldsymbol{w}^{\mathrm{T}}\boldsymbol{S}_b\boldsymbol{w}}{\boldsymbol{w}^{\mathrm{T}}\boldsymbol{S}_w\boldsymbol{w}} \tag{7-19}$$

对于多分类问题,设 $D = \{(\boldsymbol{x}_1, y_1), (\boldsymbol{x}_2, y_2), \cdots, (\boldsymbol{x}_m, y_m)\}$ 表示有 m 个样本的数据集,其中 $\boldsymbol{x}_i$ 是 d 维向量,表示提取的目标的特征,$y_i \in \{0, 1, \cdots, k\}$ 表示样本所属类别, $i \in \{0, 1, \cdots, m\}$。定义 X_j 表示属于第 j 类的样本集合($j \in \{0, 1, \cdots, k\}$),$m_j$ 为属于第 j 类的样本总数,$\boldsymbol{\mu}_j$ 表示第 j 类样本的均值向量,即该类样本的中心点,$\boldsymbol{\mu}$ 为所有样本的均值向量,即所有样本的中心点;$\boldsymbol{\Sigma}_j$ 表示第 j 类样本的协方差矩阵。

设投影的超平面维度为 n,则有 $n<d$,且此时投影平面 $\boldsymbol{W}$ 可由一个 $d \times n$ 的矩阵表示。此时的目标优化函数为

$$J(\boldsymbol{W}) = \frac{\boldsymbol{W}^{\mathrm{T}}\boldsymbol{S}_b\boldsymbol{W}}{\boldsymbol{W}^{\mathrm{T}}\boldsymbol{S}_w\boldsymbol{W}} \tag{7-20}$$

其中, $\boldsymbol{S}_w$、$\boldsymbol{S}_b$ 的计算公式为

$$\boldsymbol{S}_w = \sum_{j=1}^{k}\boldsymbol{\Sigma}_j = \sum_{j=1}^{k}\sum_{x \in X_j}(\boldsymbol{x} - \boldsymbol{\mu}_j)(\boldsymbol{x} - \boldsymbol{\mu}_j)^{\mathrm{T}} \tag{7-21}$$

$$S_b = \sum_{j=1}^{k} m_j(\boldsymbol{\mu}_j - \boldsymbol{\mu})(\boldsymbol{\mu}_j - \boldsymbol{\mu})^{\mathrm{T}} \tag{7-22}$$

由于 $\boldsymbol{W}^{\mathrm{T}}\boldsymbol{S}_b\boldsymbol{W}$、$\boldsymbol{W}^{\mathrm{T}}\boldsymbol{S}_w\boldsymbol{W}$ 都是矩阵,优化算法复杂。常用的另一种目标优化函数为

$$J_1(\boldsymbol{W}) = \frac{tr(\boldsymbol{W}^{\mathrm{T}}\boldsymbol{S}_b\boldsymbol{W})}{tr(\boldsymbol{W}^{\mathrm{T}}\boldsymbol{S}_w\boldsymbol{W})} \tag{7-23}$$

其中,$tr(\cdot)$表示矩阵的迹,即方阵对角线元素的和。

优化目标是对 $J_1(\boldsymbol{W})$ 最大化。不失一般性,可令 $tr(\boldsymbol{W}^{\mathrm{T}}\boldsymbol{S}_w\boldsymbol{W}) = 1$。则此时目标优化函数可写为

$$\max tr(\boldsymbol{W}^{\mathrm{T}}\boldsymbol{S}_b\boldsymbol{W}) \quad s.t. tr(\boldsymbol{W}^{\mathrm{T}}\boldsymbol{S}_w\boldsymbol{W}) - 1 = 0 \tag{7-24}$$

从而将原优化问题转化为拉格朗日方程求解。利用式(7-24)构造拉格朗日方程:

$$\ell(\boldsymbol{W}, \lambda) = tr(\boldsymbol{W}^{\mathrm{T}}\boldsymbol{S}_b\boldsymbol{W}) - \lambda(tr(\boldsymbol{W}^{\mathrm{T}}\boldsymbol{S}_w\boldsymbol{W}) - 1) \tag{7-25}$$

式中,ℓ 是拉格朗日函数;λ 是拉格朗日乘子。将式(7-25)对 $\boldsymbol{W}$ 求偏导,并令偏导为 0,则有

$$\frac{\partial \ell}{\partial \boldsymbol{W}} = 2\boldsymbol{S}_b\boldsymbol{W} - 2\lambda\boldsymbol{S}_w\boldsymbol{W} = 0 \tag{7-26}$$

当 $\boldsymbol{S}_w$ 可逆时,可得投影超平面 $\boldsymbol{W}$ 满足:

$$\boldsymbol{S}_w^{-1}\boldsymbol{S}_b\boldsymbol{W} = \lambda\boldsymbol{W} \tag{7-27}$$

即 $\boldsymbol{W}$ 的各个列向量均为 $\boldsymbol{S}_w^{-1}\boldsymbol{S}_b$ 的特征向量。考虑到 $\boldsymbol{W}$ 的维数为 n,因此 $\boldsymbol{W}$ 是 $\boldsymbol{S}_w^{-1}\boldsymbol{S}_b$ 的前 n 个最大特征值对应的特征向量张成的矩阵。

根据上述推导过程可知,基于线性判别分析的多类别目标识别算法流程主要分为以下几个步骤:

(1) 根据给定数据集信息,计算类内散度矩阵 $\boldsymbol{S}_w$、类间散度矩阵 $\boldsymbol{S}_b$;

(2) 计算矩阵 $\boldsymbol{S}_w^{-1}\boldsymbol{S}_b$、最大的 n 个特征值对应的 n 个特征向量,从而得到投影矩阵 $\boldsymbol{W}$;

(3) 将所有样本投影到新投影平面 $\boldsymbol{W}$ 上,利用简单的分类器,如最近邻分类器等,进行目标分类识别;

(4) 输入新样本时,直接将该样本投影到 $\boldsymbol{W}$ 上,根据其投影结果和决策平面的关系判断其类别。

实际应用中,线性判别分析法通常假设各个类别的样本数据是满足高斯分布,从而可以直接利用极大似然估计来计算各个类别样本在新投影平面上的均值和方差,得到该类别下高斯分布的概率密度函数。这样在输入新数据时,可直接根据各类别的概率密度函数计算新样本属于该类别的概率,概率最高值对应的类别即为模型输出的预测类别。

总的来说,基于线性判别分析的目标识别算法通过寻找一个能使样本集中同种类别样本间距离最近、不同类别样本间距离最远的投影平面,并在投影后的新特征空间完成目标的分类识别。线性判别分析法通过学习类别之间的差异寻找最佳的投影方向,从而可以在降低特征维度、减少模型计算量的同时尽可能地保留样本的类别信息;另外,线性判

别分析法具有一定的抗干扰性，对极端值或异常值均有一定的包容性，所以在人脸、飞机、车辆等目标识别等领域都具有广泛的应用。但这样的目标识别方法在样本不平衡的问题上表现较差，因为其倾向于将投影方向选在样本数较多的类别上，从而导致分类错误，且无法处理非线性分类问题，因此在一些任务中无法适用。

7.2.3　支持向量机目标识别方法

支持向量机（support vector machine，SVM）是一种常用于分类和回归分析的机器学习算法，广泛应用于目标识别等领域。与线性判别分析法寻找最优投影平面的思想不同，基于支持向量机的目标识别方法的核心思想是找到一个最优的决策平面，将不同类别数据分开的同时最大化类别间隔。基于支持向量机的目标识别方法可分为线性支持向量机和非线性支持向量机两种。

1. 线性支持向量机

首先来推导线性可分的二分类问题。假设在给定的特征空间上有一个线性可分的数据集 $D=\{(\boldsymbol{x}_1, y_1), (\boldsymbol{x}_2, y_2), \cdots, (\boldsymbol{x}_m, y_m)\}$，其中 $\boldsymbol{x}_i$ 是 d 维向量，表示提取的目标特征，$y_i \in \{-1, +1\}$ 表示样本所属类别，$i \in \{0, 1, \cdots, m\}$，当 $y_i=-1$ 时表示该样本为负样本，$y_i=+1$ 时表示该样本为正样本。所谓线性可分，是指在特征空间中存在一个能将不同类样本完美地分隔开的超平面。数据集线性可分则说明存在一个能准确地将该数据集中所有的正负样本分开，使得每个类别的样本位于各自的半空间的超平面。

对于图 7－3 所示的二维特征空间而言，这个线性可分的超平面可以用一条直线（图中实线）表示，这条直线的方程为

$$g(\boldsymbol{x}) = \boldsymbol{w}^{\mathrm{T}}\boldsymbol{x} + b = 0 \tag{7-28}$$

其中，$\boldsymbol{w}$ 为法向量；$\boldsymbol{x}$ 为特征向量；b 是偏置量。对于三维特征空间而言，超平面是一个平面。对于更高维的 D 维特征空间来说，超平面是一个 $D-1$ 维的子空间。

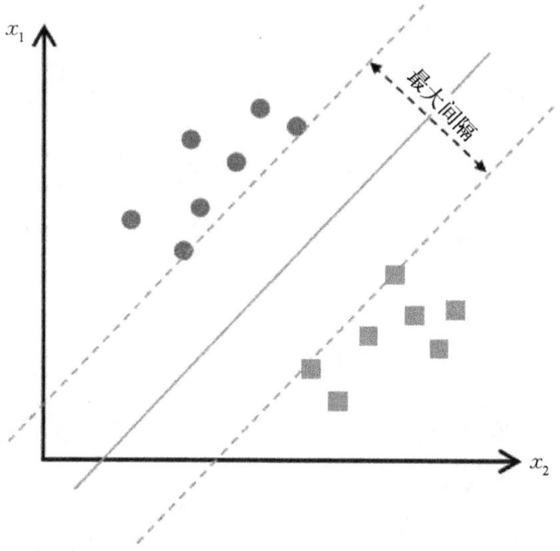

图 7－3　支持向量机分类思想示意图

对于待分类的数据点，设圆形样本点为正样本，方形样本点为负样本，则有：当$g(\boldsymbol{x}) > 0$时，该样本点在$g(\boldsymbol{x})$表示直线的上方，此时判断该样本为正样本；当$g(\boldsymbol{x}) < 0$时，该样本点在$g(\boldsymbol{x})$表示直线的下方，此时判断该样本为负样本。由此可知$g(\boldsymbol{x})$可以完成该数据集的分类任务。为便于衡量分类结果的准确性，定义公式：

$$\psi(i) = y_i \times g(\boldsymbol{x}_i) = y_i(\boldsymbol{w}^{\mathrm{T}}\boldsymbol{x}_i + b),\ i = 1, 2, \cdots, m \tag{7-29}$$

当$\boldsymbol{x}_i$为正样本时，$y_i > 0$；若分类结果正确，则$g(\boldsymbol{x}) = \boldsymbol{w}^{\mathrm{T}}\boldsymbol{x}_i + b > 0$，此时有$\psi(i) > 0$；当$\boldsymbol{x}_i$为负样本时，$y_i < 0$；若分类结果正确，则$g(\boldsymbol{x}) = \boldsymbol{w}^{\mathrm{T}}\boldsymbol{x}_i + b > 0$；此时有$\psi(i) > 0$。由此可知，当$\psi(i) > 0$时分类正确，否则分类错误。因此可用$\psi$衡量分类结果的正确性。

但分类直线不是唯一的。若将图中直线稍微旋转一个角度，只要两类数据仍保持一类位于直线上方，一类位于直线下方，就仍可以将数据集中所有样本正确分类。多个满足条件的分类超平面意味着存在一个最优解。为衡量分类超平面的好坏，引入分类间隔的概念。在两类样本中分别过距离分类超平面最近的样本点做两条和分类超平面平行的直线。将这两条直线之间的距离定义为分类间隔，距离超平面最近的样本点定义为支持向量，因为这些样本点撑起了最优分类超平面。分类间隔越大，说明两类数据间距离越大，出现分类错误的概率越小。因此最佳分类超平面就是能使得不同类别的数据间分类间隔最大的超平面，从而可以最大程度地包容新样本，提高模型的鲁棒性和泛化性能。

对分类函数$g(\boldsymbol{x})$做归一化处理，使得数据集中所有样本点，都有$\psi(i) \geqslant 1$，当且仅当$\boldsymbol{x}_i$为支持向量时等号成立。则此时过支持向量且与分类超平面平行的直线可表示为

$$g_1(\boldsymbol{x}) = \boldsymbol{w}^{\mathrm{T}}\boldsymbol{x} + b = 1,\ g_2(\boldsymbol{x}) = \boldsymbol{w}^{\mathrm{T}}\boldsymbol{x} + b = -1 \tag{7-30}$$

其中$g_1(\boldsymbol{x})$指过正样本支持向量的直线；$g_2(\boldsymbol{x})$指过负样本支持向量的直线。

这样分类间隔M可表示为

$$M = \frac{2}{\|\boldsymbol{w}\|} \tag{7-31}$$

其中，$\|\boldsymbol{w}\|$表示$\boldsymbol{w}$的模长，计算公式为

$$\|\boldsymbol{w}\| = \sqrt{\boldsymbol{w}^{\mathrm{T}}\boldsymbol{w}} \tag{7-32}$$

此时支持向量机的优化函数为最大化M。数学上可以证明，对式(7-32)取最大值，等价于对式(7-33)取最小值：

$$W = \frac{1}{2}\|\boldsymbol{w}\|^2 = \frac{1}{2}(\boldsymbol{w}^{\mathrm{T}}\boldsymbol{w}) \tag{7-33}$$

考虑到样本需满足正确分类的条件，即$\psi(i) \geqslant 1$，则寻找有最大间隔的分类超平面问题可表示为如下的优化问题：

$$\min_{\boldsymbol{w},\,b} \frac{\|\boldsymbol{w}\|^2}{2},\ s.t.\ \forall i \in \{1, 2, \cdots, m\},\ \psi(i) = y_i(\boldsymbol{w}^{\mathrm{T}}\boldsymbol{x}_i + b) \geqslant 1 \tag{7-34}$$

同样可将该问题转化为拉格朗日方程求解。构造如下拉格朗日方程：

$$\ell(\boldsymbol{w},\ b,\ \boldsymbol{\alpha}) = \frac{1}{2}\ \|\boldsymbol{w}\|^2 - \sum_{i=1}^{m} \alpha_i [y_i(\boldsymbol{w}^{\mathrm{T}}\boldsymbol{x}_i + b) - 1] \tag{7-35}$$

式中，$\boldsymbol{\alpha} = (\alpha_1,\ \alpha_2,\ \cdots,\ \alpha_m)$ 为拉格朗日乘子向量，α_i 为拉格朗日系数且对 $i \in \{1,\ 2,\ \cdots,\ m\}$，满足 $\alpha_i > 0$。

对 $\boldsymbol{w}$ 和 b 分别求偏导数，并令偏导为 0，有

$$\nabla_w \ell(\boldsymbol{w},\ b,\ \boldsymbol{\alpha}) = \boldsymbol{w} - \sum_{i=1}^{m} \alpha_i y_i \boldsymbol{x}_i = 0 \tag{7-36}$$

$$\nabla_b \ell(\boldsymbol{w},\ b,\ \boldsymbol{\alpha}) = - \sum_{i=1}^{m} \alpha_i y_i = 0 \tag{7-37}$$

代入式(7-35)，则原优化公式可写为

$$\ell(\boldsymbol{w},\ b,\ \boldsymbol{\alpha}) = - \frac{1}{2} \sum_{i=1}^{m} \sum_{j=1}^{m} \alpha_i \alpha_j y_i y_j (\boldsymbol{x}_i^{\mathrm{T}} \boldsymbol{x}_j) + \sum_{i=1}^{m} \alpha_i \tag{7-38}$$

接着对 $\boldsymbol{\alpha}$ 求极大值，此时该问题为对偶问题。根据 KKT(Karush - Kuhn - Tucker)条件，即

$$\alpha_i \geqslant 0,\ y_i(\boldsymbol{w}^{\mathrm{T}}\boldsymbol{x}_i + b) - 1 \geqslant 0,\ \alpha_i(y_i(\boldsymbol{w}^{\mathrm{T}}\boldsymbol{x}_i + b) - 1) = 0 \tag{7-39}$$

可得

$$\boldsymbol{w}^* = \sum_{i=1}^{m} \alpha_i^* y_i \boldsymbol{x}_i \tag{7-40}$$

$$b^* = y_i - \sum_{j=1}^{m} \alpha_j^* y_j (\boldsymbol{x}_j^{\mathrm{T}} \boldsymbol{x}_i),\ i \in \{1,\ 2,\ \cdots,\ m\} \tag{7-41}$$

由于分类时主要基于 $\boldsymbol{w}^{\mathrm{T}}\boldsymbol{x} + b$ 的进行判断，可得最终的分类决策函数为

$$f(x) = \mathrm{sgn}\{(\boldsymbol{w}^*)^{\mathrm{T}}\boldsymbol{x} + b^*\} = \mathrm{sgn}\left(\sum_{i=1}^{m} \alpha_i^* y_i (\boldsymbol{x}^{\mathrm{T}}\boldsymbol{x}_i) + b^*\right) \tag{7-42}$$

式中，sgn(·)为符号函数，用来取括号内数值的符号。式(7-42)说明，对于训练好的模型，当输入新样本时，直接根据 $\boldsymbol{w}$ 和 b 做一次线性运算即可判断该样本是正样本还是负样本。

考虑到 KKT 条件中 $\alpha_i(y_i(\boldsymbol{w}_i^{\mathrm{T}}\boldsymbol{x}_i + b) - 1) = 0$，则总有 $\alpha_i = 0$ 或 $y_i(\boldsymbol{w}_i^{\mathrm{T}}\boldsymbol{x}_i + b) - 1 = 0$。若 $\alpha_i = 0$，则该样本不会出现在最终求解 $\boldsymbol{w}^*$ 和 b^* 的公式中；若 $y_i(\boldsymbol{w}_i^{\mathrm{T}}\boldsymbol{x}_i + b) - 1 = 0$，则说明该点位于最大间隔的边界直线上，即该点是一个支持向量。由此可知，训练完成后，最终得到的模型仅和支持向量有关，而与其他样本无关。

2. 非线性支持向量机

上述推导过程是针对线性可分的数据集进行分类的。实际上，大部分数据集都无法做到线性可分，甚至连近似划分都无法做到。对于这种非线性问题，通常的做法是将该输入空间映射到另一个更高维度的线性可分的空间上，然后在新空间上利用上述线性可分

的方法求解。具体过程如图 7－4 所示。

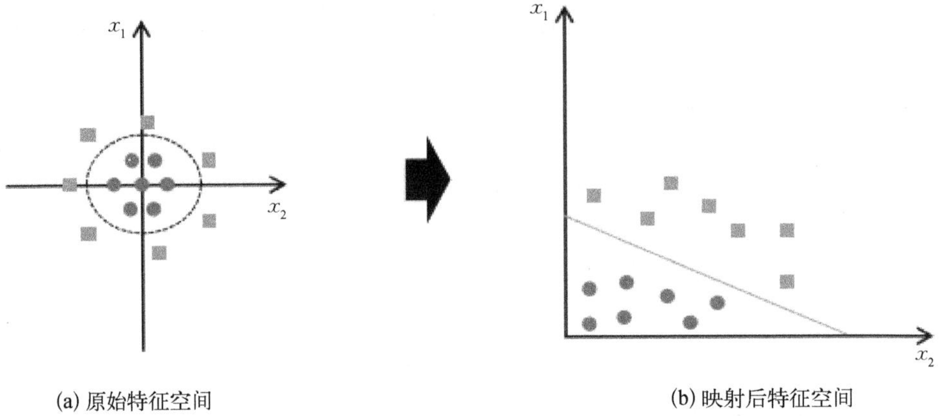

图 7－4　线性不可分的非线性变换过程示意图

也就是说,通过这样的映射,可以将原特征空间中的椭圆变成新空间中的一条直线,从而将问题转化为线性可分的样本分类问题。设 $\boldsymbol{\phi}(\boldsymbol{x})$ 表示新特征空间中的 $\boldsymbol{x}$, 则在新特征空间中分类超平面可表示为

$$f(\boldsymbol{x}) = \boldsymbol{w}^{\mathrm{T}}\boldsymbol{\phi}(\boldsymbol{x}) + b \tag{7-43}$$

此时的优化目标函数为

$$\min \frac{1}{2} \|\boldsymbol{w}\|^2 \quad s.t. y_i(\boldsymbol{w}^{\mathrm{T}}\boldsymbol{\phi}(\boldsymbol{x}_i) + b) \geqslant 1,\ i = 1, 2, \cdots, m \tag{7-44}$$

拉格朗日优化公式为

$$\ell(\boldsymbol{w}, b, \boldsymbol{\alpha}) = -\frac{1}{2}\sum_{i=1}^{m}\sum_{j=1}^{m}\alpha_i\alpha_j y_i y_j(\boldsymbol{\phi}(\boldsymbol{x}_i)^{\mathrm{T}}\boldsymbol{\phi}(\boldsymbol{x}_j)) + \sum_{i=1}^{m}\alpha_i \tag{7-45}$$

分类决策函数为

$$f(\boldsymbol{x}) = \mathrm{sgn}\{(\boldsymbol{w}^*)^{\mathrm{T}}\boldsymbol{\phi}(\boldsymbol{x}) + b^*\} = \mathrm{sgn}\left(\sum_{i=1}^{m}\alpha_i^* y_i(\boldsymbol{\phi}(\boldsymbol{x})^{\mathrm{T}}\boldsymbol{\phi}(\boldsymbol{x}_i)) + b^*\right) \tag{7-46}$$

可以看到,非线性可分问题和线性可分间唯一的区别就是将原内积 $\boldsymbol{x}_i^{\mathrm{T}}\boldsymbol{x}_j$ 替换为 $\boldsymbol{\phi}(\boldsymbol{x}_i)^{\mathrm{T}}\boldsymbol{\phi}(\boldsymbol{x}_j)$。但通常映射后的特征空间维度比原始空间维度高得多, 甚至是无穷维度的, 因此直接计算新特征空间中两个向量的内积 $\boldsymbol{\phi}(\boldsymbol{x}_i)^{\mathrm{T}}\boldsymbol{\phi}(\boldsymbol{x}_j)$ 是十分困难的。为解决这一问题,引入了核技巧的方法,即利用核函数直接计算两样本点之间的内积。

首先介绍核函数的定义。设存在一个从 $\boldsymbol{X}$ 空间到 $\boldsymbol{Z}$ 空间的映射, 即存在一个映射函数 $\boldsymbol{\phi}(\boldsymbol{x})$, 有

$$\boldsymbol{\phi}(\boldsymbol{x}):\quad \boldsymbol{x} \to \boldsymbol{z} \tag{7-47}$$

若存在一个函数 K, 使得对任意的 $\boldsymbol{x}_1$、$\boldsymbol{x}_2 \in \boldsymbol{X}$, 都有

$$K(\boldsymbol{x}_1, \boldsymbol{x}_2) = \phi(\boldsymbol{x}_1)^{\mathrm{T}}\phi(\boldsymbol{x}_2) \tag{7-48}$$

则称 $K(\boldsymbol{x}_1, \boldsymbol{x}_2)$ 为核函数，其中 $\phi(\boldsymbol{x})$ 为映射函数，表示 $\boldsymbol{X}$ 中的一个样本点在新特征空间中的映射结果。

利用核函数可以直接计算得到的 $\boldsymbol{Z}$ 空间中所有样本点之间的内积，而无须对高维特征做复杂的内积计算，从而可以在不额外增加计算复杂度的同时实现非线性问题到线性问题的转变。对于给定的核函数 K，特征空间 $\boldsymbol{Z}$ 的映射函数可以是不相同的，但核函数是相同的。

引入核函数后，此时的拉格朗日优化公式可写为

$$\ell(\boldsymbol{w}, b, \boldsymbol{\alpha}) = -\frac{1}{2}\sum_{i=1}^{m}\sum_{j=1}^{m}\alpha_i\alpha_j y_i y_j K(\boldsymbol{x}_i, \boldsymbol{x}_j) + \sum_{i=1}^{m}\alpha_i \tag{7-49}$$

最终的分类决策函数可写为

$$f(\boldsymbol{x}) = \mathrm{sgn}\{(\boldsymbol{w}^*)^{\mathrm{T}}\phi(\boldsymbol{x}) + b^*\} = \mathrm{sgn}\left(\sum_{i=1}^{m}\alpha_i^* y_i K(\boldsymbol{x}, \boldsymbol{x}_i) + b^*\right) \tag{7-50}$$

利用不同的核函数会形成不同的算法，从而得到不同的结果。因此实际应用中需根据数据具体的性质选择最佳核函数。有时还需要通过交叉验证等手段来确定最适合数据的核函数及其参数。常用的核函数如下。

(1) 线性核(linear kernel)。计算公式见式(7-51)，即特征向量的内积，适用于处理线性可分或线性关系较强的数据。

$$K(\boldsymbol{x}_i, \boldsymbol{x}_j) = \boldsymbol{x}_i^{\mathrm{T}}\boldsymbol{x}_j \tag{7-51}$$

(2) 多项式核(polynomial kernel)。计算公式见式(7-52)，其中 c 是常数，d 是多项式的次数，适用于处理包含多项式关系的数据。

$$K(\boldsymbol{x}_i, \boldsymbol{x}_j) = (\boldsymbol{x}_i^{\mathrm{T}}\boldsymbol{x}_j + c)^d \tag{7-52}$$

(3) 高斯核(Gaussian kernel)。计算公式见式(7-53)，其中 σ 是控制核函数宽度的参数，适用于处理非线性关系的数据，对高维度数据表现较好。

$$K(\boldsymbol{x}_i, \boldsymbol{x}_j) = \exp\left(-\frac{\|\boldsymbol{x}_i - \boldsymbol{x}_j\|^2}{2\sigma^2}\right) \tag{7-53}$$

(4) 径向基核(radial basis function kernel, RBF kernel)。计算公式见式(7-54)，其中 γ 是控制核函数宽度的参数，与高斯核类似，适用于处理非线性关系的数据。

$$K(\boldsymbol{x}_i, \boldsymbol{x}_j) = \exp(-\gamma\|\boldsymbol{x}_i - \boldsymbol{x}_j\|^2) \tag{7-54}$$

(5) 拉普拉斯核(Laplacian kernel)。计算公式见式(7-55)，其中 σ 是尺度参数，适用于处理具有突变性质的数据。

$$K(\boldsymbol{x}_i, \boldsymbol{x}_j) = \exp\left(-\frac{\|\boldsymbol{x}_i - \boldsymbol{x}_j\|}{\sigma}\right) \tag{7-55}$$

(6) Sigmoid 核(Sigmoid kernel),计算公式见式(7-56),其中 α 和 c 是自定义的参数,适用于处理呈现类似双曲正切函数的非线性关系的数据。

$$K(\boldsymbol{x}_i,\ \boldsymbol{x}_j) = \tanh(\alpha \boldsymbol{x}_i^{\mathrm{T}} \boldsymbol{x}_j + c) \tag{7-56}$$

综合上述推导过程可知,基于支持向量机的目标识别方法的实现流程主要分为以下几个步骤。

(1) 核函数的选择。根据问题的性质和数据的分布情况选择最适配的核函数。

(2) 特征空间的映射。利用核函数将数据映射到合适的更高维度的特征空间。

(3) 对偶问题的构建和求解。利用拉格朗日乘子法构建并求解对偶问题,得到一组拉格朗日系数 $\boldsymbol{\alpha}$,并通过 $\boldsymbol{\alpha}$ 计算权重向量 $\boldsymbol{w}$ 和偏置 b。计算过程中也完成了支持向量的确定。

(4) 决策函数的确定。利用计算得到的 $\boldsymbol{w}$ 和 b 及式(7-50)确定该问题下的最终分类决策函数。

(5) 输入新样本时,直接根据决策公式计算。符号为正则属于正样本,符号为负则属于负样本。

基于支持向量机的目标识别方法通过寻找最优超平面,从而将不同类别样本点正确分隔开的同时保证分类间隔最大。这一思想使得支持向量机的模型受噪声和异常点的影响较小,更具鲁棒性和泛化性;且核函数的引入使得支持向量机可以很好地解决非线性问题和高维特征目标的分类;另外,在小样本的情况下,支持向量机依然能取得比较不错的表现,不易产生过拟合。这些优势使得支持向量机在数字、文本、图像分类识别等领域都具有广泛应用和出色的表现。但同样,支持向量机也有一定缺陷。首先,当数据集的特征维度较高或数据集较大时,支持向量机的计算开销会很大;且支持向量机的性能依赖于核函数的选择和一些超参数的调整;其次,当类别不平衡时,支持向量机对大类别更敏感,从而可能导致错误的分类识别结果;此外,高维空间的映射和分类仍是比较抽象的,因此支持向量机的可解释性较差。

总体来说,支持向量机是一个很强大的机器学习算法,合理应用于一些适配的目标识别任务上通常可以取得令人满意的结果。

7.3 基于深度学习的目标识别方法

自 2012 年 AlexNet 网络问世,深度学习进入爆炸式发展新时代,在图像识别、语音识别、自然语言处理等领域都取得了巨大的成就,逐渐成为人工智能的主要推动力;开源框架(如 TensorFlow、Pytorch)的兴起,使得深度学习的应用变得更加广泛,促进了学术界和工业界的合作,使其在医疗、金融、交通、农业等领域的应用逐渐成熟,也成了在自动驾驶、医学影像分析等领域解决实际问题的重要工具。而在目标识别领域,深度学习的发展和应用经历了多个重要的阶段,从最初的卷积神经网络,突破传统算法让网络自主学习针对数据集本身的特征提取方法,到 VGG、GoogleNet、ResNet 等一系列经典网络的提出和改进,再到后来的迁移学习,将在一个任务上已经训练好的模型直接迁移到另一个任务上，在资源有限的情况下提高目标识别的性能。现如今，语义理解技术、目标重识别技术和细粒度识别技术成为目标识别领域的热门研究方向，不断涌现新模型和新算法，推动目标识别任务精准化、高效化、通用化的同时，也进一步推动着深度学习的前进和发展。

本节主要通过基于深度学习的语义理解算法、目标重识别算法、细粒度识别算法简要介绍当前目标识别领域利用深度学习实现的主流研究方向。

7.3.1　基于深度学习的语义理解算法

语义理解算法是指能够让计算机系统理解和解释某种形式的信息，从而更深入地提取人们的意图、理解信息含义的算法。语义理解算法通常涉及对语言结构、语境和语义关系的建模，进而使计算机能够进行更高层次的语义分析。

目标识别领域中的语义理解算法是指对关注的图像或视频中目标的语义信息进行理解和推导，包括对目标的类别、属性、行为等方面的理解。即，为图像中的每个像素分配表示其语义类别的标签，从而实现对图像中不同物体和区域的详细理解。该方法结果通常以图像分割形式出现，因此也被称为语义分割算法。经典的语义分割算法有基于 FCN[5] 的语义分割算法和基于 U - Net[6] 的语义分割算法。

1. 基于 FCN 的语义分割算法

全卷积网络(fully convolutional network, FCN)语义分割算法由 Jonathan 等于 2015 年提出，是深度学习用于图像语义分割领域的重要标志。在此之前，语义分割主要依赖于传统的计算机视觉方法，通常使用手工设计的特征(如颜色、纹理、形状等)和传统的机器学习算法(SVM、随机森林等)实现图像的分割；而 FCN 语义分割的提出标志着新的范式和新的发展方向。FCN 最初被用于医学图像的分割任务，如对 CT 扫描或 MRI 图像中的器官分割，后由于其高效性和灵活性在其他领域的语义分割任务中也得到了广泛的应用。

FCN 网络结构示意图如图 7 - 5 所示。FCN 的核心思想是将传统的卷积神经网络的最后三层全连接层转化为卷积层，从而使网络能够接受任意尺寸的输入图像，输出相同尺

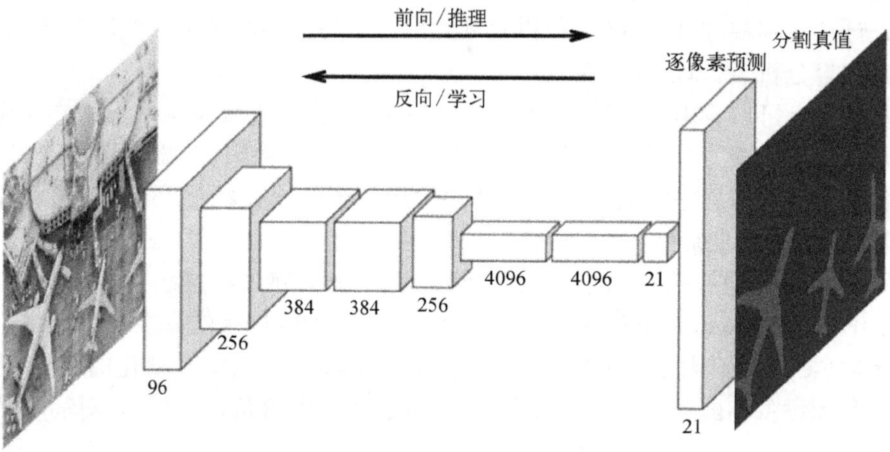

图 7 - 5　FCN 网络结构示意图

寸的密集预测图,进而实现像素级别的语义分割。

以图 7-5 为例说明。对于一张输入的 RGB 图像,首先利用特征提取网络来提取特征,采用的是 AlexNet 网络的前 5 层。紧接着是 FCN 网络的 3 个卷积层。可以看到卷积之后得到的特征图通道数是 21,这个数字对应着待分类的类别总数(含背景)。然后对该特征图做上采样操作,将其尺寸调整为和输入图像一致。可以看到此时得到的特征图通道数仍为 21,即每个空间像素点都是一个 21 维的空间向量,对应着该像素点属于某类别的概率,向量的最大值即为该像素点的类别预测结果。对每个像素进行同样的类别预测,最终得到与输入图像尺寸一致的语义分割结果。

具体来说,设输入图像为 224×224×3 的彩色图像。前 5 层输出特征图的尺寸分别为 55×55×96、27×27×256、13×13×384、13×13×384、13×13×256。传统的 AlexNet 网络的第 6、7 层网络均为全连接层,分别得到 1 个长度为 4 096 的一维向量;输出层也是全连接层,最终得到 1 个长度为 21 的一维向量。这是因为传统的 AlexNet 网络适用于图像级的分类和回归任务,最终得到的是针对整张图像的一个类别概率描述;而语义分割任务是要对每个像素的类别进行预测。这显然是传统算法无法处理的问题。因此 FCN 利用卷积网络代替原来的全连接层,以保证对于任意尺寸的输入图像,网络都可以正常运行并输出相同尺寸的像素级分类结果。基于这一想法,FCN 在得到第 5 层输出特征后,先对其下采样,得到 6×6×256 的输出特征图,然后用两个 1×1×4 096 的滤波器对该特征图做卷积处理;输出层的卷积层同理,滤波器尺寸为 1×1×21。而得到的输出特征图尺寸为 6×6×21。接着对该特征图做连续上采样,可使用转置卷积或双线性插值法处理;当尺寸与输入图像一致时开始逐点分类预测,完成对该输入图像的像素级语义分割处理。

可以看出,FCN 最主要的贡献在于将卷积神经网络结构中的全连接层改为卷积层,从而实现了端到端的全卷积结构。这种新颖的架构改变了以往图像分类网络的设计思想,使其能够适用于图像语义分割任务,大大推动了深度学习在该领域的研究,并开辟了新的研究方向。FCN 的成功使其被广泛应用于各个领域。除医学图像分割外,FCN 还在自然图像分割领域表现出色,能够有效地将图像中的不同物体、场景进行像素级别的分割,为图像理解、图像编辑等任务提供了强大的工具;FCN 还可扩展到视频分割领域,由于其轻量化的设计和端到端的结构,FCN 可以对视频序列的每一帧图像进行实时的语义分割,有助于视频内容分析、物体追踪等应用。

但从结构上可以看出,FCN 仍存在一定的缺陷。首先,连续多次的下采样操作会导致空间分辨率逐渐下降,这可能导致图像的细节和边缘信息丢失,忽略了图中小目标,进而导致小目标的分割准确率降低;另外,当处理大规模图像或视频序列时,FCN 可能需要大量的计算资源,加大训练和推理时间资源的消耗。

在 FCN 为基础进行改进诞生了很多算法。比较有影响力的算法如下。

(1) ENet(efficient neural network)[7]。ENet 是一种轻量级的图像分割网络。通过简化 FCN 结构来提高模型的计算效率,适用于资源受限的环境。轻量化的设计使得 ENet 可以用于移动设备和嵌入式应用,常用于自动驾驶任务中道路、车辆等相对简单的实时分割任务。

(2) 金字塔场景分析网络(pyramid scene parsing network, PSPNet)[8]。PSPNet 在

FCN 的基础上引入金字塔池化模块，允许网络在不同尺度上对全局信息进行感知。通过将特征图划分为不同的区域，然后对每个区域进行池化，从而能够捕捉不同尺度的上下文信息，进而提高模型对场景语义的理解，缓解 FCN 在下采样过程中的空间信息损失问题。由于 PSPNet 的设计着重于对全局信息的捕获，因此更适用于需要较强上下文信息的任务，如大范围场景的语义分割、复杂场景下的分割任务等。

（3） U－Net。相较于 FCN 网络，U－Net 最大的改进在于对称的跳跃连接结构的引入。本节第二部分会对 U－Net 网络展开详细介绍。

FCN 可以视为像素级语义分割的开山之作，对语义分割领域产生了巨大的影响。可以说，FCN 网络引领了深度学习在图像语义分割任务中的发展方向，为实际应用提供了有效的解决方案，也为相关研究提供了有益的启示。后续的很多研究和改进工作都是在 FCN 基础上的不断演进的，进而推动着图像语义分割领域的发展。

2. 基于 U－Net 的语义分割算法

U－Net 网络由德国研究员 Olaf 等于 2015 年提出，是在 FCN 原理的基础上改进得到的，适用于小样本的简单分割问题，因为其网络架构类似“U”形而得名。最早也是用于医学图像分割任务，以实现对细胞和器官的精确分割。后由于其卓越的性能和不断的发展，目前已广泛应用于工业、遥感、农业等多个领域的计算机视觉分割任务，成为很多语义分割任务的基线网络。

U－Net 网络架构图如图 7－6 所示。U－Net 网络采用全卷积网络架构，整个结构中没有全连接层。“U”形的左半部分是一系列用于特征提取的下采样操作，右半部分是一系列用于还原图像空间分辨率的上采样操作。一些文献中也称这样的结构为是编码器-解码器结构（encoder-decoder）。

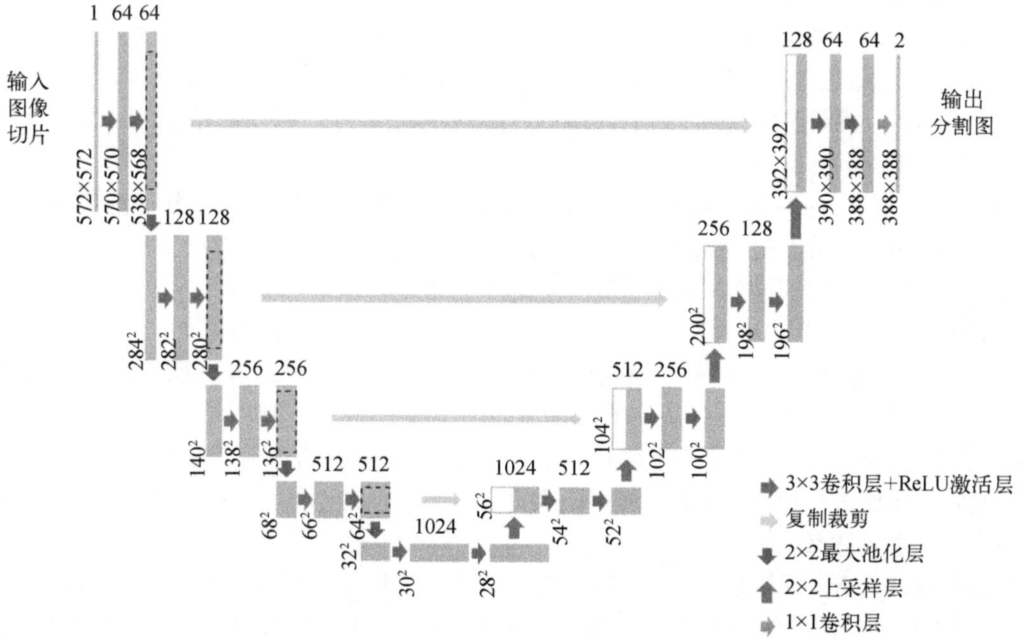

图 7－6　U－Net 网络结构示意图

U－Net 网络的输入是一张尺寸为 572×572 图像切片，用以适应网络内部的上采样和下采样操作，并确保在多次卷积和池化过程中图像的空间信息能够得到合理的保留。网络的左半部分是压缩路径部分，即编码器结构，包括一系列用于特征提取的下采样操作；由 4 个小块（Block）组成，每个块中包括 2 个 3×3 的卷积层和 1 个最大池化层。每经过一个卷积层，输出特征图的长、宽都会减少两个像素；每经过一个池化层，输出特征图的长、宽都会缩小为原来的 1/2。因此有了图中所示的特征图的尺度变化。最终的输出特征图尺寸为 32×32；网络的右半部分是扩展路径部分，即解码器结构，结构上与左半部分对称，同样由 4 个块组成，每个块包括 2 个卷积层、1 个上采样层和 1 个跳跃连接（skip connections）层。对于每个块的输入特征图，首先对其做反卷积处理，使其尺寸放大为原来的 2 倍，同时通道数缩小为原来的 1/2，然后和左侧编码器中与之对称的特征图在通道维度连接。这个连接是通过跳跃连接层实现的（图中两侧结构间灰色实箭头部分），用以缓解常规网络结构在信息传递过程中可能存在的细节遗失的问题，有助于维持高分辨率的语义信息。但由于特征尺寸不同，因此连接前需将编码器输出的特征图裁剪至与解码器输入特征图相同的尺寸（即编码器结构中的虚线框内部分）。接着对连接后的特征图做两次卷积和一次上采样处理，然后将输出特征图送入下一个块结构中，解码器结构最后的输出特征图尺寸为 388×388。最后将该特征图送入 1×1 的卷积层中生成最终的语义分割结果。

U－Net 网络的成功主要依赖以下几个方面。

（1） U 形结构的设计。网络整体结构呈现 U 形，即编码器和解码器之间存在对称的结构，这有助于在编码器提取全局上下文的同时，通过解码器逐步还原图像的细节信息。从而减少信息的损失，保证分割结果的准确性。另外，网络整体结构简单高效，仅由卷积层、池化层、上采样层等简单的卷积网络组成，使得网络易于训练，即使是在小规模的数据集上也能取得良好的性能。

（2） 对称跳跃连接结构的引入。跳跃连接将编码器和解码器对称部分的特征图进行连接，有助于传递更丰富的高分辨率语义信息，帮助解码器更好地还原细节信息，缓解信息丢失的问题。另外，跳跃连接的引入还可以实现不同层次上多尺度信息的融合，帮助网络捕捉不同尺度的语义信息。

（3） 瓶颈层（BottleNeck）的设计。瓶颈层也称为中间层，即 U 形结构最底端，连接左右两对称结构的部分。这一结构的由两个简单的卷积操作组成，用于在不考虑图像特定空间位置的情况下提取图像的抽象特征，有助于网络理解图像的全局上下文，捕捉语义信息，从而提高分割的准确性。

U－Net 的结构使其能够精准捕获图像的全局上下文信息和细节特征，在很多语义分割任务上取得优秀的表现。在卫星图像领域，U－Net 被用于分割不同类型的地物，例如道路、建筑物、植被等，有助于地图制作、城市规划等；在地质图像分析领域，U－Net 可用于对地质学图像进行分割，帮助识别不同类型的岩石、地层等，这对于地质勘探和矿产资源评估具有重要意义。

但同样，U－Net 网络也存在一些问题。首先是对大尺寸图像的处理效果不佳。U－Net 的全卷积结构需要处理多个分辨率的特征图，因此对大尺寸图像的处理效率较低。其次，对空间变化不具有良好的鲁棒性，U－Net 的结构较为刚性，因此输入图像的旋转、缩放等空间变换可能会对最终的分割效果产生影响。另外,虽然 U - Net 网络结构简单,但模型的参数量仍相对较大,这在资源受限的环境下可能会带来一定的挑战。同时,当数据集较小或训练样本不足时,U - Net 也容易出现过拟合的现象,需要使用一些正则化技术或数据增强方法来予以缓解。因此,实际应用中需根据任务需求和资源约束等做适当的权衡。

针对上述局限性,基于 U - Net 的改进算法也在不断衍生。目前比较成熟的算法如下。

(1) DeepLab 系列[9, 10]。DeepLab 算法是由谷歌团队开发出的一系列语义分割算法,在 U - Net 算法的基础上引入了空洞卷积(dilated convolution)和空洞空间金字塔池化(atrous spatial pyramid pooling, ASPP)等机制。通过空洞卷积在卷积核之间插入间隔来扩大感受野,从而使网络能够捕捉更广阔范围内的上下文信息和远距离像素间的相关性,提高模型对大尺度结构的理解能力;通过空间金字塔池化使得网络得以在不同尺度上感知和处理图像,捕获不同尺度下的语义信息,从而可以更全面地理解图像中的语义结构。DeepLabV3+是目前较新的版本,其结合了多尺度信息和全局上下文,同时采用了深度可分离卷积(depthwise separable convolution),将标准卷积拆分成在空间维度上处理的深度卷积和在通道维度上处理的逐点卷积以提高模型效率。DeepLab 算法适用于各种图像分割任务,尤其在城市景观分析和卫星分割中表现优异。

(2) U - Net++[11]。U - Net++主要对 U - Net 网络的解码器部分进行改进,通过增强 U - Net 中的特征融合机制来提高模型的分割性能。U - Net++将原 U - Net 网络中的跳跃连接改为密集跳跃连接(dense skip connections),即将每一层解码器同时连接到所有更低级别和同级别的编码器层。通过对不同级别的特征图进行加权融合,使网络可以更全面地利用和保留底层和高层的语义特征信息,提高网络对细节和全局信息的感知能力,进而提高解码器对图像结构的还原能力。同时,U - Net++网络还引入了图像金字塔池化,通过对多个尺度的输入图像进行池化操作,并将池化后的特征图与原始特征图进行拼接,为网络提供更丰富的全局上下文信息。U - Net++在医学图像分割、自然图像分割等领域取得了显著成果,成为 U - Net 架构的一种优化选择。

(3) 高效残差分解网络(efficient residual factorized network, ERFNet)[12]。这是一种轻量级的语义分割网络,旨在保持高效性能的同时减小计算和内存的开销。可适用于计算资源有限的场景,如嵌入式设备和移动端应用等。ERFNet 通过引入因子化卷积和深度可分离卷积来降低模型的参数量和计算复杂度,同时对解码器的结构做了简化,进一步降低模型的复杂度;另外,ERFNet 在处理特征图时引入稀疏特征,通过减少非零元素的数量来降低计算量和减少内存消耗,进一步加速推理过程。轻量化的设计和计算效率的提高使得 ERFNet 特别适用于一些实时性要求较高的场景,比如自动驾驶中的道路分割任务等。

U - Net 网络的结构和设计思想为很多后续的深度学习模型的设计和优化提供了灵感,衍生出一系列更先进的语义分割模型,也为深度学习在目标识别和语义分割领域的应用奠定了基础。由此可知,U - Net 网络的提出在目标识别和语义分割领域具有重要的里程碑意义。

7.3.2 基于深度学习的目标重识别算法

目标重识别(person re-identification,ReID)算法是一类用于在不同拍摄环境或不同拍摄时间的条件下识别同一目标(通常是人)的计算机视觉算法。这类任务通常涉及从多个摄像头捕获的图像或视频序列中识别和匹配同一个体的问题,即使时间、环境、光照、角度等条件可能会导致目标的外观发生变化,在视频监控、智能安防、社交媒体分析等领域中具有十分广泛的应用,也因此成为目标识别领域一个十分重要的研究方向。

基于深度学习的目标重识别算法则是使用深度神经网络学习目标的特征表示,从而实现不同场景下对同一目标准确识别的算法。主要通过以下几个步骤实现。

(1) 特征提取。利用预训练的卷积神经网络(ResNet、VGG 等)作为特征提取器,并在训练过程中对模型参数进行微调以适应不同类型目标的重识别任务。

(2) 嵌入学习。将提取到的特征投影到一个低维的嵌入空间中,通常通过全连接层或降维的方法(如主成分分析法)实现。嵌入学习的目标是使得同一身份的目标在嵌入空间中距离较近,不同身份的目标距离较远。

(3) 度量学习。学习一个最佳度量函数来衡量不同目标之间的相似度。这个度量函数可以是欧氏距离、余弦相似度等,或通过深度神经网络学习得到。

(4) 模型训练。使用带标签的训练数据集对模型进行训练。训练过程中常使用对比损失函数(如三元损失函数),用来比较同一目标的在不同图像间的相似性,确保同一目标之间的距离小于不同目标之间的距离。

(5) 模型测试。对于输入的目标图像,首先提取特征,然后通过训练好的度量函数计算图像之间的相似度,最后直接根据相似度排名或阈值判断目标是否属于同一身份。

基于深度学习的目标重识别算法通过端到端的学习方式、更具判别性的特征表示以及大规模数据的训练保证了模型的性能。现阶段比较经典的基于深度学习的目标重识别算法有 IENet、Dual-path CNNs、Triplet-based Network、DenseNet-based ReID 等。本节以 Triplet-based Network 为例介绍目标重识别算法的基本原理及实现方法。

2017 年,Hermans 等[13]证明了基于三元组损失(triplet loss)的目标重识别方法的有效性。一个三元组包括三个样本,分别是 Anchor 样本(训练数据集中随机选取的目标样本)、一个 Positive 样本(与 Anchor 同类别的正样本)和一个 Negative 样本(与 Anchor 不同类别的负样本)。基于三元组损失的目标重识别算法思想如图 7-7 所示。通过三元组损失的约束,可以使得目标和正样本之间的距离最小。也就是说,经过大规模数据训练后,

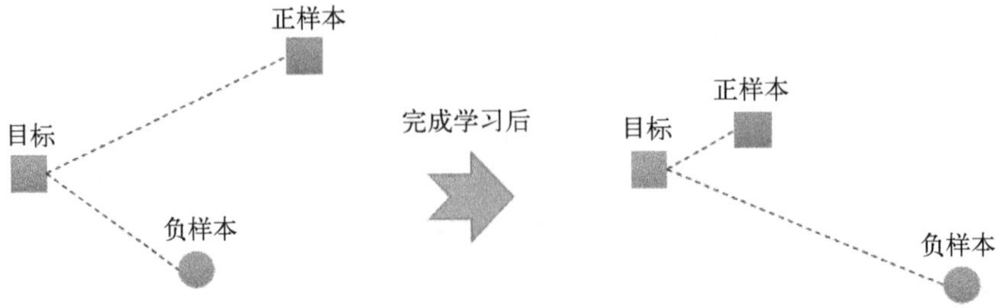

图 7-7　三元组损失函数原理示意图

模型可以使得同类样本的正样本接近目标样本，不同类样本的负样本远离目标样本。三元组损失函数的通用计算公式可表示为

$$L(\boldsymbol{A}, \boldsymbol{P}, \boldsymbol{N}) = max(d(\boldsymbol{A}, \boldsymbol{P}) - d(\boldsymbol{A}, \boldsymbol{N}) + \alpha, 0) \tag{7-57}$$

其中，$\boldsymbol{A}$ 是目标样本的特征表示；$\boldsymbol{P}$ 是正样本的特征表示；$\boldsymbol{N}$ 是负样本的特征表示；$d(\cdot, \cdot)$ 是特征之间的距离度量函数；α 是一个表示边缘的超参数，指 $\boldsymbol{A}$ 与 $\boldsymbol{N}$ 间距离和 $\boldsymbol{A}$ 与 $\boldsymbol{P}$ 间距离的最小间隔，用于控制同类样本和不同样本之间的距离差异。三元组损失函数的含义为：最小化同类别的样本对 $\boldsymbol{A}$、$\boldsymbol{P}$ 间距离 $d(\boldsymbol{A}, \boldsymbol{P})$，同时最大化不同类别的样本对 $\boldsymbol{A}$ 与 $\boldsymbol{N}$ 之间的距离 $d(\boldsymbol{A}, \boldsymbol{N})$，并通过 α 进行控制，当二者之间的差异大于 α 时产生损失，否则损失为0。

基于三元组损失算法的实现流程和常规目标重识别算法类似。在完成三元组样本的构建后，首先对每个输入样本进行特征提取，然后依据正确的度量方式对三元组样本对之间的距离或相似度进行衡量；接着利用三元组损失对模型进行优化，通过大规模数据进行模型训练，让网络学习不同目标样本之间的相似性和特征差异，进而实现同一目标在不同场景下的有效识别。

基于三元组损失的改进算法也有很多，可从训练过程中样本选择策略、损失函数改进、网络结构简化等多个方面进行调整。常见的改进算法如下。

（1）批处理所有三元组损失(batch all triplet loss)。在每个小批次处理中，考虑所有可能的三元组组合，从而更充分地利用训练数据，提高了模型的稳定性和效率。

（2）加权三元组损失(weighted triplet loss)。引入样本权重来调整不同样本对的重要性，例如根据样本困难程度调整权重，帮助模型提高对识别困难的样本对的关注度，从而提高模型的性能。

（3）自适应边缘三元组损失(adaptive margin triplet loss)。根据训练过程中模型性能的变化自适应调整边缘超参数，使得模型能够适应不同的训练阶段，进而提高模型的性能。

这些改进算法都是以帮助模型更好地学习目标之间的相似性，提高算法的性能和鲁棒性为目的，从而提高在目标重识别任务上的准确性和泛化能力。

7.3.3 基于深度学习的细粒度识别算法

细粒度识别是指图像识别领域中，专注于识别同一类别下不同细粒度类别的任务。与常规的目标识别任务不同，细粒度识别要求模型能够准确区分同一类别下的多个子类别，或是具体属性的识别，尽管这些子类别可能在外观上非常相似。例如，常规的目标识别任务可能需要识别出图像中的飞机目标，而细粒度识别则需要识别这是螺旋桨式飞机还是喷气式飞机。细粒度识别任务注重目标的局部特征和细小差异，因此算法通常需要具有较高的细节敏感性和区分性。细粒度识别的应用涵盖了多个领域，包括动植物品种识别、车辆型号识别、商品识别等。

由于深度学习具有强大的特征学习能力和端到端的学习方式，因此基于深度学习的细粒度识别算法往往可以取得令人满意的结果。现阶段比较经典的基于深度学习的细粒

度识别算法有双线性卷积神经网络(bilinear CNN)、空间变化网络(spatial transformer networks, STNs)等。本节主要介绍 Bilinear CNN 细粒度识别网络。

Bilinear - CNN 是 Lin 等[14]于 2015 年针对细粒度识别任务提出的。在此之前,传统的基于深度学习的图像分类方法通常使用卷积神经网络模型,通过多个卷积层和池化层来提取图像特征,然后利用全连接层进行分类。但这些操作通常只能捕捉图像中局部区域的信息,而忽略了不同区域之间的关联性,因此对于细粒度识别这种物体之间的差异较小的任务而言,传统的分类任务无法准确找出这些细微的差异。

Bilinear CNN 通过引入双线性池化操作来捕获图像不同区域之间的交互关系,进而提高网络对于细微差异的感知能力。网络架构如图 7-8 所示。

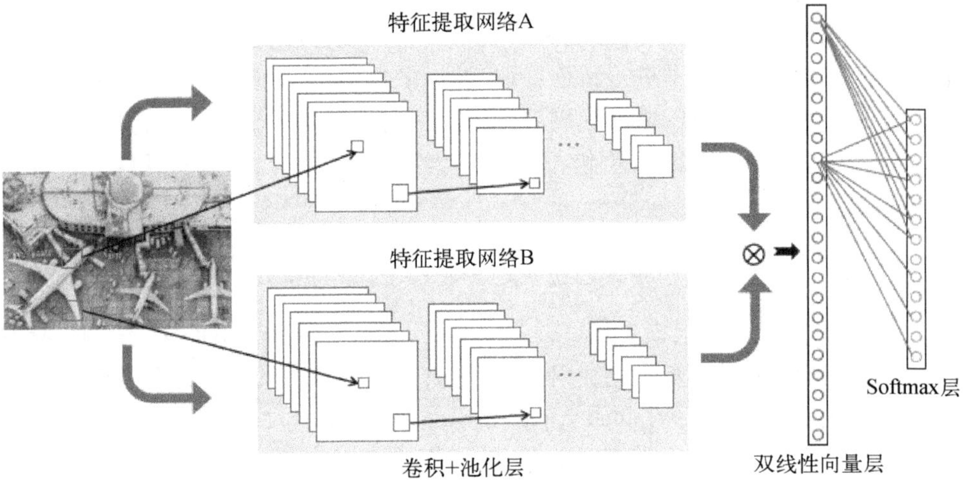

图 7-8 Bilinear CNN 网络结构示意图

Bilinear CNN 将常规网络模型的特征提取器部分替换为两个并列的 CNN(如 AlexNet、VGGNet 等)网络结构。这两个网络可以相同,也可以不同,分别用于提取输入图像的特征。接着对它们的输出结果做外积运算,并进行池化,获得双线性向量,即图像描述算子,实现对局部特征的交互处理;然后利用 SVM 等线性分类器进行分类。

Bilinear CNN 网络主要有两大特点。一是双线性处理的引入,对一张输入图像做两次特征提取并融合,等价于对两个特征图之间的相关性进行建模从而更好地捕获图像中不同区域之间的高阶关系和交互信息,增强网络对图像结构信息的感知能力,提高网络对细粒度信息的感知能力;第二个特点是通过外积操作实现特征的融合和交互,得到输入图像全局的特征表示。除外积之外,还有其他一些常用的特征融合方法,包括最大值融合、平均值融合、加法、拼接处理等。但比较之下,外积可以通过矩阵运算捕获到不同通道之间的特征相关性。由于描述向量的不同维度对应着卷积特征的不同通道,而不同通道提取了不同的语义特征。因此,尽管外积只是一种简单的矩阵乘法操作,但可以帮助网络理解图像中不同部分之间的关联性,提高图像的表征能力,从而有效解决细粒度识别这种外观相似但细节不同的任务。

针对 Bilinear CNN 也有很多改进网络,主要针对其在特征提取和计算效率方面的不足。经典的改进算法如下。

（1） 紧凑型双线性池化网络(compact bilinear pooling,CBP)[15]。这是一种用于加速双线性池化操作的方法,通过将两个特征图进行随机映射,然后进行哈达玛积操作(逐元素对应相乘)来近似双线性池化,从而显著降低计算成本,同时保持较高的性能。

（2） B-CNN+[16]。通过引入额外的卷积和池化层来增强特征的表达能力和鲁棒性,从而提高网络对细粒度特征的感知能力和模型的分类性能。

（3） 紧凑型多模态双线性池化网络(multimodal compact bilinear pooling)[17]。这种方法可以将 Bilinear CNN 扩展到多模态输入(如图像和文本),通过特定的投影方法将每个输入特征映射到低维空间,然后进行哈达玛积操作来计算融合特征,实现不同模态信息的有效融合,从而提高模型在多模态任务中的性能。

双线性卷积神经网络提出了一种更加有效的能够捕捉图像中不同区域之间相关性的方法,使得网络可以更好地理解图像的结构信息,不仅可以有效解决细粒度分类任务,还在视觉问答、图像生成、图像检索等方面发挥积极作用,为计算机视觉领域的研究和应用提供了重要的技术支持。

习 题

7-1 什么是目标识别？它在计算机视觉领域中的作用是什么？

7-2 如何衡量目标识别结果的优劣？

7-3 请简述基于贝叶斯分类器的目标识别方法的基本思想。

7-4 请简述基于线性判别分析的目标识别方法的基本思想。

7-5 基于支持向量机的目标识别方法是如何处理非线性分类问题的？

7-6 基于深度学习的目标识别方法的核心思想是什么？

7-7 什么是语义分割？它和常规的目标识别有什么联系？

7-8 全卷积网络(FCN)是如何实现语义分割的？

7-9 U-Net 网络中的跳跃连接起到了什么样的作用？

7-10 Bilinear CNN 网络中引入双线性池化操作有什么好处？

参考文献

[1] 张弘，曹晓光，谢凤英. 数字图像处理与分析[M]. 北京：机械工业出版社,2013.

[2] 宫久路. 目标检测与识别技术[M]. 北京：北京理工大学出版社,2022.

[3] 谢凤英，赵丹培，李露. 数字图像处理及应用[M]. 北京：电子工业出版社,2014.

[4] 张学工. 模式识别[M]. 北京：清华大学出版社,2010.

[5] Long J, Shelhamer E, Darrell T. Fully convolutional networks for semantic segmentation[C]. Proceedings of the IEEE Conference on Computer Vision and Pattern Recognition, Boston, 2015.

[6] Ronneberger O, Fischer P, Brox T. U-net: Convolutional networks for biomedical image segmentation[C]. Medical Image Computing and Computer-Assisted Intervention-MICCAI 2015: 18th International Conference, Munich, 2015.

[7] Paszke A, Chaurasia A, Kim S, et al. Enet: A deep neural network architecture for real-time semantic segmentation[J]. arXiv preprint arXiv: 1606.02147, 2016.

[8] Zhao H, Shi J, Qi X, et al. Pyramid scene parsing network[C]. Proceedings of the IEEE Conference on Computer Vision and Pattern Recognition, Honolulu, 2017.

[9] Chen L C, Papandreou G, Kokkinos I, et al. Semantic image segmentation with deep convolutional nets and fully connected crfs[J]. arXiv preprint arXiv: 1412.7062, 2014.

[10] Chen L C, Zhu Y, Papandreou G, et al. Encoder-decoder with atrous separable convolution for semantic image segmentation[C]. Proceedings of the European Conference on Computer Vision (ECCV), Munich, 2018.

[11] Zhou Z, Rahman Siddiquee M M, Tajbakhsh N, et al. Unet++: A nested u-net architecture for medical image segmentation[C]. 4th International Workshop, DLMIA 2018, and 8th International Workshop, ML-CDS 2018, Held in Conjunction with MICCAI 2018, Granada, 2018.

[12] Romera E, Alvarez J M, Bergasa L M, et al. Erfnet: Efficient residual factorized convnet for real-time semantic segmentation[J]. IEEE Transactions on Intelligent Transportation Systems, 2017, 19(1): 263-272.

[13] Hermans A, Beyer L, Leibe B. In defense of the triplet loss for person re-identification[J]. arXiv preprint arXiv: 1703.07737, 2017.

[14] Lin T Y, RoyChowdhury A, Maji S. Bilinear CNN models for fine-grained visual recognition[C]. Proceedings of the IEEE International Conference on Computer Vision, Santiago, 2015.

[15] Gao Y, Beijbom O, Zhang N, et al. Compact bilinear pooling[C]. Proceedings of the IEEE Conference on Computer Vision and Pattern Recognition, Seattle, 2016.

[16] Lin T Y, Maji S. Improved bilinear pooling with cnns[J]. arXiv preprint arXiv: 1707.06772, 2017.

[17] Fukui A, Park D H, Yang D, et al. Multimodal compact bilinear pooling for visual question answering and visual grounding[J]. arXiv preprint arXiv: 1606.01847, 2016.

第 8 章

目标跟踪

8.1 目标跟踪任务概述

目标跟踪是计算机视觉领域的核心任务之一，其主要目标为获取视频中的特定目标的位置和动态变化。在很多工程应用中，目标跟踪经常与场景理解、目标检测和目标识别等模块相互结合，实现如人机交互、智能监控等视觉任务。在智能监控领域，行人目标跟踪可用于分析人流密集场所中的行人行为并提前警报，有效减少生命和财产损失；在智能交通系统中，实时车辆跟踪可用于判断交通违规或追踪逃逸车辆；在自动驾驶领域，目标跟踪技术可有效识别并跟踪行人和车辆，提高系统对周围的动态感知，减少事故风险；在航空影像处理中，目标跟踪技术还可以应用于电力检修巡线、野生动物迁徙跟踪等任务。

8.1.1 目标跟踪算法框架

目标跟踪的核心任务是估计连续视频中每帧图像内指定目标对象的相对位置，并据此生成该目标的运动轨迹。依据应用需求不同，可能还需提供对目标尺寸或旋转角度等附加信息的估计。目标跟踪算法的整体框架通常包括四个主要部分：外观模型、运动模型、观测模型和模型更新，如图 8－1 所示。

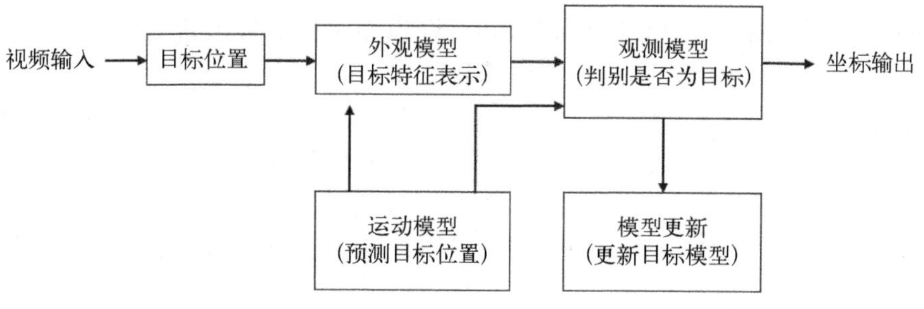

图 8－1　跟踪器基本结构图

1. 外观模型

目标的外观模型构建是目标跟踪的初始环节，主要包括目标区域确定和目标内容表示两个部分。目标区域确定是指确定待跟踪目标区域的形式，常见的表示方法有矩形框、轮廓、局部图像块、特征点、分割等。其中，矩形框因其简洁直观的特点而被广泛采用，它能够全面描述目标的外观特征，并进行有效提取。近年来，更高跟踪精度的要求使得分割表示方法开始受到广泛关注。

目标内容表示是指对目标特征的表征，是跟踪器的核心。有效的特征表征能提升跟踪性能。理想的特征应具备不变性和鲁棒性，以应对环境光照、目标尺寸、姿态等变化。常用的人工提取的特征包括像素灰度、统计直方图、颜色和梯度特征等。其中，像素灰度特征保留了原始图像信息，但在目标发生形变时鲁棒性较差；直方图特征具备一定的形变不变性和旋转不变性，但会损失空间位置信息，且对光照变化敏感；颜色特征不受形变和光照影响，适合色差明显的目标；梯度特征则利用目标边缘[1]信息表示目标轮廓，但在低对比度目标上表现较弱。近年来，梯度直方图（histogram of oriented gradient，HOG）[2]因其具有形变不变性、旋转不变性及对光照变化的鲁棒性而被广泛采用。

2. 运动模型

目标的运动模型构建是根据前一帧目标位置估计当前帧中目标可能的运动范围，并生成候选区域的过程。这一步骤与外观模型的构建密切相关，因为生成的候选区域的数量和规模受外观模型的计算复杂度影响较大。

多数运动候选区域生成方法往往基于相邻帧间目标位置变化较小的假设，采用局部均匀采样或高斯权重采样来估计运动范围内目标的出现概率。其中，局部均匀采样以上一帧目标位置为中心，在当前帧的运动半径内均匀采样，通过假设该范围内的先验概率等来简化运动模型。应用较为广泛的粒子滤波则利用高斯权重采样来估计当前帧的候选区域，赋予中心位置更高的权重，以反映目标在当前帧出现的概率。此外，卡尔曼滤波根据之前的运动轨迹预估目标出现的位置以减小搜索区域，适用于运动轨迹简单、场景变化较小的情况，同时在一定程度上解决遮挡问题。全局搜索方法则在全图范围内寻找目标。该方法提供了最大搜索范围，能应对目标快速运动的情况，但计算量较大，易引入背景干扰，导致误判。

3. 观测模型

观测模型用于对候选区域进行匹配判断，以精确定位目标的位置。根据匹配策略的不同，跟踪算法可分为生成式方法和判别式方法。

生成式方法需要预先构建目标外观模型作为参考模板，利用区域相似性度量，寻找当前帧中与该参考模板最为匹配的区域。常用的相似性度量包括归一化互相关系数和巴氏距离等。生成式方法依赖于外观模型的质量，若外观模型生成的特征质量下降，如发生光照变化、目标姿态改变或目标遮挡等，跟踪效果也会受到影响。

判别式方法则同时利用目标和背景信息，通过学习一个判别函数来有效区分目标与背景，进而确定目标在视频帧中的准确位置。判别函数可以通过离线或在线训练学习。其中，离线训练适用于特定目标的跟踪，通常需要大量的预先标注的样本数据来训练；在线训练在跟踪过程中动态地获取新样本，并据此更新判别函数。这种半监督的学习方式使得判别函数能够随着目标外观的变化而自适应地调整,从而提高目标跟踪的鲁棒性。近年来,判别式相关滤波方法因其计算的高效性受到广泛关注。同时,随着深度学习技术的飞速发展,结合深度学习的判别式模型逐渐成为目标跟踪领域的研究热点。

4. 模型更新

目标跟踪中的模型更新包括外观模型的更新和观测模型的更新,以适应目标的各种状态变化,如旋转、形变等。一些算法采用直接替换模板的策略。假设相邻帧间目标的变化平缓,通过将当前帧中的目标信息替换旧模板以实现对目标最新状态的捕捉。然而,这种策略在面临遮挡导致的目标丢失时可能引发跟踪失败。对于外观变化频繁的任务,通过计算新的观测模型与旧模型之间的加权平均来逐步更新模型,以更好地适应目标的连续变化,同时在发生遮挡时动态调整更新速率以增强稳定性。近年来,基于深度学习的方法也开始引入合理的更新策略,以进一步提升模型的跟踪性能。

8.1.2 目标跟踪方法的分类

目标跟踪任务常见的分类方法如下。

按跟踪的目标数量不同,可分为单目标跟踪和多目标跟踪。单目标跟踪对象单一固定,多数配合跟踪平台使目标始终出现在画面视场中间。多目标跟踪则需同时处理多个目标的运动信息,并定位其相对位置。其实现思路可大致分为两类:一类是对每个目标分别执行单目标跟踪;另一类是结合目标检测技术,先实时检测场景中的目标,再基于检测结果进行目标的跟踪与关联。

按图像数据流类型不同,可分为在线跟踪和离线跟踪。在线跟踪算法需按时间顺序处理视频图像帧,仅利用当前帧和先前帧的数据信息,跟踪当前帧中的目标。此类算法一般应用于实时获取视频数据的任务场景,对算法的运算效率要求较高。离线跟踪则可处理整段视频信息,允许追溯和前瞻当前图像帧之前和之后的任何信息,因此,对这类算法一般没有实时性要求。

按目标区域的表示不同,可分为点表示法跟踪(point tracking)、核表示法跟踪(kernel tracking)和轮廓表示法跟踪(silhouette tracking)。点表示法跟踪将目标视为一个或多个坐标点,利用坐标点的位置信息和其间的运动关联进行跟踪,适用于目标较小的跟踪任务。核表示法跟踪关注目标区域的外观信息,通常使用方形或椭圆形框选取目标作为跟踪模板,并依据模板内的信息跟踪目标。轮廓表示法跟踪则利用目标轮廓,通过轮廓形状匹配或轮廓渐变演化进行跟踪。

8.1.3 存在问题及挑战

在实际应用场景中,目标跟踪算法常常需要克服一系列复杂而多样的困难与挑战,包括背景环境的杂乱无章、目标本身的形态变化、目标的被遮挡情况以及光照条件的显著波动等,如图8-2所示。

(a) 背景杂乱 (b) 目标形变 (c) 光照变化

图 8-2 目标跟踪任务中的部分挑战场景示例

8.1.4 目标跟踪的数据集及精度评价指标

目标跟踪数据集用于测试和评估跟踪算法的有效性，为研究者提供性能指标的参照基准。针对单目标跟踪任务，常用的数据集有 OTB、VOT、GOT10K、TrackingNet 等；针对多目标跟踪任务，常用的数据集包括 MOTChallenge、BDD100K 等。这些数据集不仅提供了丰富的跟踪测试场景，还提出了相对公允的评价指标体系，为算法的客观评估提供了坚实的基础。

OTB 单目标跟踪测试基准：OTB[3]是目前流行的通用单目标跟踪数据集，包含多段短视频序列，目标对象包括行人、动物、车辆等，覆盖各种运动模式和挑战场景。视频按跟踪挑战的 11 种类别进行分类，包括尺度变化、光照变化、平面内旋转、快速运动、背景杂乱、遮挡、平面外旋转、形变、视野外、运动模糊和低分辨率。数据集的评价指标包括精度和成功率，其中精度用于衡量跟踪目标中心与真实目标中心间距离小于给定阈值的帧数所占比例，成功率表示估计目标与真实目标重叠比例超过给定阈值的帧数所占的比例。

跟踪精度(Precision)计算方法如下：

$$\text{Precision} = \frac{1}{N}\sum_{i=1}^{N}\delta(d_i < \text{threshold}_p) \tag{8-1}$$

其中，d_i 是第 i 帧的预测边界框中心和真实边界框中心的距离。threshold_p 表示给定的精度阈值，可取为 20 像素；δ 为指示函数，当 $d_i < \text{threshold}_p$ 时，$\delta=1$，否则 $\delta=0$；N 表示视频的帧数。

跟踪成功率(Success)计算方法如下：

$$\text{Success} = \frac{1}{N}\sum_{i=1}^{N}1(\text{IoU}(\boldsymbol{b}_i, \boldsymbol{g}_i) > \text{threshold}_s) \tag{8-2}$$

其中，$\boldsymbol{b}_i$ 表示第 i 帧的预测边界框；$\boldsymbol{g}_i$ 表示第 i 帧的真实边界框；IoU 表示交并比；threshold_s 为给定的成功率阈值，1 为指示函数。

VOT 单目标跟踪测试基准：VOT[4]基准通常用于测试跟踪任务。该数据集通常采用三个评估指标：精度、稳健性和期望平均重叠度。具体而言，精度指标通过计算交并比来量化跟踪的准确性；稳健性则用于衡量跟踪过程中的稳定性表现；而期望平均重叠度则是一个综合指标，它是一种融合了精度与稳健性的考量，以全面反映跟踪器的整体性能。精度和期望平均重叠度的值越高，表示跟踪器性能越好；而稳健性的值越高，则表示跟踪稳定性越差。与 OTB 基准测试的评估不同，在 VOT 基准测试中，当估计的边界框与真实边界框的重叠为 0 时，跟踪器会在 5 帧后重新初始化。

精度 A 的定义如下：

$$A = \frac{1}{N}\sum_{i=1}^{N} \mathrm{IoU}(\boldsymbol{b}_i,\ \boldsymbol{g}_i) \tag{8-3}$$

稳健性 R 的定义如下：

$$R = \frac{N_f}{N} \tag{8-4}$$

其中，N_f 为跟踪器重新初始化的数量。

期望平均重叠度 EAO 的计算方法如下：

$$\mathrm{EAO} = \frac{1}{N_2 - N_1}\sum_{i=N_1}^{N_2} Ave_i \tag{8-5}$$

其中，Ave_i 代表帧数小于等于 i 的视频上的精度；N_1 为区间下限；N_2 为区间上限。区间选择方法参考 VOT2015[4]。

GOT10K 单目标跟踪测试基准：GOT10K[5]是一个大规模的测试基准，包含 1 万个视频序列。其中有 180 段视频序列用于测试，其余均用作训练集。该基准测试的评估指标包括平均重叠率（average overlap rate，AO）和成功率（success rate，SR）。此外，SR 指标可以细分为 $\mathrm{SR}_{0.5}$ 和 $\mathrm{SR}_{0.75}$，分别表示重叠率超过 0.5 和 0.75 的跟踪帧的百分比。

AO 的计算方法如下：

$$\mathrm{AO} = \frac{1}{N}\sum_{i=1}^{N} \mathrm{IoU}(\boldsymbol{b}_i,\ \boldsymbol{g}_i) \tag{8-6}$$

SR 的计算方法如下：

$$\mathrm{SR}_{\mathrm{threshold}_{\mathrm{sr}}} = \frac{1}{N}\sum_{i=1}^{N} \delta(\mathrm{IoU}(\boldsymbol{b}_i,\ \boldsymbol{g}_i) \geqslant \mathrm{threshold}_{\mathrm{sr}}) \tag{8-7}$$

其中，$\mathrm{threshold}_{\mathrm{sr}}$ 是给定 SR 的阈值（例如 0.5 或 0.75），δ 为指示函数。

MOTChallenge 多目标跟踪测试基准：MOTChallenge[6]是一个经典的多目标跟踪数据集系列，包括了在多个不同场景下真实拍摄的视频。被广泛用于评估和比较跟踪算法的性能。该数据集的常用指标是多目标跟踪精度（multiple object tracking accuracy，MOTA）。MOTA 综合考虑漏检、误检和身份切换等错误，可全面衡量正确跟踪的对象的位置精度。其中，漏检率（miss rate）是指未能正确跟踪的目标的比例；误检率（false positive rate）代表错误跟踪的非目标对象的比例；身份切换次数（ID switches）指跟踪过程中目标身份切换的次数。多目标跟踪准确度（multiple object tracking and segmentation，MOTP）主要用于量化检测器的定位精度，是评估目标位置误差的评判指标。

MOTA 的计算方法如下：

$$\mathrm{MOTA} = 1 - \frac{\sum_{t}(\mathrm{FN}_t + \mathrm{FP}_t + \mathrm{IDSW}_t)}{\sum_{t}\mathrm{GT}_t} \tag{8-8}$$

其中,t 为帧数;FN 为漏检的个数;FP 为虚检个数;IDSW 为目标轨迹号的变化;GT 为标记的真实物体的数量。

MOTP 的计算方法如下:

$$\mathrm{MOTP} = \frac{\sum_{t,i} d_{t,i}}{\sum_{t} c_t} \tag{8-9}$$

其中,$d_{t,i}$ 为匹配对之间距离,指在第 t 帧检测到的目标 i 与真值间坐标框的差异,一般采用 IoU 或者欧式距离进行计算;c_t 为在第 t 帧成功匹配到的检测框数。

8.2 基于生成式模型的单目标跟踪方法

按照观测模型的构造理念不同,目标跟踪方法可分为基于判别式模型的方法与基于生成式模型的方法。早期目标跟踪算法主要以生成式模型为主,通过描述目标的表观特征,并最小化重构误差以搜索候选目标。这类方法首先提取目标在初始帧中的关键特征,如颜色、纹理和形状等特征,以构建目标外观模型;然后,在后续图像帧中寻找与初始目标特征相似的特征,以获取目标位置信息并预测运动轨迹。生成式模型一般着眼于对目标本身的刻画,而忽略周围的背景信息。但当目标自身变化剧烈或者被遮挡时,生成式模型则容易产生漂移。本节以 Meanshift 跟踪算法[7]为例介绍生成式目标跟踪模型。

8.2.1 基于 Meanshift 的目标跟踪方法

基于 Meanshift 的跟踪方法是一种经典的生成式模型,最早由 Fukunaga 等在 1975 年提出。其核心思想是通过计算采样点与窗口中心的偏移向量均值,沿概率密度梯度方向寻找数据分布中最密集区域。1996 年,Cheng[8]提出了基于核函数的 Meanshift 改进方法,以调整不同距离样本对均值偏移的贡献。随后,Comaniciu 和 Meer[9]将该算法应用于目标跟踪,同时提出基于颜色直方图的跟踪方法,对后续的研究工作产生了深远的影响。

Meanshift 跟踪算法利用采样点与预设窗口中心的偏移向量来进行跟踪,其中偏移向量的权值应基于核函数的计算。令 $\boldsymbol{R}^d$ 表示一个 d 维的欧氏空间,对于 $\forall x \in \boldsymbol{R}^d$,$\|\boldsymbol{x}\|^2 = \boldsymbol{x}^{\mathrm{T}}\boldsymbol{x}$,若函数 K: $\boldsymbol{R}^d \to \boldsymbol{R}$ 则存在一个剖面函数 k: $[0, +\infty] \to \boldsymbol{R}$,即

$$K(\boldsymbol{x}) = k(\|\boldsymbol{x}\|^2) \tag{8-10}$$

并满足:① k 非负;② k 不单调递增;③ k 分段连续,并且 $\int_0^{+\infty} k(r)\,\mathrm{d}r < \infty$。其中,$K(\boldsymbol{x})$ 称

为核函数,常见有高斯核函数和 *Epannechnikov* 核函数等。高斯核函数定义如下:

$$K\left(\frac{\boldsymbol{x}_1-\boldsymbol{x}_2}{h}\right)=\frac{1}{h\sqrt{2\pi}}\mathrm{e}^{-\frac{(x_1-x_2)^2}{2h^2}} \tag{8-11}$$

Epannechnikov 核函数定义为

$$K(\boldsymbol{x})=\begin{cases}c(1-\|\boldsymbol{x}\|^2), & 若\ \|\boldsymbol{x}^2\|\leqslant 1\\ 0, & 其他\end{cases} \tag{8-12}$$

以输入灰度图像的跟踪任务为例,在初始帧中,手工标注初始目标的跟踪框,令 $\{z_i\}_{i=1,\cdots,n}$ 表示初始帧中搜索区域像素坐标的集合。然后,计算搜索区域的灰度直方图。若选用 Epannechnikov 核函数 $K(\cdot)$,则目标外观模型的直方图概率密度 $q_u(u=1,\cdots,m)$ 可按如下方式计算:

$$q_u=C\sum_{i=1}^{n}K(\|z_i^*\|^2)\delta[b(z_i)-u] \tag{8-13}$$

其中,$C=\dfrac{1}{\sum_{i=1}^{n}K(\|z_i^*\|^2)}$;$z_i^*$ 为搜索区域中各像素与中心点间的归一化欧式距离。$b(z_i)$ 用于判断 z_i 所在直方图区间,u 为直方图索引($u=1,\cdots,m$),$\delta(\cdot)$ 表示冲激函数。

候选目标区域的外观模型的概率密度 $p_u(\boldsymbol{f})$ 表示为

$$p_u(\boldsymbol{f})=C\sum_{i=1}^{n}K(\|\frac{\boldsymbol{f}-z_i}{h}\|^2)\delta[b(z_i)-u] \tag{8-14}$$

其中,$C=\dfrac{1}{\sum_{i=1}^{n}K\left(\|\dfrac{\boldsymbol{f}-z_i}{h}\|^2\right)}$;$h$ 表示窗口尺寸面积;$\boldsymbol{f}$ 为候选区域的中心坐标 。

采用 Bhattacharyya 系数 $\rho(p,q)=\sum_{u=1}^{m}\sqrt{p_u(\boldsymbol{f})q_u}$ 作为相似性函数评估候选模型的质量,并对 $\boldsymbol{f}$ 进行求导计算其极大值:

$$\boldsymbol{f}=\frac{\sum_{i=1}^{n}w_i\boldsymbol{z}_i}{\sum_{i=1}^{n}w_i} \tag{8-15}$$

由此得到当前帧中候选区域的中心坐标 $\boldsymbol{f}$ 的估计值。

例 8－1　基于 Meanshift 方法的白色车辆跟踪任务示例

在本例中,跟踪目标为图 8－3 中的白色车辆。图 8－3(a)所示为视频第一帧,矩形框中的白色车辆为手工框选的跟踪目标。首先,根据式(8－13)计算目标灰度直方图及其概率密度。然后,计算候选区域的灰度直方图,并根据式(8－14)计算其概率密度。最后,利用相似性函数式判断目标与候选区域的相似度,并根据式(8－15)更新搜索区域中心从而实现对车辆的跟踪。部分视频帧的车辆跟踪结果如图 8－3(b)、(c)所示。

(a) 跟踪视频第1帧　(b) 跟踪视频第21帧　(c) 跟踪视频第28帧

图 8－3　基于 Meanshift 的跟踪任务实验结果示例[7]

算法的具体步骤如下：

(1) 第一帧手工框选目标所在区域，并计算目标区域的灰度直方图 q；

(2) 从第二帧起，将上一帧的跟踪框中心坐标 $\boldsymbol{f}_0$ 作为当前搜索区域中心，并计算候选区域灰度直方图 $p(\boldsymbol{f}_0)$、相似度函数 $\rho(p(\boldsymbol{f}_0), q)$；

(3) 根据式(8－15)计算出新的中心 $\boldsymbol{f}_1$；

(4) 计算灰度直方图 $p(\boldsymbol{f}_1)$ 和相似度函数 $\rho(p(\boldsymbol{f}_1), q)$；

(5) 当 $\rho(p(\boldsymbol{f}_1), q) < \rho(p(\boldsymbol{f}_0), q)$ 时，令 $\boldsymbol{f}_1 = \dfrac{\boldsymbol{f}_1 + \boldsymbol{f}_0}{2}$，并重复步骤(4)；当 $\rho(p(\boldsymbol{f}_1), q) \geqslant \rho(p(\boldsymbol{f}_0), q)$ 时，则计算 $\boldsymbol{f}_0$ 与 $\boldsymbol{f}_1$ 之间距离 d，当 d 小于给定阈值时，更新搜索区域中心为 $\boldsymbol{f}_0 = \boldsymbol{f}_1$ 并进入下一帧；否则更新搜索区域中心为 $\boldsymbol{f}_0 = \boldsymbol{f}_1$ 并重复步骤(2)到(5)；

(6) 对于视频序列中的每一帧，重复步骤(2)～(5)，直至视频结束。

8.3　基于相关滤波的单目标跟踪方法

与生成式模型不同，判别式跟踪模型同时考虑目标和背景信息。这类方法主要依托分类的思想，将跟踪对象视为前景，并利用预先训练的分类器区分前景与背景，从而确定目标位置。基于相关滤波的跟踪方法是判别式模型的代表，其采用有监督学习机制，通过在线训练滤波器动态更新目标状态，并在当前帧中定位目标。其中，目标位置是通过寻找目标模板滤波器与图像搜索区域间最大相关响应值的位置来确定的。本节以首个相关滤波跟踪器 MOSSE 模型[10]和其经典改进模型 KCF(kernel correlation filter)[11]为例，介绍基于相关滤波的单目标跟踪方法。

8.3.1　基于 MOSSE 滤波器的单目标跟踪方法

基于 MOSSE 滤波器的单目标跟踪方法

MOSSE(minimum output sum of squared error)跟踪方法由 Bolme 等于 2010 年提出，是一种利用频域滤波器实现的单目标跟踪算法。其基于峰值旁瓣比的响应判断方法可以有效检测遮挡，使得跟踪器能够在目标丢失和重新出现时暂停和恢复跟踪，具有实时性好、跟踪精度高、对光照和尺度的变化鲁棒等特点，因此在实际工程任务中得到了广泛的应用。

两个离散函数 $f_1(m, n)$、$f_2(m, n)$ 的相关运算 $g(m, n)$ 定义为

$$g(m, n) = f_1 \circ f_2 = \frac{1}{MN}\sum_{i=0}^{M-1}\sum_{j=0}^{N-1}\hat{f}_1^*(i, j)\hat{f}_2^*(m+i, n+j) \tag{8-16}$$

其中，* 表示复共轭，°表示函数的相关运算。

在第 i 帧图像中，令 $\boldsymbol{f}_i$ 为输入目标模板，即待跟踪目标图像；$\boldsymbol{h}$ 为滤波器，即与框定的目标模板进行相关运算的核；$\boldsymbol{g}_i$ 为理想响应值。$\boldsymbol{F}_i = \mathrm{F}(\boldsymbol{f}_i)$、$\boldsymbol{H} = \mathrm{F}(h)$、$\boldsymbol{G}_i = \mathrm{F}(\boldsymbol{g}_i)$ 分别为上述空间域图像的傅里叶变换，$\mathrm{F}(\cdot)$ 表示二维离散傅里叶变换。

MOSSE 在频域中构造目标函数，旨在使计算得到的响应值与理想响应值的误差平方和达到最小。则该目标函数可构造如下：

$$\min_{H^*}\sum_i |\boldsymbol{F}_i \odot \boldsymbol{H}^* - \boldsymbol{G}_i|^2 \tag{8-17}$$

其中，$\odot$ 表示逐元素乘法。由于各像素之间并不相关，对目标函数(8－17)最小化，可以转化为对 $\boldsymbol{H}^*$ 的每个元素分别求偏导数，并令其为零：

$$\frac{\partial}{\partial H_{\omega v}^*}\sum_i |F_{i\omega v}H_{\omega v}^* - G_{i\omega v}|^2 = 0 \tag{8-18}$$

由式(8－18)展开可得

$$\frac{\partial}{\partial H_{\omega v}^*}\sum_i (F_{i\omega v}H_{\omega v}^* - G_{i\omega v})(F_{i\omega v}H_{\omega v}^* - G_{i\omega v})^* = 0 \tag{8-19}$$

对式(8－19)化简求导，得

$$\sum_i (F_{i\omega v}F_{i\omega v}^*H_{\omega v} - F_{i\omega v}G_{i\omega v}^*) = 0 \tag{8-20}$$

由式(8－20)可得最优滤波器 H^* 解析解：

$$H_{\omega v} = \frac{\sum_i F_{i\omega v}G_{i\omega v}^*}{\sum_i F_{i\omega v}F_{i\omega v}^*} \tag{8-21}$$

即

$$\boldsymbol{H}^* = \frac{\sum_i \boldsymbol{G}_i \odot \boldsymbol{F}_i^*}{\sum_i \boldsymbol{F}_i \odot \boldsymbol{F}_i^*} \tag{8-22}$$

由此可得待跟踪目标的图像 $\boldsymbol{f}_i = \mathrm{F}^{-1}(\boldsymbol{F}_i)$、目标模板图像滤波器 $\boldsymbol{h} = \mathrm{F}^{-1}(\boldsymbol{H})$ 与理想响应值图 $\boldsymbol{g}_i = \mathrm{F}^{-1}(\boldsymbol{G}_i)$ 之间的关系。利用待跟踪目标图像 $\boldsymbol{f}_i$ 和目标模板图像滤波器 $\boldsymbol{h}$，可计算得到响应值图 $\boldsymbol{g}_i$。其中，响应值图 $\boldsymbol{g}_i$ 中的最大值 $g_{\max}$ 和该最大值对应的位置偏移量，

即为两帧图像之间目标位置的位移量。

在跟踪过程中,光照条件可能发生变化。此外,追踪目标不但会发生位移,还有可能伴随发生旋转、尺度、姿态变化,甚至发生非刚性变形。因此,滤波器需要能够快速适应这些变化以持续跟踪目标。为了解决上述问题,MOSSE 使用线性加权法对目标外观进行学习和适应。其采用加权参数 η 控制目标模板滤波器学习更新的速度。此时,滤波器 $\boldsymbol{H}_i^*$ 按照如下计算方法进行更新:

$$\boldsymbol{H}_i^* = \frac{\boldsymbol{A}_i}{\boldsymbol{B}_i} \tag{8-23}$$

其中,

$$\boldsymbol{A}_i = \eta \boldsymbol{G}_i \odot \boldsymbol{F}_i^* + (1-\eta)\boldsymbol{A}_{i-1} \tag{8-24}$$

$$\boldsymbol{B}_i = \eta \boldsymbol{F}_i \odot \boldsymbol{F}_i^* + (1-\eta)\boldsymbol{B}_{i-1} \tag{8-25}$$

当目标遇到遮挡时,目标模板滤波器应停止更新或降低更新率,以防止滤波器误将遮挡区域的外观特征更新至其中。MOSSE 通过分析响应值图 $\boldsymbol{g}_i$ 的峰值特征来判断是否发生遮挡,同时控制加权参数 η 来调节学习率。在无遮挡的稳定跟踪过程中,响应值图 $\boldsymbol{g}_i$ 通常会呈现出显著的单峰特点,峰值点坐标位置即预测的目标所在位置。而有遮挡情况发生时,响应值图 $\boldsymbol{g}_i$ 往往呈现多峰的特点或者呈现山脊状,即在主峰周围存在一个或多个次高峰。此时,采用峰值旁瓣比(peak to sidelobe ratio,PSR)描述主峰响应值和旁瓣响应值的相对比值:

$$\mathrm{PSR} = \frac{g_{\max} - m_{sl}}{\sigma_{sl}} \tag{8-26}$$

其中,$g_{\max}$ 为响应图峰值;m_{sl} 和 σ_{sl} 分别为旁瓣的均值与标准差。其中旁瓣可取以峰值为中心的、11×11 的窗口外的其余像素。大量跟踪实验结果表明,当 PSR 取值为 20.0~60.0 时,被认为是强峰值;当 PSR 下降到 7.0 附近时,表明目标被遮挡或跟踪失败。图 8-4 示例了一组目标无遮挡与发生遮挡后 PSR 值的差异。目标被遮挡时 PSR=3.36,如图 8-4(a)所示;目标无遮挡时 PSR=11.09,如图 8-4(b)所示。

(a) 目标被遮挡时,PSR=3.36　　(b) 目标无遮挡时,PSR=11.09

图 8-4　目标被遮挡与无遮挡时 PSR 值的差异

例 8-2　基于 MOSSE 方法的灰色轿车跟踪任务示例

如图 8-5(a)所示,第一帧中框定的矩形区域称为搜索区域。基于搜索区域计算理想响应值 $\boldsymbol{y}$,并提取搜索区域特征 $\boldsymbol{x}$ 以计算 $\boldsymbol{H}^*$。在后续输入帧中,不断更新 $\boldsymbol{x}$、响应值 $\boldsymbol{y}$ 及 $\boldsymbol{G}_i$, $\boldsymbol{F}_i^*$, $\boldsymbol{F}_i$。响应图峰值位置即为当前帧中的目标位置。在当前帧中,以响应峰值位置更新目标的位置,并据此更新搜索区域。在新的搜索区域重新提取特征 $\boldsymbol{x}$, 更新 $\boldsymbol{A}_i$, $\boldsymbol{B}_i$, $\boldsymbol{H}_i^*$, 并对目标模型进行更新。

(a) 第一帧锁定目标　　(b) 跟踪视频第35帧　　(c) 跟踪视频第80帧

图 8-5　基于 MOSSE 方法的跟踪任务实验结果示例[10]

算法的具体步骤如下。

(1) 在第一帧中,手动框选出灰色轿车,即目标模板,如图 8-5(a)所示。以目标模板中心为原点计算得到正态分布下的理想响应值,并对理想响应值进行傅里叶变换。计算 $\boldsymbol{A}_i$、$\boldsymbol{B}_i$ 并对图像进行 N 次随机旋转及尺度变化,根据式(8-24)和式(8-25)对 $\boldsymbol{A}_i$、$\boldsymbol{B}_i$ 进行迭代训练。

(2) 对于后续输入帧,计算 $\boldsymbol{H}_i = \dfrac{\boldsymbol{A}_i}{\boldsymbol{B}_i}$。首先根据上一帧目标所在的位置更新搜索区域,并进行图像裁剪预处理。然后,将图像与滤波器逐元素相乘计算响应图,并将搜索区域中心移动至响应图中峰值处。根据新的搜索区域进一步裁剪图像,同时更新 $\boldsymbol{A}_i$、$\boldsymbol{B}_i$。

(3) 对于视频序列中的每一帧,重复步骤(2),直至视频结束。

8.3.2　基于 KCF 滤波器的单目标跟踪方法

核相关滤波(Kernelized Correlation Filters, KCF)方法是由 Henriques 等于 2014 年提出的一种单目标跟踪方法,通过引入核函数和循环矩阵实现对 MOSSE 的改进。KCF 方法的出现进一步提升了目标跟踪的性能和效率。与 MOSSE 不同,KCF 方法不仅首次将 HOG 特征引入跟踪器,还在目标函数中引入了正则项 $\lambda \| \omega \|^2$ 以防止出现过拟合。该目标函数通常被称为岭回归算法,其定义如下:

$$\min_{\omega} \sum_{i} [f(\boldsymbol{x}_i) - y_i]^2 + \lambda \| \boldsymbol{\omega} \|^2 \tag{8-27}$$

其中, $f(\boldsymbol{x}_i)=\boldsymbol{\omega}^{\mathrm{T}}\boldsymbol{x}_i$; $\boldsymbol{\omega}$ 为权重系数; $\boldsymbol{x}_i = \{x_{i,1}, x_{i,2}, \cdots, x_{i,n}\}$ 表示将在图像中提取得到的图像特征展平为一维特征向量, n 表示特征维度, $i \in \{1, \cdots, n\}$; y_i 为理想的响应值; λ 为正则化系数。

循环矩阵 $\boldsymbol{X}$ 定义如下:

$$\boldsymbol{X}=C(\boldsymbol{x})=\begin{pmatrix} x_1 & x_2 & \cdots & x_n \\ x_n & x_1 & \cdots & x_{n-1} \\ \vdots & \vdots & \ddots & \vdots \\ x_2 & x_3 & \cdots & x_1 \end{pmatrix} \tag{8-28}$$

其中，$\boldsymbol{X}$ 可视为式(8－27)中输入的图像特征的矩阵表示。设矩阵 $C(\boldsymbol{x})$ 中的第一行为向量 $\boldsymbol{x}$，矩阵第 i 行是由第一行的元素右移 $i-1$ 个元素得到的。因此，式(8－27)中的 $\boldsymbol{x}_i$ 对应于(8－28)的第 i 行向量，且矩阵中除第一行以外的每一行都可以被理解为是由原始图像特征进行右移得到的虚拟样本。这种定义方法既不需要新图像的输入，又可以大幅增加样本数量，使得算法在回归过程中可以更好地区分前景目标与背景。

对式(8－27)中的变量 $\boldsymbol{\omega}$ 求导并令其为 0，以计算目标函数最小时的权重系数：

$$0=\frac{\partial}{\partial \boldsymbol{\omega}}(\boldsymbol{X}\boldsymbol{\omega}-\boldsymbol{y})^{\mathrm{T}}(\boldsymbol{X}\boldsymbol{\omega}-\boldsymbol{y})+\lambda \boldsymbol{\omega}^{\mathrm{T}}\boldsymbol{\omega} \tag{8-29}$$

可得

$$\boldsymbol{\omega}=(\boldsymbol{X}\boldsymbol{X}^{\mathrm{T}}+\lambda \boldsymbol{I})^{-1}\boldsymbol{X}^{\mathrm{T}}\boldsymbol{y} \tag{8-30}$$

其中，$\boldsymbol{y}$ 为向量化后的理想响应值。

由式(8－30)可知，必须通过计算一个庞大的线性方程系统才能得到 $\boldsymbol{\omega}$。庞大的计算量严重影响算法的实时性。然而，KCF 利用了循环矩阵有效地解决了这一问题，大幅提升了计算效率。

首先，对循环矩阵进行对角化处理：

$$\boldsymbol{X}=\boldsymbol{F}\mathrm{diag}(\hat{\boldsymbol{x}})\boldsymbol{F}^{\mathrm{H}} \tag{8-31}$$

其中，$\boldsymbol{F}=\frac{1}{\sqrt{n}}\boldsymbol{W}$，$\boldsymbol{W}=\begin{pmatrix} 1 & 1 & \cdots & 1 \\ 1 & \mathrm{e}^{-\mathrm{j}\frac{2\pi}{N}} & \cdots & \mathrm{e}^{-\mathrm{j}\frac{2\pi}{N}(N-1)} \\ \vdots & \vdots & \ddots & \vdots \\ 1 & \mathrm{e}^{-\mathrm{j}\frac{2\pi(N-1)}{N}} & \cdots & \mathrm{e}^{-\mathrm{j}\frac{2\pi(N-1)}{N}(N-1)} \end{pmatrix}$。此处，j 表示单位虚数；$\hat{\boldsymbol{x}}=(\boldsymbol{x})$；diag 表示对角矩阵；$\boldsymbol{W}$ 为离散傅里叶变换矩阵；H 表示共轭转置矩阵。将式(8－31)代入式(8－30)，可得

$$\boldsymbol{\omega}=\boldsymbol{F}\mathrm{diag}\left(\frac{\hat{\boldsymbol{x}}^{*}}{\hat{\boldsymbol{x}}^{*}\odot\hat{\boldsymbol{x}}+\lambda}\right)\boldsymbol{F}^{H}\boldsymbol{y} \tag{8-32}$$

和

$$\hat{\boldsymbol{\omega}}=\frac{\hat{\boldsymbol{x}}^{*}\odot\hat{\boldsymbol{y}}}{\hat{\boldsymbol{x}}^{*}\odot\hat{\boldsymbol{x}}+\lambda} \tag{8-33}$$

其中，$*$ 表示复共轭；$\odot$ 为逐元素乘法。式(8－32)与式(8－33)的分式表示逐元素除法。

至此，可得线性回归中滤波器的最优解。循环矩阵的引入使得岭回归的时间复杂度从 $O(n^3)$ 将至为 $O(n\log n)$，大幅提升了计算效率。

此外,考虑到现有的线性分类方法在低维特征空间中的表达能力有限,无法适应跟踪任务中出现的各种情况。因此,KCF 引入了核函数,将输入的原始特征映射到高维空间,提高目标与背景的可分性,从而便于分类器实现非线性分类,提高算法的鲁棒性。

记 $\boldsymbol{x} \rightarrow \varphi(\boldsymbol{x})$ 为将特征映射到高维空间,并将 $\boldsymbol{\omega}$ 用于特征表示:$\boldsymbol{\omega} = \sum_i \alpha_i \boldsymbol{\varphi}(\boldsymbol{x}_i)$。然后,利用核函数隐式地计算高维空间中特征的内积 $\boldsymbol{\varphi}^{\mathrm{T}}(\boldsymbol{x})\boldsymbol{\varphi}(\boldsymbol{x}') = \kappa(\boldsymbol{x}, \boldsymbol{x}')$。其中,$\kappa$ 表示高斯核或多项式核。所有特征的内积可用矩阵 $K_{i,j} = \kappa(\boldsymbol{x}_i, \boldsymbol{x}_j)$ 来表示。其中,$\boldsymbol{x}_i$ 表示 $C(\boldsymbol{x})$ 中的第 i 行。则函数 $f(z)$ 可以表示为

$$f(z) = \boldsymbol{\omega}^{\mathrm{T}} \boldsymbol{z} = \sum_{i=1}^{n} \alpha_i \kappa(z, \boldsymbol{x}_i) \tag{8-34}$$

联立式(8-30)及式(8-34),可得

$$\boldsymbol{\alpha} = \boldsymbol{F} \mathrm{diag}\,(\hat{\boldsymbol{k}}^{xx} + \lambda)^{-1} \boldsymbol{F}^{\mathrm{H}} \boldsymbol{y} \tag{8-35}$$

其中,$\boldsymbol{k}^{xx}$ 表示循环矩阵 $\boldsymbol{K}$ 第一行,$\boldsymbol{K} = C(\boldsymbol{k}^{xx})$;^ 代表对向量做 DFT 运算。

$$\hat{\boldsymbol{\alpha}} = \frac{\hat{\boldsymbol{y}}}{\hat{\boldsymbol{k}}^{xx} + \boldsymbol{\lambda}} \tag{8-36}$$

例 8-3　基于 KCF 方法的自行车跟踪任务示例

在第一帧中定位自行车的位置,如图 8-6(a)所示。以第一帧标定的位置为中心,取一个特定大小的矩形,称其为搜索区域,并基于搜索区域计算理想响应值 $\boldsymbol{y}$。然后,提取搜索区域的特征 $\boldsymbol{x}$,也称为目标模型,并计算核函数及 $\hat{\boldsymbol{\alpha}}$。在后续输入视频帧中,根据目标位置提取搜索区域的特征,并利用式(8-34)和式(8-35)计算响应值与核函数。响应图的峰值位置即为当前帧中的目标位置。在当前帧中,用响应图峰值位置更新目标的位置,并据此更新搜索区域。在新的搜索区域中再次提取特征,更新 $\hat{\boldsymbol{\alpha}}$ 值、并对目标模型进行更新。

(a) 视频第一帧及框选的目标　(b) 跟踪视频第21帧　(c) 跟踪视频第31帧

图 8-6　基于 KCF 滤波器的跟踪任务实验结果示例[11]

算法的具体步骤如下。

(1) 在第一帧中,手动框选自行车区域,记为搜索区域,如图 8-6(a)所示。以搜索区域中心为原点计算正态分布下的理想响应值 y。

(2) 在后续输入的视频帧中,跟踪器读取每一帧图像,并将其转为灰度图。然后,根据当前目标位置提取特征并计算核函数,再根据式(8-34)计算响应值。选取响应图峰值

的位置,并以此更新目标位置。

（3）在更新的目标位置处提取特征,计算核函数以及 $\hat{\boldsymbol{\alpha}}$ 值。

（4）若当前帧为视频第一帧,初始化 $\hat{\boldsymbol{\alpha}}$ 与 $\boldsymbol{x}$。若当前帧为后续帧,则根据前一帧特征 $\boldsymbol{x}_{k-1}$ 计算当前帧特征 $\boldsymbol{x}_k$,并计算当前帧的 $\hat{\boldsymbol{\alpha}}$ 值:$\boldsymbol{x}_k = \eta \boldsymbol{x}_k + (1-\eta)\boldsymbol{x}_{k-1}$, $\hat{\boldsymbol{\alpha}}_k = \eta\hat{\boldsymbol{\alpha}}_k + (1-\eta)\hat{\boldsymbol{\alpha}}_{k-1}$。

（5）对于视频序列中的每一帧,重复步骤(2)~(4),直至视频结束。

8.4 基于深度学习的单目标跟踪方法

基于深度学习的目标跟踪方法主要利用深度特征强大的表征能力来实现对目标的跟踪。其中,孪生网络凭借其在图像匹配中的优异表现,被引入到目标跟踪领域。它通过对目标图像对进行离线训练,学习并建立目标模板和搜索区域特征间的匹配关联函数,从而实现对目标位置的预测。孪生网络采用双分支结构共享相同的特征提取参数,大大提高了匹配准确性,并通过数据增强技术提升了网络的鲁棒性和泛化能力,能够在多种挑战场景中有效匹配目标。SiamFC 是利用孪生网络实现目标跟踪的代表算法之一。早期的 SiamFC 模型[12]将目标跟踪问题转化为相似性学习问题,采用 AlexNet 网络提取特征。但由于 AlexNet 采用浅层结构,难以捕捉高维语义特征。为此,SiamDW[13]模型和 SiamRPN++[14]模型应用 ResNet 深度网络,显著提高了跟踪性能。针对传统锚框方法的局限性,SiamFC++[15]采用无锚框尺度估计,实现了更高精度的目标尺度回归。近年来,基于 Transformer 的孪生网络跟踪器,如 TransT[16]等,通过自注意力和交叉注意力结构替代传统的相关操作,展现出强大的跟踪能力。本节以孪生网络跟踪模型中的典型代表 SiamFC 和 TransT 模型为例,介绍基于深度学习的单目标跟踪方法的设计思路。

8.4.1 基于 SiamFC 模型的单目标跟踪方法

基于 SiamFC 模型的单目标跟踪方法

传统的相关滤波跟踪器通常将测试视频本身作为唯一的训练数据在线学习物体外观模型,这在本质上限制了此类跟踪器特征表达的丰富性。本节介绍的 SiamFC 是在 ILSVRC15 数据集上端到端训练的全卷积孪生网络跟踪器。它提出在初始离线阶段训练一个深度卷积网络,来解决更通用的"相似性学习"问题。该跟踪器训练的孪生网络通过更大的搜索范围找到与给定样本的最相似的区域,实现了精确且高效的跟踪。

假设存在一个相似性度量函数 $f(z, \boldsymbol{x})$,该函数可用于衡量目标模板图像 z 与搜索区域中尺寸相同的候选图像块 $\boldsymbol{x}$ 的相似性分数。如果两幅图像表达的是同一对象,则获得一个较高的分数;反之则返回较低的分数。此时,穷举法可以用于在搜索区域中搜索所有可能的位置,进而选择与目标模板外观最相似的候选对象。SiamFC 利用孪生网络作为相似度量函数。具体来说,孪生网络首先通过变换函数 $\varphi(\cdot)$ 提取输入目标模板图像的特征,同时采用同一个变换函数 $\varphi(\cdot)$ 提取搜索区域的特征,然后使用函数 $g(\cdot)$ 将二者结合,即 $f(z, \boldsymbol{x}) = g(\varphi(z), \varphi(\boldsymbol{x}))$。当 $g(\cdot)$ 为距离或相似性度量函数时,变换函数 $\varphi(\cdot)$ 可以被视为一种嵌入操作:

$$f(z, \boldsymbol{x}) = \varphi(z) \text{å} \varphi(\boldsymbol{x}) + b \tag{8-37}$$

其中，å 表示相关运算；b 表示在每个位置上取值为 $b \in \boldsymbol{R}$ 的偏置量。如图 8－7 所示，SiamFC 的输出是一个分类得分图(score map)，其尺寸取决于搜索区域的大小。

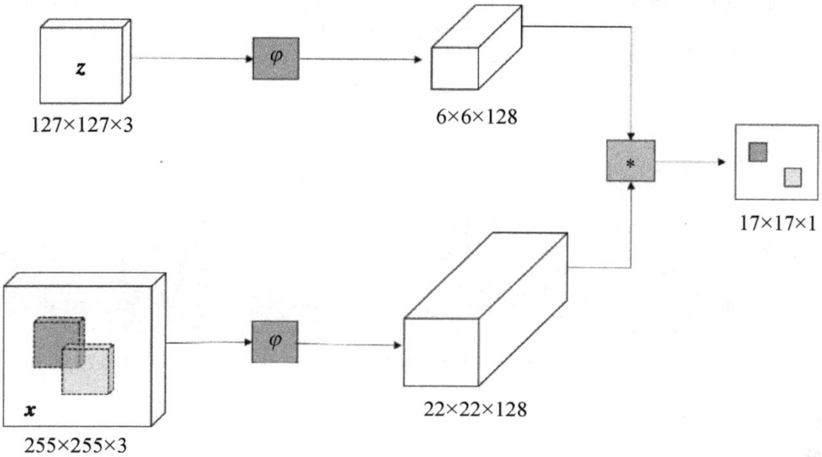

图 8－7 SiamFC 的网络架构示意图[12]

在跟踪过程中，SiamFC 以目标在前一帧中的位置为中心定义当前帧中的搜索区域，并在搜索区域中搜索目标。同时，利用 Score Map 中最大值的位置确定目标在当前帧中的位置。此外，SiamFC 巧妙融合了多个尺度的图像金字塔，使得网络能够在前向传递过程中搜索多个尺度的图像。该网络还使用了互相关操作来进行相似性度量，并在尺度较大的搜索图像上评估网络的跟踪精度。在模型训练过程中，SiamFC 采用逻辑损失 $\ell(y, v)$ 优化正负样本对：

$$\ell(y, v) = \log[1 + \exp(-yv)] \tag{8-38}$$

其中，v 表示目标模板和候选区域图像对的实际预测分数；$y \in \{+1, -1\}$ 是真实标签。损失 $L(y, v)$ 定义为各个位置损失的平均值：

$$L(y, v) = \frac{1}{|D|}\sum_{u \in D} \ell(y[\boldsymbol{u}], v[\boldsymbol{u}]) \tag{8-39}$$

可见，对于得分图中的每个位置 $\boldsymbol{u} \in D$，均需要真值标签 $y[\boldsymbol{u}] \in \{+1, -1\}$。

SiamFC 采用随机梯度下降法(stochastic gradient descent, SGD)求解网络参数。在处理过程中，目标模板图像和搜索区域均以视频中标注的目标为中心，按照设定的比例进行裁剪。如果 Score Map 的元素在位于以目标中心为圆心的指定半径范围 R 内，则它们被视为正例，即

$$y[\boldsymbol{u}] = \begin{cases} +1, & k\|\boldsymbol{u} - \boldsymbol{c}\|_2 \leqslant R \\ -1, & \text{其他} \end{cases} \tag{8-40}$$

其中，k 为网络的步幅；$\boldsymbol{c}$ 代表中心位置。

例 8－4 基于 SiamFC 方法的行人跟踪任务示例

在第一帧中手工框选行人的位置，如图 8－8(a)所示。其中，以第一帧标定的位置为

中心,选取的特定大小矩形区域作为目标模板 z。在后续输入帧中,根据目标的位置提取搜索区域特征 $\varphi(\boldsymbol{x})$,并与模板特征 $\varphi(z)$ 进行互相关计算得到 Score Map。Score Map 的峰值对应的位置即为当前帧中的目标位置。在当前帧中,以 Score Map 峰值的位置信息更新目标位置,并据此更新搜索区域。在新的搜索区域中重新提取特征,并与模板特征重新进行互相关计算。

(a) 视频第一帧及框选的目标　(b) 跟踪视频第50帧　(c) 跟踪视频第120帧

图 8-8　基于 SiamFC 方法的跟踪任务实验结果示例[12]

算法的具体步骤如下:

(1) 在视频序列的第一帧中,框选跟踪目标的初始位置和大小;

(2) 利用骨干网络的变换函数提取初始目标区域和搜索区域的特征;

(3) 通过模板和搜索区域的互相关计算得到 Score Map;

(4) 在 Score Map 中找到峰值的位置,并将其确定为当前帧的目标位置;

(5) 通过尺度金字塔计算目标的尺度变化值,并从各尺度计算中选取最高的 Score,据此确定目标的尺度;

(6) 对于视频序列中的每一帧,重复步骤(2)~(5),直至视频结束。

8.4.2　基于 TransT 模型的单目标跟踪方法

对于大多数经典的跟踪器,如 SiamFC 和 SiamFC++等,相关运算在将模板信息集成到搜索区域的过程中起着至关重要的作用。然而,相关操作本质上属于线性操作,这在一定程度上限制了跟踪器对多样化特征提取与整合能力。因此,探索一种有效的特征融合方式是十分必要的。本节介绍的 TransT 采用了基于 Transformer 注意力机制的特征融合网络,通过全局注意力机制实现了更为有效的特征信息融合。TransT 由三个组件组成: 骨干网络、特征融合网络和预测头。骨干网络用于分别提取模板和搜索区域的特征;特征融合网络对增强后的模板和搜索区域特征进行融合;预测头对融合的特征执行分类和边界框回归操作,以生成跟踪结果。

如图 8-9 所示,与 SiamFC 模型的输入类似,TransT 的输入同样为一组模板 $\boldsymbol{z} \in \boldsymbol{R}^{3\times H_{z0}\times W_{z0}}$ 和搜索区域 $\boldsymbol{x} \in \boldsymbol{R}^{3\times H_{x0}\times W_{x0}}$ 的图像对,其中 H_{z0} 和 W_{z0} 分别代表模板的高和宽,H_{x0} 和 W_{x0} 分别代表搜索区域的高和宽。模板区域是指第一帧中以目标中心为基点、向外扩展 2 倍边长的正方形区域,包含了目标本身及其部分背景信息。当前帧中,搜索区域是指从前一帧中以目标的中心为起点,向外扩展 4 倍边长的正方形区域,通常能够覆盖目标后续可能的移动范围。然后,将模板和搜索区域输入到各自骨干网络中,以提取出用于跟踪的关键特征。TransT 的骨干网络只采用了 ResNet50 网络前 4 个阶段。此外,网络最后一个阶段下采样的卷积步长调整为 1，并且用步长为 2 的 3×3 空洞卷积替换原本的 3×3 卷积，来扩大网络的感受野。骨干网络输出的模板特征图为 $\boldsymbol{f}_z \in \boldsymbol{R}^{1\,024\times H_z\times W_z}$，输入的搜索区域的特征图为 $\boldsymbol{f}_x \in \boldsymbol{R}^{1\,024\times H_x\times W_x}$。

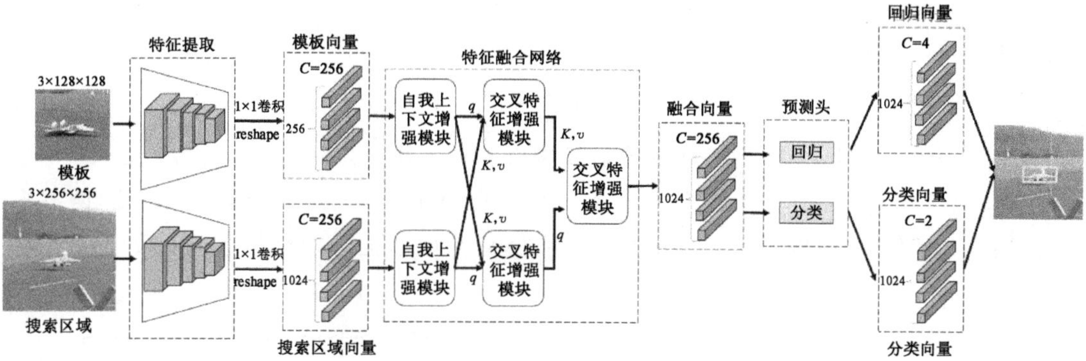

图 8－9　TransT 网络结构示意图[16]

特征融合网络由 N 个特征融合层和一个额外的交叉特征增强模块组成。每个特征融合层包含 2 个自我上下文增强模块和 2 个交叉特征增强模块。网络首先采用 1×1 卷积来降低 $\boldsymbol{f}_z$ 和 $\boldsymbol{f}_x$ 通道的维度，得到 $\boldsymbol{f}_{z0} \in \boldsymbol{R}^{d\times H_z\times W_z}$ 与 $\boldsymbol{f}_{x0} \in \boldsymbol{R}^{d\times H_x\times W_x}$。然后，将其展平得到长度为 256 的特征向量 $\boldsymbol{f}_{z1} \in \boldsymbol{R}^{d\times H_zW_z}$ 和 $\boldsymbol{f}_{x1} \in \boldsymbol{R}^{d\times H_xW_x}$，分别作为模板向量和搜索向量输入融合网络。自我上下文增强模块利用基于残差的多头自注意力机制，动态融合特征图全局信息。其中，$H_z = \dfrac{H_{z0}}{8}$，$W_z = \dfrac{W_{z0}}{8} W_z = \dfrac{W_{z0}}{8}$，$H_x = \dfrac{H_{x0}}{8}$ 和 $W_x = \dfrac{W_{x0}}{8}$，$d = 256$，$C = 1\,024$。这里，注意力函数定义如下，

$$\text{Attention}(\boldsymbol{Q},\ \boldsymbol{K},\ \boldsymbol{V}) = \text{Softmax}\left(\frac{\boldsymbol{Q}\boldsymbol{K}^{\mathrm{T}}}{\sqrt{d_k}}\right) V \tag{8-41}$$

其中，$\boldsymbol{Q}$ 为查询向量；$\boldsymbol{K}$ 为键向量；$\boldsymbol{V}$ 为值向量；d_k 表示值向量的维度。在此基础上扩展到多头注意力的计算方法如下：

$$\text{MultiHead}(\boldsymbol{Q},\ \boldsymbol{K},\ \boldsymbol{V}) = \text{Concat}(\boldsymbol{H}_1,\ \cdots,\ \boldsymbol{H}_{n_h})\,\boldsymbol{W}^O \tag{8-42}$$

$$\boldsymbol{H}_i = \text{Attention}(\boldsymbol{Q}\boldsymbol{W}_i^Q,\ \boldsymbol{K}\boldsymbol{W}_i^K,\ \boldsymbol{V}\boldsymbol{W}_i^V) \tag{8-43}$$

其中，$\boldsymbol{W}_i^Q \in \boldsymbol{R}^{d_m\times d_k}$、$\boldsymbol{W}_i^K \in \boldsymbol{R}^{d_m\times d_k}$、$\boldsymbol{W}_i^V \in \boldsymbol{R}^{d_m\times d_k}$ 和 $\boldsymbol{W}^O \in \boldsymbol{R}^{n_hd_v\times d_m}$ 为参数矩阵。TransT 的注意力头数设定为 $n_h = 8$、$d_m = 256$、$d_k = d_v = 32$。

由式(8－42)可知，在处理输入特征序列时，原始的注意力机制无法有效地区分各个元素的位置信息。因此，自我上下文增强模块引入了正弦函数来生成空间位置编码，进而为注意力机制提供额外的位置信息：

$$\boldsymbol{X}_{EC} = \boldsymbol{X} + \text{MultiHead}(\boldsymbol{X} + \boldsymbol{P}_x,\ \boldsymbol{X} + \boldsymbol{P}_x,\ \boldsymbol{X}) \tag{8-44}$$

其中，$\boldsymbol{X} \in \boldsymbol{R}^{d\times N_x}$ 表示模块的输入；$\boldsymbol{P}_x \in \boldsymbol{R}^{d\times N_x}$ 为空间位置编码；$\boldsymbol{X}_{EC} \in \boldsymbol{R}^{d\times N_x}$ 表示模块的

输出。

交叉特征增强模块通过使用基于残差的多头交叉注意力来融合特征向量，同时融入空间位置编码信息。交叉特征增强模块可以表示为

$$\boldsymbol{X}_{CF} = \tilde{\boldsymbol{X}}_{CF} + \boldsymbol{FFN}(\tilde{\boldsymbol{X}}_{CF}) \tag{8-45}$$

式中，FFN 表示前馈神经网络。$\tilde{X}_{CF}$ 如下所示：

$$\tilde{\boldsymbol{X}}_{CF} = \boldsymbol{X}_q + \mathrm{MultiHead}(\boldsymbol{X}_q + \boldsymbol{P}_q,\ \boldsymbol{X}_{kv} + \boldsymbol{P}_{kv},\ \boldsymbol{X}_{kv}) \tag{8-46}$$

其中，$\boldsymbol{X}_q \in \boldsymbol{R}^{d\times N_q}$ 和 $\boldsymbol{X}_{kv} \in \boldsymbol{R}^{d\times N_{kv}}$ 分别是模型的两个输入分支；$\boldsymbol{P}_q \in \boldsymbol{R}^{d\times N_q}$ 和 $\boldsymbol{P}_{kv} \in \boldsymbol{R}^{d\times N_{kv}}$ 是对应的空间位置编码；$\boldsymbol{X}_{CF} \in \boldsymbol{R}^{d\times N_q}$ 是交叉特征增强模块的输出。最终特征融合网络输出特征图 $\boldsymbol{f} \in \boldsymbol{R}^{d\times H_x W_x}$。自我上下文增强模块和交叉特征增强模块结构示意图如图 8－10 所示。

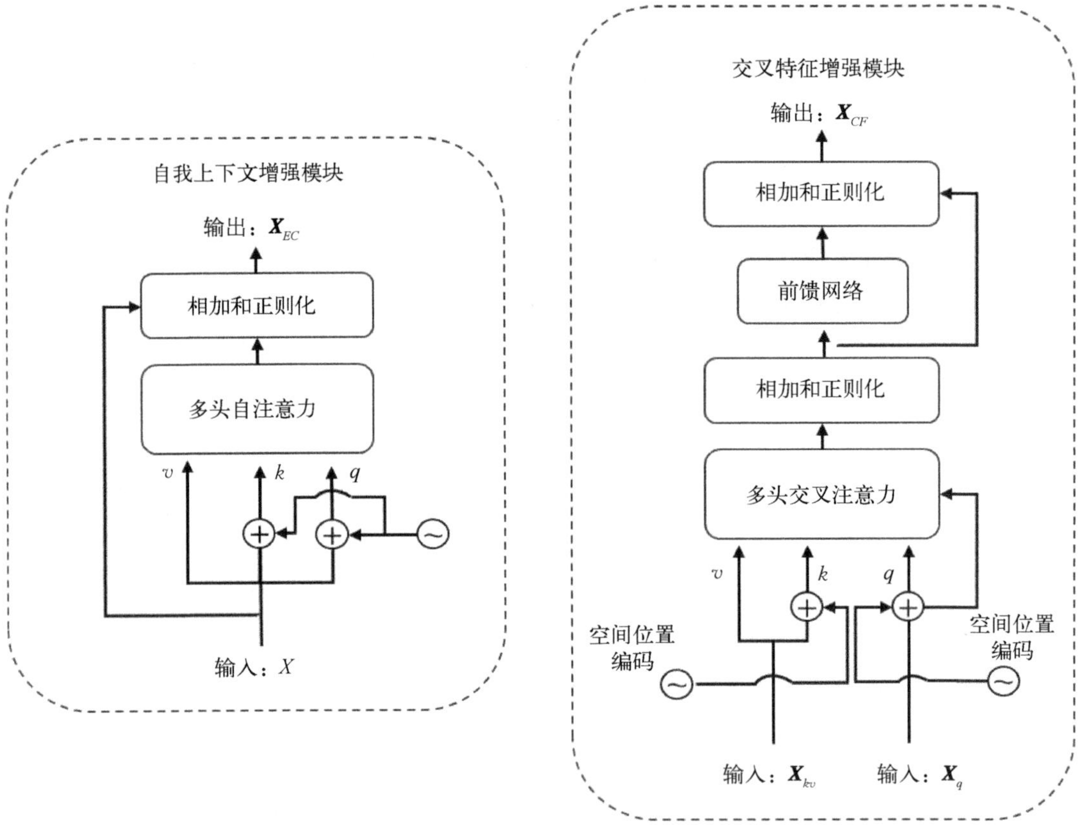

图 8－10　自我上下文增强模块和交叉特征增强模块[16]

TransT 的预测头部分包含分类分支和回归分支。每一个分支均由三层感知机组成，利用特征融合网络的输出特征图 $\boldsymbol{f} \in \boldsymbol{R}^{d\times H_x W_x}$ 分别计算分类结果图和归一化坐标图。TransT 将与跟踪框真值中的像素相对应的特征向量的预测定义为正样本，其他预测为负样本。分类损失是基于所有样本的计算而得到的，而回归损失仅利用正样本进行计算。此外，为缓解样本不平衡问题，TransT 将负样本权重降为原来的 1/16。

分类损失 L_{cls} 采用了标准的二元交叉熵损失,定义如下:

$$L_{cls} = -\sum_{j} [y_j \log(p_j) + (1 - y_j)\log(1 - p_j)] \tag{8-47}$$

其中,$y_j = 1$ 表示训练的第 j 个样本为正样本;p_j 表示模型预测的正样本概率。

回归损失 L_{reg} 采用了广义 IoU 损失 L_{GIoU} 和 L_1 范数:

$$L_{reg} = \sum_{j} 1_{\{y_j=1\}} [\lambda_G L_{GIoU}(\boldsymbol{b}_j, \hat{\boldsymbol{b}}) + \lambda_1 L_1(\boldsymbol{b}_j, \hat{\boldsymbol{b}})] \tag{8-48}$$

其中,$\hat{\boldsymbol{b}}$ 代表归一化的跟踪框真值;$\boldsymbol{b}_j$ 为第 j 个模型预测的目标边界框;λ_G 和 λ_1 为权重系数。

例 8-5　基于 TransT 方法的行人跟踪任务示例

在第一帧中手工框选行人的位置,如图 8-11(a)所示。其中,以第一帧标定的位置为中心,选取的特定大小矩形区域作为目标模板 $\boldsymbol{z}$。在后续帧中,根据目标位置提取搜索区域特征 $\boldsymbol{f}_x$,并与模板特征 $\boldsymbol{f}_z$ 进行特征增强、融合。最后通过预测头回归目标的位置及尺度信息,实现行人目标跟踪。

(a) 视频第一帧及框选的目标　　(b) 跟踪视频第201帧　　(c) 跟踪视频第400帧

图 8-11　基于 TransT 方法的跟踪任务实验结果示例[16]

算法的具体步骤如下:

(1) 在视频序列的第一帧中,确定跟踪目标的初始位置和大小;

(2) 利用骨干网络提取初始目标模板和搜索区域的特征;

(3) 基于自我上下文增强模块和两个交叉特征增强模块融合目标模板特征和搜索区域特征;

(4) 将每个候选框的原始得分与汉宁窗加权求和,选择最高分值对应的候选框作为目标边界框;

(5) 对于视频序列中的每一帧,重复步骤(2)~(4),直至视频结束。

8.5　多目标跟踪方法

作为跟踪领域的一个重要分支,多目标跟踪(multi-object tracking,MOT)需要同时识别且跟踪多个对象。与单目标跟踪不同,MOT 不仅需要准确地识别每个目标,还需在目标间可能存在遮挡、交互等复杂情况下,持续分配和维持其身份标签。多目标跟踪技术适用于视频监控、自动驾驶等应用场景,往往需面对目标间的高度相似性和目标状态的动态变化带来的挑战,因此需要采用复杂的算法和策略来确保跟踪的准确性和一致性。近年来,随着目标检测技术水平的不断进步,基于检测的跟踪方法迅速成为多目标跟踪的主流框架。这类方法通常包括目标检测和轨迹关联两个子任务。在目标检测阶段,跟踪器识别每帧中的感兴趣对象,常用算法包括 YOLO、SSD、Faster R-CNN 等。在轨迹关联阶段,跟踪器将综合考虑目标的移动、外观特征等因素,对已识别的对象和后续帧中的识别目标进行关联。本节将以 SORT 模型为例介绍多目标跟踪方法的主要设计思想。

8.5.1 基于 SORT 模型的多目标跟踪方法

SORT(simple online and realtime tracking)是一种高效的多目标跟踪算法。其核心思想是结合目标的初始检测结果、轨迹预测和位置关联信息,来实现准确和实时的多目标跟踪。SORT 主要由三部分组成,包括 FastRCNN 目标检测、卡尔曼滤波轨迹预测及匈牙利算法位置关联。其中,FastRCNN 目标检测用于定位目标的初始位置;卡尔曼滤波用于获得目标位置的预测值;匈牙利算法则基于 IoU 指标进行目标关联。对于获得关联的目标位置,利用卡尔曼滤波器的预测值进行更新。以下介绍 SORT 算法的具体实现过程。

首先,SORT 算法采用 FastRCNN 网络检测算法进行目标的初始检测。FastRCNN 是一种端到端的检测框架,由两个阶段组成。第一阶段用于提取目标特征并生成候选目标区域,第二阶段则利用这些候选区域对目标的属性进行分类,最终输出为感兴趣的被检测目标。

然后,SORT 利用卡尔曼滤波预测目标的运动轨迹,同时利用匈牙利算法进行目标关联。假设目标运动状态 $\boldsymbol{x}$ 表示为

$$\boldsymbol{x} = [u,\ v,\ s,\ r,\ \dot{u},\ \dot{v},\ \dot{s}]^{\mathrm{T}} \tag{8-49}$$

其中,$(u,\ v)^{\mathrm{T}}$ 表示目标跟踪框中心位置坐标;s 为跟踪框尺寸;r 为跟踪框横纵比;$(\dot{u},\ \dot{v})^{\mathrm{T}}$ 表示目标跟踪框中心位置的变化率;$\dot{s}$ 表示跟踪框尺寸变化率。在以上定义的基础上,SORT 算法利用卡尔曼滤波器的状态预测方程对目标的运动进行预测,并将 FastRCNN 输出的目标检测结果与卡尔曼滤波方程得到的预测值进行数据关联。具体如下。

(1) 计算代价矩阵。代价矩阵中的每个元素定义为目标检测框与所有目标的预测框之间的交并比(IoU),计算方法如下:

$$\mathrm{IoU} = I(X_1,\ X_2)/U(X_1,\ X_2) \tag{8-50}$$

其中,$I(X_1,\ X_2)$ 表示检测框与预测框的交集的面积;$U(X_1,\ X_2)$ 代表检测框与预测框的并集的面积。X_1、X_2 分别代表目标检测框与预测框。

(2) 使用匈牙利算法进行目标关联。匈牙利算法通过寻找增广路径实现目标间的最大匹配,常用于二分图任务中。其中,二分图是指一种特殊的无向图,其顶点集合可以被划分为两个互不重叠的子集,且图中的任意一条边所连接的两个顶点分别属于不同的子集。最大匹配问题是指在一个无向图中,找到一个最大边的集合,使得图中每个顶点最多与这个集合中的一条边相连。匈牙利匹配算法对于非方阵使用 0 扩展后的方阵进行计

算，具体步骤如下：

(a)对于代价矩阵，将其每一行的元素减去该行的最小值；

(b)对于步骤(a)输出的矩阵，将其每一列元素减去该列的最小值；

(c)用最少数目的行与列来覆盖步骤(b)输出矩阵中已为0的元素；若覆盖所有行与列的总数达到代价矩阵维数 n，进入步骤(e)；否则，进入步骤(d)；

(d)求步骤(c)中没有被覆盖的元素的最小值；未被覆盖的所有元素都将减去该最小值；而所有被覆盖了两次的元素都将叠加该最小值；重新回到步骤(c)；

(e)根据步骤(c)输出的矩阵中的0元素寻找匹配关系，所能形成的一一映射关系，即为最大匹配。

此时，所有检测框与所有预测框之间形成了代价最小的一一映射关系，与使用0扩展维度形成的匹配被视为匹配失败的检测框或预测框。

(3) 引入最小交并比约束，以滤除那些检测结果与预测值的交并比较小的分配。在多目标跟踪任务中，每个目标都会获得唯一的标签。因此，当目标离开视野或进入视野时，就涉及唯一标签的创建与销毁问题。在SORT算法中，当目标检测结果与跟踪器输出的预测结果间的IoU小于预先设定的阈值 $\text{IoU}_{\min}$ 时，则认为当前帧中存在未跟踪到的目标。此时，用检测结果初始化一个新的卡尔曼滤波跟踪器，并将其当前的速度设为0，同时将其速度分量的协方差设置为一个相对较大的数值，用以表示目标的不确定性。若跟踪目标在连续 T_{Lost} 帧内均未被检测到，则销毁该跟踪器，以防止跟踪器的数量无休止地增多。

最后，根据以上目标关联的结果，利用卡尔曼滤波状态更新方程对于匹配成功的组合进行预测值的更新。

例8-6　基于SORT算法的人群跟踪任务示例

在本例中，首先将跟踪器进行初始化。第一帧中目标检测的结果即为跟踪框的位置，如图8-12(a)所示。在后续输入的视频帧中，将卡尔曼滤波的预测值及目标检测结果进行数据关联，并利用卡尔曼滤波方程对目标位置进行更新。

(a) 输入视频第1帧及目标检测结果　　(b) 视频第10帧及目标跟踪结果

图8-12　基于SORT算法的人群跟踪任务实验结果示例[17]

算法的具体步骤如下：

(1) 对输入视频的第一帧进行目标检测，并将检测结果作为跟踪框的初始位置，同时为每一个检测得到的目标分配一个跟踪器；

（2）在后续输入的视频帧中检测目标，并利用卡尔曼滤波方程预测目标位置；

（3）计算预测框与检测框之间的 IoU，利用匈牙利算法进行位置关联，输出匹配成功与匹配失败的跟踪器索引值及检测框的索引值；

（4）对于匹配成功的组合，利用卡尔曼滤波方程对目标位置进行更新；

（5）对于匹配失败的检测框，利用检测结果初始化一个新的跟踪器，并判断其他跟踪器是否在连续帧内均未成功匹配；若是，则剔除该跟踪器；完成筛选后，返回剩余的所有跟踪器；

（6）对于视频序列中的每一帧，重复步骤（2）~（5），直至视频结束。

习　题

8－1　证明下列函数为核函数。

(1) $K(x) = \dfrac{1}{h\sqrt{2\pi}} e^{-\frac{x^2}{2}}$ $(h > 0)$。

(2) $K(x) = \begin{cases} c(1 - \|x\|^2), & 当\ \|x^2\| \leqslant 1 \\ 0, & 其他 \end{cases}$，其中，$(c > 0)$。

8－2　根据 8.3.2 小节中对相关运算的定义计算 $\begin{pmatrix} 4 & 5 \\ 6 & 7 \end{pmatrix}$ 和 $\begin{pmatrix} 0 & 1 \\ 2 & 3 \end{pmatrix}$ 的互相关结果。

8－3　KCF 的贡献有什么？为什么要使用核函数？

8－4　KCF 首先引入了什么手工特征表达？并简述该特征基本原理。

8－5　请根据 SiamFC 的结构，将以下给出的结构名填入到对应空格。

结构名：① 输入模板；② 目标得分图；③ 输入搜索区域；④ 模板特征图；⑤ 搜索区域特征图；⑥ 变换函数。

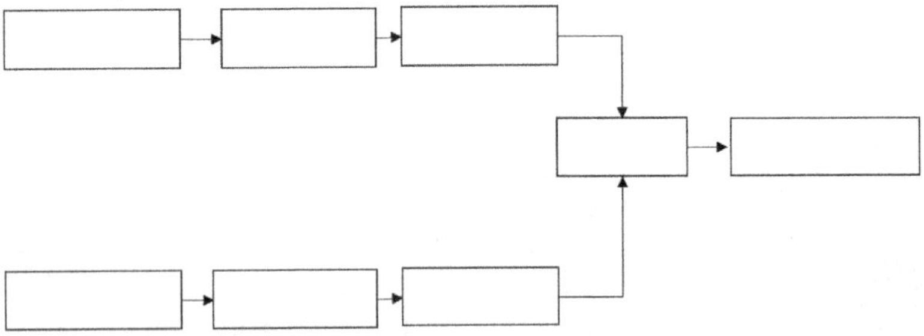

参 考 文 献

[1] Canny J. A computational approach to edge detection [J]. IEEE Transactions on Pattern Analysis and Machine Intelligence, 1986 (6): 679－698.

[2] Dalal N, Triggs B. Histograms of oriented gradients for human detection[C]. 2005 IEEE Computer Society Conference on Computer Vision and Pattern Recognition (CVPR'05), San Diego, 2005.

[3] Wu Y, Lim J, Yang M H. Object Tracking Benchmark [J]. IEEE Transactions on Pattern Analysis & Machine Intelligence, 2015, 37(9): 1834－1848.

[4] Kristan M, Matas J, Leonardis A, et al. The visual object tracking vot2015 challenge results[C]. Proceedings of the IEEE International Conference on Computer Vision Workshops, Santiago, 2015.

[5] Huang L, Zhao X, Huang K. Got-10k: A large high-diversity benchmark for generic object tracking in the wild[J]. IEEE Transactions on Pattern Analysis and Machine Intelligence, 2019, 43(5): 1562－1577.

[6] Leal-Taixé L, Milan A, Reid I, et al. Motchallenge 2015: Towards a benchmark for multi-target tracking[J]. arXiv preprint arXiv: 1504.01942, 2015.

[7] Fukunaga K, Hostetler L. The estimation of the gradient of a density function, with applications in pattern recognition [J]. IEEE Transactions on Information Theory, 1975, 21(1): 32－40.

[8] Cheng Y. Mean shift, mode seeking, and clustering[J]. IEEE Transactions on Pattern Analysis and Machine Intelligence, 1995, 17(8): 790－799.

[9] Comaniciu D, Meer P. Mean shift: A robust approach toward feature space analysis[J]. IEEE Transactions on Pattern Analysis and Machine Intelligence, 2002, 24(5): 603－619.

[10] Bolme D S, Beveridge J R, Draper B A, et al. Visual object tracking using adaptive correlation filters[C]. 2010 IEEE Computer Society Conference on Computer Vision and Pattern Recognition, San Francisco, 2010.

[11] Henriques J F, Caseiro R, Martins P, et al. High-speed tracking with kernelized correlation filters[J]. IEEE Transactions on Pattern Analysis and Machine Intelligence, 2014, 37(3): 583－596.

[12] Bertinetto L, Valmadre J, Henriques J F, et al. Fully-convolutional siamese networks for object tracking[C]. Computer Vision-ECCV 2016 Workshops, Amsterdam, 2016.

[13] Zhang Z, Peng H. Deeper and wider siamese networks for real-time visual tracking[C]. Proceedings of the IEEE/CVF Conference on Computer Vision and Pattern Recognition, Long Beach, 2019.

[14] Li B, Wu W, Wang Q, et al. Siamrpn++: Evolution of siamese visual tracking with very deep networks[C]. Proceedings of the IEEE/CVF Conference on Computer Vision and Pattern Recognition, Long Beach, 2019.

[15] Xu Y, Wang Z, Li Z, et al. Siamfc++: Towards robust and accurate visual tracking with target estimation guidelines [C]. Proceedings of the AAAI Conference on Artificial Intelligence, New York, 2020.

[16] Chen X, Yan B, Zhu J, et al. Transformer tracking[C]. Proceedings of the IEEE/CVF Conference on Computer Vision and Pattern Recognition, 2021.

[17] Bewley A, Ge Z, Ott L, et al. Simple online and realtime tracking[C]. 2016 IEEE International Conference on Image Processing (ICIP), Phoenix, 2016.

第 9 章

视觉导航与定位方法

视觉导航是一种基于视觉图像获取载体绝对/相对位置和/或姿态等导航信息的方法,在有些文献中,将基于视觉图像的环境感知、路径规划和导航控制等也包括在视觉导航中,本章将仅介绍基于视觉图像获取位姿导航信息的方法。

近些年,随着计算机视觉技术的快速发展,特别是在线计算能力的大幅度提升,视觉导航也成为研究热点。在航空航天领域,视觉导航技术也应用于精确制导、交会对接和自主着陆等任务中。其主要有如下应用方法。

(1) 相对定姿。利用相机获取的目标图像,提取特征信息,进一步得到载体相对目标的姿态角,红外制导、电视制导和交会对接等都是这种方法。

(2) 匹配定位。通过遥感或测绘等途径,先获取带绝对坐标的目标图像,在实际飞行中,当飞行器经过目标区域时,实时获取目标图像,并通过匹配算法,与事先获取的目标图像进行匹配,如果匹配成功,则获得了飞行器当前的绝对位置。景象匹配就是这种方法,其必要条件是有带绝对坐标的目标图像。

(3) 即时定位与地图构建(simultaneous localization and mapping,SLAM)。SLAM 中不需要有事先获取的目标信息,而是边制图、边定位,不过需要通过回环检测,以消除累积的误差,如果没有外界绝对坐标信息,SLAM 方法获取的是相对位置,即无法确定绝对坐标。

(4) 双目定姿定位。利用有一定基线长度的双目相机,不仅可以进行相对姿态确定,还可以完成相对位置的确定。

需要指出的是,如果没有惯性导航系统(inertial navigation system,INS)和全球导航卫星系统(global navigation satellite system,GNSS)等提供的绝对导航信息,单独的视觉导航只能进行相对位姿关系确定。所以,视觉导航与地形辅助导航类似,都无法独立提供绝对位姿关系,属于辅助导航。

本章将重点介绍双目视觉位姿确定、景象匹配和视觉 SLAM 的工作原理,关于相机标定、图像预处理和特征提取等内容,请参考本教材其他相关章节。

9.1 视觉定位定姿原理

9.1.1 对极几何

对极几何是计算机视觉中常用的一种方法,用于从两幅 2D 图像中恢复相机的位姿

（旋转和平移）。一般可通过求解本质矩阵或单应矩阵的方式求解，常规方法通过匹配点对构造矩阵，进行奇异值分解（singular value decomposition，SVD），即可获得本质矩阵或单应矩阵。

1. 对极约束

对极几何的基本概念如图 9－1 所示，给定相机不同位置的两幅图像 I_1 和 I_2，两幅图像之间存在三维运动关系 $\boldsymbol{R}$（旋转矩阵）和 t（平移向量），两幅图像对应的相机中心分别为 O_1 和 O_2。设空间点 P 在 I_1 和 I_2 上的投影 p_1 和 p_2 称为像素点，其中，P、O_1 和 O_2 构成的平面称为极平面，O_1O_2 的连线称为基线，O_1O_2 与 I_1 和 I_2 的交点 e_1 和 e_2 称为极点，极平面与 I_1 和 I_2 的相交线 l_1 和 l_2 称为极线。

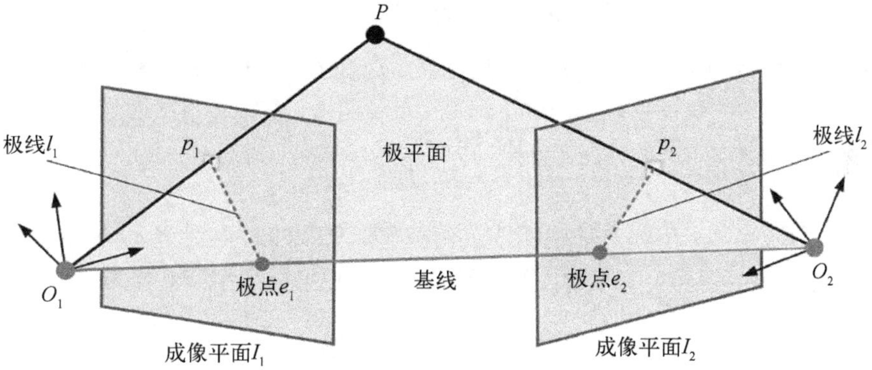

图 9－1　对极约束示意图

设 P 在第一幅图像的相机坐标系 $O_1X_1Y_1Z_1$ 中的坐标为

$$\boldsymbol{P} = [X,\ Y,\ Z]^{\mathrm{T}} \tag{9-1}$$

像素点 p_1 和 p_2 的齐次坐标可以表示为

$$\begin{cases}\boldsymbol{p}_1 = [u_1,\ v_1,\ 1]^{\mathrm{T}} \\ \boldsymbol{p}_2 = [u_2,\ v_2,\ 1]^{\mathrm{T}}\end{cases} \tag{9-2}$$

其中，$\boldsymbol{p}_1$ 和 $\boldsymbol{p}_2$ 分别为成像平面 I_1 和 I_2 上的齐次坐标。通过相机标定已经获取了相机的内参矩阵后，P 和两个像素点之间有

$$\begin{cases}\boldsymbol{p}_1 \cong \boldsymbol{KP} \\ \boldsymbol{p}_2 \cong \boldsymbol{K}(\boldsymbol{RP} + \boldsymbol{t})\end{cases} \tag{9-3}$$

其中，$\cong$ 表示按比值相等；$\boldsymbol{K}$ 为相机的内参矩阵。定义两个像素点在归一化平面上的坐标 $\boldsymbol{x}_1$ 和 $\boldsymbol{x}_2$ 为

$$\begin{cases}\boldsymbol{x}_1 = \boldsymbol{K}^{-1}\boldsymbol{p}_1 \\ \boldsymbol{x}_2 = \boldsymbol{K}^{-1}\boldsymbol{p}_2\end{cases} \tag{9-4}$$

显然，有

$$\boldsymbol{R}\boldsymbol{x}_1+\boldsymbol{t}=\boldsymbol{x}_2 \tag{9-5}$$

对式(9-5)左乘$\boldsymbol{x}_2^{\mathrm{T}}\boldsymbol{t}^{\times}$，得

$$\boldsymbol{x}_2^{\mathrm{T}}\boldsymbol{t}^{\times}(\boldsymbol{R}\boldsymbol{x}_1+\boldsymbol{t})=\boldsymbol{x}_2^{\mathrm{T}}\boldsymbol{t}^{\times}\boldsymbol{x}_2 \tag{9-6}$$

其中，$\boldsymbol{t}^{\times}$为$\boldsymbol{t}$的反对称阵，满足关系$\boldsymbol{t}^{\times}\boldsymbol{x}_2=\boldsymbol{t}\times\boldsymbol{x}_2$。由于，$\boldsymbol{t}\times\boldsymbol{t}=0$，$\boldsymbol{x}_2^{\mathrm{T}}\boldsymbol{t}^{\times}\boldsymbol{x}_2=0$，因此，式(9-6)可简化为

$$\boldsymbol{x}_2^{\mathrm{T}}\boldsymbol{t}^{\times}\boldsymbol{R}\boldsymbol{x}_1=0 \tag{9-7}$$

将式(9-3)代入式(9-7)，得

$$\boldsymbol{p}_2^{\mathrm{T}}\boldsymbol{K}_2^{-\mathrm{T}}\boldsymbol{t}^{\times}\boldsymbol{R}\boldsymbol{K}^{-1}\boldsymbol{p}_1=0 \tag{9-8}$$

式(9-7)和式(9-8)均称为对极约束，表示P、O_1和O_2三点共面于极平面。令

$$\begin{cases}\boldsymbol{E}=\boldsymbol{t}^{\times}\boldsymbol{R}\\ \boldsymbol{F}=\boldsymbol{K}^{-\mathrm{T}}\boldsymbol{E}\boldsymbol{K}^{-1}\end{cases} \tag{9-9}$$

其中，$\boldsymbol{E}$称为本质矩阵；$\boldsymbol{F}$称为基本矩阵。由式(9-9)可知，得到$\boldsymbol{E}$和$\boldsymbol{F}$中的一个，即可完成相机相对位姿的解算。结合式(9-9)、式(9-7)和式(9-8)可写为

$$\boldsymbol{x}_2^{\mathrm{T}}\boldsymbol{E}\boldsymbol{x}_1=\boldsymbol{p}_2^{\mathrm{T}}\boldsymbol{F}\boldsymbol{p}_1=0 \tag{9-10}$$

由式(9-10)，相机位姿关系的求解可转化为本质矩阵或基本矩阵的求解，由于$\boldsymbol{p}_1$和$\boldsymbol{p}_2$是直接得到的像素位置，求解基本矩阵$\boldsymbol{F}$比较直观，下面进行介绍。

2. 基本矩阵

设

$$\boldsymbol{F}=\begin{bmatrix}F_{11} & F_{12} & F_{13}\\ F_{21} & F_{22} & F_{23}\\ F_{31} & F_{32} & F_{33}\end{bmatrix} \tag{9-11}$$

令第i对匹配像素点的齐次坐标分别为$\boldsymbol{p}_1^i=[u_1^i,\ v_1^i,\ 1]^{\mathrm{T}}$和$\boldsymbol{p}_2^i=[u_2^i,\ v_2^i,\ 1]^{\mathrm{T}}$，代入式(9-10)，得

$$\boldsymbol{m}_i^{\mathrm{T}}\boldsymbol{f}=0 \tag{9-12}$$

其中，

$$\begin{cases}\boldsymbol{m}_i=[u_1^iu_2^i,\ v_1^iu_2^i,\ u_2^i,\ u_1^iv_2^i,\ v_1^iv_2^i,\ v_2^i,\ u_1^i,\ v_1^i,\ 1]^{\mathrm{T}}\\ \boldsymbol{f}=[F_{11},\ F_{12},\ F_{13},\ F_{21},\ F_{22},\ F_{23},\ F_{31},\ F_{32},\ F_{33}]^{\mathrm{T}}\end{cases}$$

设有N对匹配像素点，则有

$$\boldsymbol{M}^{\mathrm{T}}\boldsymbol{f}=[\boldsymbol{m}_1\quad \boldsymbol{m}_2\quad \cdots\quad \boldsymbol{m}_N]^{\mathrm{T}}\boldsymbol{f}=\boldsymbol{0}_{N\times 1} \tag{9-13}$$

其中，$\boldsymbol{M}=[\boldsymbol{m}_1\quad \boldsymbol{m}_2\quad \cdots\quad \boldsymbol{m}_N]$；$N$为参与解算的匹配点对的个数。当匹配的点对数到达

八个时,就能完成 F 的求解,该方法也称为八点法。当匹配点数超过八个时,可以采用最小二乘(least square,LS)算法进行求解,即

$$\min_{f} \| \boldsymbol{M}^{\mathrm{T}}\boldsymbol{f} \|^2 \tag{9-14}$$

为了避免出现零解,可以给 $\boldsymbol{F}$ 添加附加约束,比如令 $\boldsymbol{F}$ 中的某个元素非零,这里令 $F_{33}=-c$, c 为任意常数,则式(9-12)变为

$$\tilde{\boldsymbol{m}}_i^{\mathrm{T}}\tilde{\boldsymbol{f}} = c \tag{9-15}$$

其中,

$$\begin{cases} \tilde{\boldsymbol{m}}_i = [u_1^i u_2^i,\ v_1^i u_2^i,\ u_2^i,\ u_1^i v_2^i,\ v_1^i v_2^i,\ v_2^i,\ u_1^i,\ v_1^i]^{\mathrm{T}} \\ \tilde{\boldsymbol{f}} = [F_{11},\ F_{12},\ F_{13},\ F_{21},\ F_{22},\ F_{23},\ F_{31},\ F_{32}]^{\mathrm{T}} \end{cases} \tag{9-16}$$

式(9-13)可以改写为

$$\tilde{\boldsymbol{M}}^{\mathrm{T}}\tilde{\boldsymbol{f}} = [\tilde{\boldsymbol{m}}_1 \quad \tilde{\boldsymbol{m}}_2 \quad \cdots \quad \tilde{\boldsymbol{m}}_N]^{\mathrm{T}}\tilde{\boldsymbol{f}} = \boldsymbol{c}_{N\times 1} \tag{9-17}$$

其中,$\boldsymbol{c}_{N\times 1} = [c \quad c \quad \cdots \quad c]^{\mathrm{T}}$。$\tilde{\boldsymbol{f}}$ 的 LS 解为

$$\tilde{\boldsymbol{f}} = (\tilde{\boldsymbol{M}}^{\mathrm{T}}\tilde{\boldsymbol{M}})^{-1}\tilde{\boldsymbol{M}}^{\mathrm{T}}\boldsymbol{c} \tag{9-18}$$

在得到 $\tilde{\boldsymbol{f}}$ 之后,再代入 $F_{33}=-c$ 即可得到完整的基本矩阵。该方法的前提是 F_{33} 不得为 0,如果 F_{33} 为 0,则需要对基本矩阵的其他参数进行非零假设,直至得到最好的估计结果。在实际解算中,为了避免判断假设元素是否非零,可以事先对于基本矩阵进行特征值分析、规范化及秩 2 约束等处理。

在得到 $\boldsymbol{F}$ 之后,由于 $\boldsymbol{K}$ 已知,由式(9-9),可以进一步得到 $\boldsymbol{E}$,有

$$\boldsymbol{E} = \boldsymbol{U\Sigma V}^{\mathrm{T}} = \boldsymbol{U}\begin{bmatrix} 0 & -\|\boldsymbol{t}\| & 0 \\ \|\boldsymbol{t}\| & 0 & 0 \\ 0 & 0 & 0 \end{bmatrix}\boldsymbol{U}^{\mathrm{T}}\boldsymbol{U}\begin{bmatrix} 0 & 1 & 0 \\ -1 & 0 & 0 \\ 0 & 0 & \pm 1 \end{bmatrix}\boldsymbol{V}^{\mathrm{T}} \tag{9-19}$$

结合式(9-9),有

$$\begin{cases} \boldsymbol{t}^{\times} = \boldsymbol{U}\begin{bmatrix} 0 & -\|\boldsymbol{t}\| & 0 \\ \|\boldsymbol{t}\| & 0 & 0 \\ 0 & 0 & 0 \end{bmatrix}\boldsymbol{U}^{\mathrm{T}} \\ \boldsymbol{R} = \boldsymbol{U}\begin{bmatrix} 0 & 1 & 0 \\ -1 & 0 & 0 \\ 0 & 0 & \pm 1 \end{bmatrix}\boldsymbol{V}^{\mathrm{T}} \end{cases} \tag{9-20}$$

考虑到 $\|\boldsymbol{t}\| = \|-\boldsymbol{t}\|$,如图 9-2 所示,式(9-20)有 4 种可能的解,因此,之后需要通过空间点重建,进一步确定唯一解。

需要指出的是,在式(9-19)中,假设 $\boldsymbol{\Sigma} = \mathrm{diag}(\|\boldsymbol{t}\|,\ \|\boldsymbol{t}\|,\ 0)$,如果该假设不成立,比如 $\boldsymbol{\Sigma} = \mathrm{diag}(\sigma_1,\ \sigma_2,\ \sigma_3)$,则需要将其调整为

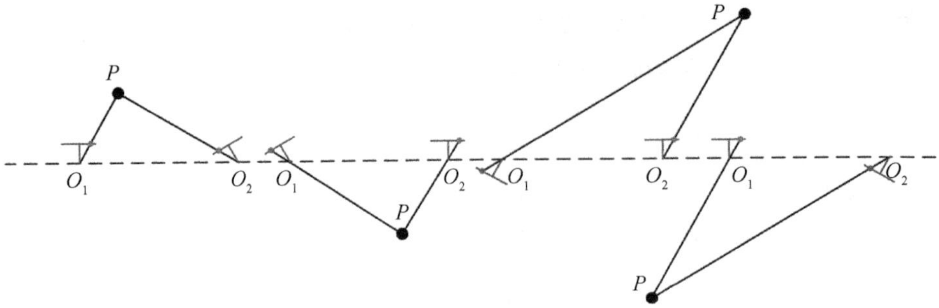

图 9-2 SVD 得到的四个解

$$\boldsymbol{\Sigma} = \mathrm{diag}\left(\frac{\sigma_1 + \sigma_2}{2},\ \frac{\sigma_1 + \sigma_2}{2},\ 0\right) \tag{9-21}$$

其中,通常设 $\sigma_1 \geqslant \sigma_2 \geqslant \sigma_3$。在进行式(9-21)调整之后,再进行后续的求解,这种调整相当于将本质矩阵的求解结果投影到设定的流形上。

3. 单应矩阵

单应矩阵

当场景中的所有特征点都落在一个平面上(如桌面、墙面和地面等),此时的运动估计可以在原先的基础上添加额外的约束,以反映不同视角下平面的映射关系,可采用单应矩阵 $\boldsymbol{H}$ 表示。

考虑在两幅图像中的匹配点对 p_1 和 p_2,对应的空间点 P 位于平面中,该平面表示为

$$\boldsymbol{n}^{\mathrm{T}}\boldsymbol{P} + d = 0 \tag{9-22}$$

其中,$\boldsymbol{n}$ 为平面的单位法向量;d 为平面与原点的距离。式(9-22)也可写为

$$-\frac{\boldsymbol{n}^{\mathrm{T}}\boldsymbol{P}}{d} = 1 \tag{9-23}$$

将式(9-23)代入式(9-3)有

$$\boldsymbol{p}_2 \cong \boldsymbol{K}(\boldsymbol{RP} + \boldsymbol{t}) = \boldsymbol{Hp}_1 \tag{9-24}$$

其中,

$$\boldsymbol{H} = \boldsymbol{K}\left(\boldsymbol{R} - \frac{\boldsymbol{tn}^{\mathrm{T}}}{d}\right)\boldsymbol{K}^{-1} \tag{9-25}$$

单应矩阵 $\boldsymbol{H}$ 由 $\boldsymbol{R}$、$\boldsymbol{t}$ 和 $\boldsymbol{n}$ 决定,其求解思路与基本矩阵的相同,设:

$$\boldsymbol{H} = \begin{bmatrix} H_{11} & H_{12} & H_{13} \\ H_{21} & H_{22} & H_{23} \\ H_{31} & H_{32} & H_{33} \end{bmatrix} \tag{9-26}$$

则式(9-24)可改写为

$$\begin{bmatrix} u_2 \\ v_2 \\ 1 \end{bmatrix} = \begin{bmatrix} H_{11} & H_{12} & H_{13} \\ H_{21} & H_{22} & H_{23} \\ H_{31} & H_{32} & H_{33} \end{bmatrix} \begin{bmatrix} u_1 \\ v_1 \\ 1 \end{bmatrix} \tag{9-27}$$

同样,先假设 H_{33} 为非零常数,为方便起见,令 $H_{33}=1$, 则有

$$\begin{cases}u_1H_{11}+v_1H_{12}+H_{13}-u_1u_2H_{31}-v_1u_2H_{32}=u_2\\ u_1H_{21}+v_1H_{22}+H_{23}-u_1v_2H_{31}-v_1v_2H_{32}=v_2\end{cases} \tag{9-28}$$

令

$$\begin{cases}\tilde{\boldsymbol{p}}_2^i=[u_2^i,\ v_2^i]^{\mathrm{T}}\\ \tilde{\boldsymbol{N}}_i=\begin{bmatrix}u_1^i & v_1^i & 1 & 0 & 0 & 0 & -u_1^iu_2^i & -v_1^iu_2^i\\ 0 & 0 & 0 & u_1^i & v_1^i & 1 & -u_1^iv_2^i & -v_1^iv_2^i\end{bmatrix}^{\mathrm{T}}\\ \tilde{\boldsymbol{h}}=[H_{11},\ H_{12},\ H_{13},\ H_{21},\ H_{22},\ H_{23},\ H_{31},\ H_{32}]^{\mathrm{T}}\end{cases} \tag{9-29}$$

如果有4组匹配点对,即可完成 $\tilde{\boldsymbol{h}}$ 的八个参数求解,即

$$\begin{bmatrix}\tilde{\boldsymbol{N}}_1^{\mathrm{T}}\\ \tilde{\boldsymbol{N}}_2^{\mathrm{T}}\\ \tilde{\boldsymbol{N}}_3^{\mathrm{T}}\\ \tilde{\boldsymbol{N}}_4^{\mathrm{T}}\end{bmatrix}\tilde{\boldsymbol{h}}=\begin{bmatrix}\tilde{\boldsymbol{p}}_2^1\\ \tilde{\boldsymbol{p}}_2^2\\ \tilde{\boldsymbol{p}}_2^3\\ \tilde{\boldsymbol{p}}_2^4\end{bmatrix} \tag{9-30}$$

此时,$\boldsymbol{H}$ 通过线性方程组直接解算得到,称为直接线性变换法(direct linear transform, DLT),求解的步骤和求解 $\boldsymbol{F}$ 一致。

单应性主要发生在大量的特征点位于同一个平面,或者相机只存在旋转而没有平移的情况。此时,基本矩阵 $\boldsymbol{F}$ 的秩降低,出现解算结果的退化,为了对基础矩阵进行补充,实际中会同时估计 $\boldsymbol{F}$ 和 $\boldsymbol{H}$, 最后选择重投影误差较小的作为相机相对位姿的最优估计值。

例 9-1 根据表 9-1 所列的图像匹配点对,计算基本矩阵 $\boldsymbol{F}$。

表 9-1 匹配点像素坐标

左侧	$[93.44\ 28.44]^{\mathrm{T}}$, $[8.44\ 215.44]^{\mathrm{T}}$, $[128.45\ 112.44]^{\mathrm{T}}$, $[129.56\ 183.44]^{\mathrm{T}}$, $[183.56\ 69.56]^{\mathrm{T}}$, $[222.44\ 69.44]^{\mathrm{T}}$, $[223.06\ 120.06]^{\mathrm{T}}$, $[336.19\ 270.06]^{\mathrm{T}}$, $[278.94\ 126.06]^{\mathrm{T}}$, $[299.44\ 11.56]^{\mathrm{T}}$
右侧	$[115.97\ 45.94]^{\mathrm{T}}$, $[32.73\ 229.31]^{\mathrm{T}}$, $[149.77\ 127.19]^{\mathrm{T}}$, $[150.55\ 197.44]^{\mathrm{T}}$, $[203.99\ 84.44]^{\mathrm{T}}$, $[243.18\ 84.44]^{\mathrm{T}}$, $[241.72\ 134.56]^{\mathrm{T}}$, $[361.11\ 287.69]^{\mathrm{T}}$, $[300.32\ 140.19]^{\mathrm{T}}$, $[318.30\ 25.81]^{\mathrm{T}}$

解:根据之前的步骤,构建矩阵 $\boldsymbol{M}$, 通过 LS 算法,求解方程组 $\boldsymbol{M}^{\mathrm{T}}\boldsymbol{f}=\boldsymbol{0}$。对 $\boldsymbol{M}^{\mathrm{T}}$ 进行 SVD 分解,计算得到的 $\boldsymbol{f}$ 为 SVD 分解结果的最后一列,结果为

$$\boldsymbol{F}=\begin{bmatrix}-4.70\times10^{-6} & 3.61\times10^{-4} & -0.034\,8\\ -3.64\times10^{-4} & -3.36\times10^{-6} & 0.093\,7\\ 0.042\,5 & -0.099\,3 & -0.989\,1\end{bmatrix}$$

为了保证 $F_{33}>0$, 对上式取负,并进行归一化处理,得到的基本矩阵为

$$
\boldsymbol{F} = \begin{bmatrix} 4.70\times10^{-6} & -3.61\times10^{-4} & 0.034\,8 \\ 3.64\times10^{-4} & 3.37\times10^{-6} & -0.093\,7 \\ -0.042\,6 & 0.099\,3 & 0.989\,2 \end{bmatrix}
$$

9.1.2 立体视觉原理

1. 基于双目相机的立体视觉

双目立体视觉的原理是左右眼看同一物体时，物体在图像中存在位置差异，即视差，通过测量视差，可以计算出物体到相机的距离，进而获取物体的深度信息。按两相机的光轴是否平行，可分为平行和非平行两种结构。在平行结构中，双目的转换关系只有基线方向的一个平移分量，便于恢复像点的三维坐标，立体匹配过程需要的计算量也小。但是，实际中很难通过装调实现理想的平行双目立体视觉系统，因此，实际的双目立体视觉系统通常为不平行结构。

1）平行结构

平行结构的立体视觉模型如图 9－3 所示，两个单目相机的光轴 Z_1 和 Z_2 平行，两个光轴之间的距离 b 称为基距，f 是相机的焦距（设两个相机的焦距相同），且世界坐标系和左侧相机坐标系重合，空间点 P 的坐标如表 9－2 所示。

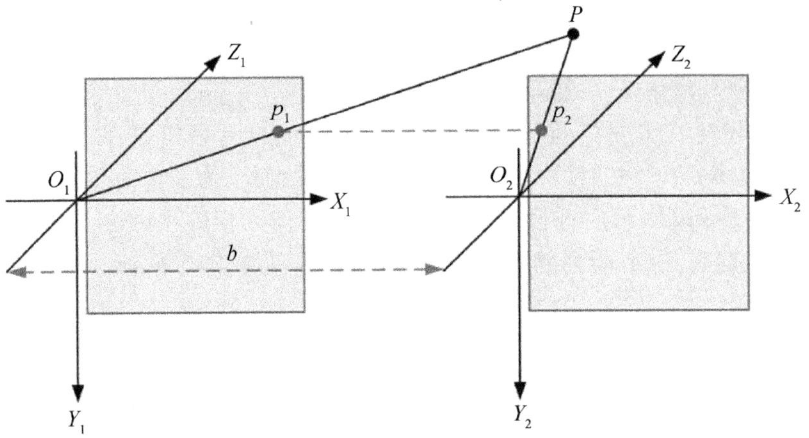

图 9－3 双目平行结构

表 9－2 空间点 P 在不同坐标系下的坐标

坐 标 系	左侧相机坐标	右侧相机坐标
世界坐标系	$[X, Y, Z]^T$	$[X, Y, Z]^T$
摄像机坐标系	$[X_1, Y_1, Z_1]^T$	$[X_2, Y_2, Z_2]^T$
图像坐标系	$[x_1, y_1]^T$	$[x_2, y_2]^T$

三维重建的基本原理是构造点 P 图像坐标系内的坐标与世界坐标系内的坐标之间的关系，由相机成像的几何关系，有

$$\begin{cases} \dfrac{f}{Z_1} = \dfrac{x_1}{X_1} = \dfrac{y_1}{Y_1} \\ \dfrac{f}{Z_2} = \dfrac{x_2}{X_2} = \dfrac{y_2}{Y_2} \end{cases} \tag{9-31}$$

由于设世界坐标系和左侧相机坐标系重合，因此，有

$$\begin{cases} X = X_1 = X_2 + b \\ Y = Y_1 = Y_2 \\ Z = Z_1 = Z_2 \end{cases} \tag{9-32}$$

联立式(9－31)和式(9－32)，得

$$\begin{cases} X_1 = Zx_1/f \\ X_2 = Zx_2/f \\ b = X_1 - X_2 \end{cases} \tag{9-33}$$

整理后得

$$b = \frac{Z}{f}(x_1 - x_2) = \frac{Z}{f}D \tag{9-34}$$

其中，$D = x_1 - x_2$，为 P 点的视差值。最后，得

$$\begin{cases} X = \dfrac{b}{D}x_1 \\ Y = \dfrac{b}{D}y_1 \\ Z = \dfrac{b}{D}f \end{cases} \tag{9-35}$$

2）非平行结构

如图 9－4 所示为非平行结构双目立体视觉示意图，两相机坐标系不平行。

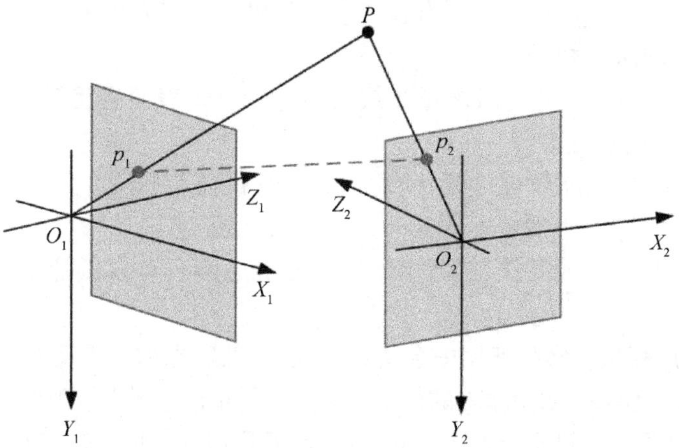

图 9－4　双目非平行结构

设标定得到双目相机之间的旋转矩阵 $\boldsymbol{R}$ 和平移向量 $\boldsymbol{t}$ 分别为

$$\boldsymbol{R}=\begin{bmatrix} R_{11} & R_{12} & R_{13} \\ R_{21} & R_{22} & R_{23} \\ R_{31} & R_{32} & R_{33} \end{bmatrix} \tag{9-36}$$

$$\boldsymbol{t}=[t_x \quad t_y \quad t_z]^{\mathrm{T}} \tag{9-37}$$

左右相机的焦距分别为 f_1 和 f_2，通过 2D 图像坐标 $[x_1, y_1]^{\mathrm{T}}$ 和 $[x_2, y_2]^{\mathrm{T}}$ 恢复 3D 空间点 $\boldsymbol{P}=[X, Y, Z]^{\mathrm{T}}$ 的计算式为

$$\begin{cases} X=Z\dfrac{x_1}{f_1} \\ Y=Z\dfrac{y_1}{f_1} \\ Z=\dfrac{f_1(f_2t_x-x_2t_z)}{x_2(R_{31}x_1+R_{32}y_1+R_{33}f_1)-f_2(R_{11}x_1+R_{12}y_1+R_{13}f_1)} \end{cases} \tag{9-38}$$

与平行结构相比，非平行结构的计算量更大，不过，非平行结构也有一定优势，体现在以下方面。

（1）深度信息增强。在不平行结构中，同一物体在两个相机中的投影位置间视差会因深度而变化，有利于估计物体在空间中的深度，特别是近距离的物体。

（2）三维结构恢复。由于视差信息的复杂性，非平行结构的双目系统通常比平行结构更能提供关于场景中物体的准确三维结构信息。

（3）对非平面结构的适应性。在平行结构中，难以捕捉到一些非平面结构或深度变化较大的场景，而非平行结构可以更好地捕捉这些细节。

2. 基于 RGB－D 相机的立体视觉

RGB－D 相机是在原先彩色相机的基础上，添加了深度相机，按照技术实现途径，可分为基于 ToF(time of flight)的深度相机和基于结构光的深度相机。

1）基于 ToF 的深度相机

基于 ToF 的深度相机，是通过测量光线发射达到物体表面后反射回来的时间差，以计算物体表面的深度信息，有如下特点：

（1）测量频率高，通常可以达到几百至几千 Hz 的测距频率；

（2）多场景适用，由于采用主动式的光源测量系统，室内外均可工作；

（3）低功耗，与其他深度传感器相比，ToF 相机通常具有较低的功耗，适用于移动设备和嵌入式系统。

不过，ToF 深度相机在实际使用中会受到环境光、散射光和多重反射光的影响，因此，需要在相机上加装滤光片，并采用额外的保护措施，并尽可能地减少散射和反射光的出现。按照实现方式的不同，ToF 相机又分为直接 ToF(direct ToF，dToF)和间接 ToF(indirect ToF，iToF)。

（1）dToF。dToF 相机的工作原理如图 9－5 所示，其核心组件包含垂直腔面发射激

光器（vertical cavity surface emitting laser，VCSEL）、单光子雪崩二极管（single photon avalanche diode，SPAD）和时间数字转换器（time-to-digital converter，TDC）。其中，VCSEL负责脉冲波的发射，提供探测光源；SPAD负责接收从待测物体反射的脉冲波，获取量测的信号；TDC负责脉冲光传输时间的记录，基于发射和接收的时间间隔的计算，获取相对物体的深度信息。

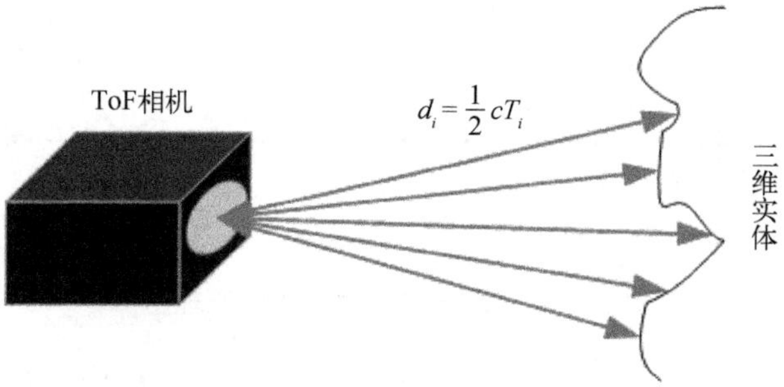

图9－5 dToF相机工作原理图

在图9－5中：

$$d_i = \frac{1}{2}ct_i \tag{9-39}$$

其中，c为光速；t_i为第i条光线发射后到接收时刻的时间间隔。

dToF模块通过重复探测的步骤，统计多次ToF结果，最终用出现频率最高的时间计算物体深度，统计图如图9－6所示，其中，t表示飞行时间，N为每种飞行时间在总的测量中出现的次数。图中，t_4的出现次数最高，于是采用t_4进行物体深度的计算。

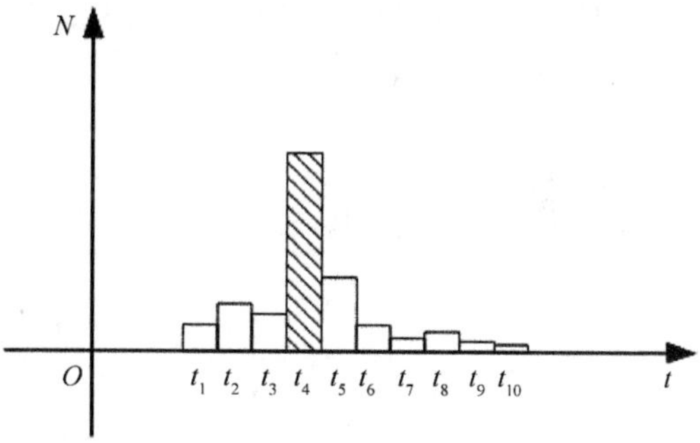

图9－6 ToF统计直方图

（2）iToF。在dToF相机中，测量精度取决于飞行时间间隔的测量，考虑到与光速相乘，对计时精度要求很高。针对这个问题，iToF相机中对发射的光进行调制，然后通过对调制光的相位进行测量，间接获得飞行时间。根据调制方式的不同，主要有连续波调制（CW－iToF）和脉冲调制（PL－iToF），前者通常采用正弦信号进行调制，后者通常采用周期性的脉冲信号。

（a）CW－iToF。其原理示意图如图9－7所示，其中，T为接收信号和原始信号的周期，Δt为接收信号相对于原始信号的时间延迟。给定原始信号为$x(t)$，其表达式为

$$x(t) = A_1\sin(\omega t) + C_1 \tag{9-40}$$

其中，A_1为信号的振幅；$\omega = 2\pi f = 2\pi/T$为信号的圆频率；C_1为信号的偏移量。接收信号$r(t)$可以表示为

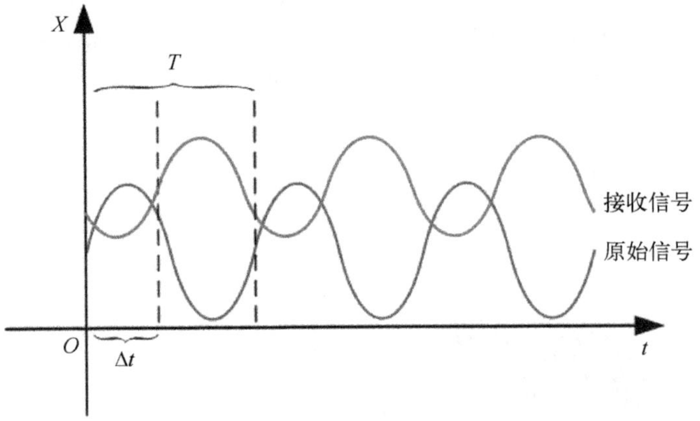

图 9-7 CW-iToF 相机工作原理图

$$r(t) = A_2\sin[\omega(t - \Delta t)] + C_2 = A_2\sin(\omega t - \Delta\varphi) + C_2 \tag{9-41}$$

其中，A_2 和 C_2 分别为接收信号的振幅和偏移量；$\Delta\varphi = \omega\Delta t$ 为接收信号相较于原始信号的相位偏移。给定 0、$T/4$、$T/2$ 和 $3T/4$ 时刻采样点 $r_i(i = 1, 2, 3, 4)$，于是相位偏移可以表示为

$$\Delta\varphi = \arctan2(r_3 - r_1, r_2 - r_4) \tag{9-42}$$

物体和深度相机之间的距离可以表示为

$$d = \frac{c}{2}\Delta t = \frac{c}{2\omega}\Delta\varphi \tag{9-43}$$

接收信号的振幅 A_2 和偏移量 C_2 可以表示为

$$\begin{cases} A_2 = \dfrac{1}{2}\sqrt{(r_1 - r_3)^2 + (r_2 - r_4)^2} \\ C_2 = \dfrac{1}{4}(r_1 + r_2 + r_3 + r_4) \end{cases} \tag{9-44}$$

深度测量方差可以近似表示为

$$\sigma_d = \frac{c}{2\sqrt{2}\omega}\frac{\sqrt{C_2}}{c_d A_2} \tag{9-45}$$

其中，c_d 为调制对比度，用于描述传感器分离和收集光电子的质量。

正弦波调制的优势在于，相位偏移法有效地消除了由测量器件或环境光引起的固定偏差，有利于测量精度的提高；通过分析接收信号的振幅和强度偏移，可以间接评估深度测量结果的精确程度（即方差），为后续数据处理提供重要参考；正弦波调制不要求光源必须是短时高强度脉冲，因此可以采用不同类型的光源和调制方法。不过，其也存在一些不足，其中包括：由于需要多次采样积分，以获取准确的相位偏移信息，导致测量时间较长，也限制了相机的帧率和实时性；在测量运动物体时，多次采样积分可能导致运动模糊，影响测量精度。

（b）PL－iToF。与CW－iToF不同，PL－iToF不需要进行多次采样，且脉冲调制更容易在数字电路上实现。如图9－8所示为PL－iToF相机的工作原理示意图，其中，脉冲光照射的频率可以高达1×10^8 Hz，照射光源通常为红外光源；感光单元中包含两个快门s_1和s_2，分别在光脉冲开始和结束时刻被触发，持续时间和脉冲持续时间相同。在图9－8中，T_p为光脉冲的持续时长，t_d为接收信号相较于原始信号的时间延迟，因此，深度距离可计算为

$$d = \frac{1}{2}cT_p \frac{e_2}{e_1 + e_2} \tag{9-46}$$

其中，e_1和e_2分别为快门S_1和S_2接收到的反射光所产生的电荷。根据式（9－46）可以得到，最大可测量距离为$cT_p/2$。

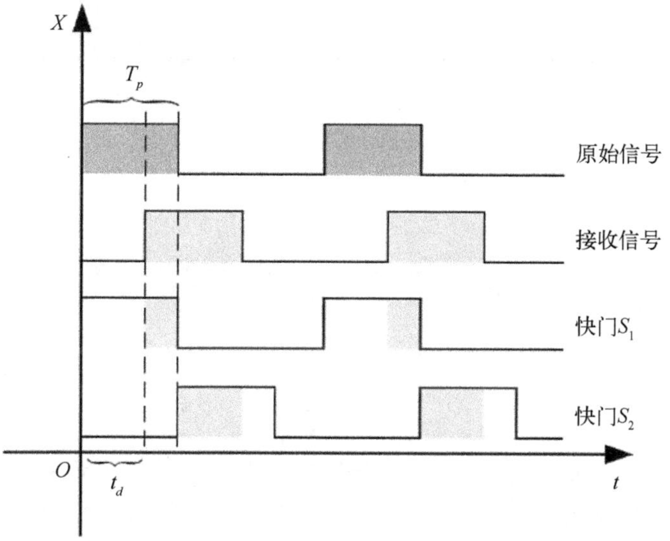

图9－8　PL－iToF相机工作原理图

脉冲调制的优势在于操作简单，且由于发射端的高频高强度脉冲能量输出较高，能够在一定程度上降低背景光对测量结果的干扰，抗干扰能力强。不过，这也对发射端的物理器件性能提出了更高的要求。为了获得准确的测量结果，该方法对时间测量的精度要求非常高。另外，尽管发射端的高能量可以降低背景光的干扰，但环境中的散射光仍可能对测量结果产生一定的影响，需要采取相应措施进行修正。

2）基于光栅结构光的深度相机

光栅结构光是一种常用于三维测量的技术，它通过投射光栅图案到目标物体表面，并通过相机捕捉变形后的图案，以解调出相位信息，进而计算目标物体的三维形状。投影光栅相位的测量原理如图9－9所示，投影光栅通过光照设备投影到参考平面上的A点，成像平面中的像素点相位为$\varphi_A(x, y)$。在放入待测物体之后，对应的投影点变为C点，该点位于参考平面的B点和投影中心的连线上，B点的相位为$\varphi_B(x, y)$。显然，AB

的距离与 C 点高度 h 有关。图中，d 为点 P 和点 I 之间的距离，L 为点 I 与参考平面之间的距离。

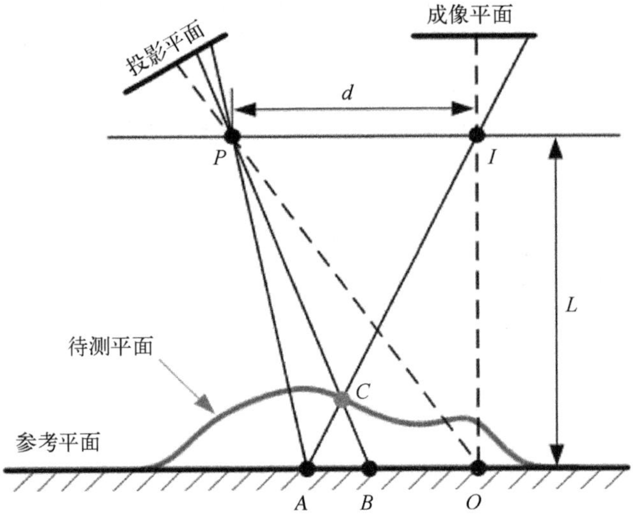

图 9－9　投影光栅相位法原理图[1]

由几何关系，有

$$d_{AB} = l_P \frac{\varphi_A(x, y) - \varphi_B(x, y)}{2\pi} \tag{9-47}$$

$$h = \frac{d_{AB}}{d_{AB} + d} L \tag{9-48}$$

其中，d_{AB} 为 AB 两点之间的距离；l_P 为参考平面上的光栅的周期长度；h 为点 C 到参考平面的高度。该方法中，需要知道系统的结构参数 L 和 d，因此，使用前需要进行标定。

基于光栅结构光的深度相机不需要与目标物体接触，可以进行无损测量，图案投射和图像捕捉可以在瞬间完成，对复杂的几何形状也具有较好的适应性，可实现亚毫米级测量精度。不过，其与 ToF 一样依赖于光源的质量，测量精度受测量表面平整度和光源干扰的影响。

3）基于光编码的深度相机

如图 9－10 所示为基于光编码的三维测量方法原理图，其中示意了在 Z 轴方向进行三维光斑的切片，虚线为不同深度切片平面，随着深度的变化，切片上的图案也随之发生变化，这样便可以完成空间层面的“编码”，通过对于激光的光斑进行编码，实现待测物体三维纵深的获取。

三维重建的过程和光栅结构光类似，先记录没有物体的空间散斑图案，并且进行标定，而后每隔固定的距离都取一个参考平面，将不同距离参考面上的光斑记录下来，选取不同参考平面的过程，就是对空间的散斑进行切片，从而实现光斑的空间层面编码。在测量中，将待测物体的红外图像与记录的参考图像进行相关运算，如果在对应的空间位置存

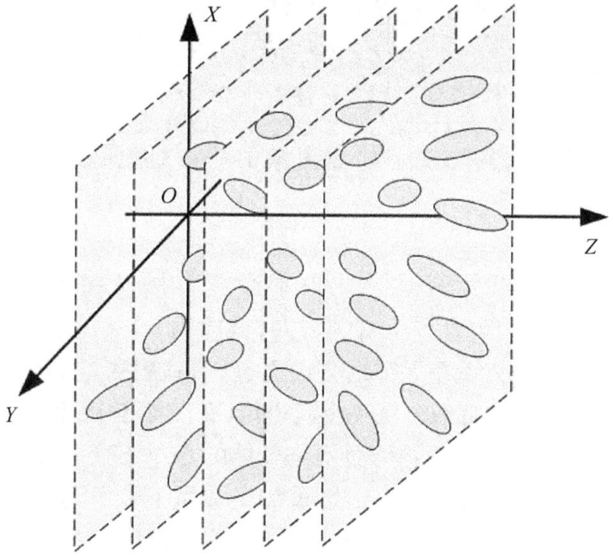

图 9－10　光编码三维测量技术原理图

在物体，则会在相关结果中出现峰值，将相关峰值对应的深度信息记录下来，则可以得到整个待测物体的深度信息，从而完成待测物体的三维重建。

9.1.3　三维重建和多视图几何原理

三维重建和多视图几何是计算机视觉领域中的两个重要概念，通常用于从多个视图或图像中还原三维场景的结构和信息。三维重建是从二维图像或视频中提取信息并还原出三维结构，基于视觉信息和几何学原理，通过匹配特征点、深度估计等，将二维图像映射到三维空间。多视图几何通过研究多个视图中的相机参数、图像之间的对应关系、几何约束等，推导出场景的三维几何结构。三维重建通常是和多视图几何紧密联系的，特别是在需要从多个视角获取场景信息进行三维建模的应用中。

1. 结构的三维重建

通常世界坐标系建立在欧式空间，但在相机模型中，建立仿射或射影坐标系更为方便后续处理。下面对射影几何的基本原理和常用的重构方法进行介绍。

1）射影重构

射影重构可以通过两个视图中的同一个投影点确定，即通过基本矩阵 $\boldsymbol{F}$ 建立像素点 $\boldsymbol{p}_1$ 和 $\boldsymbol{p}_2$ 的关系为

$$\boldsymbol{p}_2^{\mathrm{T}}\boldsymbol{F}\boldsymbol{p}_1 = 0 \tag{9-49}$$

通过基本矩阵进行的射影重构并不唯一，但是这些重构是等价的，均反映了两幅视图中的对应关系。基于图像点对之间的关系，直接建立的图像之间的射影重构是第一层面的重构，其与世界坐标系中的欧式重构之间存在确定的关系，设欧式重构为 $(\boldsymbol{P}_1^E, \boldsymbol{P}_2^E, \{\boldsymbol{X}_i^E\})$，射影重构为 $(\boldsymbol{P}_1, \boldsymbol{P}_2, \{\boldsymbol{X}_i\})$，则有

$$\begin{cases} \boldsymbol{P}_1^E = \boldsymbol{P}_1\boldsymbol{H}^{-1} \\ \boldsymbol{P}_2^E = \boldsymbol{P}_2\boldsymbol{H}^{-1} \\ \boldsymbol{X}_i^E = \boldsymbol{H}\boldsymbol{X}_i \end{cases} \tag{9-50}$$

其中，$\boldsymbol{H}$ 为未知的单应矩阵，其反映了整幅图像中的点对之间的对应关系，与点对位置无关。

2）仿射重构

仿射重构的关键在于定位无穷远平面，在射影空间中，无穷远平面用齐次坐标 $\boldsymbol{\pi}_\infty = [0, 0, 0, 1]^{\mathrm{T}}$ 表示，在 $\boldsymbol{\pi}_\infty$ 中包含了所有的方向，方向用 $\boldsymbol{v} = [v_1, v_2, v_3, 0]^{\mathrm{T}}$ 表示。两个平面平行的充要条件为平面交线在无穷远平面上，所有在射影空间中的平面都是相交的，平行面交于无穷远处平面上的直线。无穷远平面具有 3 个自由度，并且在仿射变换下不变，该不变性是指整个平面集合的不变，而不是具体的点对不变。设一个场景的射影重构结果为 $(\boldsymbol{P}_1, \boldsymbol{P}_2, \{\boldsymbol{X}_i\})$，无穷远平面在射影重构坐标系下表示为一个 4 维矢量 $\boldsymbol{\pi}$。由于真实重构中的无穷远平面坐标为 $[0, 0, 0, 1]^{\mathrm{T}}$，可以通过无穷远平面的坐标关系，求射影变换，即

$$\boldsymbol{H} = \begin{bmatrix} \boldsymbol{I}_{3\times3} \mid \boldsymbol{0}_{3\times1} \\ \boldsymbol{\pi}^{\mathrm{T}} \end{bmatrix} \tag{9-51}$$

其中，$\boldsymbol{I}_{3\times3}$ 和 $\boldsymbol{0}_{3\times1}$ 分别表示 3×3 单位阵和 3 维零向量。可以验证 $\boldsymbol{H}^{-\mathrm{T}}\boldsymbol{\pi} = [0, 0, 0, 1]^{\mathrm{T}}$，满足变换要求。于是，变换 $\boldsymbol{H}$ 作用于所有图像点和两个相机之间，便能得到一个新的重构，称为仿射重构，其与欧式重构的关系为

$$\begin{cases} \boldsymbol{P}_1^A = \boldsymbol{P}_1^E\boldsymbol{H}^{-1} \\ \boldsymbol{P}_2^A = \boldsymbol{P}_2^E\boldsymbol{H}^{-1} \\ \boldsymbol{X}_i^A = \boldsymbol{H}\boldsymbol{X}_i^E \end{cases} \tag{9-52}$$

确定无穷远平面是完成仿射重构的关键，通常有如下两种方法：

（1）让摄像机进行纯平移运动，观察由此产生的两幅图像上的点，使它们在无穷远平面上的像是相同的，找到匹配点，即可确定无穷远平面；

（2）利用景物的约束，例如已知某些直线在视图中是平行的，那么这些平行直线在无穷远平面上相交，通过三对这样的平行直线就可以确定无穷远平面上的三个点，从而确定整个无穷远平面。

3）度量重构

度量重构的关键在于辨认绝对二次曲线，该过程和仿射重构类似。绝对二次曲线 Ω_∞ 在无穷远平面 $\boldsymbol{\pi}_\infty$ 上满足：

$$\begin{cases} x_1^2 + x_2^2 + x_3^2 = 0 \\ x_4^2 = 0 \end{cases} \tag{9-53}$$

在欧式空间中，两条直线 $\boldsymbol{l}_1$ 和 $\boldsymbol{l}_2$ 之间的夹角可以表示为

$$\cos\theta = \frac{\boldsymbol{l}_1^{\mathrm{T}}\boldsymbol{l}_2}{\sqrt{(\boldsymbol{l}_1^{\mathrm{T}}\boldsymbol{l}_1)(\boldsymbol{l}_2^{\mathrm{T}}\boldsymbol{l}_2)}} \tag{9-54}$$

在射影空间中可以表示为

$$\cos\theta = \frac{\boldsymbol{l}_1^{\mathrm{T}}\boldsymbol{\Omega}_\infty\boldsymbol{l}_2}{\sqrt{(\boldsymbol{l}_1^{\mathrm{T}}\boldsymbol{\Omega}_\infty\boldsymbol{l}_1)(\boldsymbol{l}_2^{\mathrm{T}}\boldsymbol{\Omega}_\infty\boldsymbol{l}_2)}} \tag{9-55}$$

因此,在欧式坐标系中,绝对二次曲线 $\boldsymbol{\Omega}_\infty$ 简化为单位阵。度量重构是在射影重构和仿射重构的基础上进行的,因此,无穷远平面在仿射重构时已经完成辨认。下一步,是通过仿射变换使得 $\boldsymbol{\Omega}_\infty$ 映射到标准欧式坐标系的重构与真实重构相差一个射影变换,该射影变换使得 $\boldsymbol{\Omega}_\infty$ 不动。

事实上,首先度量重构的简易步骤是考虑一幅图像中的绝对二次曲线的像(image of absolute conic,IAC)。IAC 在图像中为一条二次曲线,二次曲线的反向投影为锥面,绝对二次曲线 $\boldsymbol{\Omega}_\infty$ 为锥面与 $\boldsymbol{\pi}_\infty$ 的交线。IAC 并不依赖于具体的重构,只依赖于相机矩阵。如果已知 $\boldsymbol{\Omega}_\infty$ 在图像中的像为 $\boldsymbol{\omega}$,并且仿射重构中的相机矩阵为 $\boldsymbol{P}=[\boldsymbol{M}\mid\boldsymbol{m}]$,则可以得到从仿射重构到度量重构的单应矩阵 $\boldsymbol{H}$ 为

$$\boldsymbol{H} = \begin{bmatrix} \boldsymbol{A}^{-1} & \boldsymbol{0}_{3\times1} \\ \boldsymbol{0}_{1\times3} & 1 \end{bmatrix} \tag{9-56}$$

其中,$\boldsymbol{A}\boldsymbol{A}^{\mathrm{T}}=(\boldsymbol{M}^T\boldsymbol{\omega}\boldsymbol{M})^{-1}$,通过 Cholesky 分解得到,$\boldsymbol{\omega}=(\boldsymbol{\omega}^*)^{-1}=(\boldsymbol{K}\boldsymbol{K}^{\mathrm{T}})^{-1}$。

当两个相机的标定矩阵 $\boldsymbol{K}$ 相同的时候,直接采用 IAC 在两幅图像中都相等的关系,通过输入足够多的图像,完成度量重构。

4) 直接重构

如果已知图像中的点在欧式世界坐标系中的 3D 坐标,可以在射影重构之后,直接进行度量重构。设已知空间位置的点 $\{\boldsymbol{X}_i^E\}$,则重构方程为

$$\boldsymbol{X}_i^E = \boldsymbol{H}\boldsymbol{X}_i \tag{9-57}$$

其中,$i=1,2,\cdots,n$。每组点对应提供关于单应矩阵元素的三个独立线性方程,于是完整地解算整个单应关系,需要用到大于等于 5 组对应点关系,具体解算方法可以参考9.1.1 小节的内容。在得到了单应矩阵的基础上,可以将射影重构当中的相机矩阵 $\boldsymbol{P}_1$ 和 $\boldsymbol{P}_2$ 变为欧式重构中的相机矩阵 $\boldsymbol{P}_1^E$ 和 $\boldsymbol{P}_2^E$。

2. 三视图几何

三视图几何描述了三个相机同时或连续拍摄物体的情况,重点是三焦点张量及其计算。三焦点张量类似于两视图几何中的基本矩阵 $\boldsymbol{F}$,仅与相机间关系有关,而与物体结构无关。相较于两视图几何,三视图几何可提供从两幅视图转移到第三幅视图的能力,从而确定第三幅视图中的点和线位置。

三焦点张量可通过三幅视图中的点和线对应关系计算得出。若已知三焦点张量,并能从中恢复相机矩阵,则可根据多视图对应关系进行物体的三维重构。

1) 三焦点张量

假设三维空间中的直线在三幅视图中的投影为三条直线,在每个视图中,相机中心和

投影直线形成的空间平面必然与该直线相交，如图 9-11 所示，其中，O_1、O_2 和 O_3 分别为三幅视图的相机中心；$\boldsymbol{L}$ 为三维空间的直线；$\boldsymbol{l}_1$、$\boldsymbol{l}_2$ 和 $\boldsymbol{l}_3$ 为直线在三幅视图中的投影。三条投影直线的对应关系为 $\boldsymbol{l}_1 \leftrightarrow \boldsymbol{l}_2 \leftrightarrow \boldsymbol{l}_3$，三幅视图对应的相机矩阵为 $\boldsymbol{P}_1 = [\boldsymbol{I}_{3\times3} \mid \boldsymbol{0}_{3\times1}]$、$\boldsymbol{P}_2 = [\boldsymbol{A} \mid \boldsymbol{a}_4]$ 和 $\boldsymbol{P}_3 = [\boldsymbol{B} \mid \boldsymbol{b}_4]$，其中 $\boldsymbol{a}_i$ 和 $\boldsymbol{b}_i$ 分别为相机矩阵 $\boldsymbol{P}_2$ 和 $\boldsymbol{P}_3$ 的第 i 列。同时，$\boldsymbol{a}_4$ 和 $\boldsymbol{b}_4$ 分别为第二幅和第三幅视图中的对极点，$\boldsymbol{A}$ 和 $\boldsymbol{B}$ 分别为 $\boldsymbol{P}_1$ 到 $\boldsymbol{P}_2$ 和 $\boldsymbol{P}_3$ 的无穷单应。

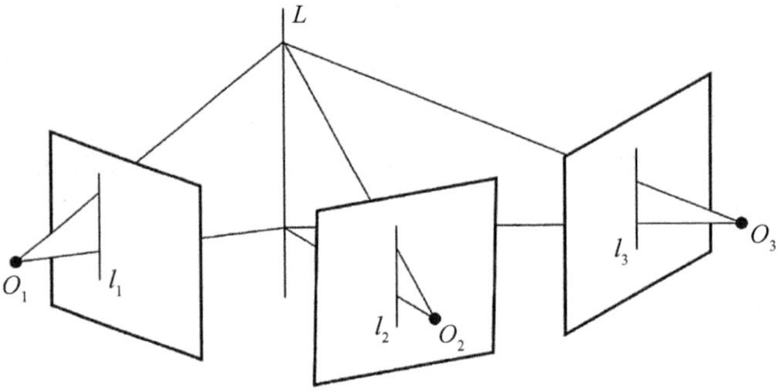

图 9-11　三维空间中直线和三幅视图对应关系

每一条投影直线可以构成一个平面，于是三幅视图可以构成三个平面：

$$\begin{cases} \boldsymbol{\pi}_1 = \boldsymbol{P}_1^{\mathrm{T}}\boldsymbol{l}_1 = \begin{bmatrix} \boldsymbol{l}_1 \\ 0 \end{bmatrix} \\ \boldsymbol{\pi}_2 = \boldsymbol{P}_2^{\mathrm{T}}\boldsymbol{l}_2 = \begin{bmatrix} \boldsymbol{A}^{\mathrm{T}}\boldsymbol{l}_2 \\ \boldsymbol{a}_4^{\mathrm{T}}\boldsymbol{l}_2 \end{bmatrix} \\ \boldsymbol{\pi}_3 = \boldsymbol{P}_3^{\mathrm{T}}\boldsymbol{l}_3 = \begin{bmatrix} \boldsymbol{B}^{\mathrm{T}}\boldsymbol{l}_3 \\ \boldsymbol{b}_4^{\mathrm{T}}\boldsymbol{l}_3 \end{bmatrix} \end{cases} \tag{9-58}$$

三个平面相交于 $\boldsymbol{L}$，该几何约束可以表示为

$$\begin{cases} \boldsymbol{M} = [\boldsymbol{\pi}_1, \boldsymbol{\pi}_2, \boldsymbol{\pi}_3]_{4\times3} \\ \mathrm{rank}(\boldsymbol{M}) = 2 \end{cases} \tag{9-59}$$

由于矩阵 $\boldsymbol{M}$ 不满秩，存在线性关系：

$$\boldsymbol{\pi}_1 = \alpha\boldsymbol{\pi}_2 + \beta\boldsymbol{\pi}_3 \tag{9-60}$$

即

$$\begin{bmatrix} \boldsymbol{l}_1 \\ 0 \end{bmatrix} = \alpha \begin{bmatrix} \boldsymbol{A}^{\mathrm{T}}\boldsymbol{l}_2 \\ \boldsymbol{a}_4^{\mathrm{T}}\boldsymbol{l}_2 \end{bmatrix} + \beta \begin{bmatrix} \boldsymbol{B}^{\mathrm{T}}\boldsymbol{l}_3 \\ \boldsymbol{b}_4^{\mathrm{T}}\boldsymbol{l}_3 \end{bmatrix} \tag{9-61}$$

根据 $\boldsymbol{\pi}_1$、$\boldsymbol{\pi}_2$ 和 $\boldsymbol{\pi}_3$ 中最后一行的元素对应关系，可以计算得到 $\alpha = s(\boldsymbol{b}_4^{\mathrm{T}}\boldsymbol{l}_3)$，$\beta = -s(\boldsymbol{a}_4^{\mathrm{T}}\boldsymbol{l}_2)$，其中 s 为尺度因子。将 α 和 β 代入式(9-61)，有

$$\boldsymbol{l}_1 \cong (\boldsymbol{l}_3^{\mathrm{T}}\boldsymbol{b}_4)\boldsymbol{A}^{\mathrm{T}}\boldsymbol{l}_2 - (\boldsymbol{l}_2^{\mathrm{T}}\boldsymbol{a}_4)\boldsymbol{B}^{\mathrm{T}}\boldsymbol{l}_3 \tag{9-62}$$

于是，直线 $\boldsymbol{l}_1$ 的第 i 个元素可以表示为

$$(l_1)_i \cong \boldsymbol{l}_2^{\mathrm{T}}(\boldsymbol{a}_i\boldsymbol{b}_4^{\mathrm{T}})\boldsymbol{l}_3 - \boldsymbol{l}_2^{\mathrm{T}}(\boldsymbol{a}_4\boldsymbol{b}_i^{\mathrm{T}})\boldsymbol{l}_3 \tag{9-63}$$

定义符号：

$$\boldsymbol{T}_i = \boldsymbol{a}_i\boldsymbol{b}_4^{\mathrm{T}} - \boldsymbol{a}_4\boldsymbol{b}_i^{\mathrm{T}} \tag{9-64}$$

式(9-63)可简写为

$$(l_1)_i \cong \boldsymbol{l}_2^{\mathrm{T}}\boldsymbol{T}_i\boldsymbol{l}_3 \tag{9-65}$$

三焦点张量的矩阵表示为 $\{\boldsymbol{T}_1, \boldsymbol{T}_2, \boldsymbol{T}_3\}$ 或 $[\boldsymbol{T}_1, \boldsymbol{T}_2, \boldsymbol{T}_3]$。该张量由 3 个 3×3 的矩阵构成，考虑到全局尺度参数 s 和三个相机矩阵的世界射影坐标系约束，其有 18 个自由度。

如果统一将矩阵第 m 行、第 n 列的元素记作 x_n^m，三焦点张量元素可表示为

$$\tau_i^{j,k} = a_i^j b_4^k - a_4^j b_i^k \tag{9-66}$$

其中，j 和 k 是逆变(行)指标；i 是协变(列)指标。式(9-65)可以表示为

$$(l_1)_i \cong \sum_{j,k=1}^{3} (l_2)_j (l_3)_k \tau_i^{j,k} \tag{9-67}$$

由式(9-67)可知，通过第三幅视图，可以构建第一幅视图和第二幅视图之间的单应映射关系：

$$(l_1)_i \cong \sum_{j,k=1}^{3} (l_2)_j [(l_3)_k \tau_i^{j,k}] = \sum_{j=1}^{3} (l_2)_j h_i^j \tag{9-68}$$

其中，h_i^j 为第一幅视图和第二幅视图单应矩阵 $\boldsymbol{H}$ 中的元素。两幅视图之间存在点映射关系：

$$(x_2)^j \cong \sum_{i=1}^{3} h_i^j (x_1)^i \tag{9-69}$$

同理，可以构建第一和第三幅视图的单应映射关系，调换式(9-68)中的乘积顺序：

$$(l_1)_i \cong \sum_{j,k=1}^{3} (l_3)_k [(l_2)_j \tau_i^{j,k}] = \sum_{k=1}^{3} (l_3)_k h_i^k \tag{9-70}$$

其中，h_i^k 为单应矩阵 $\boldsymbol{H}$ 的元素。第一和第三幅视图之间的点映射关系为：

$$(x_3)^k \cong \sum_{i=1}^{3} h_i^k (x_1)^i \tag{9-71}$$

因此，通过两幅视图的匹配点，可以获得第三幅视图上的点位置，点位置确定的过程称为点的转移。同理，直线也存在类似的转移。为了方便描述，定义张量 $\varepsilon_{i,j,k}$ 及其逆变换 $\varepsilon^{i,j,k}$，图像中过 x^i 和 y^j 两点的直线则可以表示为 $l_k = x^i y^j \varepsilon_{i,j,k}$。

(1) 利用基本矩阵的点转移。设三幅视图的基本矩阵为 $\boldsymbol{F}_{21}$、$\boldsymbol{F}_{31}$ 和 $\boldsymbol{F}_{32}$，第一和第二幅视图中的匹配点为 $\boldsymbol{x}_1$ 和 $\boldsymbol{x}_2$，则第三幅视图的对应点 $\boldsymbol{x}_3$ 必然在对极线 $\boldsymbol{F}_{31}\boldsymbol{x}_1$ 和 $\boldsymbol{F}_{32}\boldsymbol{x}_2$ 的

交点处，有

$$\boldsymbol{x}_3 = (\boldsymbol{F}_{31}\boldsymbol{x}_1) \times (\boldsymbol{F}_{32}\boldsymbol{x}_2) \tag{9-72}$$

利用基本矩阵进行点转移称为对极转移，不过当两条极线在第三幅图像中重合时，对极变换失效，此时空间点 $\boldsymbol{X}$ 位于三个相机中心确定的三焦点平面上。

（2）利用三焦点张量的点转移。使用三焦点张量进行点转移时，可以避免对极转移的退化情况。考虑到对应关系 $\boldsymbol{x}_1 \leftrightarrow \boldsymbol{x}_2$，设两幅视图的极点为 $\boldsymbol{e}_1$ 和 $\boldsymbol{e}_2$，根据对极线的对应关系，有

$$\boldsymbol{F}_{21} = (\boldsymbol{e}_2)^{\times} [\boldsymbol{T}_1, \boldsymbol{T}_2, \boldsymbol{T}_3]\boldsymbol{l}_3 \tag{9-73}$$

其中，$[\boldsymbol{T}_1, \boldsymbol{T}_2, \boldsymbol{T}_3]$ 为三焦点张量的矢量形式表示；$\boldsymbol{l}_3$ 为第三幅视图中的任意矢量，此处选为第三幅视图中的极点方向矢量 $\boldsymbol{e}_3$，也即

$$\boldsymbol{F}_{21} = (\boldsymbol{e}_2)^{\times} [\boldsymbol{T}_1, \boldsymbol{T}_2, \boldsymbol{T}_3]\boldsymbol{e}_3 \tag{9-74}$$

通过优化算法，得到最小化几何误差的匹配点 $\hat{\boldsymbol{x}}_1 \leftrightarrow \hat{\boldsymbol{x}}_2$。计算过点 $\hat{\boldsymbol{x}}_2$ 并且垂直于 $\boldsymbol{l}_2^e = \boldsymbol{F}_{21}\hat{\boldsymbol{x}}$ 的直线 $\boldsymbol{l}_2$。记 $\boldsymbol{l}_2^e = [l_1, l_2, l_3]^{\mathrm{T}}$，$\hat{\boldsymbol{x}}_2 = [\hat{x}_1, \hat{x}_2, 1]^{\mathrm{T}}$，则有

$$\boldsymbol{l}_2 = [l_2, -l_1, -\hat{x}_1 l_2 + \hat{x}_2 l_1]^{\mathrm{T}} \tag{9-75}$$

转移点为

$$(x_3)^k = \sum_{i,j=1}^{3} (x_1)^i [(l_2)_j \tau_i^{j,k}] \tag{9-76}$$

（3）利用三焦点张量的线转移。由式(9－67)可知，三条直线可以通过三焦点张量构建联系。如果已知第一和第二幅视图中的直线，则第三幅视图中的对应直线可以通过方程组求解得出：

$$\sum_{r,i,j,k=1}^{3} (l_1)_r \varepsilon^{r,i,s} (l_2)_j (l_3)_k \tau_i^{j,k} = \boldsymbol{0}^s \tag{9-77}$$

2）三焦点张量的计算

首先，给定三幅视图中，所有关于点和线的线性关系方程：

$$\begin{cases} \sum\limits_{i,j,j,q,r=1}^{3} (x_1)^i (x_2)^j (x_3)^k \varepsilon_{j,q,s} \varepsilon_{k,r,t} \tau_i^{q,r} = 0_{s,t} \\ \sum\limits_{i,j,q,r=1}^{3} (x_1)^i (x_2)^j (l_3)_r \varepsilon_{j,q,s} \tau_i^{q,r} = 0_s \\ \sum\limits_{i,q,r=1}^{3} (x_1)^i (l_2)_q (l_3)_r \tau_i^{q,r} = 0 \\ \sum\limits_{p,q,r,i=1}^{3} (l_1)_p (l_2)_q (l_3)_r \varepsilon^{p,i,w} \tau_i^{q,r} = 0^w \end{cases} \tag{9-78}$$

基于点和线的对应关系,可以构成形如 $\boldsymbol{At}=\boldsymbol{0}$ 的方程组,其中 $\boldsymbol{t}$ 为三焦点张量的矩阵元素。理论上,采用 LS 算法可以计算满足 $\|\boldsymbol{t}\|=1$ 的最小化 $\|\boldsymbol{At}\|$。

计算三焦点张量的方法较多,此处只对典型的解算方法进行介绍。

(1) "黄金标准"算法。黄金标准指的是从最大似然估计中得到的最优结果。给定三幅视图中的点对应关系的集合为 $\{\boldsymbol{x}_1^i \leftrightarrow \boldsymbol{x}_2^i \leftrightarrow \boldsymbol{x}_3^i \mid i=1, 2, \cdots, n\}$,最小化代价函数可以表示为

$$\sum_i d(\boldsymbol{x}_1^i, \hat{\boldsymbol{x}}_1^i)^2 + d(\boldsymbol{x}_2^i, \hat{\boldsymbol{x}}_2^i)^2 + d(\boldsymbol{x}_3^i, \hat{\boldsymbol{x}}_3^i)^2 \tag{9-79}$$

其中,$\hat{\boldsymbol{x}}_1^i$、$\hat{\boldsymbol{x}}_2^i$ 和 $\hat{\boldsymbol{x}}_3^i$ 为满足三焦点张量的约束点。约束点除了满足三焦点张量以外,还需要满足空间点 $\boldsymbol{X}^i$ 的约束关系:

$$\begin{cases} \boldsymbol{x}_1^i \cong \boldsymbol{P}_1\boldsymbol{X}^i \\ \boldsymbol{x}_2^i \cong \boldsymbol{P}_2\boldsymbol{X}^i \\ \boldsymbol{x}_3^i \cong \boldsymbol{P}_3\boldsymbol{X}^i \end{cases} \tag{9-80}$$

该约束等效为对三幅视图应用光束平差法(bundle adjustment,BA)。"黄金标准"算法的应用步骤为:① 初始化:对三焦点张量 $\boldsymbol{\tau}$ 进行一个初始估计;② 恢复相机矩阵:根据估计的张量 $\boldsymbol{\tau}$ 恢复相机矩阵 $\boldsymbol{P}_i$;③ 估计 3D 点:利用点的对应关系以及相机矩阵,得到估计的 3D 点 $\hat{\boldsymbol{X}}^i$;④ 迭代优化:不断地调整 $\boldsymbol{\tau}$ 和 $\hat{\boldsymbol{X}}^i$,使得代价函数最小化,直至满足收敛条件,结束迭代,输出优化结果。

(2) 基于 RANSAC 的估计算法。该算法的输入仅为图像的三元组,无需其他先验信息,输出包括估计的三焦点张量和跨三幅图像的对应点集。该算法在其他章节中已经给出,此处不再重复。在 RANSAC 算法中,采用重投影误差 $d_\perp$ 衡量估计的三焦点张量精度,其定义如下:

$$d_\perp^2 = d(\boldsymbol{x}_1, \hat{\boldsymbol{x}}_1)^2 + d(\boldsymbol{x}_2, \hat{\boldsymbol{x}}_2)^2 + d(\boldsymbol{x}_3, \hat{\boldsymbol{x}}_3)^2 \tag{9-81}$$

算法流程为:① 从三幅图像中提取兴趣点;② 根据三幅视图两两之间的对应关系,计算基础矩阵 $\boldsymbol{F}$;③ 通过视图的兴趣点匹配集合,确定满足三视图关系的一组兴趣点对应;④ 重复计算 N 个样本,选择一个含 6 组对应的样本,并计算三焦点张量,然后计算每组对应点到估计的三焦点张量的重投影误差 $d_\perp$,选择具有最多满足 $d_\perp < d_{th}$ 内点的三焦点张量作为估计的解,d_{th} 为设定的阈值;⑤采用最小化代价函数指标对设定为内点的对应进行重新估计;⑥通过三焦点张量计算基本矩阵,之后再用基本矩阵矫正匹配结果,而后在第三幅视图中构建小的搜索框,寻找对应点。重复步骤⑤和步骤⑥至对应关系数目稳定为止。

3. N 视图几何

1) N 视图关系

N 个视图之间的关系可以描述为 N 线性,其中,N 为不小于 2 的整数。下面介绍双线性关系、三线性关系和四线性关系,更高维度的线性可以同理推广。

(1) 双线性关系。采用矩阵 $\boldsymbol{A}$ 和 $\boldsymbol{B}$ 代表原先的两幅视图中的相机矩阵,空间点为 $\boldsymbol{X}$,点对应关系为 $\boldsymbol{x}_1 \leftrightarrow \boldsymbol{x}_2$,与真实的 3D 点满足关系 $k_1\boldsymbol{x}_1 = \boldsymbol{AX}$ 和 $k_2\boldsymbol{x}_2 = \boldsymbol{BX}$,因此有

$$\begin{bmatrix} \boldsymbol{A} & \boldsymbol{x}_1 & \boldsymbol{0}_{3\times1} \\ \boldsymbol{B} & \boldsymbol{0}_{3\times1} & \boldsymbol{x}_2 \end{bmatrix} \begin{bmatrix} \boldsymbol{X} \\ -k_1 \\ -k_2 \end{bmatrix} = \boldsymbol{0}_{6\times1} \tag{9-82}$$

该方程的系数矩阵为 6×6,式(9-82)可进一步细化为

$$\begin{bmatrix} \boldsymbol{a}^1 & (x_1)^1 & 0 \\ \boldsymbol{a}^2 & (x_1)^2 & 0 \\ \boldsymbol{a}^3 & (x_1)^3 & 0 \\ \boldsymbol{b}^1 & 0 & (x_2)^1 \\ \boldsymbol{b}^2 & 0 & (x_2)^2 \\ \boldsymbol{b}^3 & 0 & (x_2)^3 \end{bmatrix} \begin{bmatrix} \boldsymbol{X} \\ -k_1 \\ -k_2 \end{bmatrix} = \boldsymbol{0}_{6\times1} \tag{9-83}$$

其中,$\boldsymbol{a}^i$ 和 $\boldsymbol{b}^i$ 分别为 $\boldsymbol{A}$ 和 $\boldsymbol{B}$ 的第 i 行。如果方程存在非零解,则式(9-83)左边系数矩阵的行列式必须为 0,由此可以推导出 $\boldsymbol{x}_1$ 和 $\boldsymbol{x}_2$ 之间的双线性关系:

$$[(x_2)^1, (x_2)^2, (x_2)^3]\boldsymbol{F}[(x_1)^1, (x_1)^2, (x_1)^3]^{\mathrm{T}} = (x_1)^j (x_2)^i F_{ij} = 0 \tag{9-84}$$

(2) 三线性关系。类似地,考虑三幅视图中的关系 $\boldsymbol{x}_1 \leftrightarrow \boldsymbol{x}_2 \leftrightarrow \boldsymbol{x}_3$,有

$$\begin{bmatrix} \boldsymbol{A} & \boldsymbol{x}_1 & \boldsymbol{0}_{3\times1} & \boldsymbol{0}_{3\times1} \\ \boldsymbol{B} & \boldsymbol{0}_{3\times1} & \boldsymbol{x}_2 & \boldsymbol{0}_{3\times1} \\ \boldsymbol{C} & \boldsymbol{0}_{3\times1} & \boldsymbol{0}_{3\times1} & \boldsymbol{x}_3 \end{bmatrix} \begin{bmatrix} \boldsymbol{X} \\ -k_1 \\ -k_2 \\ -k_3 \end{bmatrix} = \boldsymbol{0}_{9\times1} \tag{9-85}$$

该方程的系数矩阵为 9×7,并且存在非零解,于是其秩最大为 6。由此可知,三幅视图之间存在三线性关系。在构建三线性关系的时候,需要从系数矩阵中选取 7×7 的子式,可以分为“3+3+1”和“3+2+2”的情况,在第一种情况中,有

$$\begin{bmatrix} \boldsymbol{A} & \boldsymbol{x}_1 & \boldsymbol{0}_{3\times1} & \boldsymbol{0}_{3\times1} \\ \boldsymbol{B} & \boldsymbol{0}_{3\times1} & \boldsymbol{x}_2 & \boldsymbol{0}_{3\times1} \\ \boldsymbol{c}^i & 0 & 0 & (x_3)^i \end{bmatrix} \tag{9-86}$$

如果按照最后一列进行行列式的展开,该子式的行列式为 0 可表示为

$$(x_3)^i \det\begin{bmatrix} \boldsymbol{A} & \boldsymbol{x}_1 & \boldsymbol{0}_{3\times1} \\ \boldsymbol{B} & \boldsymbol{0}_{3\times1} & \boldsymbol{x}_2 \end{bmatrix} = 0 \tag{9-87}$$

式(9-87)就是“3+3+1”情况下的三线性关系。在第二种情况中,有

$$\begin{bmatrix} \boldsymbol{A} & \boldsymbol{x}_1 & \boldsymbol{0}_{3\times1} & \boldsymbol{0}_{3\times1} \\ \boldsymbol{b}^j & 0 & (x_2)^j & 0 \\ \boldsymbol{b}^l & 0 & (x_2)^l & 0 \\ \boldsymbol{c}^k & 0 & 0 & (x_3)^k \\ \boldsymbol{c}^m & 0 & 0 & (x_3)^m \end{bmatrix} \tag{9-88}$$

将子式的行列式按照包含 $(x_1)^i$ 的列展开，可以得到三线性关系：

$$-\frac{1}{2}\sum_{i,j,k,l,m,q,r=1}^{3}(x_1)^i(x_2)^j(x_3)^k\varepsilon_{i,l,m}\varepsilon_{j,q,u}\varepsilon_{k,r,v}\det\begin{bmatrix} \boldsymbol{a}^l \\ \boldsymbol{a}^m \\ \boldsymbol{b}^q \\ \boldsymbol{c}^r \end{bmatrix} = 0_{u,v} \tag{9-89}$$

定义三焦点张量为

$$\tau_i^{q,r} = \frac{1}{2}\sum_{l,m=1}^{3}\varepsilon_{i,l,m}\det\begin{bmatrix} \boldsymbol{a}^l \\ \boldsymbol{a}^m \\ \boldsymbol{b}^q \\ \boldsymbol{c}^r \end{bmatrix} \tag{9-90}$$

(3) 四线性关系。对于四幅视图，同样可以构建类似的线性关系，设相机矩阵为 $\boldsymbol{A}$、$\boldsymbol{B}$、$\boldsymbol{C}$ 和 $\boldsymbol{D}$，考虑对应点为 $\boldsymbol{x}_1 \leftrightarrow \boldsymbol{x}_2 \leftrightarrow \boldsymbol{x}_3 \leftrightarrow \boldsymbol{x}_4$，于是投影的方程为

$$\begin{bmatrix} \boldsymbol{A} & \boldsymbol{x}_1 & \boldsymbol{0}_{3\times1} & \boldsymbol{0}_{3\times1} & \boldsymbol{0}_{3\times1} \\ \boldsymbol{B} & \boldsymbol{0}_{3\times1} & \boldsymbol{x}_2 & \boldsymbol{0}_{3\times1} & \boldsymbol{0}_{3\times1} \\ \boldsymbol{C} & \boldsymbol{0}_{3\times1} & \boldsymbol{0}_{3\times1} & \boldsymbol{x}_3 & \boldsymbol{0}_{3\times1} \\ \boldsymbol{D} & \boldsymbol{0}_{3\times1} & \boldsymbol{0}_{3\times1} & \boldsymbol{0}_{3\times1} & \boldsymbol{x}_4 \end{bmatrix}\begin{bmatrix} \boldsymbol{X} \\ -k_1 \\ -k_2 \\ -k_3 \\ -k_4 \end{bmatrix} = \boldsymbol{0}_{12\times1} \tag{9-91}$$

该系数矩阵维数为 12×8，由于非零解的存在，系数矩阵的秩最大为 7。此时从某幅视图中只选取一行，则剩下的视图之间的关系退化为三线性关系，或双线性关系。如果每个相机都选取两行构建 8×8 的子式，则四线性关系为

$$\sum_{i,j,k,l,p,q,r,s=1}^{3}(x_1)^i(x_2)^j(x_3)^k(x_4)^l\varepsilon_{i,p,w}\varepsilon_{j,q,x}\varepsilon_{k,r,y}\varepsilon_{l,s,z}\det\begin{bmatrix} \boldsymbol{a}^p \\ \boldsymbol{b}^q \\ \boldsymbol{c}^r \\ \boldsymbol{d}^s \end{bmatrix} = 0_{w,x,y,z} \tag{9-92}$$

定义四焦点张量为

$$Q^{p,q,r,s}=\det\begin{bmatrix}\boldsymbol{a}^p\\ \boldsymbol{b}^q\\ \boldsymbol{c}^r\\ \boldsymbol{d}^s\end{bmatrix} \tag{9-93}$$

以此类推，N 视图也可以按照类似的步骤构建线性关系。

2）N 视图计算方法

本节主要介绍多视图情况下的重构方法，其中射影重构采用了光束平差法，仿射重构采用了矩阵分解法。

（1）光束平差法。对于空间中的一组点 $\boldsymbol{X}_j$，假设其在第 i 个视图中的坐标为 $\boldsymbol{x}_j^i$，满足投影关系 $\boldsymbol{x}_j^i \cong \boldsymbol{P}^i\boldsymbol{X}_j$，其中，$\boldsymbol{P}^i$ 为对应视图的相机矩阵。如果对相机矩阵和空间点不加额外约束，则通过图像坐标 $\boldsymbol{x}_j^i$ 完成 $\boldsymbol{P}^i$ 和 $\boldsymbol{X}_j$ 的求解，属于射影重构问题。在实际的求解中，图像坐标并不能严格满足投影关系，于是需要求解最大似然结果，优化的指标为重投影点和图像点之间的距离：

$$\min\sum_{i,j} d\,(\hat{\boldsymbol{P}}^i\hat{\boldsymbol{X}}_j,\ \boldsymbol{x}_j^i)^2 \tag{9-94}$$

光束平差法通常在重构的最后阶段应用。不过，该方法对初始值精度的依赖较高，涉及的参数量较大，计算过程较为复杂。

（2）矩阵分解法。首先对于 m 幅视图的 $n \geqslant 4$ 个图像对应点 $\boldsymbol{x}_j^i$，可以确定仿射相机的矩阵 $\{\boldsymbol{M}^i,\ \boldsymbol{t}^i\}$。仿射相机用其矩阵的最后一行 $[0,\ 0,\ 0,\ 1]$ 表征，非齐次的图像点采用 $\boldsymbol{x}=[x,\ y]^{\mathrm{T}}$ 表示，非齐次的世界点用 $\boldsymbol{X}=[X,\ Y,\ Z]^{\mathrm{T}}$ 表示。于是，存在如下关系式：

$$\boldsymbol{x}=\boldsymbol{M}\boldsymbol{X}+\boldsymbol{t} \tag{9-95}$$

其中，$\boldsymbol{M}$ 为 2×3 的矩阵，表示相机的线性变换；$\boldsymbol{t}$ 为 2×1 的向量，表示相机的平移。此时，优化指标变为

$$\min\sum_{i,j} d\,(\boldsymbol{M}^i\boldsymbol{X}_j+\boldsymbol{t}^i,\ \boldsymbol{x}_j^i)^2 \tag{9-96}$$

为了求解最优的仿射相机矩阵 $[\boldsymbol{M}^i \quad \boldsymbol{t}^i]$，首先计算相机的平移 $\boldsymbol{t}^i$。将每一幅视图的平移当作视图中的形心计算：

$$\boldsymbol{t}^i=\frac{1}{n}\sum_j \boldsymbol{x}_j^i=\langle \boldsymbol{x}^i\rangle \tag{9-97}$$

其中，$\langle \boldsymbol{x}^i\rangle$ 表示第 i 幅视图的形心。在得到形心之后，可以对视图中的点坐标进行中心化处理：

$$\tilde{\boldsymbol{x}}_j^i=\boldsymbol{x}_j^i-\langle \boldsymbol{x}^i\rangle \tag{9-98}$$

经过平移的中心化处理，所有的图像对的估计都简化为 $\boldsymbol{M}^i\boldsymbol{X}_j$。定义一个测量矩阵 $\boldsymbol{W}$，其形式为

$$
\boldsymbol{W}=\begin{bmatrix}\boldsymbol{x}_1^1 & \boldsymbol{x}_2^1 & \cdots & \boldsymbol{x}_n^1\\ \boldsymbol{x}_1^2 & \boldsymbol{x}_2^2 & \cdots & \boldsymbol{x}_n^2\\ \vdots & \vdots & \ddots & \vdots\\ \boldsymbol{x}_1^m & \boldsymbol{x}_2^m & \cdots & \boldsymbol{x}_n^m\end{bmatrix} \tag{9-99}
$$

通过线性变换和空间点计算得到的测量矩阵可以写为

$$
\hat{\boldsymbol{W}}=\begin{bmatrix}\boldsymbol{M}^1\\ \boldsymbol{M}^2\\ \vdots\\ \boldsymbol{M}^m\end{bmatrix}[\boldsymbol{X}_1 \quad \boldsymbol{X}_2 \quad \cdots \quad \boldsymbol{X}_n] \tag{9-100}
$$

原先的优化指标可以等价为求取两个测量矩阵的最小 Frobenius 范数：

$$
\| \hat{\boldsymbol{W}}-\boldsymbol{W} \|_F^2=\sum_{i,j}(\boldsymbol{M}^i\boldsymbol{X}_j-\boldsymbol{x}_j^i)^2=\sum_{i,j}d(\boldsymbol{M}^i\boldsymbol{X}_j,\ \boldsymbol{x}_j^i)^2 \tag{9-101}
$$

对测量矩阵 $\boldsymbol{W}$ 进行 SVD 分解：

$$
\boldsymbol{W}=\boldsymbol{UDV}^{\mathrm{T}}=[\sigma_1\boldsymbol{u}_1 \quad \sigma_2\boldsymbol{u}_2 \quad \sigma_3\boldsymbol{u}_3][\boldsymbol{v}_1 \quad \boldsymbol{v}_2 \quad \boldsymbol{v}_3]^{\mathrm{T}} \tag{9-102}
$$

对应式(9－100)可以得

$$
\begin{cases}\begin{bmatrix}\boldsymbol{M}^1\\ \boldsymbol{M}^2\\ \vdots\\ \boldsymbol{M}^m\end{bmatrix}=[\sigma_1\boldsymbol{u}_1 \quad \sigma_2\boldsymbol{u}_2 \quad \sigma_3\boldsymbol{u}_3]\\ [\boldsymbol{X}_1 \quad \boldsymbol{X}_2 \quad \cdots \quad \boldsymbol{X}_n]=[\boldsymbol{v}_1 \quad \boldsymbol{v}_2 \quad \boldsymbol{v}_3]^{\mathrm{T}}\end{cases} \tag{9-103}
$$

9.1.4　基于 3D 点到 2D 点的 PnP 位姿解算方法

3D－2D PnP(perspective-n-point,PnP)算法是一种用于从三维点云和对应的二维图像特征点求解相机位姿的方法,可以用于计算相机的旋转矩阵和平移向量,从而将三维点云与二维图像进行对应。

假设相机投影模型为透视投影模型。对于一个三维点 $\boldsymbol{P}$, 在相机坐标系下的坐标为 $\boldsymbol{p}_c=[X,\ Y,\ Z,\ 1]^{\mathrm{T}}$, 在图像平面上的坐标为 $\boldsymbol{p}_i=[u,\ v,\ 1]^{\mathrm{T}}$, 有

$$
\boldsymbol{p}_i \cong \boldsymbol{K}[\boldsymbol{R} \mid \boldsymbol{t}]\boldsymbol{p}_c \tag{9-104}
$$

其中, $\boldsymbol{K}$ 是相机的内参矩阵; $[\boldsymbol{R} \mid \boldsymbol{t}]$ 是相机的外参矩阵,也即是外部参数矩阵 $\boldsymbol{M}_2$。式(9－104)表示从相机坐标系转换到图像平面,然而,要从相机坐标系变换到世界坐标系,还需要考虑相机坐标系和世界坐标系之间的转换关系。

对于 N 个 3D－2D 点对,可以得到 N 个方程,形如 $\boldsymbol{p}_i=\boldsymbol{K}[\boldsymbol{R} \mid \boldsymbol{t}]\boldsymbol{p}_c$。将它们整合成一

个方程组 $\boldsymbol{AX}=\boldsymbol{b}$，其中 A 是一个 $2N\times12$ 的矩阵，$\boldsymbol{X}$ 是一个 12×1 的向量，包含待求解的 $[\boldsymbol{R}\mid\boldsymbol{t}]$ 的元素，$\boldsymbol{b}$ 是一个 $2N\times1$ 的向量，包含图像坐标的元素。使用 LS 算法或非线性优化方法（如 Levenberg - Marquardt 算法）求解方程组 $\boldsymbol{AX}=\boldsymbol{b}$，得到相机的旋转矩阵 $\boldsymbol{R}$ 和平移向量 $\boldsymbol{t}$。通过分解 $\boldsymbol{R}$，可以得到相机的旋转角度。通过求解 $\boldsymbol{t}$，可以得到相机在世界坐标系下的位置。

除了直接对线性方程组求解以外，还有一种 PnP 的求解方法，即 P3P，该方法仅使用三对匹配点。首先，给定三对 3D－2D 匹配点，其中 3D 点记为 A、B 和 C，2D 点记为 a、b 和 c，相机光心为 O。根据三角形之间的相似关系，有

$$\begin{cases}(1-u)y^2-ux^2-\cos\langle b,c\rangle y+2uxy\cos\langle a,b\rangle+1=0\\(1-w)x^2-wy^2-\cos\langle a,c\rangle x+2wxy\cos\langle a,b\rangle+1=0\end{cases}\tag{9-105}$$

其中，$x=OA/OC$；$y=OB/OC$；$u=BC^2/AB^2$；$v=AB^2/OC^2$；$w=AC^2/AB^2$。在式(9－105)，2D 点的图像位置和余弦值都是已知的，于是该方程组就变为 x 和 y 的二元二次多项式。对方程求解后，可以得到 A、B 和 C 三点在相机坐标系下的 3D 坐标。此时，3D－2D 的问题就转换为 3D－3D 问题。

需要注意的是，为了保证求解的精度和可靠性，通常需要满足以下条件：

(1) 3D－2D 点对数量应该足够，一般至少需要 4 个点对；

(2) 3D 点云应该分布在空间中，以提供足够的约束，避免降秩；

(3) 3D 点云应该与图像特征点有良好的对应关系，避免误匹配。

3D－2D PnP 算法是计算机视觉中常用的相机位姿求解方法之一，广泛应用于三维重建、增强现实、机器人导航等领域。

例 9－2 给定空间坐标为 $[250\text{ m},250\text{ m},2\,000\text{ m}]^{\mathrm{T}}$ 和姿态角为 $[30°,30°,30°]^{\mathrm{T}}$ 的无人机，其搭载一枚焦距为 8 mm 的单目相机，相机采用方形像素，像素尺寸为 3.75 μm。通过已知的 400 个 3D 空间点和相机平面的 2D 对应点，试解算相机的位置和姿态，如图 9－12 所示为空间点的分布情况。在仿真中，每个 3D 空间点的坐标都在三维方向上加入标准差 0.5 m 的高斯白噪声。

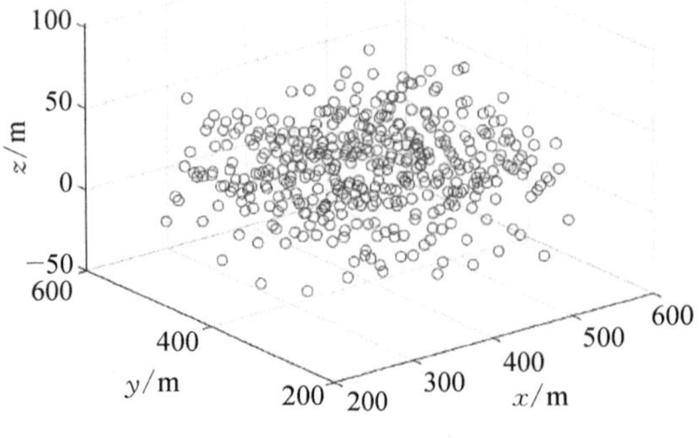

(a) 世界坐标系

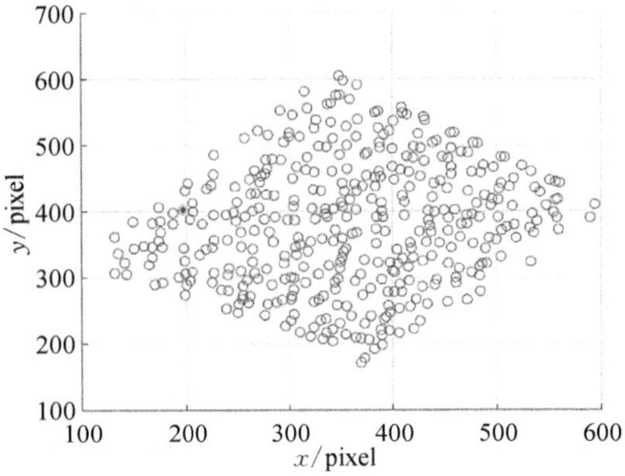

(b) 像素平面

图 9－12 无人机位置分布示意图

解：根据 3D 点的空间坐标和 2D 点像素坐标，可以构建关系式 $\boldsymbol{p}_w \cong \boldsymbol{K}[\boldsymbol{R} \mid \boldsymbol{t}]\boldsymbol{p}_c$，联立方程组，进行求解。构建如下系数矩阵：

$$\boldsymbol{A} = \begin{bmatrix} \boldsymbol{A}_1 \\ \boldsymbol{A}_2 \\ \vdots \\ \boldsymbol{A}_n \end{bmatrix}$$

其中，

$$\boldsymbol{A}_i = \begin{bmatrix} \boldsymbol{p}_w^i & \boldsymbol{0}_{1\times 4} & -s_x p_{ux}^i \boldsymbol{p}_w^i \\ \boldsymbol{0}_{1\times 4} & \boldsymbol{p}_{wi}^i & -s_y p_{uy}^i \boldsymbol{p}_w^i \end{bmatrix}$$

$s_x = d_x/f_x$，$s_y = d_y/f_y$ 分别为 x 和 y 的尺度因子，$d_x = d_y = 3.75 \times 10^{-6}$m 为像素尺寸，$f_x = f_y = 8 \times 10^{-3}$ m 为焦距；p_{ux}^i 和 p_{uy}^i 分别为第 i 个点在像素坐标系的 x 和 y 坐标；$\boldsymbol{p}_w^i = [X_w, Y_w, Z_w, 1]^{\mathrm{T}}$ 为第 i 个点的归一化世界坐标。于是，PnP 求解的方程组为

$$\boldsymbol{A}\boldsymbol{x} = \boldsymbol{0}_{2n\times 1}$$

其中，

$$\boldsymbol{x} = [R_{11}, R_{12}, R_{13}, t_1, R_{21}, R_{22}, R_{23}, t_2, R_{31}, R_{32}, R_{33}, t_3]^{\mathrm{T}}$$

采用 SVD 方法，求解 $\boldsymbol{A}^{\mathrm{T}}\boldsymbol{A}$ 中特征值最小的特征向量，解算结果如下：

$$\begin{cases} \boldsymbol{R} = \begin{bmatrix} 0.625\,9 & 0.650\,5 & -0.434\,9 \\ -0.433\,7 & 0.751\,7 & 0.502\,4 \\ 0.648\,2 & -0.123\,6 & 0.776\,4 \end{bmatrix} \\ \boldsymbol{t} = \begin{bmatrix} 250.35 \\ 250.63 \\ 2\,003.24 \end{bmatrix} \end{cases}$$

进一步求解，得到姿态角为 30.160 6°、29.256 0°和 29.986 7°，由于 3D 点存在噪声，所以解算结果存在误差，至此已完成 PnP 的求解。

在实际解算中，空间点的绝对坐标通常是未知的，解算的结果就会存在尺度上的不确定性。尤其是对于单目相机，通过对极几何得到的 3D 空间点相对于实际的三维坐标存在缩放关系。于是在实际的应用中，为了得到正确的尺度，通常需要深度信息的辅助。

9.1.5　3D－3D ICP 位姿解算算法

3D－3D ICP（iterative closest point）算法是一种用于对齐两个三维点云的方法，通过迭代的方式找到两个点云之间的最佳变换（旋转和平移），特别适用于点云配准和三维重建。

首先，通过特征点提取算法（如 SIFT、SURF、ORB 等）得到两个点云中的特征点及其

描述子。再通过特征描述子匹配,建立两个点云之间的特征点对应关系。接着,使用初始变换估计方法,如 LS、RANSAC 等,根据特征点对应关系,估计初始的旋转矩阵 $\boldsymbol{R}$ 和平移向量 $\boldsymbol{t}$。最后,通过迭代,不断优化 $\boldsymbol{R}$ 和 $\boldsymbol{t}$,以最小化两个点云之间的距离。

在每次迭代中,根据当前的 $\boldsymbol{R}$ 和 $\boldsymbol{t}$,将一个点云变换到与另一个点云的坐标系相匹配的位置。然后,根据对应的点对,计算两个点云之间的最佳刚体变换,即更新的 $\boldsymbol{R}$ 和 $\boldsymbol{t}$。根据得到的最佳变换,更新旋转矩阵和平移向量,并计算两个点云之间的距离,迭代的过程和多视图几何部分的内容相近。

重复以上步骤,直至满足收敛条件(如旋转矩阵和平移向量的变化小于阈值,或达到预设的最大迭代次数)。在位姿估计阶段,通过分解旋转矩阵,可以获取点云的旋转角度。通过求解平移向量,可以得到一个点云相对于另一个点云的平移向量。

需要注意的是,为了确保算法的准确性和可靠性,通常需要满足:① 特征点提取和匹配的准确性和鲁棒性;② 初始变换的准确性和可靠性;③ 迭代优化的收敛性和稳定性。该算法广泛应用于点云配准、三维重建、SLAM 等领域。

例 9-3 给定三维点云数据,用 ICP 算法对三维点云数据进行配准,同时解算旋转矩阵 $\boldsymbol{R}$ 和平移向量 $\boldsymbol{t}$。如图 9-13(a)所示为点云数据图,其中,"*"点为地面标称数据,"o"点为仿真的三维点云。仿真的三维点云相对于原始的三维点云的旋转矩阵和平移矩阵为

$$\boldsymbol{R}=\begin{bmatrix}0.9698 & -0.2007 & 0.1383\\ 0.1710 & 0.9646 & 0.2007\\ -0.1736 & -0.1710 & 0.9698\end{bmatrix},\quad t=\begin{bmatrix}0.5\\ 0.5\\ 1\end{bmatrix}$$

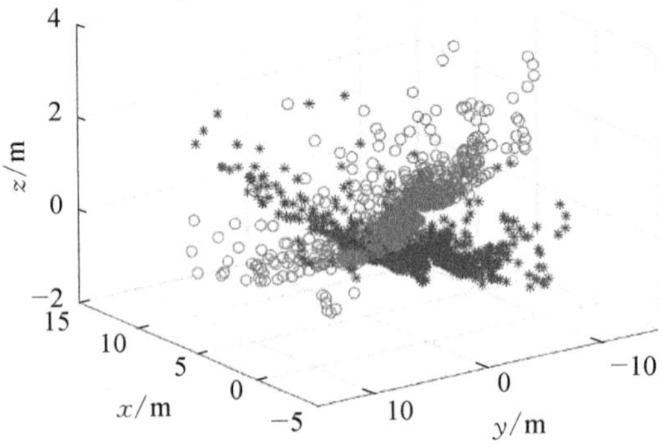

(a) 标称点云和仿真点云

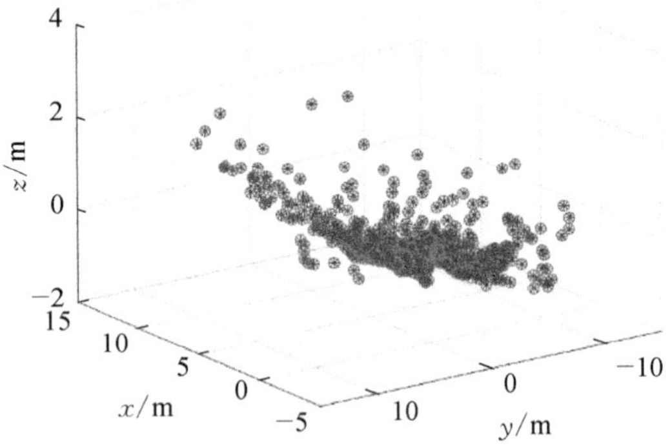

(b) 迭代后的点云

图 9-13 标称点云和迭代后点云示意图

仿真的三维点云还在三个方向上加入标准差为 0.01 m 的高斯白噪声。试通过 ICP 解算点云之间的转换矩阵,并给出迭代后的平均误差。

解:首先进行 SVD 分解,迭代之后计算平均误差,当误差平均值小于预设阈值 3×10^{-4} m 的时候停止迭代。测试中一共迭代 14 次达到收敛,此处为了说明效果,分别给出迭代 1 次、7 次和 14 次的结果:

第 1 次迭代，平均误差为 1.069 m，解算结果为

$$\boldsymbol{R}=\begin{bmatrix} 0.9927 & -0.0222 & 0.1185 \\ 0.0003 & 0.9835 & 0.1812 \\ -0.1206 & -0.1798 & 0.9763 \end{bmatrix},\ \boldsymbol{t}=\begin{bmatrix} 0.0816 \\ 0.1631 \\ 0.9409 \end{bmatrix}$$

第 7 次迭代，平均误差为 0.080 2 m，解算结果为

$$\boldsymbol{R}=\begin{bmatrix} 0.9818 & -0.1216 & 0.1459 \\ 0.0899 & 0.9742 & 0.2071 \\ -0.1673 & -0.1902 & 0.9674 \end{bmatrix},\ t=\begin{bmatrix} 0.3594 \\ 0.3231 \\ 1.0763 \end{bmatrix}$$

第 14 次迭代，平均误差为 2.993×10^{-4} m，解算结果为

$$\boldsymbol{R}=\begin{bmatrix} 0.9699 & -0.2008 & 0.1381 \\ 0.1712 & 0.9646 & 0.2006 \\ -0.1735 & -0.1709 & 0.9699 \end{bmatrix},\ t=\begin{bmatrix} 0.4993 \\ 0.4977 \\ 1.000 \end{bmatrix}$$

迭代后的结果和标称点云结果如图 9-13(b)所示，由结果可知，随着迭代的进行，解算的旋转矩阵和平移向量越来越接近真实值。迭代次数与 ICP 算法设置的迭代精度有关，迭代精度越高，收敛时间越长，解算结果也越精确。

9.2　景象匹配定位原理

9.2.1　无人机景象匹配定位系统组成

景象匹配辅助导航(scene matching aided navigation，SMAN)通过视觉信息获取飞行器自身的位置、速度、方向等信息，也能为自身或者智能系统中其他飞行器提供方向位置信息，可以为决策者提供已知位置的实时战场信息。因此，SMAN 是导航领域的前沿技术之一。

近些年，SMAN 技术开始广泛应用于无人飞行器(unmanned aerial vehicle，UAV)的定姿定位，利用图像传感器获取图像，并进行景象匹配，使得 UAV 具有高精度自主导航能力，提升 UAV 的目标自动识别、远距离制导和抗干扰性能。

SMAN 的关键是基准图和实时图之间实时、可靠、高精度的景象匹配。景象匹配通过下视(可见光、红外相机)或侧视(雷达)设备获取地面景象的光学或雷达图像，与预存储的基准图进行匹配，匹配成功后，即可实现对当前位置的确定。其中，可见光图像具有成像快、成本低的特点，但易受云雾和其他环境因素的影响，晚上使用也困难；红外图像夜晚也可以使用，但红外图像分辨率低，匹配精度偏低；合成孔径雷达(synthetic aperture radar，SAR)图像也具有全天时工作的特点，而且受天气和环境影响小，具有全天候工作能力，不过 SAR 体积大、功耗高、成本高，SAR 图像的处理比光学图像更具挑战性。

典型的 SMAN 流程包括以下内容。

(1) 实时图获取与预处理：获取的实时图中，存在畸变、噪声和云雾干扰等，如果不

进行处理，容易导致与基准图相差过大，降低后续的匹配精度，甚至导致匹配失败。

（2）匹配算法：比较实时图与基准图的一致性，通常包括搜索窗口的确定、匹配特征的提取、匹配准则的设计和匹配位置的估计等环节，在匹配系统硬件确定之后，匹配算法是决定SMAN性能的关键，因此，也是SMAN中最核心的内容。

（3）匹配结果决策：在线匹配时，匹配结果的正确性只能与INS进行对比，而后者的导航误差随时间发散，考虑到干扰和噪声等因素对匹配结果的影响，有必要对匹配结果进行在线决策，判定其正确性，以提高匹配结果的稳定性。

（4）空间位置反演：根据SMAN的匹配结果和数学模型来反演得到飞行器的位置信息，如果是下视图像匹配，匹配的位置就是当前飞行器的位置；如果是侧视图像匹配，需要结合侧扫角和地形高程数据，反演推算飞行器的位置。

9.2.2 景象匹配定位算法原理

1. 实时图获取与预处理

由于云雾、光照和噪声等因素影响，实时图相对基准图会存在各种差异，根据误差来源的不同，实时图与基准图的差异可以分为传感器误差、飞行状态误差和自然条件误差等。

传感器误差包括传感器成像误差和不同传感器之间的误差。对同一地区成像，由于传感器成像误差的存在，即便使用同一传感器在相同条件下进行拍摄成像，所得到的图像也不完全相同。对于不同的传感器，其成像噪声也不同，被动成像的光学图像中存在随机加性噪声，主动成像的SAR图像中存在随机乘性噪声。因此，一般需要通过图像滤波，以抑制图像中的噪声。如果SMAN系统使用异源图像进行匹配，例如使用SAR获取的实时图与基准图库中的光学图像进行匹配，由于实时图和基准图不是同一类型传感器获取的图像，需要通过图像预处理，保留图像中的无量纲结构信息，如边缘结构，以找到二者的相同特征。

飞行状态误差是由于飞行器机动引起传感器在拍摄实时图所带来的误差，这类误差包括常见的各种仿射变换，如平移、旋转、缩放等，在多数情况下，由于飞行状态误差没有任何先验信息，不能通过图像预处理进行抑制，因此，这部分误差需要匹配算法解决。

自然条件误差是由于天气变化、地物遮挡和光照强度变化等成像条件变化所导致的图像误差，可见光图像很容易受到自然条件的影响，而SAR图像几乎不受到自然条件变化的影响。

2. 匹配算法

匹配算法是景象匹配的关键。本质上讲，图像匹配的任务就是寻找一组最佳的变换，使得同一场景不同坐标系下的不同图像变换到同一坐标系下时具有最佳的相似性。景象匹配的匹配算法种类繁多，但总体上具有三个基本要素。

（1）特征空间的构建。特征空间是指实时图像和基准图的共性特征所组成的空间，共性特征空间是后续进行相似度度量和匹配搜索的前提。特征空间一般可以分为像素级特征空间、局部特征空间和全局特征空间等，也可以融合多种特征空间，构造新的特征空间。

像素级特征空间是指直接使用原始数据构造的特征空间，其在保留了全部的图像信息的同时，也把实时图像的各种误差引入到SMAN系统中。像素级特征空间不涉及特征提取的过程，构建方便，但基于灰度的像素级匹配计算量太大，很容易受到噪声的影响，而且为了满足旋转不变性，通常需要计算实时图和不同旋转版本基准图的灰度相关性。

局部特征空间是指使用图像中的局部特征构建的特征空间，局部特征是图像特征的局部表达，主要包括点和边缘特征，反映图像的局部纹理信息。点特征提取最早源于1988年提出的Harris角点检测算法，之后人们开始关注点特征提取算法，出现了以SUSAN角点检测和FAST角点检测为代表的一系列角点检测算法。在所有特征点检测算法中，最具有影响力的是2004年Lowe等提出的SIFT点特征检测算法，使用尺度空间、特征点主方向估计等方法构造了具有尺度、旋转和平移不变的点特征。在点特征相关的遥感图像匹配算法中，SIFT是最早也是最主流的特征点检测算法。不过，用SIFT从遥感图像中提取的特征点受乘性噪声影响很大，因此，研究人员提出了一系列图像滤波算法以抑制乘性噪声。为了避免乘性噪声影响SIFT中的差分梯度计算，2015年Dellinger提出了SAR－SIFT算法，使用指数加权平均值比率代替差分，计算雷达遥感图像的梯度，极大程度地抑制了乘性噪声的影响，在雷达遥感SAR图像配准中性能优异。

全局特征空间是指使用图像中的全局特征构建的特征空间，全局特征是基于整个图像所构建的特征，包括基于区域像素的特征和基于梯度的特征。基于区域像素的特征包括基于变换的特征、基于图像矩的特征和基于神经网络的特征。这些特征对噪声有很好的鲁棒性，但往往会忽略掉纹理信息，例如基于变换和基于图像矩的特征一般只能关注到图像的低频信息，而忽略了中高频的纹理信息。而景象图像又以纹理信息为主，因此，这种全局特征难以取得很好的匹配效果。基于梯度的全局特征囊括了大部分边缘提取算法，其中最经典的是HOG特征，与SAR－SIFT一样，可以构建SAR－HOG特征。与Harris和SIFT等点特征相比，全局梯度特征对图像中的纹理信息描述更充分，也更容易受局部异常的影响，因此，这种特征更多用于目标检测，很少用于景象匹配。

（2）相似性度量。在景象匹配中，相似性度量描述了两幅图像之间特征的相似度，常见的相似性度量有欧氏距离、相关相似度和归一化相关相似度等。相似性度量对景象匹配算法的准确度有着最为直接的影响，相似度度量方法的选择与特征空间的构建方法息息相关。

对于像素级特征空间，其直接使用图像原始的灰度信息代表图像，通过计算实时图与基准图中不同位置的相似度，最终判定相似度最高的区域为匹配位置。常用的相似性度量有：平均绝对差（median absolute deviation，MAD）和归一化积相关系数（normalization product correlation，NPROD）等。这类相似性度量容易受图像干扰、噪声和尺度变换等因素的影响，导致匹配误差增大或失效。

对于局部和全局特征空间，由于特征往往以向量的形式表达，常用的相似度度量有：欧式距离、马氏距离、曼哈顿距离、切比雪夫距离、闵可夫斯基距离、汉明距离等各种距离度量，以及皮尔逊相关系数和余弦相似度等各种相关性度量。其中，欧氏距离是最常见的距离度量,余弦相似度则是最常见的相似度度量,很多其他的距离度量和相似度度量都是基于这两者的变形和衍生。

(3) 搜索空间和搜索策略。搜索空间是指参与搜索的基准图以及其各种可能变换组成的空间。成像畸变的类型决定了搜索空间的组成,如果图像之间只存在平移,则由水平方向和垂直方向组成的二维空间即为搜索空间;如果图像之间还存在角度的旋转,则加上角度参数后,组成了三维搜索空间。成像畸变的大小决定了搜索空间各个维度上的取值范围。

因为匹配特征和相似性测度的计算量较大,所以设计一个合理的搜索策略具有重要的意义。图像之间的成像畸变越复杂,搜索空间就越复杂,对搜索策略的要求就越高。如果图像之间仅仅存在平移,那么采用遍历搜索,在所有可能的平移位置进行模板匹配即可;如果存在仿射变换,就要在更大的搜索区域上设计匹配算法;如果存在局部几何畸变,搜索策略将更复杂,在图像成像畸变不能被图像特征空间或相似性测度消除的情况下,寻找最优的变换参数是很困难的。

常用的搜索策略有遍历搜索、金字塔搜索、多分辨率搜索、序贯判决、松弛算法、广义 Hough 变换、树与图匹配、动态规划和遗传算法等。在很大程度上,搜索策略的选择取决于搜索空间的特性,包括变换的形式、约束条件、找到最优变换的难易程度等。例如,如果必须满足一个线性不等式组,则可以采用线性规划的方法;如果图像特征可以采用一个树或图的结构表示,则应采用针对树或图的搜索策略。

通用的景象匹配流程如图 9－14 所示。

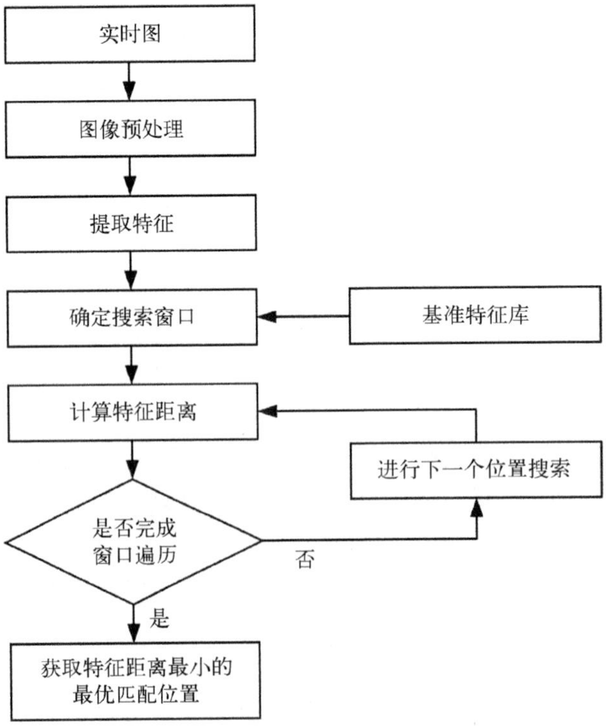

图 9－14 景象匹配通用流程

3. 匹配结果决策与飞行器位置反演

获取准确的定位定姿结果是景象匹配的最终目标,传统使用单幅实时图像进行景象匹配时,如果实时图像尺寸过小或者相对于基准图误差较大,景象匹配的结果是不可靠的。为了规避这一风险,提出了利用多帧实时图进行景象匹配的策略,利用多个实时图的匹配结果按照一定方法进行综合,以提高匹配结果的可靠性。多帧匹配模式分为内含式匹配和穿越式匹配,内含式匹配是指所有用于综合的实时图都在基准图中,这意味着选取的基准图必须足够大,而基准图过大,就容易出现相似区域,导致误匹配;穿越式匹配是根据飞行器的定位分布参数,确定最小的搜索区,并在搜索区前后各保留一个实时图,避免大范围的基准图搜索。

多帧匹配结果决策一般分为:

(1) 极大值判别法:取搜索区中相似度度量最准确的定位结果作为最终结果,这种方法简单方便,但准确性差;

(2) 实时图拼接匹配决策法:把多个实时图拼成一个实时图用于匹配,这种方法往往比较准确,但在线拼接比较困难,且一般只适用于局部特征空间;

(3) 空间位置关系约束判决法:SMAN 往往都是用于辅助 INS,于是,可以将 SMAN 的定位结果与 INS 提供的定位信息进行一致性判断,通过空间位置的一致性进行结果决策。

在实际匹配结果决策时,往往需要考虑实际情况,对多种决策手段进行结合使用,在更大程度上保证匹配的稳定性和匹配结果的正确性。

4. 空间位置反演

飞行器位置反演是从 SMAN 匹配定位结果获取飞行器位置信息的过程,对于下视 SMAN 系统,由于飞行器和传感器存在姿态变化,需要建立实时图定位结果所在坐标系与飞行器本体坐标系的坐标转换关系;对于基于 SAR 构建的侧视 SMAN 系统,需要建立更复杂的空间位置反演几何模型。本节主要是针对下视模型进行空间位置反演,重点讨论匹配算法层面,对于飞行器的具体模型不做过多展开。

9.3 SLAM 算法原理

在视觉导航中,SLAM 是一种将计算机视觉和传感器融合,可在未知环境中增量式构建地图,并在地图中对自身进行定位的导航技术。近年来,随着无人机和机器人等无人智能系统的快速发展和对自主导航的迫切需求,视觉和激光 SLAM 技术得到了蓬勃发展,本教材只涉及视觉 SLAM。

9.3.1 SLAM 系统组成

根据硬件设备的不同,可以分为基于激光雷达的 SLAM 和基于视觉的 SLAM。激光雷达的优点是数据稳定性强、测距精度高、扫描范围广,但缺点是价格昂贵、数据信息量少。相比而言,视觉传感器的价格便宜,采集到的图像信息量更大,但是视觉传感器的数据稳定性和精度稍差,同时,大的信息量也带来了更大的计算量消耗。

只利用相机作为外部感知传感器的 SLAM 称为视觉 SLAM(vSLAM),下面简称为 SLAM。SLAM 系统一般包括:

(1) 前端视觉里程计(visual odometry,VO),主要是计算图像帧间对应的相机姿态和相对位置关系,并构建局部地图。

(2) 回环检测(loop closing),主要是在地图构建过程中,通过传感器信息判断是否到达历史同一地点,即轨迹是否闭环。如果检测到闭环,信息将提供给后端进行检测。

(3) 后端优化(optimization),主要是对前端的输出结果和回环检测的信息进行优化,得到全局一致的轨迹和地图。

(4) 建图(mapping),可以根据估计的轨迹,按照任务要求,建立稠密/稀疏的点云地图。

SLAM 流程框架如图 9-15 所示,依据对图像数据的不同处理方式,SLAM 可以分为直接法和间接法。

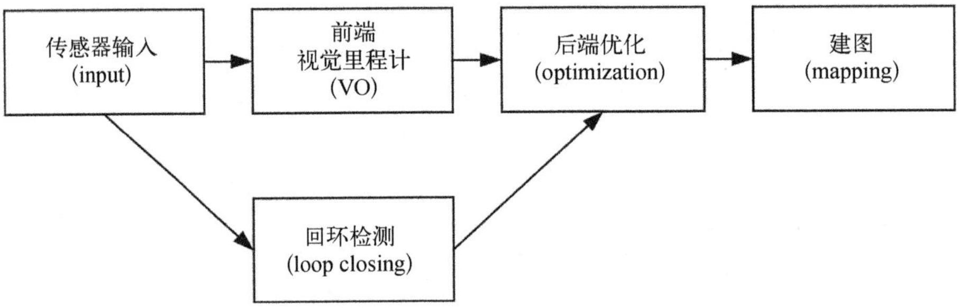

图 9-15 SLAM 整体流程框架[2]

在直接法中,无需进行特征提取和匹配,而是直接利用图像灰度信息进行数据关联,并计算相机运动。这意味着前端直接在图像像素信息上操作,避免了特征提取所需的时间。随后,进行后端优化和全局建图。

在间接法中,首先对图像进行特征提取(如 SIFT、SURF、ORB 特征)和特征匹配,然后利用这些数据关联信息,计算相机运动,这部分称为前端。最后,进行后端优化和全局建图。由于间接法的前端需要进行特征提取,因此间接法 SLAM 也可称为基于特征的 SLAM。

9.3.2 基于直接法的 SLAM 方法

1. 半直接视觉里程计

半直接视觉里程计(semi-direct monocular visual odometry,SVO)[3]于 2014 年由 Forster 等提出。SVO 的整体系统框架如图 9-16 所示,主要由运动估计和建图组成。

运动估计的主要任务是推测当前帧的姿态。首先,通过将当前帧与上一个追踪帧进行比较,获取粗略的姿态。接着,根据这一粗略的姿态,将其与地图进行比对,得到更精确的姿态,并对所见的地图点进行优化。随后,判断当前帧是否为关键帧。若是关键帧,则提取新的特征点,将它们作为地图的种子点,并纳入优化过程。反之,若不是关键帧,则利用当前帧的信息更新地图中种子点的深度估计值。

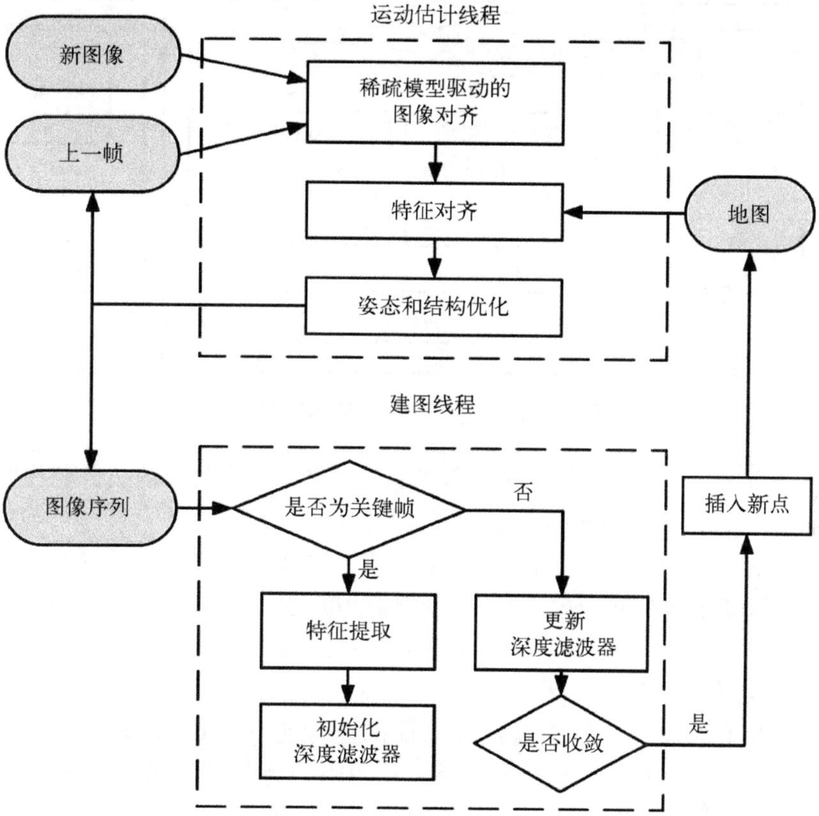

图 9-16　SVO 整体流程框架

建图的主要任务是估计特征点的深度。由于在单目 SLAM 中,最初提取的特征点是没有深度信息的,因此,必须利用新获取帧的信息更新这些特征点的深度分布,这一过程称为“深度滤波器”。当某个点的深度估计收敛时,可以将其视为新的地图点,加入地图,并用于追踪。SVO 将像素深度误差建模为概率分布,采用高斯均匀混合分布的逆深度表示,每个特征点作为种子都有一个独立的深度滤波器。

在 SVO 的估计过程中,由于采用了直接法的部分,可以省去描述子的计算,以及稠密和半稠密算法中的冗余信息。因此,SVO 的实时性使其可以很好地应用于无人机、AR、VR 等对于计算能力有限的场景之中。

不过,SVO 也存在一些问题,其中包括在单目初始化时由于采用分解 H 矩阵的方式,容易在平视相机中初始化失败;在计算关键帧时没有对旋转量进行充分的考虑,容易导致跟踪的丢失;由于舍弃了后端优化和回环检测,存在较大的累积误差,并且无法实现重定位。

2. LSD-SLAM

基于直接法的大范围单目 SLAM(large-scale direct monocular sLAM,LSD-SLAM)在 2014 年由 Engel 等提出[4]。LSD-SLAM 是一种直接法的 SLAM,主要由图像跟踪、深度地图估计和地图优化三部分组成,如图 9-17 所示。

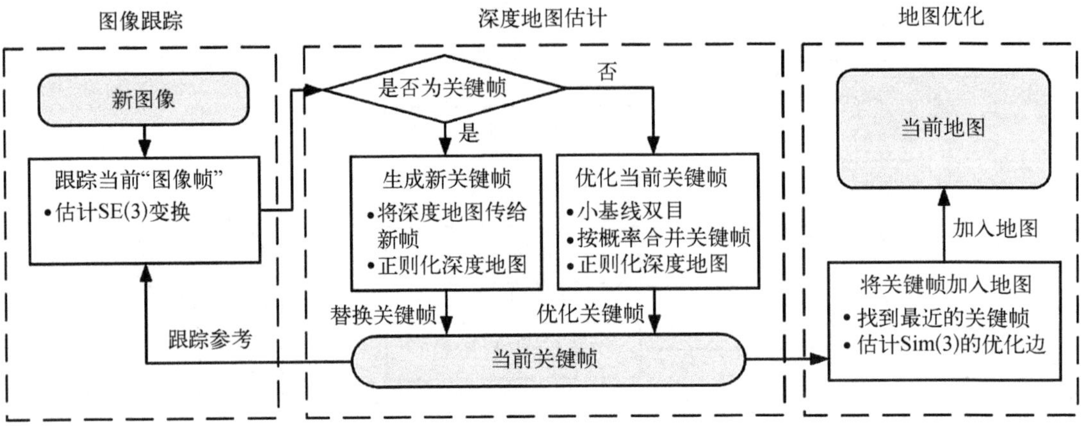

图 9-17　LSD-SLAM 整体流程框架

（1）图像跟踪：连续跟踪从相机获取的新“图像帧”，以前一帧图像帧作为初始姿态，估算出当前参考关键帧和新图像帧之间的刚体变换 $\xi = SE(3)$。

（2）深度地图估计：使用被跟踪的“图像帧”，要么对当前关键帧深度更新，要么替换当前关键帧。深度更新是基于像素小基线立体配准的滤波方式，同时耦合对深度地图的正则化。如果相机移动足够远，就初始化新的关键帧，并把现存相近的关键帧图像点投影到新建立的关键帧上。

（3）地图优化模块：一旦关键帧被当前的图像替代，其深度信息将不会再被进一步优化，而是通过地图优化模块插入到全局地图中。为了检测闭环和尺度漂移，采用尺度感知的直接图像配准方法，估计当前帧与现有邻近关键帧之间的相似性变换 Sim(3)。

LSD-SLAM 采用了直接法进行跟踪，并且构建了半稠密地图。其针对灰度图中具有明显梯度的部分进行建模和跟踪，通常这些部分是边缘和纹理。因此，LSD-SLAM 构建的半稠密地图拥有比稀疏地图更多的信息，又避免了稠密地图中构建完整表面的环节，使得 LSD-SLAM 能够在 CPU 上实时运行，且获得了更多的地图细节。

不过，正是由于 LSD-SLAM 基于直接法进行跟踪，其对于相机内参和画面曝光非常敏感，在快速运动中的跟踪容易发生丢失，另外，回环检测部分还是依赖于特征点。

9.3.3　基于特征点的 SLAM 方法

1. MonoSLAM

MonoSLAM 是 2007 年 Davison 等提出的经典 SLAM[5]。MonoSLAM 是后续很多 SLAM 方法的基础，其采用相机的状态和路标点作为状态量，基于扩展卡尔曼滤波（extended Kalman filter，EKF）构建后端，在前端追踪稀疏的特征点，如图 9-18 所示为其演示图。

由于 MonoSLAM 基于滤波的框架，默认每个特征点的位置服从高斯分布，采用椭球表示估计误差的大小，椭球在某个方向的长度越长，表示估计的不确定性越大。

MonoSLAM 是视觉 SLAM 领域的一个重要里程碑，在其之前，视觉 SLAM 系统几乎无法在线运行，在线计算能力的显著提升和对图像采用稀疏处理的创新，使得其能够实现在

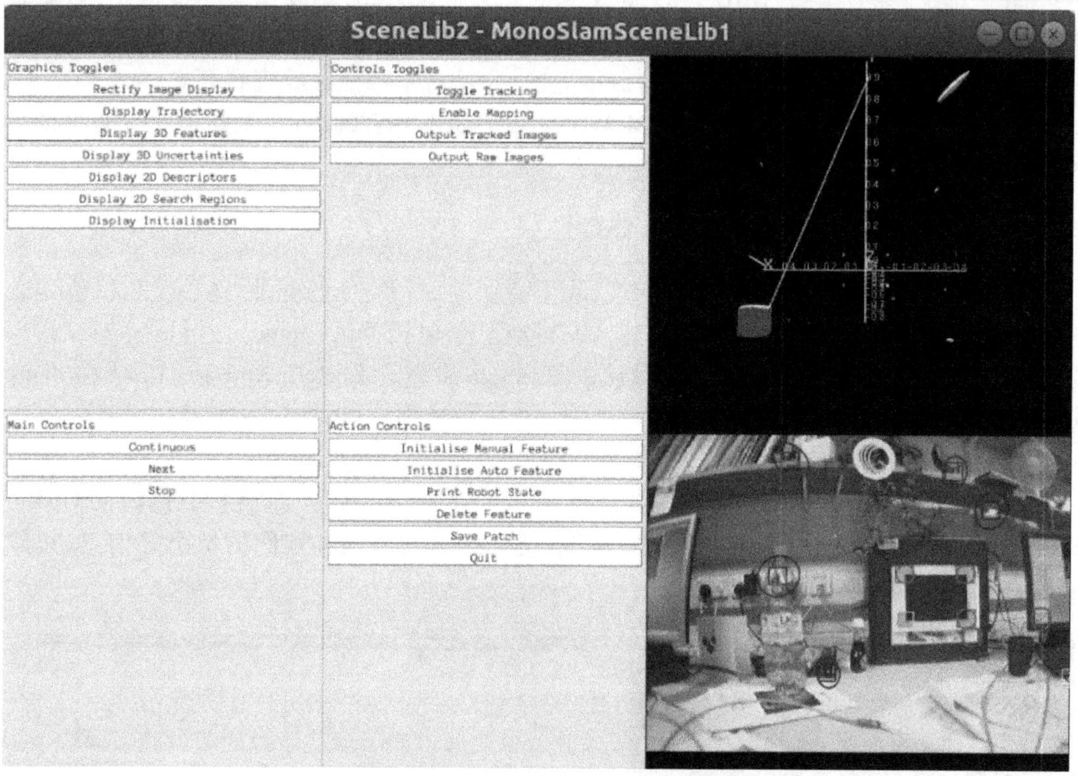

图 9－18　MonoSLAM 演示图

线运行。不过，MonoSLAM 存在应用场景狭窄、路标数量有限、稀疏特征点容易丢失等问题，后续相关工作也是针对这些问题开展的。

2. ORB－SLAM

ORB－SLAM 是由 Mur－Arta 等提出的[6]，该系统具备完整的 SLAM 功能，包括视觉里程计、目标跟踪和回环检测。ORB－SLAM 基于稀疏 ORB 特征点，估计相机轨迹，实现环境建模，并通过回环检测提高定位精度，适用于单目、双目和 RGB－D 相机，具有轻量高效的优势。

ORB－SLAM 基于 PTAM 开发，基于 ORB 特征进行匹配和重定位，比 PTAM 具有更好的视角不变性。

ORB－SLAM 具有的优点如下：

（1）结构清晰：ORB－SLAM 的代码结构清晰，非常有利于移植和开发，并且支持机器人操作系统（robot operating system，ROS）；

（2）后端优化：采用 g2o（General Graph Optimization）进行 SLAM 的后端优化，有效地提升对于特征位置和相机姿态的估计精度；

（3）引入词袋：采用词袋模型（bag of words）减少了寻找特征的计算量，同时提升了回环匹配和重定位效果。

ORB－SLAM 的主要不足有：

（1）稀疏建图：由于 ORB - SLAM 构建的是稀疏点云图，主要用于相机定位，对障碍物的辨识能力不足；

（2）难以初始化：在初始化时需保持低速，并且对于特征和纹理有要求；

（3）抗旋转性能差：ORB - SLAM 对于旋转运动不具有鲁棒性，尤其是对于纯旋转运动，容易发生跟踪丢失。

9.3.4 SLAM 实例讲解（ORB - SLAM2）

ORB - SLAM2 是间接法的典型代表，除了特征提取和特征匹配外，还涉及相机位姿表示和多视图几何关系[7]。ORB - SLAM2 为开源程序，包括单目（Mono）、双目（Stereo）和深度相机（RGB - D）三种数据源格式，默认的 Example 中包含 EuRoC、Kitti 和 TUM 数据集的运行例子。

1. ORB - SLAM2 运行界面

如图 9 - 19 ~ 图 9 - 21 所示分别为运行 Mono、Stereo 和 RGB - D 三种数据时的 ORB - SLAM2 的界面情况，其中包括程序运行情况、特征提取的画面和建图的情况等信息，总体界面一致，仅在数据部分存在差异。

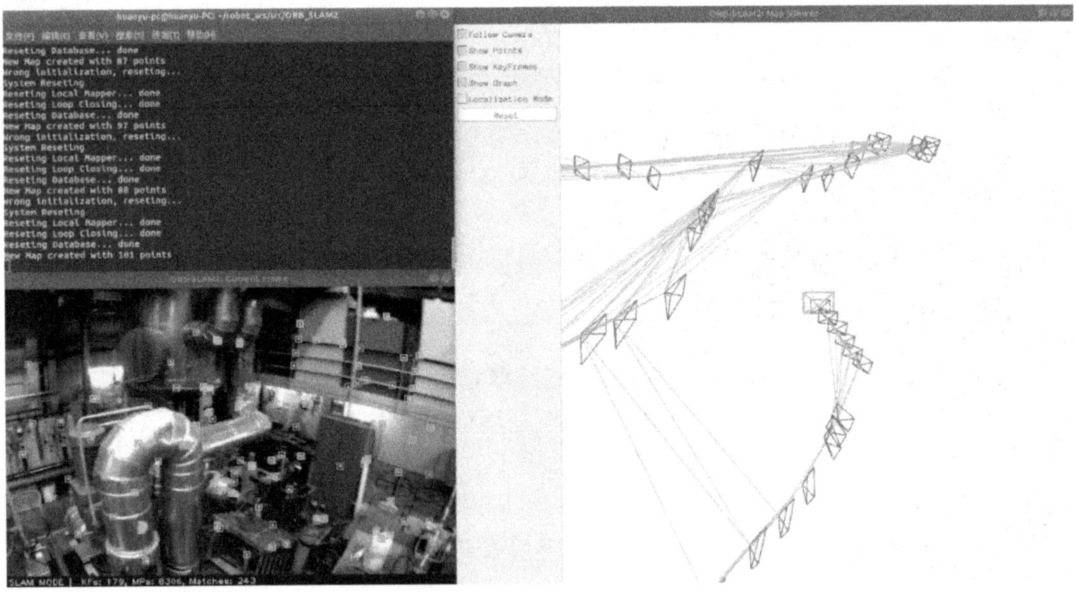

图 9 - 19　ORB - SLAM2 在 EuRoC 数据集上运行 Mono 模式

2. 整体框架

1）地图结构

ORB - SLAM2 系统的地图结构由关键帧、地图点、共视关系图和生成树组成。在 ORB - SLAM2 中，将处理的图像分为普通帧和关键帧。普通帧是从相机直接输入的一幅图像，用于特征提取和匹配定位，匹配定位后，不予保留。与普通帧相比，关键帧具有更丰富的特征点和较小的信息重复率，匹配定位后，仍然保留，用于后续的建图和回环检测。

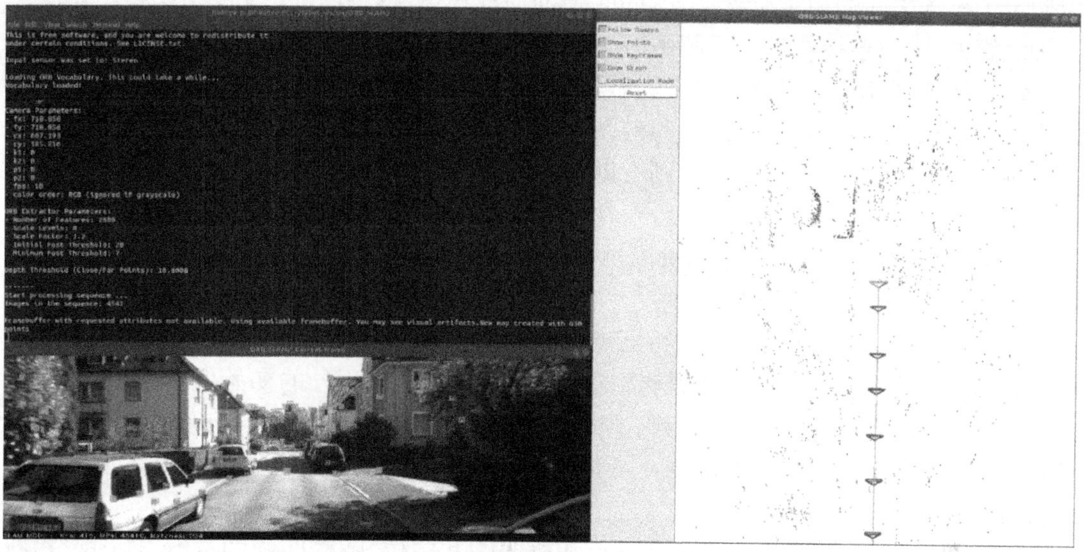

图 9－20　ORB－SLAM2 在 Kitti 数据集上运行 Stereo 模式

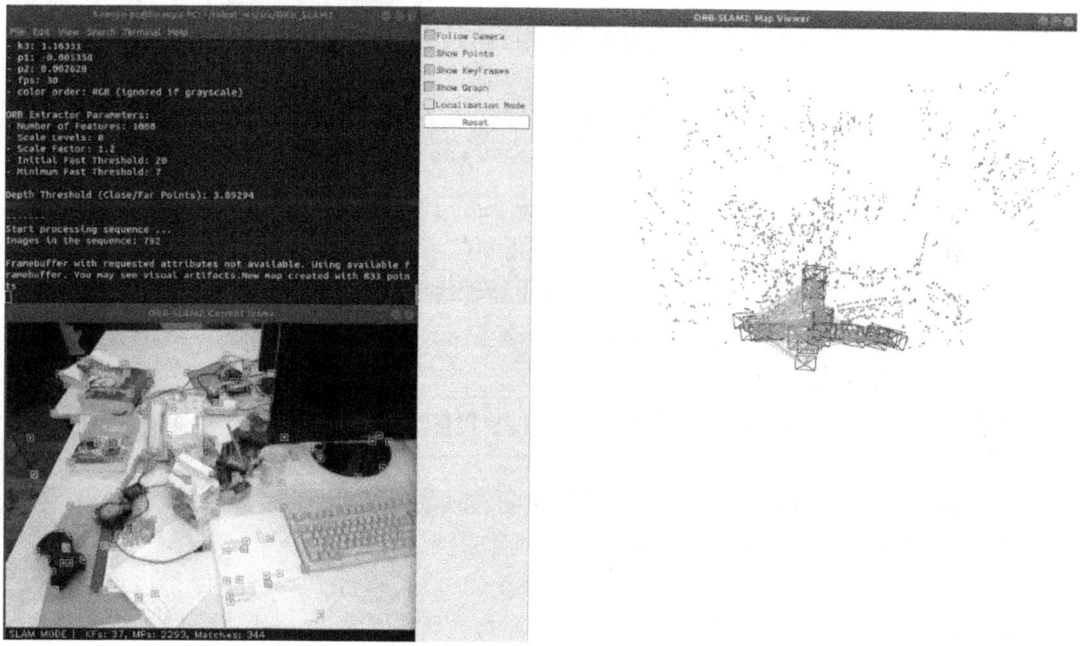

图 9－21　ORB－SLAM2 在 TUM 数据集上运行 RGB－D 模式

完成匹配定位后，可进一步确定关键帧中的特征点所对应的三维空间位置关系，确定空间位置关系的特征点称为地图点，后续的地图构建基于以上地图点完成的。ORB－SLAM2 通过关联地图点和观察它们的关键帧来构建地图。

共视关系图是一个图结构，其中的节点表示关键帧，边表示关键帧之间的共视关系，具有共视关系的关键帧中有部分特征点对应着相同的地图点。因此，利用共视关系图可以确定关键帧之间的相对位置关系，同时辅助回环检测和优化。生成树是共视关系图的一种组织方式，是连接共视关系图中所有节点的最小子图，有助于降低计算复杂度。

综上所述，ORB－SLAM2 利用关键帧、地图点、共视关系图和生成树构建了一个强大的视觉 SLAM 系统。其中，关键帧和地图点有利于系统有效地跟踪相机的位姿变化和建立三维地图，共视关系图和生成树则有助于减轻计算负担和提供可靠的回环检测机制。

2） 地图初始化

ORB－SLAM2 的地图初始化阶段目的是从初始图像中建立一个基础的地图，为后续的定位和地图更新提供基础。

首先，系统从初始图像中提取特征点，如 ORB 特征。然后，系统尝试将当前帧与前一帧进行特征点匹配，以估计相机的初始运动，并作为视觉里程计的初始值。接着，对匹配点进行三角化，以重建地图点的三维位置。在初始化阶段，系统选择当前帧作为第一个关键帧，并将其添加到关键帧列表中。同时，已经成功三角化的地图点也会被添加到地图中，构建了一个基础的局部地图。

地图初始化完成后，系统便开始进行相机跟踪和定位，随着匹配的进行，地图将逐渐扩展，并不断加入新的关键帧和地图点，以提高相机定位和三维地图重建的精度。

3） 前端追踪

ORB－SLAM2 的前端追踪负责实时跟踪相机的姿态、处理新的图像帧和维护关键帧列表。

首先，对于当前关键帧的图像，提取 ORB 特征点，计算每个特征点的描述子。接着，系统会尝试将当前帧的特征点与地图中的地图点进行匹配，利用匹配点对的信息估计相机的姿态。然后，使用非线性优化算法对关键帧姿态和地图点位置进行优化。最后，进行回环检测，修正位置漂移误差，并进行重定位，更新位置信息。

随着相机在环境中移动，系统不断添加新的关键帧和观测到的地图点，扩展地图并用于地图的更新和维护，以保持地图的准确性和稳定性。

4） 后端局部建图

ORB－SLAM2 的后端局部建图负责优化关键帧的位姿和地图点的位置，以提高地图的准确性和一致性。

在局部建图阶段，ORB－SLAM2 将优化问题建立为一个非线性最小二乘问题，以最小化重投影误差，通过优化关键帧的位姿和地图点的位置，使其投影与实际观测尽可能一致。为了降低计算复杂度，采用了关键帧边缘化的方法，将部分关键帧作为边缘化帧，固定它们的位姿，并将其与观测到地图点的约束添加到优化问题中。通过非线性优化方法，如 Levenberg－Marquardt 算法，系统调整地图点的三维位置，以减少重投影误差。

5） 回环检测

ORB－SLAM2 的回环检测负责判断相机在不同时间和位置是否回到了之前经过的区域，以修正可能的位置漂移，提高地图的一致性。

在实时跟踪过程中，系统对当前帧的特征点进行描述子匹配，并与先前的关键帧进行比较，以计算特征描述子之间的相似性度量（如汉明距离）。如果相似性度量值高于预设阈值，则可能存在回环，将当前帧标记为潜在的回环候选关键帧。然后，根据特征匹配信息生成回环约束，包括当前帧与回环候选关键帧之间的相对运动，将这些约束添加到系统的全局优化中。同时通过非线性优化算法，调整关键帧的位姿和地图点的位置，以最小化回环约束导致的重投影误差，从而修正漂移，提高地图的一致性。发生回环后，系统可能会将相关关键帧和地图点标记为“冻结”，以保持回环引入优化变化的局部性。

至此，ORB－SLAM2 即可进行持续运行，其主要工作模块如图 9－22 所示。

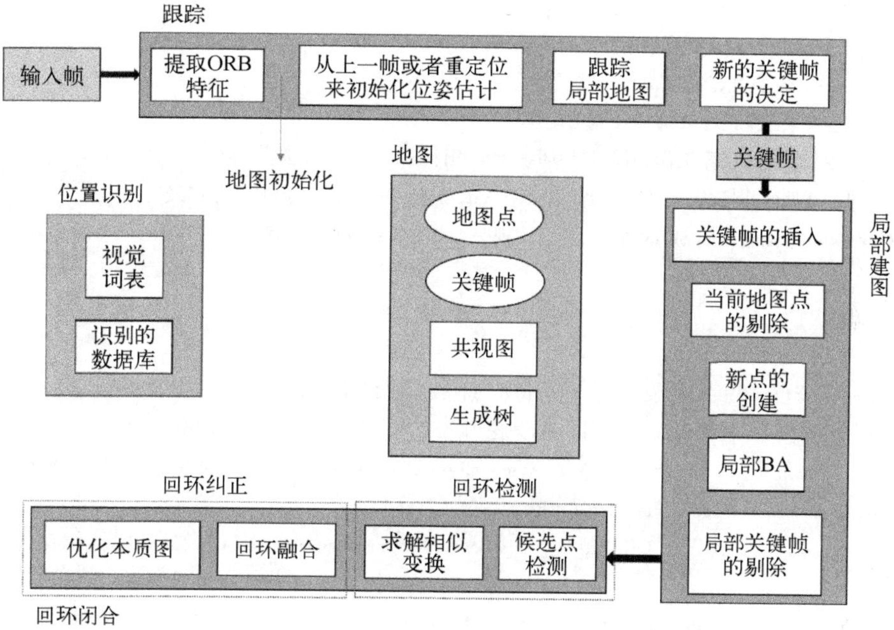

图 9－22　ORB－SLAM2 流程示意图[7]

习　　题

9－1　在单应矩阵计算中，可以采用 DLT 算法。存在点对 $\boldsymbol{x}_i \leftrightarrow \boldsymbol{x}_i'$，其关系满足 $\boldsymbol{x}_i' = \boldsymbol{H}\boldsymbol{x}_i$。于是有

$$\boldsymbol{x}_i' \times \boldsymbol{H}\boldsymbol{x}_i = 0$$

记 $\boldsymbol{x}_i = [x_i', y_i', \omega_i']^{\mathrm{T}}$，上式变为

$$\begin{bmatrix} \boldsymbol{0}^{\mathrm{T}} & -\omega_i'\boldsymbol{x}_i^{\mathrm{T}} & y_i'\boldsymbol{x}_i^{\mathrm{T}} \\ \omega_i'\boldsymbol{x}_i^{\mathrm{T}} & \boldsymbol{0}^{\mathrm{T}} & -x_i'\boldsymbol{x}_i^{\mathrm{T}} \\ -y_i'\boldsymbol{x}_i^{\mathrm{T}} & x_i'\boldsymbol{x}_i^{\mathrm{T}} & \boldsymbol{0}^{\mathrm{T}} \end{bmatrix} \begin{bmatrix} \boldsymbol{h}^1 \\ \boldsymbol{h}^2 \\ \boldsymbol{h}^2 \end{bmatrix} = \boldsymbol{A}\boldsymbol{h} = 0$$

其中，$\boldsymbol{h}^j$ 为矩阵 $\boldsymbol{H}$ 的第 j 行向量的转置；$\boldsymbol{A}$ 为 3×9 的系数矩阵。求解单应矩阵 $\boldsymbol{H}$ 就变为求解 $\boldsymbol{h}$ 使得 $\|\boldsymbol{A}\boldsymbol{h}\|$ 取值最小。试证明：如果在约束条件为 $h_9 = H_{33} = 1$ 的情况下，$\|\boldsymbol{A}\boldsymbol{h}\|$ 取得最小值，那单应矩阵解算的结果在尺度变换下不变，但是在平移变化下会发生改变。

提示：首先定义给定变换后的单应矩阵为 $\hat{\boldsymbol{H}} = \boldsymbol{T}^{\mathrm{T}}\boldsymbol{H}\boldsymbol{T}^{-1}$。其中，$\boldsymbol{T}$ 为变换矩阵。设 $\boldsymbol{T}$ 表示相似变换，所有的仿射变换都不会改变齐次向量的最后一个元素。单应矩阵的最后一行不会因为左乘一个 $\boldsymbol{T}^{\mathrm{T}}$ 而改变，只会受到 $\boldsymbol{T}^{-1}$ 的

影响。

9-2　试证明，如果将习题1中的约束条件改为 $H_{31}^2 + H_{32}^2 = 1$，则其在相似变换下保持不变。

9-3　在习题2的基础上，试证明，如果存在 $H_{31} = 0$、$H_{32} = 0$ 和 $H_{33} = 1$，约束条件同样依然成立。

9-4　请列出常见的立体视觉相机，并简述其原理和特点。

9-5　双目相机和深度相机在应用场景上有何区别，请简要描述。

9-6　有哪些三维重构？它们之间的联系是什么？

9-7　简述三维重构的步骤和作用。

9-8　简述 PnP 位姿解算原理和流程。

9-9　简述 ICP 位姿解算原理和流程。

9-10　简述景象匹配的主要内容及通用流程。

9-11　简述 SLAM 的主要工作流程，并说明视觉里程计与 SLAM 的区别。

9-12　列出常见的直接法 SLAM 和特征点法 SLAM，挑选一种算法，给出其流程以及优缺点。

9-13　在网上查阅经典的 SLAM 框架，尝试实现一个 SLAM 系统（如 ORB-SLAM、Mono SLAM、SVO 等）。

参考文献

[1] 韦争亮.基于彩色编码的结构光动态三维测量及重构技术研究[D].北京：清华大学，2009.

[2] 高翔，张涛，刘毅，等.视觉 SLAM 十四讲：从理论到实践[M].北京：电子工业出版社，2019.

[3] Forster C, Pizzoli M, Scaramuzza D. SVO: Fast semi-direct monocular visual odometry[C]. 2014 IEEE International Conference on Robotics and Automation (ICRA), 2014.

[4] Engel J, Schöps T, Cremers D. LSD-SLAM: Large-scale direct monocular SLAM[C]. European Conference on Computer Vision, 2014.

[5] Davison A J, Reid I D, Molton N D, et al. MonoSLAM: Real-time single camera SLAM[J]. IEEE Transactions on Pattern Analysis and Machine Intelligence, 2007, 29(6): 1052-1067.

[6] Mur-Artal R, Montiel J M M, Tardos J D. ORB-SLAM: a versatile and accurate monocular SLAM system[J]. IEEE Transactions on Robotics, 2015, 31(5): 1147-1163.

[7] Mur-Artal R, Tardós J D. Orb-slam2: An open-source slam system for monocular, stereo, and rgb-d cameras[J]. IEEE Transactions on Robotics, 2017, 33(5): 1255-1262.

第10章

视觉目标探测识别定位技术在航空工程领域的应用

视觉目标探测是现代航空工程中一个不可或缺的组成部分，其广泛应用于飞机导航系统、无人机监控任务及航空图像分析等多个方面。借助于先进的图像处理和模式识别算法，能够有效提升航空设备对地面和空中目标的识别精度，确保航空任务的成功执行。随着人工智能技术的快速发展，特别是深度学习在图像识别领域取得的突破性进展，视觉目标探测技术得到了长足的发展。

本章将探讨视觉目标探测识别定位技术在航空工程领域的应用，包括图像复原、电子稳像、目标检测与识别、视觉辅助导航等。

10.1　航空工程领域图像复原的应用

10.1.1　航空图像的成像特性

在图像学中，航空图像是通过航空器（如飞机等）搭载的传感器来获取地面或地球表面信息的一种重要方式。这些图像具有独特的成像特性，深受地理信息系统（GIS）、遥感和地球科学等领域的重视。

1. 航空图像的成像特性

航空图像的成像特性包括分辨率、几何形变、光谱特性及噪声等方面。

航空图像的分辨率是指图像中可以区分或显示的最小细节大小。分辨率通常分为空间分辨率和光谱分辨率两种。空间分辨率：描述图像中可分辨的最小物体的大小，受传感器分辨率和航拍高度等因素影响；光谱分辨率：指传感器对不同波长光的分辨能力，影响图像在不同波段下的色彩与光谱信息获取。

航空图像在获取过程中会受到几何形变的影响，主要包括：地形和地物的高程差异导致的地形变形；摄影机透镜畸变引起的径向和切向畸变；相机与地面的不同角度引起的倾斜视角效应。这些形变会影响图像的准确度和精度，因此在图像处理过程中需要进行校正。

航空图像在不同的光谱波段下具有不同的特性，这对于地物分类和分析至关重要。航空图像通常包含可见光、红外线等不同波段的信息，利用这些信息可以进行土地覆盖分类、植被监测、水体识别等应用。

航空图像获取过程中可能会受到各种噪声的干扰，包括传感器噪声、大气扰动、地面反射等。这些噪声会降低图像的质量和信息的准确性，因此在图像处理中需要采取去噪等措施。

2. 航空图像的退化模型

在航空图像的成像过程中，图像可能会受到各种因素的影响而发生退化，例如大气扰动、传感器噪声、运动模糊等，这些因素构成了航空图像的图像退化模型。

大气扰动是由大气层中的气流变化引起的，它会导致图像中出现模糊、失真等现象。大气扰动主要表现为大气湍流和大气折射两种形式。湍流引起的扰动会导致图像中的细节模糊，而大气折射则会引起图像位置的偏移。这些扰动会降低图像的清晰度和准确性。

传感器噪声是由于传感器本身的工作特性引起的，包括暗电流噪声、增益不均匀性、读出噪声等。传感器噪声会导致图像中出现杂乱的像素点，降低图像的信噪比和质量。

运动模糊是由于航空器或拍摄目标的运动引起的图像模糊现象。在航拍过程中，航空器可能会因为风速、飞行速度等因素而产生微小的晃动，导致图像模糊。此外，如果目标本身也在运动，那么在拍摄时可能会出现模糊效果。运动模糊会降低图像的清晰度和细节。

航空图像的图像退化模型会导致图像质量下降，影响图像的可用性和可解译性。图像质量下降会使得地物特征难以辨认，从而影响地图制图、遥感监测等应用的准确性和可靠性。了解图像退化模型及其影响有助于我们更好地理解航空图像数据，并针对性地进行图像复原，提高图像的质量和可用性。

10.1.2 航拍场景的图像复原实例

在航空拍摄场景中，由于拍摄距离远，加上各种复杂恶劣环境因素如高污染、空气质量下降、光线不足、运动模糊、大气散射和雾霾等，导致能见度低、成像模糊，航拍系统获取画面常面临严重降质挑战，对航空图像复原提出极高要求。本章将重点介绍图像复原在航拍场景下的应用，包括图像去雾和去运动模糊的方法，如图 10－1 所示。

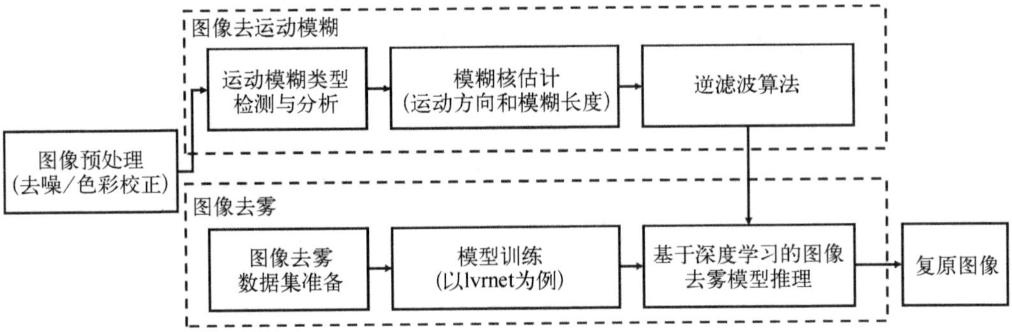

图 10－1　图像复原技术路线图

为了实现航拍图像的图像复原功能，预处理是不可或缺的一步。预处理包括图像去噪和色彩校正等常规手段，对提高后续图像复原的准确性和效果至关重要。针对无人机航拍可能遇到的噪声干扰，如传感器噪声、环境噪声等，可采用经典滤波算法（如中值滤波、高斯滤波）来去除噪声。这些算法可以有效平滑图像、减少噪声对细节的影响。另外，也可以考虑使用更先进的滤波方法，如双边滤波或导向滤波，它们能在去噪的同时保持图像边缘。对于光照条件影响导致的图像色彩失真，可以调整直方图分布、增强对比度，使图像色彩更加鲜明。

下一步是实现图像的去运动模糊功能。首先需要对退化图像进行运动模糊类型分析，判断目标是线性运动、绕某点旋转运动还是不规则运动。以线性运动为例，假设航拍无人机导致的模糊为静态场景中的近似线性运动。然后，进行模糊核估计，通过频谱图分析来推导运动模糊点扩散函数的方向性特征和模糊长度。最后，采用逆滤波算法等基本图像复原方法，获得去运动模糊后的图像。去运动模糊前后的对比如图 10－2(a)与 10－2(b)所示。

考虑到高污染、烟雾和差劲的空气质量可能导致航拍图像出现雾霾现象，同时光线条件不佳进一步降低了图像的清晰度，需要采用基于深度学习的方法来进一步复原这些航拍图像。首先，准备图像去雾的数据集，选择了 LowVis－AFO 数据集作为训练数据，其中包含 3 647 对暗模糊和清晰图像。算法选择了轻量级深度学习模型 LVRNet，适用于实际应用中的低功耗计算平台，图 10－3 展示了该模型架构，输入图像经过预处理卷积层，然后进入非线性免激活（nonlinear activation free，NAF）组学习特征图，通过水平注意力模块（LAN）提取特征，最后经过卷积神经网络（CNN）层进行后处理，并添加原始图像的残差连接，提取恢复图像。最后，将有雾降质图像输入 LVRNet 网络模型中进行推理，得到去雾修复后的复原图像，如图 10－2(c)所示。

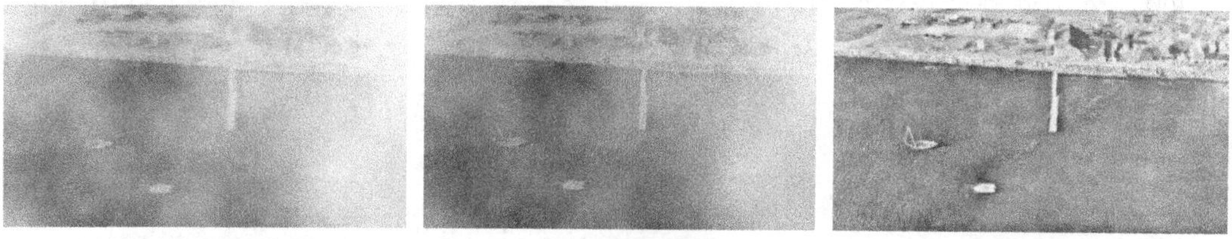
(a) 原始航拍图像　(b) 去运动模糊结果　(c) 去雾复原结果

图 10－2　航拍场景图像去运动模糊与去雾复原实验结果示例

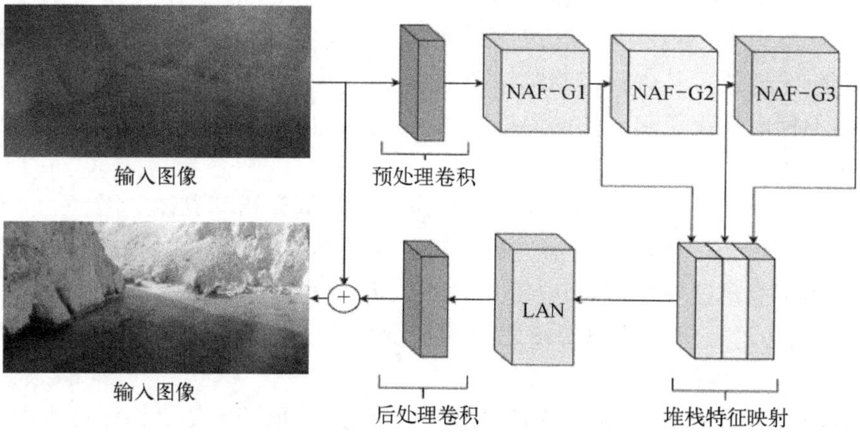

图 10－3　LVRNet 网络结构

总的来说,航拍场景的图像复原技术涉及图像去雾和去运动模糊等关键技术。通过选择适当的图像处理算法,能够显著提升航拍图像的质量和清晰度,从而满足地理信息获取、环境监测等多种应用的需求。这些技术的应用为航空图像处理提供了有效的解决方案,有助于提高数据的可用性和可视性,进而推动航空技术在各个领域的发展和应用。

10.2 航空工程领域电子稳像的应用

在航空工程领域,高精度和高稳定性的图像采集一直是关键技术难题之一。随着技术的不断发展,电子稳像技术逐渐成为解决这一难题的重要工具。电子稳像技术通过先进的软件算法,有效补偿了由于飞行器振动、气流干扰及操作误差等因素引起的图像抖动,确保了图像的稳定性和清晰度。其在航空摄影、飞行器导航等多个领域的应用,不仅大大提升了作业效率,还极大地扩展了航空工程的应用范围。以下将探讨电子稳像技术在航空工程中的具体应用及其带来的变革。

1. 提高空中摄影与监测的图像稳定性

在进行空中摄影和地面监测任务时,航空器通常会受到多种因素的影响,如风力干扰、发动机振动等,这些因素都会导致摄影设备产生抖动,从而影响图像的清晰度。通过应用电子稳像技术,能够有效地减少这些被动运动的影响,保证获取到的图像稳定和清晰。

例如,在航空森林火灾监测和管理中,电子稳像技术的应用极大地提高了空中摄影的质量。通过装备有电子稳像系统的飞行器进行空中拍摄,可以实时、清晰地监测火灾发展情况,即使在强风导致飞行平台晃动中,也能确保图像的稳定性,为灭火部署和资源分配提供准确的数据支持。

2. 飞行器导航系统的精确度提升

在现代航空器的导航系统中,高质量的视觉信息对于确保飞行安全和导航精度至关重要。电子稳像技术在此方面的应用,使得飞行器在复杂气象条件下也能获得稳定的视觉信息,进而提高导航系统的精确度。

以民用航空为例,飞机在降落过程中,尤其是在恶劣天气条件下,稳定的视觉信息对于飞行员判断跑道位置和进行精确降落至关重要。采用电子稳像技术的摄像系统,能够确保即使在不稳定气流引起机体剧烈抖动的情况下,也能提供清晰稳定的图像,辅助飞行员进行安全降落。

下面以某空中光学设备中的视频电子稳像系统为例介绍其具体应用。

某航空光学设备因需在飞行中进行高精度的光学测量和图像捕获,对稳像技术有极高的要求。为了满足这一需求,设计并实现了一款高效的电子稳像模块。该模块主要基于灰度投影法,通过分析连续图像帧之间的灰度变化来估计运动矢量,并据此进行运动补偿。

首先,图像的预处理过程包含噪声处理,例如采用中值滤波或高斯滤波来去除图像中的随机噪声,以防止噪声对运动估计造成干扰。预处理过程还包括图像对比度调节,例如通过直方图均衡化增强图像的对比度,有利于后续步骤的特征提取。其运动估计采用灰度投影法进行,因为灰度投影算法具有速度较快、功能稳定的特征,占用内存较小,实时性较好的特点。通过灰度投影法计算出每一帧之间的运动矢量。为了提高估计的准确性,引入了多尺度分析方法,先在低分辨率下估计大范围运动,再在高分辨率下精细化调整。接着基于灰度投影曲线的变化,利用相关性分析或最小二乘法等数学方法计算运动矢量。最后根据计算得到的运动矢量,对图像进行空间变换,以补偿由于相机运动引起的图像位移和变形,从而实现稳像效果。整体算法流程如图 10-4 所示。

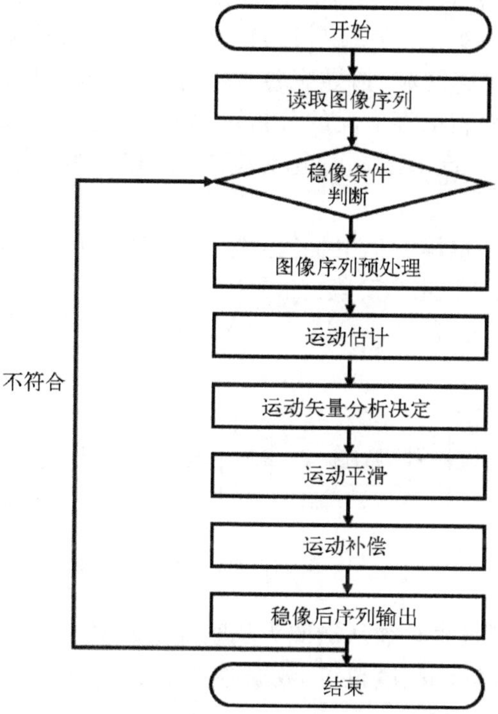

图 10-4　某空中光学设备中的视频电子稳像流程图

在硬件选择方面,为了重点满足特征提取和匹配算法计算需求,可以选择高性能数字信号处理器(DSP)或者高级精简指令集多核处理器(ARM)作为主要计算单元,同时考虑到系统的实时性要求,应选用高速内存作为图像数据的缓存。

10.3　航空工程领域目标检测的应用

在现代航空领域,航空目标的快速准确识别和检测是至关重要的。随着科技的不断进步,航空目标检测技术已成为空中交通管理,灾害预防和响应体系中不可或缺的一部分。航空视觉目标检测利用光学传感器捕捉目标信息,并通过先进的算法处理这些数据,以实现对飞机、无人机等各种航空器与车辆、桥梁等地面目标的实时监测和识别。正确理解航空视觉目标检测的原理、技术手段及其应用,对促进民用航空安全和空中交通效率的提高具有重要意义。

10.3.1 航空视觉目标检测应用场景与基本步骤

航空视觉目标检测技术，作为一项重要的信息获取工具，已在众多领域广泛应用，特别是在机场等核心领域表现突出。该技术借助航空器搭载的摄像头或传感器收集的图像数据进行分析，从而实现对各类目标的自动化检测。

在空中目标检测方面，其主要服务于空中交通管理体系，即通过对商用及私人飞机的实时监测，确保航空安全，优化航线流量，以降低延误风险。对地面目标检测的应用方面，则涵盖了城市规划、灾害监测、农业监测及机场管理等领域。在城市规划中，该技术能够遥感城市扩展和土地利用变化，为城市精细化管理提供有力数据支撑；在灾害发生时，能通过航拍画面迅速检测受灾区域，指导应急救援行动；在农业监测场景下，通过无人机巡飞拍摄对作物生长状态和病虫害情况的分析，指导农业生产活动；而在机场管理应用中，从塔台等高处对跑道、飞机起降区及周边环境的监控和异样检测，以保障航班和机场运营的安全性。

航空视觉目标检测的整体流程主要包括数据采集与预处理、特征提取与筛选、目标检测算法的设计及后期处理等几个阶段，如图 10－5 所示。接下来将逐一对这些步骤展开解析。

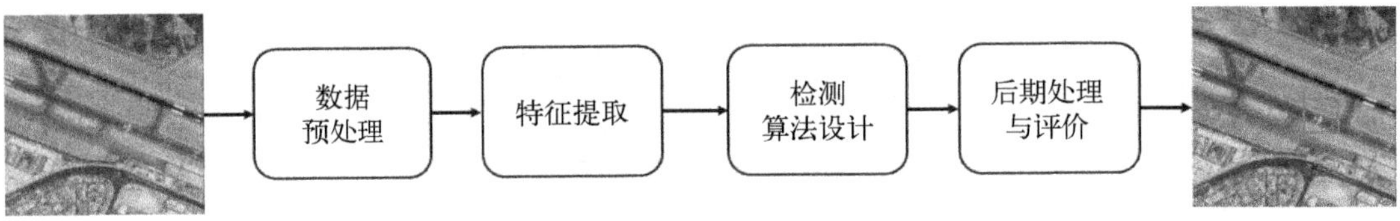

图 10－5　视觉目标检测基本步骤

首先，视觉目标检测技术必须从摄像头获取视觉数据。然后，紧随其后的关键环节是数据预处理，涵盖图像尺寸和亮度校正、数据增强，以及将图像转化为模型可兼容的格式，以确保数据的一致性和有效性。

完成数据采集后，进入特征提取阶段。传统方式中，研究者手动设计特征，如颜色直方图、边缘特性、纹理和形态信息，以便从图像背景中区分目标。设计者需精心筛选与目标检测紧密相关的特征以减轻计算压力并提升效率。相比之下，深度学习方法采用适宜模型自动进行特征提取，其中卷积神经网络（CNN）因擅长捕捉图像内在特征而在视觉目标检测领域得到广泛应用，常见 CNN 结构包括但不限于 LeNet、AlexNet、VGG、ResNet 等。

在深度学习技术出现之前，视觉目标检测主要依靠传统计算机视觉技术和特征工程技术，虽有一定效果，但在复杂背景和光照条件下受限较大。深度学习技术的崛起为视觉目标检测带来了革新性的转变，提供了更为强大且灵活的任务处理方案。选择适用的深度学习方法首要依据具体应用需求，两阶段方法在精度上通常超过单阶段方法，而后者在处理速度上有一定优势，此外基于 Transformer 的方法在处理序列数据和挖掘语义信息上展现了独特的优势。综合考量准确性、速度及复杂度是挑选恰当深度学习方法的核心。

获取初步检测结果后，须经过后处理步骤，包括去除冗余检测结果、合并重叠边界框、滤除误报，以达到最终精确检测的目的。需在验证或测试集上运用多种评价指标（如准确率、召回率、精度、F1 分数及交并比 IoU 等）进行性能评估。此后，可以基于评估结果对模型的超参数（如学习率、批次大小、正则化参数等）进行调整，通过网格搜索或随机搜索寻找到最优配置，从而进一步提高模型性能。视觉目标检测不仅包含模型构建与训练过程，还包括后处理策略的精调以及严谨的评估环节，整个流程往往需要反复迭代，不断优化模型性能。

10.3.2　基于背景建模的航空视觉目标检测应用

基于背景建模的航空视觉检测技术在机场或航拍视觉中的应用凸显了其对精准监控与管理的必要性。该技术的核心在于构建一个详尽的背景模型，通过对一系列不含目标或仅含已知目标的图像进行深度分析，以捕获跑道、停机坪等机场静态场景特征，其工作流程如图 10－6 所示。一旦背景模型建立完成，系统就能通过对比实时获取的图像与背景模型，有效辨别出新出现或移动中的目标，例如正在停靠或即将离港的飞机。

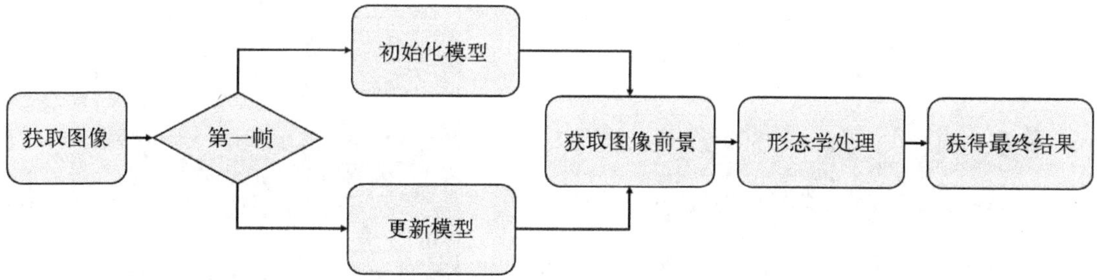

图 10－6　基于背景建模的航空视觉检测技术

通常来说，基于背景建模的航空视觉目标检测技术实施过程中，关键步骤包括：首先，运用无人机或其他航空设备搭载的高清摄像头，全面采集机场的图像数据。接着，对这些图像数据进行预处理，内容涵盖调整图像亮度、对比度及必要的降噪处理，以确保图像数据的清晰度和有效性。

在构建背景模型时，此过程要求对某一时间段内收集的无飞机或仅有固定数量飞机的图像进行综合分析。建立背景模型的目标是在实时图像中精确区分背景与前景（即飞机）。最后，系统通过对比实时图像与背景模型，能够检测到与背景不符的前景目标，并精准识别为机场中的飞机，有力支撑机场管理工作。

为进一步提升检测精确性，可以引入形态学操作，如运用开运算去除噪声微小对象，闭运算填补前景空隙，膨胀操作则有助于连接被误分割的前景物体。在航空应用中，针对车辆和行人的检测，形态学操作同样有助于有效提取前景目标。对于航拍车辆检测，可通过矩形模板的膨胀和腐蚀操作来连接断裂部分或分离过于靠近的车辆轮廓。而航拍视角下的飞机检测常常需要辨识出飞机的轮廓。由于飞机形状一般而言比较复杂，可以使用小圆形进行闭运算（先膨胀后腐蚀），以填充飞机轮廓内的空洞，使得整个飞机轮廓更加完整。

10.3.3 基于 YOLO 的航空视觉目标检测应用

在民用航空领域,精准、高效地检测飞机等航空目标是确保航空管制与空中交通流畅运行的关键,有利于实时掌握飞机位置、类型,维持机场的运行效率,具有显著的应用价值。考虑到航空目标检测可能面临的复杂环境和快速运动特点,设计时应充分考虑系统的鲁棒性和实时性。

结合应用的具体场景和需求范围,选择合适的算法模型。YOLOv5 检测算法模型由于具有高效的速度和较高的检测精度,可作为候选之一。针对运行资源有限的需求,需要对模型进行轻量化处理,如模型剪枝、量化压缩或者选择较小的 YOLOv5 变种(如 YOLOv5n 或 YOLOv5s)。在此过程中,兼顾模型性能与计算资源之间的平衡是关键。相较于前几代 YOLO 算法模型,YOLOv5 在模型架构与训练策略等方面实现了显著改进与优化,同时保持了 YOLO 算法固有的简洁高效特性。基于 YOLOv5 的飞机目标检测算法流程包括五个主要阶段:数据采集、特征抽取、模型训练、模型优化,如图 10-7 所示。

图 10-7　基于 YOLOv5 的飞机目标识别算法流程示意图

在数据采集阶段,需要大量收集来自不同场景、状态和类别的飞机目标数据,确保训练数据多样性。对所获取的数据进行合理的预处理措施,包括数据增强、归一化和图像尺寸调整,提高后续模型训练的泛化性能。对于包含飞机目标的图像,利用边界框精确标定飞机位置并注明类别;反之,对于不含飞机目标的图像,则无需特殊处理。完成标注后,将数据按照一定比例划分为训练集、验证集和测试集。

在特征抽取阶段,具体选择 YOLOv5 所使用的 CSPDarknet53 网络结构进行特征提取。CSPDarknet53 结构是对 Darknet53 的优化版本,其中 CSP 模块链接了网络的不同层级,有效解决了梯度消失和梯度爆炸问题,既提升了网络的特征表示力,也增强了训练过程的稳定性与收敛速度。

在模型训练阶段,选择合适规模的模型进行训练。YOLOv5 家族包含了五种不同规模的模型,分别是 YOLOv5n、YOLOv5s、YOLOv5m、YOLOv5l 和 YOLOv5x,它们虽结构相似,但尺寸和参数量不同影响训练效率,可根据实际任务需求选择。在训练过程中,结合收集构建的飞机目标数据集,YOLOv5 还利用了数据增强技术以丰富数据多样性,增进模型的泛化性能。训练结束后,依据验证集的测试结果对模型进行逆向优化,包括调整超参数、学习率等,以追求更优的模型性能。

当模型训练完毕后,通过独立的测试集对模型进行性能验证,输出诸如精度、召回率和 F1 值等指标,以此评估模型的实际效果,并在原始图像中标注出检测结果,包括目标的类别信息和位置信息。YOLOv5 兼具高性能、轻量化及高灵活性的特点,但在实际部署时,仍需根据具体任务需求对网络结构做出适当调整,对模型进行进一步优化,提高推理结果的准确性和执行效率。

在部署与硬件集成阶段,将训练好的模型迁移至专用计算平台,并利用 GPU、NPU 等硬件加速器优化推理速度。同时,对专用计算平台的运行环境进行软件层面的优化,如优化内存使用、减少 IO 操作,以确保模型能够在设备上实时、准确运行。在系统集成与测试阶段,将目标检测模块与其他显示操控、人机交互等功能模块整合,构建出完整的航空目标检测系统,此外通过实地现场测试,验证真实场景下的目标检测效果,记录和分析检测结果,依据反馈信息对系统进行迭代改进。

总体而言,YOLOv5 凭借其高性能、轻量化和灵活性的特点,不仅能胜任航空目标检测任务,还可在自动驾驶、工业检测和智能监控等诸多领域发挥重要作用,但仍需根据具体任务需求对网络结构作出适应性调整。通过以上全流程的设计与实施,实现了一个实用、高效的航空目标检测系统的搭建。

10.4　航空工程领域目标识别的应用

视觉目标识别领域的不断发展使其广泛应用于人们日常生活的多各个领域,在航空工程领域同样具有重要的应用价值,对于安全、导航、监测、维护等方面都起着十分关键的作用。例如,利用目标识别可以实现对飞行器的监测和识别,包括民航飞机和影响航空安全的小型无人机等,以确保飞机之间的安全间隔,避免在空中发生碰撞;利用目标识别可以实现航空器的自主导航,通过识别地面导航点、航标、机场设施等目标,从而更准确地进行导航和自主降落,降低对地面设施的依赖性;利用目标识别还可以实现天气条件的监测,包括雷暴、大风、积雨云等,以提升飞机的适航性和安全性。本节主要以机场环境为背景,通过机场跑道识别任务对目标识别在机场的应用进行简单介绍,以使读者更深入了解视觉目标识别的应用价值。

机场跑道是飞机起降的重要区域。准确地识别机场跑道位置不仅有助于飞行员正确的位置导航,从而提高飞行效率和安全性、减少事故风险,还有助于机场使用效率和资源配置情况,为航空资源的规划和管理提供重要参考依据,从而优化机场的运营效率和服务质量。因此机场跑道的识别具有十分重要的研究意义。

基于支持向量机的机场跑道识别算法流程如图 10－8 所示。算法主要包括数据收集、特征提取、模型训练、模型评估、结果可视化几个部分。

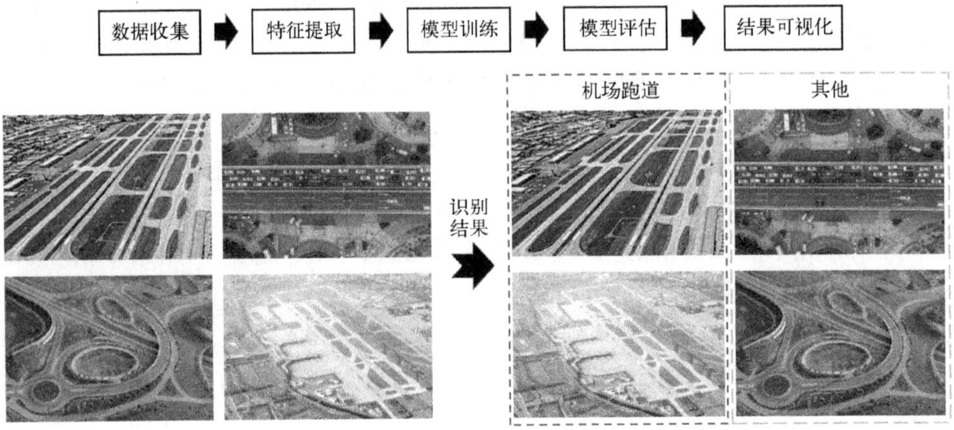

图 10-8 基于支持向量机的机场跑道识别算法流程示意图

(1) 数据收集。收集足够数量的机场场景图像数据,并对数据做适当的预处理,包括图像裁剪、图像旋转、图像缩放、图像增强等,之后对所有数据进行标注。将包含跑道区域的图像标为正样本,不包含跑道区域的图像标为负样本。标注后将数据集按一定的比例划分为训练集和测试集。

(2) 特征提取。选择合适的特征提取方法从数据中提取特征。可采用颜色直方图特征、HOG 特征、SIFT 特征等。需要注意的是选择的特征需有效区分跑道区域和非跑道区域。另外,为提高算法的性能和鲁棒性,可选择提取多种特征并按合适的方法进行融合。

(3) 模型训练。利用训练集数据对支持向量机模型进行训练。通过大量数据训练使得支持向量机能够最大化正负样本之间的间隔,并使得被正确分类的样本数尽可能多,从而完成最优决策超平面的学习。

(4) 模型评估。利用测试集数据对训练好的模型进行评估,并计算模型的相关性能指标,如准确率、召回率等。

(5) 结果可视化。将模型在测试集上的结果可视化,即将识别结果在原始图像上标注,以便进行后续的分析和验证。

需要注意的是,SVM 模型作为一个二分类器,只区分是机场跑道区域还是背景区域;直方图、HOG、SIFT 等特征提取算法在处理场景复杂或光照变化强度较大的情况下可能性能较差,因此实际应用中需结合其他技术或引入深度学习的方法来提高识别的准确性和鲁棒性。

10.5 航空视觉辅助导航应用

10.5.1 基于单幅图像匹配的视觉辅助定位算法

单幅图像的匹配本质是实时图和基准图之间的匹配,匹配过程中由于采集的传感器以及采集时间的不同,实时图与基准图间存在清晰度差异、灰度差异和仿射变换。因此,匹配精度由匹配算法所决定。本节以 SAR-SIFT 为例,介绍基于点特征和区域特征的匹配算法性能对比。

卫星遥感影像景象匹配中，采用 SAR - SIFT 算法对 Sentinel - 1 卫星数据进行地形纹理匹配，下面测试几种不同类型地图，如图 10 - 9 所示，(a) 城市：存在很多角点；(b) 山区：具有复杂的纹理，并且呈现出相似性；(c) 平坦空地：几乎没有纹理信息。

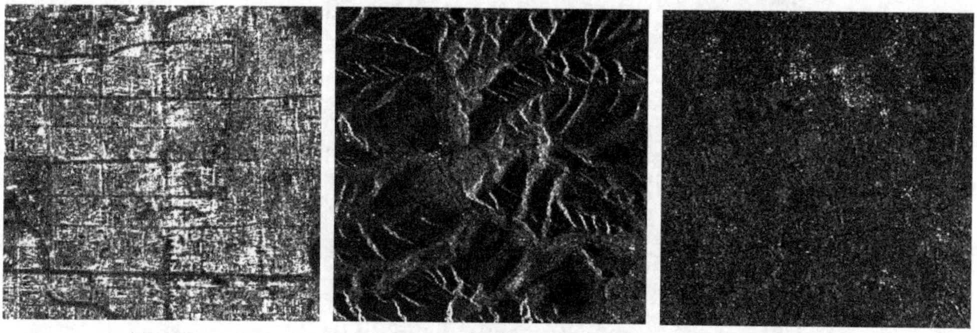

(a) 城市　(b) 山区　(c) 平坦空地

图 10 - 9　不同实景地区成像示例

基准图和实时图来自同一地区不同时间获取的卫星图像，在图像预处理阶段，使用去噪滤波算法抑制原始 SAR 图像中的乘性噪声。由于拍摄时段的差异，基准图与实时图之间存在误差。

以城区为例说明景象匹配算法的匹配流程。给定基准图的大小为 400×400，实时图的大小为 121×121。如图 10 - 10 所示，首先使用 SAR - SIFT 构建基准图和实时图的特征空间；然后，根据提取出的特征点及其描述子，使用欧式距离进行搜索与匹配，其结果如图 10 - 11 所示。

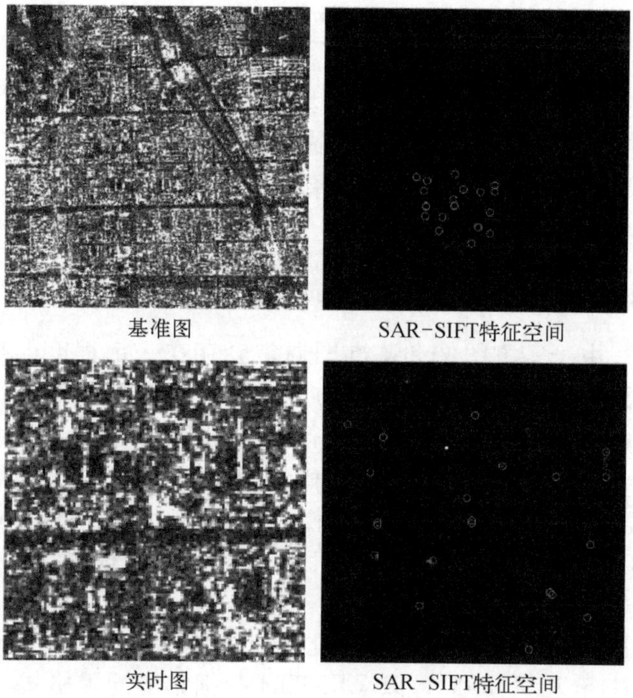

图 10 - 10　图像空间和特征空间

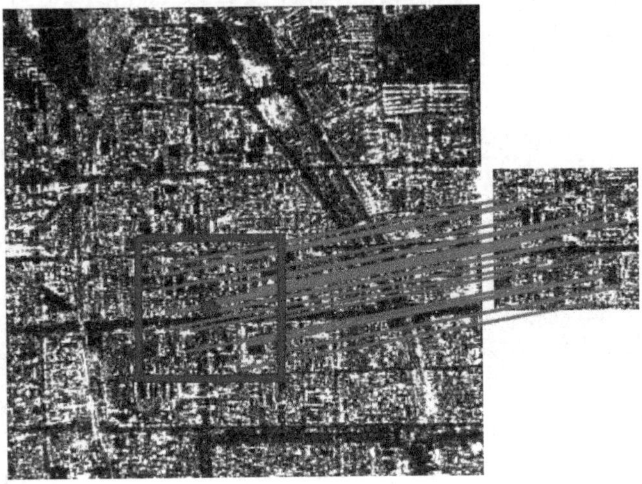

图 10－11　特征点匹配

在匹配中，定义匹配的位置误差小于 1 个像素的匹配为正确匹配，否则为错误匹配。在三种区域下，分别随机选取 1 000 幅实时图进行 SAR－SIFT 匹配，图幅大小和前文一致，统计的匹配成功率如表 10－1 所示。

表 10－1　不同区域的匹配成功率

城区	山区	空地
99.10	74.50	14.60

由表 10－1 可知，由于 SAR－SIFT 算法是基于特征点进行匹配的，因此在特征点丰富的区域，比如城区，匹配成功率较高；而在特征点贫乏的区域，如空地，则容易误匹配。因此在实际应用中，需要尽量选择经过特征丰富的区域，以提高配准的精准度。

10.5.2　基于多帧图像匹配的视觉辅助定位算法

在景象匹配中，由于实测图像和基准图通常会存在一定程度的噪声、旋转、尺度和非线性失真等，导致基于单帧实时图匹配方法容易出现误匹配的情况。如果能连续拍摄多帧图像，尽可能多地利用帧间信息，进行序列图像匹配，可显著降低误匹配概率。本节介绍一种基于序列图像匹配的定位和建图 ORB－SLAM2 算法，实验数据采用 OpenREALM 数据集。该数据集通过航拍相机采集，包含 GNSS 定位信息及下视图像序列，可用于 SLAM 和三维地形重建，相机采用单目针孔模型，相机参数如表 10－2 所示。

运行 ORB－SLAM2 算法之前，需要先配置“rgb.txt”的时间戳和对应格式的 yaml 文件。该数据集采用针孔相机模型，可以采用 TUM 数据集的配置格式。完成配置之后，即可运行 ORB－SLAM2 算法程序，运行界面如图 10－12 所示。

表 10 - 2　相机参数

参数	参数值	参数	参数值
f_x	1 209.065 736	k_1	−0.198 806
f_y	1 210.661 758	k_2	0.122 544
c_x	610.323 586	p_1	−0.000 221
c_y	516.917 327	p_2	−0.000 877
fps	10	k_3	0.0

图 10 - 12　REALM 数据集上运行 ORB - SLAM2

由于数据集采用单目相机，存在尺度不确定性，需对结果进行尺度归一化，并把初始点设为 $[0, 0, 100]^T$ 米。基于多帧图像匹配计算得出的图像序列间的相机运动关系，最终输出结果如图 10 - 13 所示。实验运行结果表明该算法有效计算出了相机平面运动轨迹和三轴定位结果，从而实现景象配准导航。

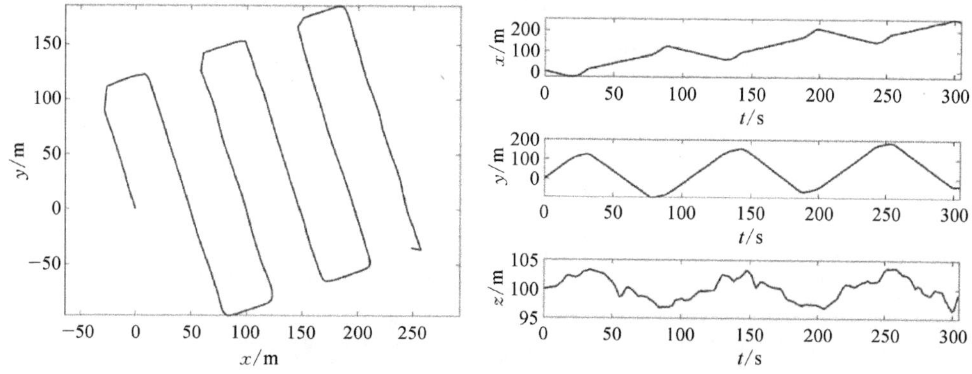

(a) 运行结果平面轨迹　(b) 三轴定位结果

图 10 - 13　基于图像匹配的视觉定位结果